Beitragspotenziale eines autonomen ÖPNV zur Sicherung der Daseinsvorsorge

Jonas Lamberg

Beitragspotenziale eines autonomen ÖPNV zur Sicherung der Daseinsvorsorge

Springer Vieweg

Jonas Lamberg
Leibniz Universität Hannover
Hannover, Deutschland

Zugleich: Dissertation, Gottfried Wilhelm Leibniz Universität Hannover, 2025

ISBN 978-3-658-50159-4 ISBN 978-3-658-50160-0 (eBook)
https://doi.org/10.1007/978-3-658-50160-0

Die Deutsche Nationalbibliothek verzeichnet diese Publikation in der Deutschen Nationalbibliografie; detaillierte bibliografische Daten sind im Internet über https://portal.dnb.de abrufbar.

Planung/Lektorat: Friederike Lierheimer
Springer Vieweg ist ein Imprint der eingetragenen Gesellschaft Springer Fachmedien Wiesbaden GmbH und ist ein Teil von Springer Nature.
Die Anschrift der Gesellschaft ist: Abraham-Lincoln-Str. 46, 65189 Wiesbaden, Germany

Kurzfassung

Ein gesellschaftlich hochrelevantes Themenfeld ist die Sicherung der Daseinsvorsorge, insbesondere in ländlichen Räumen. Diese ist nur gewährleistet, wenn die Erreichbarkeit zentraler Orte mit dem ÖPNV sichergestellt ist. Hier bestehen jedoch, trotz des Einsatzes verschiedener flexibler Bedienformen, weiterhin Defizite. Gleichzeitig gewinnt das autonome Fahren weltweit an Bedeutung. In der Folge könnten sich neue Potenziale zur Sicherung der Daseinsvorsorge ergeben. Die vorliegende Arbeit untersucht in diesem Zusammenhang, welchen Beitrag das autonome Fahren, insbesondere in ländlichen Räumen, hier leisten kann.

Zu Beginn wird mittels einer **Befragung aller ÖSPV-Aufgabenträger** in Niedersachsen eine flächendeckende Perspektive der ÖPNV-Fachplanung generiert. Bei dieser Vollerhebung gaben nur 57 % der befragten Aufgabenträger an, dass die Daseinsvorsorge in ihrem Gebiet vollständig gewährleistet ist. In Bezug auf die regionalen Bevölkerungszahlen leben in Niedersachsen nur 48 % der Menschen in Gebieten, in denen die zuständigen Aufgabenträger die Daseinsvorsorge im ÖPNV als vollumfänglich gewährleistet ansehen.

Um detailliertere Analysen dieser Situation ermöglichen zu können, wurde im Anschluss ein **auf Fahrplandaten basierendes Indikatorensystem zur Messung von Daseinsvorsorge im ÖPNV** entwickelt. Ausgangslage ist die Ermittlung der bestmöglichen Aufenthaltsdauer in den zentralen Orten, die im Idealfall zwischen 1,5 und 2,5 Stunden liegt. Die Ergebnisse in den ausgewählten Untersuchungsgebieten der Landkreise Emsland, Gifhorn und Goslar sowie der kreisfreien Stadt Wolfsburg zeigen, im Gegensatz zur Befragung der Aufgabenträger, auf Grundlage des entwickelten Indikatorensystems überwiegend eine funktionierende ÖPNV-Anbindung im Kontext der Sicherung der Daseinsvorsorge.

Dort jedoch wo die Daseinsvorsorge nicht gesichert ist, kann das autonome Fahren Beitragspotenziale entfalten. Auf Grundlage der erhobenen und analysierten Fahrplandaten ist dies im Umfeld des Grundzentrums Salzbergen im Landkreis Emsland, der Odertaler Sägemühle im Landkreis Goslar und des Orts mit grundzentraler Teilfunktion Steinhorst im Landkreis Gifhorn der Fall. Hier wird im Rahmen der vorliegenden Arbeit eine Vielzahl an **autonomen ÖPNV-Angebotskonzepten entwickelt**, welche die Daseinsvorsorge im ÖPNV zukünftig sichern können. In allen anderen untersuchten Fällen werden auf Grundlage der erhobenen Daten autonome Verkehrskonzepte entwickelt, die das derzeitige Angebot und damit die Qualität der Daseinsvorsorge im ÖPNV verbessern.

Die entwickelten Verkehrskonzepte werden anschließend in **Fokusgruppen mit Teilnehmenden aus der Planungspraxis** diskutiert und weiterentwickelt. Insbesondere für die Anbindung der Fläche an die Grundzentren stellen sich hier autonome Flächenverkehre im ÖPNV als die präferierte Lösung heraus. Bei der Anbindung der Grundzentren an die Mittelzentren werden regional unterschiedliche Präferenzen herausgearbeitet. Diese basieren insbesondere auf autonomen Flächenverkehren sowie autonomen Linienverkehren.

Um diese entwickelten Konzepte in der Praxis implementieren zu können, werden schließlich **bestehende autonome ÖPNV-Projekte in Deutschland evaluiert**, um Erfolgsfaktoren für eine zukünftige Einführung herausarbeiten zu können. Relevant ist hierbei insbesondere die Einbeziehung eines kommunalen Verkehrsunternehmens, welches wesentliche Kompetenzen für den Betrieb und die Verstetigung des autonomen ÖPNV-Angebots einbringen kann. Auch der Wissenstransfer zwischen verschiedenen Projekten ist für deren erfolgreiche Umsetzung relevant. Grundsätzlich erforderlich ist darüber hinaus auch ein noch höher Grad an Standardisierung, insbesondere bei industriellen Komponenten wie den eingesetzten Fahrzeugen.

Die vorliegende Arbeit zeigt auf, dass ein autonomer ÖPNV Beitragspotenziale bei der Sicherung der Daseinsvorsorge entfalten kann. Dies ist insbesondere für die Anbindung der Fläche an die Grundzentren der Fall, bei der zukünftig autonome Flächenverkehre einen wesentlichen Beitrag leisten könnten. Hierfür ist es jedoch erforderlich, dass sowohl die Planungsprozesse als auch die Technik für das autonome Fahren zukünftig noch weiterentwickelt werden.

Abstract

A highly relevant social issue is the provision of public services, especially in rural areas. This can only be guaranteed if the accessibility of so-called central places is ensured by public transport. However, there are still deficits here despite the use of various flexible forms of service. At the same time, autonomous driving is gaining in importance worldwide. This could result in new potentials for securing services of general interest. Against the above presented background, this study examines what contribution autonomous driving can have, especially in rural areas.

In the beginning, a **survey including all public transport authorities in the German federal state of Lower Saxony** is realised. Only 57 % of the public transport authorities questioned stated that the provision of services of general interest is fully guaranteed in their area. In relation to the regional population, only 48 % of the people in Lower Saxony live in areas where the responsible public transport authorities consider the provision of public transport services of general interest to be fully guaranteed.

In order to be able to analyse this situation more profoundly, an **indication system based on timetable data** was subsequently developed to measure the quality of services of general interest in local public transport. The indication system circulates around the best possible length of stay in the central places, which ideally lies between 1.5 and 2.5 hours. Afterwards an investigation based on the presented matrix was conducted in the study areas of the rural districts of Emsland, Gifhorn and Goslar and the city of Wolfsburg. As a result, a predominantly functioning public transport could be observed.

However, autonomous driving can contribute to the provision of public services. According to the timetable data collected and evaluated, this applies to various central places such as Salzbergen in the district of Emsland, the Odertaler Sägemühle in the district of Goslar and Steinhorst in the district of Gifhorn. For these locations **autonomous public transport concepts are developed** within the framework of this study. These can secure functioning public transport services in the future. In all other cases studied, autonomous transport concepts are developed which may improve the current situation in public transport. These concepts are then evaluated in **focus groups with the assistance of planning experts**. All of them prefer autonomous and flexible on-demand services to ensure the provision of public services in the wider area of basic centres. In case of medium central places, individually different concepts are created. These specifically include autonomous on-demand services as well as autonomous scheduled transport.

In order to support the implementation of the above-mentioned concepts, **existing autonomous public transport projects in Germany are evaluated**. Several key factors for a successful introduction are being deduced. Municipal transport companies should play a major role here, as they can contribute to the success of projects. The transfer of the acquired knowledge is also highly relevant. In addition, a higher degree of standardisation is fundamentally essential, especially for industrial components such as vehicles.

This study shows that autonomous local public transport has the potential to contribute to the provision of public services. This is especially relevant for the connecting between peripheral communities and central places. Autonomous on-demand services could make a significant contribution here in the future. However, this requires that planning processes and technology will be further developed in the future.

Inhaltsverzeichnis

Abkürzungsverzeichnis

Abb.	Abbildung
Abs.	Absatz
ADAC	Allgemeiner Deutscher Automobil-Club
AEG	Allgemeines Eisenbahngesetz
AEUV	Vertrag über die Arbeitsweise der Europäischen Union
AFGBV	Autonome-Fahrzeuge-Genehmigungs-und-Betriebs-Verordnung
ALT	Anruf-Linientaxi
ARL	Akademie für Raumentwicklung in der Leibniz-Gemeinschaft
Art.	Artikel
AST	Anruf-Sammeltaxi
Aufl.	Auflage
BauGB	Baugesetzbuch
BBSR	Bundesinstitut für Bau-, Stadt- und Raumforschung
BDO	Bundesverband Deutscher Omnibusunternehmen
BiB	Bundesinstitut für Bevölkerungsforschung
BMEL	Bundesministerium für Ernährung und Landwirtschaft
BMI	Bundesministerium des Innern, für Bau und Heimat (bis 2021)
BMVBS	Bundesministerium für Verkehr, Bau und Stadtentwicklung (bis 2013)
BMVI	Bundesministerium für Verkehr und digitale Infrastruktur (bis 2021)
BMWSB	Bundesministeriums für Wohnen, Stadtentwicklung und Bauwesen
BOStrab	Straßenbahn-Bau und Betriebsordnung
BVerfGE	Bundesverfassungsgericht
DB	Deutsche Bahn

Defra	Department for Environment, Food & Rural Affairs (UK)
Destatis	Statistisches Bundesamt
DLR	Deutsches Zentrum für Luft- und Raumfahrt
ebd.	Ebenda
EBG	(Schweizer) Eisenbahngesetz
EBO	Eisenbahn-Bau- und Betriebsordnung
EG	Europäische Gemeinschaft
EGV	Vertrag zur Gründung der Europäischen Gemeinschaft
EN	Europäische Norm
et al.	und andere
EUREK	Europäisches Raumentwicklungskonzept
EUV	Vertrag über die Europäische Union
EWG	Europäische Wirtschaftsgemeinschaft
f.	folgende
GG	Grundgesetz für die Bundesrepublik Deutschland
GoA	Grade of Automation
HM	Her / His Majesty's
Hrsg.	Herausgeber*in
HVV	Hamburger Verkehrsverbund
ICE	Intercity-Express
IEEE	Institute of Electrical and Electronics Engineers
Kap.	Kapitel
LNVG	Landesnahverkehrsgesellschaft Niedersachsen mbH
LSN	Landesamt für Statistik Niedersachsen
MB	Niedersächsisches Ministerium für Bundes- und Europaangele-genheiten und Regionale Entwicklung
mdl.	mündlich
MIV	Motorisierter Individualverkehr
ML	Niedersächsisches Ministerium für Ernährung, Landwirtschaft und Verbraucherschutz
NNVG	Niedersächsisches Nahverkehrsgesetz
NPM	Nationale Plattform Zukunft der Mobilität
NROG	Niedersächsisches Raumordnungsgesetz
NVBW	Nahverkehrsgesellschaft Baden-Württemberg
OECD	Organisation für wirtschaftliche Zusammenarbeit und Entwicklung
ÖPNV	Öffentlicher Personennahverkehr
ÖPNVG	Gesetz über den öffentlichen Personennahverkehr im Freistaat Sachsen
ÖSPV	Öffentlicher Straßenpersonennahverkehr

ÖV	Öffentlicher Verkehr
PBefG	Personenbeförderungsgesetz
Pkw	Personenkraftwagen
ROG	Raumordnungsgesetz
RROP	Regionales Raumordnungsprogramm
RVGBrG	Gesetz über den Regionalverband „Großraum Braunschweig“
SAE	Society of Automotive Engineers
sic.	sīc scriptum erat / so wurde es geschrieben
SPNV	Schienenpersonennahverkehr
StVG	Straßenverkehrsgesetz
Tab.	Tabelle
UITP	The International Association of Public Transport
usw.	und so weiter
UVEK	Eidgenössisches Department für Umwelt, Verkehr, Energie und Kommunikation
VBN	Verkehrsverbund Bremen/Niedersachsen
VDV	Verband Deutscher Verkehrsunternehmen
VEJ	Verkehrsregion-Nahverkehr Ems-Jade
vgl.	vergleiche
VGN	Verkehrsverbund Großraum Nürnberg
VGT	Deutscher Verkehrsgerichtstag
VNO	Verkehrsgesellschaft Nord-Ost-Niedersachsen mbH
www	World Wide Web
WZB	Wissenschaftszentrum Berlin für Sozialforschung
z. B.	zum Beispiel

Abbildungsverzeichnis

Tabellenverzeichnis

Einleitung 1

1.1 Ausgangslage und Zielstellung der Arbeit

Der öffentliche Personennahverkehr befindet sich in den peripheren Lagen Deutschlands in einer existenziellen Krise. Während insbesondere in urbanen Ballungszentren ein Ausbau des Angebots zu beobachten ist, und der ÖPNV dort im Kontext der Diskussion um eine Mobilitäts- und Verkehrswende auch eine finanzielle Stärkung erfährt, fallen viele ländliche Regionen im Vergleich der öffentlich zugänglichen Mobilitätsmöglichkeiten zurück. Diese Disparitäten werden durch das zum 1. Mai 2023 eingeführten, bundesweit gültigen Deutschland-Tickets für 49 Euro weiter verschärft (vgl. INFAS 2023: 3). Denn nur dort, wo bereits ein breites öffentliches Verkehrsangebot vorhanden ist, kann die Bevölkerung dieses stark durch den Bund und die Länder subventionierte Angebot auch wirklich nutzen. Die zentrale Idee, Privathaushalte in Zeiten steigender Endverbraucherpreise und einer hohen Inflationsrate zu entlasten sowie gleichzeitig die Emissionen im Verkehrssektor zu senken, entfaltet so räumlich nur sehr ungleich ihre Wirkung.

Nicht gelöst wird durch das neue Ticket insbesondere die Problematik, dass der Bevölkerung in ländlichen Lagen oft die Möglichkeit fehlt, für das Überleben notwendige Waren und Dienstleistungen mit dem öffentlichen Personennahverkehr zu erreichen. So sind „in peripheren Regionen […] ÖV-Angebote mit hohen Kosten verbunden und trotzdem oft nicht ausreichend gut“ (ROOST 2019: 31). Dies liegt nicht zuletzt in den autogerechten Siedlungsstrukturen begründet, die in den vergangenen Jahrzehnten auch in ländlichen Räumen geschaffen wurden und heute zu Herausforderungen führen: „In dünn besiedelten ländlichen Räumen […] sind Wohnstandorte weitgestreut, während sich […] Dienstleistungen viel stärker konzentrieren. Zentrale gesellschaftliche Errungenschaften wie […] die Teilhabe

J. Lamberg, *Beitragspotenziale eines autonomen ÖPNV zur Sicherung der Daseinsvorsorge*, https://doi.org/10.1007/978-3-658-50160-0_1

an Bildung, Gesundheit, Kommunikation und anderen Bereichen der Daseinsvorsorge sind nur möglich, wenn deren Erreichbarkeit gesichert ist“ (BMVI 2015c: 20). Diese ist jedoch, aufgrund der geschaffenen Siedlungsstrukturen, oft nur durch die Nutzung des motorisierten Individualverkehrs vollumfänglich gewährleistet. Für eine angemessene Sicherung der Daseinsvorsorge ist dies jedoch problematisch, da „eine Teilhabe an den gesellschaftlichen Errungenschaften [...] auch ohne eigenes Auto möglich sein [soll]“ (BMVI 2015c: 22). Die eingeschränkte Erreichbarkeit von Gütern und Dienstleistungen des täglichen Bedarfs mit öffentlichen Verkehrsmitteln gefährdet also die vollumfängliche Gewährleistung der staatlichen Fürsorgepflicht.

Um eine angemessene Teilhabe zu ermöglichen, wurden in den vergangenen Jahrzehnten durch die Verkehrsplanung verschiedene **flexible ÖPNV-Bedienformen** entwickelt und in der Praxis erprobt (vgl. z. B. NVBW 2018, BMVBS & BBSR 2009a, KLOTH et al. 2005 oder auch KÄSSBOHRER & STUDIENGESELLSCHAFT NAHVERKEHR 1990: 51). Diese konnten sich bisher allerdings nicht als flächendeckende Lösung etablieren: „Die Kostendeckung bleibt [...] insbesondere für Rufbus-Angebote [...] problematisch; ein kostendeckender Betrieb ohne Zuschüsse wird in Gebieten mit geringer Einwohnerdichte als nicht realisierbar [an]gesehen – also ausgerechnet dort, wo das Rufbus-Konzept den größten Nutzen entfalten könnte“ (NVBW 2018: 19f). Hinzu kommt seit einigen Jahren ein zunehmender und flächendeckend wirkender Fahrpersonalmangel in der Nahverkehrsbranche. So sind bereits heute über 80 % der Verkehrsunternehmen aufgrund fehlender Mitarbeitenden dazu gezwungen, ihren Leistungsumfang zu reduzieren (BDO 2022: 2). Infolge dessen sind viele Gebiete in Deutschland nur unzureichend mit Verkehrsleistungen im ÖPNV versorgt. Dies erschwert oder verhindert die Erreichbarkeit der für die Sicherung der Daseinsvorsorge zuständigen zentralen Orte, in denen ein vielfältiges Angebot an für das Überleben notwendigen Waren und Dienstleistungen vorgehalten wird.

Zeitlich parallel zu diesen Entwicklungen gewinnt **autonomes Fahren** weltweit an Bedeutung. Auch in Deutschland schreitet die technologische Entwicklung voran. Dies gilt nicht nur für den motorisierten Individualverkehr, sondern insbesondere auch für den öffentlichen Personennahverkehr. Sichtbar wird dies seit einigen Jahren im Rahmen von Pilotprojekten und Testfeldern, bei denen die Technologie erstmals im öffentlichen Raum erprobt wird. **Durch das autonome Fahren könnte der Herausforderung einer unzureichenden Erreichbarkeit zentraler Orte zukünftig mit neuen Lösungen begegnet werden**. So prognostizieren verschiedene Studien für einen automatisierten ÖPNV deutlich niedrigere

Betriebskosten (vgl. GROTE & RÖNTGEN 2021: 5, TIRACHINI & ANTONIOU 2020: 14f, BÖSCH et al. 2018: 6 sowie PAVONE 2015: 412). Auch der Fahrpersonalmangel könnte so entschärft werden.

Allerdings sind in Bezug auf einen Einsatz des autonomen Fahrens noch wesentliche Fragen unbeantwortet. So sind insbesondere mögliche Beitragspotenziale eines autonomen ÖPNV zur Sicherung der Daseinsvorsorge aus der Sicht der Raum- und Verkehrsplanung herauszuarbeiten. Dies umfasst zum einen die Perspektive der Aufgabenträger, welche für eine ausreichende Bedienung mit Leistungen des ÖPNV verantwortlich sind. Darüber hinaus ist als zweite und quantifizierbare Perspektive auch das bestehende ÖPNV-Angebot auf Grundlage vom Fahrplandaten zu analysieren. Nur wenn im heutigen Angebot Defizite bestehen, kann ein autonomer ÖPNV zukünftig die Situation bei der Sicherung der Daseinsvorsorge verbessern. Schließlich sind auch die Erfahrungen aus bereits bestehenden autonomen ÖPNV-Projekten in Deutschland zu evaluieren, um eine tatsächliche Einführbarkeit autonomer ÖPNV-Angebote abschätzen und zukünftig erfolgreich gestalten zu können. Ausgehend von der übergeordneten Frage, welche Beitragspotenziale ein autonomer ÖPNV bei der Sicherung der Daseinsvorsorge im ÖPNV entfalten kann, werden im Rahmen dieser Arbeit daher die folgenden **Forschungsfragen** beantwortet:

1. Wie bewerten die Aufgabenträger die derzeitige ÖPNV-Versorgung im Kontext der Sicherung der Daseinsvorsorge?
2. Ist durch das derzeitige ÖPNV-Angebot die Sicherung der Daseinsvorsorge vollumfänglich gewährleistet?
3. Welche Einsatzpotenziale für autonome ÖPNV-Angebote bestehen auf Grundlage des derzeitigen Angebots?
4. Welche Einsatzpotenziale für autonome ÖPNV-Angebote bestehen aus Perspektive der Aufgabenträger und weiteren Akteuren des ÖPNV?
5. Welche Faktoren und Rahmenbedingungen tragen zu einer erfolgreichen Implementierung autonomer ÖPNV-Angebote bei?

Im Folgenden wird der Aufbau der vorliegenden Arbeit beschrieben, welcher auf den dargestellten Forschungsfragen aufbaut.

1.2 Aufbau der Arbeit

Die vorliegende Arbeit ist in drei übergeordnete Teile gegliedert. In **Teil I** werden die themenbezogenen **Grundlagen erarbeitet**. Zuerst werden in einem internationalen Vergleich die spezifischen Rahmenbedingungen von Daseinsvorsorge in Deutschland abgeleitet. Anschließend wird die planerische Umsetzung der Daseinsvorsorge im Kontext der Raumplanung sowie der ÖPNV-Fachplanung näher beleuchtet. So werden anhand des Systems der räumlichen Planung in Deutschland die Festlegung sowie die Wirkungsweise von zentralen Orten beschrieben. Deren Erreichbarkeit liegt anschließend im Kompetenzbereich der ÖPNV-Fachplanung. Dessen Funktions- und Wirkungsweise werden ebenfalls erörtert. Im Anschluss wird ein Bezug zu ländlichen Räumen und deren Herausforderungen, insbesondere im Kontext des ÖPNV, hergestellt. Die Diskussion bestehender Lösungsansätze zeigt schließlich einen deutlichen Handlungsbedarf auf. So sind durch die Raumplanung als auch die Verkehrsplanung zur Lösung der skizzierten Herausforderungen dringend neue Konzepte zur Sicherung der Daseinsvorsorge erarbeiten. Die vorliegende Arbeit untersucht in diesem Zusammenhang, welchen Beitrag das autonome Fahren im ÖPNV, insbesondere im Kontext ländlicher Räume, hier leisten kann. Hierzu werden einführend die determinierenden Rahmenbedingungen sowie der aktuelle Stand des autonomen Fahrens in Deutschland vorgestellt.

Teil II enthält darauf aufbauend den eigentlichen **Forschungsbeitrag**. In diesem werden die Beitragspotenziale eines autonomen ÖPNV zur Sicherung der Daseinsvorsorge auf Grundlage der in Abschnitt 1.1 aufgeführten Forschungsfragen ableitet. **Die Fragestellung wird in mehreren Studien multiperspektivisch bearbeitet**. Insgesamt werden für diese Arbeit 53 leitfadengestützte Experteninterviews, vier Fokusgruppen und vier quantitative Primärdatenerhebungen durchgeführt und ausgewertet. Deren Ergebnisse werden mit der Textanalyse von niedersächsischen Nahverkehrsplänen und der Auswertung einer breiten Basis an Sekundärliteratur zusammengeführt.

Die **Perspektive der Planung** auf die Sicherung der Daseinsvorsorge im ÖPNV, insbesondere in Bezug auf mögliche zukünftige Einsätze des autonomen Fahrens, wird in einer **ersten Studie** mittels einer **Befragung der ÖSPV-Aufgabenträger** in Niedersachsen flächendeckend erhoben. Komplettiert wird diese durch eine Textanalyse von Nahverkehrsplänen in Niedersachsen, welche zur Hauptstudie der vorliegenden Arbeit überleitet.

In der **zweiten Studie** werden zentrale Orte und deren Einzugsbereiche in den Landkreisen Emsland, Gifhorn und Goslar sowie in der kreisfreien Stadt Wolfsburg eingehend untersucht. Ausgehend von der **Literaturanalyse der jeweiligen Nahverkehrspläne** und einem daraus abgeleiteten Informationsdefizit wird ein eigenes **Verfahren zur Messung von Daseinsvorsorge** anhand von Indikatoren, welche insbesondere aus **Fahrplandaten** gewonnen werden, entwickelt. Dieses Verfahren wird in den vier genannten Untersuchungsgebieten durchgeführt. Auf Grundlage der Ergebnisse werden **autonome ÖPNV-Bedienkonzepte für die jeweiligen Räume entwickelt**. Diese Konzepte werden anschließend in Fokusgruppen besprochen, um diese in einem praktischen Planungskontext zu validieren und weiterzuentwickeln. Die Fokusgruppen bilden dabei exakt die Personenkreise ab, welche auch das derzeitige ÖPNV-Angebot in den Untersuchungsräumen planen. Ergebnis dieses Arbeitsschritts ist die Kristallisation von Beitragspotenzialen eines autonomen ÖPNV zur Sicherung der Daseinsvorsorge anhand von konkreten ÖPNV-Konzepten.

Komplettiert wird die vorliegende Arbeit durch eine **dritte Studie zu den Erfolgsfaktoren bei der Implementierung des autonomen Fahrens im ÖPNV**, um die Einführung der entwickelten autonomen ÖPNV-Konzepte in der Praxis zu unterstützen. Hierfür werden verschiedene straßen- und schienengebundene Projekte in Deutschland anhand von leitfadengestützten Experteninterviews evaluiert und Handlungsempfehlungen für die erfolgreiche Implementierung autonomer ÖPNV-Projekte im Kontext der Daseinsvorsorge abgeleitet.

Teil III fasst schließlich die Erkenntnisse aus den ersten beiden Teilen in einem Fazit zusammen, diskutiert die erarbeiteten Ergebnisse in verschiedenen Kontexten und gibt einen Ausblick auf die weitere zu erwartende Entwicklung in Bezug auf die Entwicklung eines autonomen ÖPNV im Kontext der Sicherung der Daseinsvorsorge. In Summe ergibt sich aus diesen Ausführungen der Aufbau der Arbeit, welcher in Abbildung 1.1 grafisch dargestellt ist.

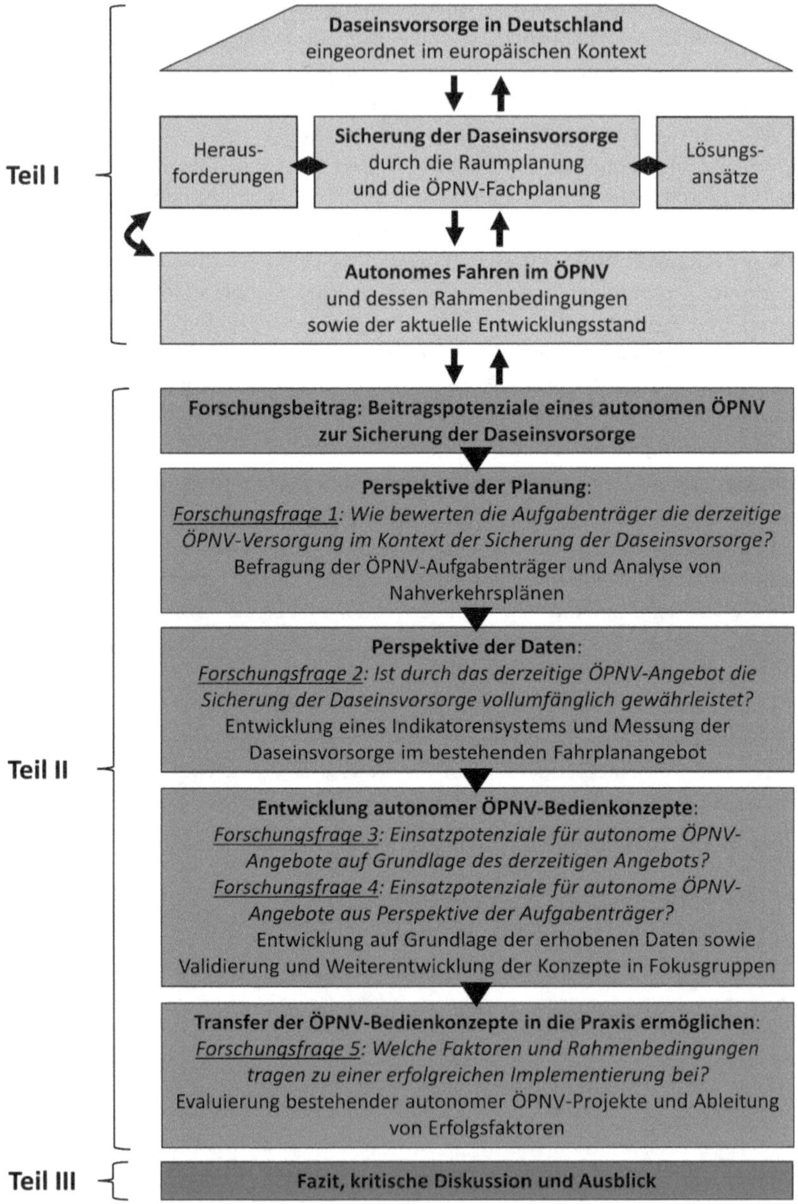

Abbildung 1.1 Aufbau der Arbeit. (Quelle: Eigene Darstellung)

Teil I: Grundlagen

Daseinsvorsorge und Teilhabe: Grundlagen und Positionsbestimmung Deutschlands im Vergleich verschiedener Länder

2

Im vorliegenden Buch werden die Beitragspotenziale eines autonomen ÖPNV zur Sicherung der Daseinsvorsorge erarbeitet. Dafür ist es zu Beginn notwendig, die Terminologie der Daseinsvorsorge zu bestimmen. Nach einer Vorstellung von daseinsvorsorgeähnlichen Zugängen auf europäischer Ebene werden in diesem Kapitel exemplarisch Terminologien und Konzepte in Deutschland, der Schweiz, Großbritannien und Schweden erörtert. Ziel ist eine Positionsbestimmung der deutschen Daseinsvorsorge im vergleichenden europäischen Kontext.

2.1 Definition und Wirkungsweise von Daseinsvorsorge auf europäischer Ebene

Verschiedene Vertragswerke und Rechtsgrundlagen der Europäischen Union enthalten Definitionen und Festlegungen, die im weiteren Sinne dem deutschsprachigen Begriff der Daseinsvorsorge zugeordnet werden können. Im ‚Vertrag zur Gründung der Europäischen Gemeinschaft' wird Daseinsvorsorge im weiteren Sinne als „Dienstleistungen von allgemeinem wirtschaftlichem Interesse" bezeichnet (Art. 86 Abs. 2 EGV). Der darauf aufbauende, novellierte ‚Vertrag über die Arbeitsweise der Europäischen Union' beinhaltet den Passus der „Dienste von allgemeinem wirtschaftlichem Interesse [...] [, welche eine] Bedeutung bei der Förderung des sozialen und territorialen Zusammenhalts" haben (Art. 14 AEUV). Die EU-Kommission bezieht darüber hinaus gesellschaftliche Belange in die Begriffsannäherung mit ein. So seien Dienstleistungen von allgemeinem wirtschaftlichem Interesse solche, „die von staatlichen Stellen im Interesse der Allgemeinheit erbracht und von ihnen daher mit spezifischen

J. Lamberg, *Beitragspotenziale eines autonomen ÖPNV zur Sicherung der Daseinsvorsorge*, https://doi.org/10.1007/978-3-658-50160-0_2

Gemeinwohlverpflichtungen verknüpft werden (Kommission 2003: 7f). Der Vertrag über die Europäische Union (EU-Vertrag) definiert seit dem Inkrafttreten des Vertrags von Lissabon „den wirtschaftlichen, sozialen und territorialen Zusammenhalt und die Solidarität zwischen den Mitgliedstaaten" als Ziel der Union (Art. 3 Abs. 3 UAbs. 3 EUV; vgl. auch MILSTEIN 2016: 2). Der Vergleich der hier vorgestellten Termini mit den Konzeptionen auf nationalstaatlicher Ebene in den folgenden Kapiteln verdeutlicht jedoch, dass die bisherigen Definitionen von Daseinsvorsorge auf europäischer nur einen grundlegenden Rahmen bieten. Dieser Rahmen kann und wird in den einzelnen Ländern spezifiziert. Um den spezifischen Charakter von Daseinsvorsorge in Deutschland besser einordnen zu können, wird diese in den folgenden Unterkapiteln mit weiteren Konzeptionen anderer europäischer Länder verglichen.

2.2 Daseinsvorsorge in Deutschland

Daseinsvorsorge ist in Deutschland von elementarer Bedeutung. Begründet wurde sie im Staats- und Verwaltungsrecht (VON DIERKES & BRUCH 2008: 416). Erstmals wurde 1808 im Rahmen der Aufstellung der ‚Preußischen Städteordnung' vom zuständigen preußischen Oberverwaltungsgericht eine „All-Zuständigkeit der Gemeinden (Wohlfahrt im Ganzen)" festgelegt (VON DIERKES & BRUCH 2008: 416). Ab 1886 wurde von O. Mayer der Begriff der ‚Anstaltsnutzung' geprägt, welcher das Recht aller Einwohner*innen einer Ortschaft beschreibt, Zugang zu öffentlich betriebenen Einrichtungen zu erhalten (ebd.). Ab 1938 skizzierte der deutsche Jurist Ernst Forsthoff erstmals einen Staat, der vollumfänglich Leistungen im Rahmen der Daseinsvorsorge erbringt (vgl. FORSTHOFF 1938: 75f & FORSTHOFF 1971).

Bis in das 21. Jahrhundert hinein wurde der Begriff der Daseinsvorsorge so zur Grundlage für einen „Leistungs[...]staat" (HOLZ-RAU et al. 2010: 493; vgl. auch KARL 2008: 37, 307ff; SCHMIDT 2010: 21f & EDELING 2008: 145). Die Begrifflichkeit ist bis heute verbunden mit der staatlichen Verpflichtung, eine Grundversorgung mit den für das Dasein der Bürgerinnen und Bürger notwendigen Dienstleistungen und Gütern zu gewährleisten und zu sichern (VON DIERKES & BRUCH 2008: 416). Dennoch ist der Begriff der Daseinsvorsorge rechtlich nicht mit einer Legaldefinition versehen, es liegt also ein **unbestimmter Rechtsbegriff** vor (vgl. GG & DÜMKE 2015: 18).

So wird im Verfassungsrecht lediglich das Sozialstaatsprinzip verankert: „Die Bundesrepublik Deutschland ist ein demokratischer und sozialer Bundesstaat" (Art. 20 Abs. 1 GG). Allerdings wird mit der kommunalen Selbstverwaltung bereits eine wesentliche Funktionalität für die Gewährleistung der Daseinsvorsorge im Grundgesetzt festgelegt: „Den Gemeinden muß [sic.] das Recht gewährleistet sein, **alle Angelegenheiten der örtlichen Gemeinschaft** im Rahmen der Gesetze in eigener Verantwortung zu regeln. Auch die Gemeindeverbände haben im Rahmen ihres gesetzlichen Aufgabenbereiches nach Maßgabe der Gesetze das Recht der Selbstverwaltung. Die Gewährleistung der Selbstverwaltung umfaßt [sic.] auch die Grundlagen der finanziellen Eigenverantwortung; zu diesen Grundlagen gehört eine den Gemeinden mit Hebesatzrecht zustehende wirtschaftskraftbezogene Steuerquelle" (Art. 28 Abs. 2 GG). Verfassungsrechtlich ist darüber hinaus „die **Herstellung gleichwertiger Lebensverhältnisse** im Bundesgebiet" in Deutschland geboten (Art. 72 Abs. 2 GG). In ständiger Rechtsprechung bezeichnet das Bundesverfassungsgericht die Daseinsvorsorge als öffentliche Aufgabe, „derer der Bürger zur Sicherung einer menschenwürdigen Existenz unumgänglich bedarf" (BVerfGE 134, 242 Rn. 286 (juris); ferner 25, 1,16; 30, 292, 323; 53, 30, 58; 66, 248, 258; 91, 186, 206) und als „Bedürfnisse und Interessen, die in der örtlichen Gemeinschaft wurzeln oder auf sie einen spezifischen Bezug haben" (vgl. insoweit BVerfGE 8, 122, 134; 50, 195, 201; 52, 95, 120; 79, 127, 151; vgl. auch LAMBERG 2022a: 18).

Allerdings lassen diese Ausführungen auch einen großen Interpretationsspielraum zu. Der Geograph Michael Mießner beispielsweise sieht in der *Gleichwertigkeit der Lebensverhältnisse* den „Aufstieg eines leeren Signifikanten" (MIEßNER 2016: 1). So sei die *Gleichwertigkeit der Lebensverhältnisse* „aufgrund divergierender Interessen der Staatsapparate [...] als politischer Kompromissbegriff von großer Unbestimmtheit in das Bundesraumordnungsprogramm aufgenommen" worden (MIEßNER 2016: 7).

Wie bereits in Abschnitt 2.1 auf europäischer Ebene deutlich wird, ist bei einer Einordnung von „Daseinsvorsorge" ein großer Interpretationsrahmen gegeben. Dies bestätigen die Ausführungen in diesem Kapitel auch für die deutsche Konzeption der Daseinsvorsorge. Im Rahmen der Regelung „alle[r] Angelegenheiten der örtlichen Gemeinschaft" (Art. 28 Abs. 2 GG) entsteht bis in die kommunalen Verwaltungen hinein eine vollumfängliche Handlungsverpflichtung des Staates bei der Gewährleistung der Daseinsvorsorge (EINIG 2008: 17). Hierbei entstehen dem Staat aufgrund der fehlenden Legaldefinition auf der einen Seite Handlungsspielräume. Auf der anderen Seite ergeben sich jedoch auch Herausforderungen: So sollen für ein Dasein der Bürgerinnen und Bürger erforderliche Güter und Dienstleistungen bereitgestellt werden, ohne dass auf einer gesicherten Rechtsgrundlage abgeschätzt werden kann, welche Leistungen und Versorgungsniveau zur Erfüllung der gesetzlichen Verpflichtungen erbracht werden müssen (HOLZ- RAU et al. 2010: 489).

Anhaltspunkte bietet hierbei, insbesondere im Kontext dieser Untersuchung, das deutsche Raumordnungsgesetz, welches „die Versorgung mit Dienstleistungen und Infrastrukturen der Daseinsvorsorge, insbesondere die Erreichbarkeit von Einrichtungen und Angeboten der Grundversorgung für alle Bevölkerungsgruppen, […] zur Sicherung von Chancengerechtigkeit in den Teilräumen in angemessener Weise" als einen Grundsatz der Raumordnung einfordert (§ 2 Abs. 2 Satz 3 ROG, vgl. hierzu auch ARL 2013a: 1 & ARL 2020: 2). Explizit wird dies auch für „dünn besiedelte[] Regionen" (ebd.) festgeschrieben. In einem ganzheitlichen Ansatz verpflichtet das Raumordnungsgesetz darüber hinaus, „im Gesamtraum der Bundesrepublik Deutschland und in seinen Teilräumen […] ausgeglichene soziale, infrastrukturelle, wirtschaftliche, ökologische und kulturelle Verhältnisse anzustreben." (§ 2 Abs. 2 Satz 1 ROG). Welche Leistungen nun allerdings konkret Teil der Daseinsvorsorge sind, bleibt offen. Präzise Aufzählungen von erforderlichen Gütern und Dienstleistungen variieren je nach Publikation. So werden in der einschlägigen Fachliteratur beispielsweise „grundlegende technische und Mobilitätsinfrastrukturen, soziale und kulturelle Dienstleistungen sowie Brand- und Katastrophenschutz" (STEINFÜHRER 2015: 6) in den Kanon der Daseinsvorsorgeleistungen einbezogen.

Der Ad-hoc-Arbeitskreis „Daseinsvorsorge und gleichwertige Lebensbedingungen" der ARL nimmt analog zur „Bedürfnispyramide" von MASLOW (1943) eine Einteilung in verschiedene Stufen menschlicher Bedürfnisse vor (s. Tab. 2.1; ARL 2016: 3). Demnach soll eine Gewährleistung von Daseinsvorsorge eine „selbstbestimmte Lebensführung" ermöglichen (ARL 2016: 3).

Tabelle 2.1 Eingrenzung von Daseinsvorsorge nach der Bedürfnispyramide von MASLOW (1934)

Bedürfnis nach Rangordnung	Fürsorgeleistung
1. „Physiologische Grundbedürfnisse"	„Essen, Trinken, Schlafen, Wohnen" – „Mindestsicherung von **Grundbedürfnissen** bei nachgewiesenem Bedarf"
2. „Sicherheitsbedürfnisse"	„Leistungen des Staates, welche die persönliche Sicherheit des Individuums und die Absicherung von Eigentumsrechten gewährleisten, wie etwa **Polizei, Brandschutz und Katastrophenschutz, Gesundheitswesen, Energieversorgung und Telekommunikation**"
3. „Soziale (Wir-)Bedürfnisse"	„z. B. der Zugang zu **Bildungseinrichtungen** oder Maßnahmen der **Kinder- und Jugendhilfe**"

Quelle: Eigene Darstellung auf Grundlage von ARL 2016: 3

Für den öffentlichen Personennahverkehr definiert das Regionalisierungsgesetz, dass „die Sicherstellung einer ausreichenden Bedienung der Bevölkerung mit Verkehrsleistungen im öffentlichen Personennahverkehr [...] eine Aufgabe der Daseinsvorsorge [ist]“ (§ 1 Abs. 1 RegG, vgl. hierzu auch ARL 2020: 2).

Interviewpartner VERWALTUNG 1 fasst zusammen, dass **Daseinsvorsorge „vor allem ein Begriff** [ist], **der politisch mit Leben gefüllt werden muss**“ (2018: mdl.). Für den öffentlichen Personennahverkehr präzisiert zudem beispielsweise die Landesnahverkehrsgesellschaft Niedersachsen: „Die qualitativen Unterschiede in der Wahrnehmung der gesetzlichen Verantwortung durch den ÖPNV-Aufgabenträger sind nicht immer raumstrukturell erklärbar, sondern auch abhängig vom kommunalpolitischen Stellenwert, Gestaltungswillen und Interessen bei den handelnden Akteuren bzw. von der Personalausstattung und der Motivation beim ÖPNV-Aufgabenträger“ (LNVG 2025a: www). Die Daseinsvorsorge als ein unbestimmter Rechtsbegriff lässt also nicht nur Kommunen einen terminologischen Spielraum, der individuell ausgestaltet werden kann, sondern auch den ÖPNV-Aufgabenträgern (zu diesen s. Abschn. 3.2.4).

Die in den vorangestellten Unterkapitel aufgezeigte Entwicklung zeigt ab dem Jahr 1808 die Entwicklung eines Leistungsstaats auf. Allerdings können nach FALK & SCHULTEN seit den 1980er Jahren Tendenzen einer Liberalisierung nachgewiesen werden (2014: 216). So wurden Unternehmen auf verschiedenen Staatsebenen privatisiert, insbesondere Bundesbeteiligungen und kommunale Dienstleistungsunternehmen (ebd.). PRAUSMÜLLER & WAGNER sehen seit der Finanzkrise im Jahr 2008 allerdings mit einer zunehmenden Rekommunalisierung auch einen zweiten, divergierenden Entwicklungspfad (2014: 7). Prominente Beispiele sind insbesondere die Rekommunalisierungen der privaten Wasserversorgung in Berlin (BERLIN 2013: www) und der Energienetze in Hamburg (HAMBURG 2025: www).

Aufgrund der gestiegenen Produktionskosten und der damit einhergehenden Einschränkung der Möglichkeiten des Staates bei der Daseinsvorsorge wird in der Literatur jedoch inzwischen vielerorts ein "Wandel vom Leistungs- zum Gewährleistungsstaat" beschrieben (HOLZ- RAU et al. 2010: 493; vgl. auch KARL 2008: 37, 307ff; SCHMIDT 2010: 21f & EDELING 2008: 145). Bei der Einbindung der Privatwirtschaft in die Sicherung der Daseinsvorsorge können vielfältige Organisationsformen vorliegen.

Beispielsweise SCHEDLER (2007: 258) oder auch HOLZ- RAU (et al. 2010: 494) beschreiben insbesondere vier verschiedene Modelle:

- **Kontraktmodell**: Private Firmen werden vom Staat mit der Durchführung von Leistungen beauftragt. Beispielsweise die Ausschreibungslandschaft im ÖPNV (insbesondere im SPNV) ist überwiegend dem Kontraktmodell zuzuordnen.
- **Beteiligungsmodell**: Insbesondere Public-Private-Partnerships (PPP) sind unter dem Beteiligungsmodell zu fassen. Leistungen der Daseinsvorsorge werden in Kooperation von Staat und Privatwirtschaft erbracht.
- **Subventionsmodell**: Die Erbringung von Leistungen, die von Seiten des Staates insbesondere als relevant für die Sicherung der Daseinsvorsorge erachtet werden, wird durch die Gewährung von Subventionen sichergestellt.
- **Regulatormodell**: Die Privatwirtschaft erbringt hier ohne eine öffentliche Unterstützung Leistungen am Markt. Staatliche Einrichtungen stellen das Vorliegen von marktwirtschaftlichen Wettbewerbsbedingungen sicher.

2.3 Daseinsvorsorge in der Schweiz

„Daseinsvorsorge“ wird in der Schweiz mit dem französisch ausgesprochenen Begriff des „Service public“ betitelt und ist großenteils analog zur deutschen Begrifflichkeit zu verstehen (FREY 2008: 49). Durch ein Einwirken deregulierender Kräfte wie der EU-Wettbewerbspolitik und damit einer Zunahme von Konkurrenz (FREY 2008: 51) in der Dekade vor der Jahrtausendwende konkretisierte die Schweizer Regierung den Service public (BMVBS 2013: 41). So sind heute bei der Definition diverse Grundsätze zu berücksichtigen (SCHWEIZER BUNDESRAT 2004: 10f). Zuallererst ist der **Inhalt** festzulegen. Der Bundesrat definiert die Begrifflichkeit des Service Public als „eine politisch definierte Grundversorgung mit Infrastrukturgütern und Infrastrukturdienstleistungen, welche für alle Bevölkerungsschichten und Regionen des Landes nach gleichen Grundsätzen in guter Qualität und zu angemessenen Preisen zur Verfügung stehen sollen“ (SCHWEIZER BUNDESRAT 2004: 2). Hierbei wird explizit darauf verwiesen, dass der „Service public“ eine „politisch zu bestimmende“ Begrifflichkeit ist, die bei einer Änderung von gesellschaftlichen Rahmenbedingungen flexibel zu novellieren ist (ebd.). Dies folgt dem zweiten Grundsatz des **Bedarfs** (SCHWEIZER BUNDESRAT 2004: 10). Allerdings ist die Schweizer Verfassung nicht mit einer vergleichbaren Leitvorstellung einer Herstellung „gleichwertige[r] Lebensverhältnisse[] in den Teilräumen“(ROG § 1 Abs. 2) versehen (vgl. BMVI 2015b: 35). Deshalb wirkt der dritte Grundsatz der **Zugänglichkeit und des Prinzips der Flächendeckung** dahingehend (SCHWEIZER BUNDESRAT 2004: 10). So definiert der Schweizer Bundesrat bei der Zugänglichkeit zu Leistungen des Service Public eine „in allen Landesgegenden flächendeckend[en Versorgung]“, die „für alle

Bevölkerungsgruppen gut erreichbar sein" muss (Schweizer Bundesrat 2004: 2). Dies ist auch verfassungsrechtlich verankert. So heißt es in der schweizerischen Bundesverfassung: „Leistungen der Grundversorgung müssen allen Personen in vergleichbarer Weise offenstehen" (Art. 43a, Satz 4). Hierbei ist der vierte Grundsatz der **Qualität** zugrunde zu legen, welcher in den Fachgesetzen und -verordnungen durch eine Festlegung von Standards konkretisiert wird. Auch die Überwachung und Durchsetzung der Standards wird durch den Staat übernommen (Schweizer Bundesrat 2004: 10f). So entsteht eine Gleichwertigkeit der Chancen bei der Inanspruchnahme von staatlichen Leistungen der Daseinsvorsorge.

Der Service public soll „die Lebensqualität der Bevölkerung und [...] die Wettbewerbsfähigkeit der Wirtschaft" sicherstellen (Schweizer Bundesrat 2004: 2). Analog zur Aufgabenteilung der verschiedenen Verwaltungsebenen in Deutschland werden auch bei den Leistungen des Service public in der Schweiz einzelne Leistungen von verschiedenen Stellen erbracht (BMVI 2015b: 28). Bei der Erbringung des „Service public" besteht eine Aufgabenteilung zwischen dem Bund, den 26 Kantonen und den 2.495 Gemeinden (BMVI 2015b: 36).

Allerdings sind Art und Umfang des Engagements oft präziser definiert, als beispielsweise in Deutschland (vgl. hierzu Abschn. 2.2). Der Fokus des Bundes liegt primär auf einer Bereitstellung der Versorgungsinfrastruktur. Zu dieser gehören insbesondere die Post, die Telekommunikation, elektronische Medien, also insbesondere Fernsehen und Radio, sowie der öffentliche Verkehr und Straßen (soweit die Zuständigkeit der Bundesebene auf diese entfällt) (Schweizer Bundesrat 2004: 2). Der öffentliche Verkehr soll dabei eine „Grundversorgung" sicherstellen, die eine „Finanzierung der Infrastruktur langfristig" explizit mit einschließt (Schweizer Bundesrat 2004: 5).

Nach Artikel 87 der Bundesverfassung der Schweizerischen Eidgenossenschaft, ist „die Gesetzgebung über den Eisenbahnverkehr, die Seilbahnen, die Schifffahrt sowie über die Luft- und Raumfahrt [...] Sache des Bundes". Auch „eine ausreichende und preiswerte Grundversorgung mit Post- und Fernmeldediensten in allen Landesgegenden" fällt in den Zuständigkeitsbereich der nationalen Ebene (Art. 92 BV).

Einzelne bundeseigene Unternehmen wie die Schweizerischen Bundesbahnen (SBB) erbringen daher Leistungen der Daseinsvorsorge. So wird beispielsweise das Geschäftsfeld des Fernverkehrs (SPVF) eigenwirtschaftlich betrieben, jedoch durch ein Monopol vor weiteren Wettbewerbern geschützt (UVEK 2016: 1). Im regionalen Schienenpersonenverkehr (SPNV) wird analog zu Ländern der europäischen Union das Bestellerprinzip durch den Nationalstaat und die Kantone angewandt (ebd.).

Weitere Bereiche der Grundversorgung werden durch die Kantone und Gemeinden abgedeckt (BMVI 2015b: 28). Ähnlich wie in Deutschland auf kommunaler Ebene, definieren die Kantone in der Schweiz die jeweilige Ausgestaltung des Service public in ihrem Bereich selbst. Dies ist verfassungsrechtlich verankert (Bundesverfassung der Schweiz, Art. 43). Zuständigkeiten der Kantone bestehen beispielsweise im Bildungswesen, bei Krankenhäusern und der Polizei (BMVI 2015b: 28). Gemeinden bekommen ihre Aufgaben vom Bund und dem jeweiligen Kanton direkt übertragen, können jedoch in Bereichen, die sie direkt betreffen auch eigene Vorschriften erlassen (ebd.).

Die Schweizer Verfassung sieht in vielen Bereichen jedoch auch ein Zusammenwirken der verschiedenen Ebenen bei der Erbringung des Service Public vor. Dies ist beispielsweise im öffentlichen Personenverkehr der Fall. Zwar sieht die Verfassung insbesondere im Eisenbahnverkehr eine alleinige Zuständigkeit des Bundes vor (Art. 87). Das Schweizer Eisenbahngesetz (EBG) sieht als sektorales Fachgesetz eine Beteiligung insbesondere von Kantonen dennoch vor. So sind die Kantone beispielsweise explizit verpflichtet, für die Kosten der Verkehrsinfrastruktur mit aufzukommen (Art. 49, Satz 2 & Art. 57, Satz 1). Lokale öffentliche Verkehre werden alleinig von der Gemeinde, oder in Kooperation mit dem entsprechenden Kanton organisiert (BMVI 2015b: 28). Mindeststandards werden dabei, anders als in Deutschland, explizit definiert. So sind Siedlungen mit mehr als 100 Einwohner*innen mindestens vier Mal am Tag mit einer Verbindung im öffentlichen Personenverkehr anzubinden (BMVI 2015b: 37). Allerdings kann davon abgewichen werden, wenn dabei weniger als 32 Fahrgäste transportiert werden und eine Aufrechterhaltung wirtschaftlich gar nicht vertretbar ist (BMVI 2015a: 52).

Ähnlich wie in Deutschland, sind auch in der Schweiz seit den 1990er Jahren Privatisierungstendenzen festzustellen (vgl. FREY 2008: 49 und BMVI 2015b: 36). Erst durch diese Privatisierung wurde der Begriff des „Service public" überhaupt erst in eine breite Diskurslandschaft eingeführt (FREY 2008: 49). Dies führt dazu, dass staatliche Fürsorge und privatwirtschaftlich organisierte Leistungen nicht im Widerspruch stehen: „In der deutschsprachigen Schweiz [...], wo der Begriff erst im Zusammenhang mit der Privatisierungsdebatte der 1990er Jahre Verbreitung gefunden hat, sind Service public und öffentliche Unternehmungen weitgehend entkoppelt. Mit anderen Worten: Auch private Unternehmungen können im Auftrag des Staates Grundversorgungsaufgaben erfüllen" (FREY 2008: 49).

Am 10. Juni 2020 reichte ein Nationalratsmitglied ein Postulat ein, um den Bundesrat (Schweizer Regierung) zu beauftragen „einen Bericht über die Zukunftsfähigkeit des Service public in der Schweiz zu erstellen" (DIE

BUNDESVERSAMMLUNG 2020: www). Dieser Auftrag wurde vom Bundesrat abgelehnt: „Der Bundesrat [erachtet] eine umfassende Gesamtschau aus bundesstaatlicher Perspektive zum Umstand und zur Zukunftsfähigkeit des Service public in der Schweiz als überaus komplexes und wenig zielführendes Unterfangen. Vielmehr hält er an seiner früher dargelegten Überzeugung fest, dass für die konkrete Ausgestaltung und Weiterentwicklung des Service public massgeschneiderte [sic.] Lösungen je nach Sektor zu suchen sind, und zwar immer dann, wenn sich im entsprechenden Sektor Anpassungen aufdrängen, beispielsweise aufgrund des Klimawandels. Dabei sind die Zuständigkeiten der verschiedenen Staatsebenen zu respektieren. Dieses pragmatische und fokussierte Vorgehen hat sich nach Auffassung des Bundesrates bewährt" (DIE BUNDESVERSAMMLUNG 2020: www).

2.4 „Public Services" im Vereinigten Königreich von Großbritannien und Nordirland

Großbritannien ist bezüglich der Begrifflichkeit und eines rechtlich-organisatorischen Überbaus bei der Daseinsvorsorge im Vergleich mit Schweden, Deutschland und der Schweiz ein Sonderfall: „Mangels eines Verwaltungsrechts bzw. einer Verwaltungsgerichtsbarkeit ist eine dem service public oder auch der Daseinsvorsorge vergleichbare Konzeption nicht entwickelt worden" (AMBROSIUS 2008: 529). Die Daseinsvorsorge steht zudem in einem Spannungsverhältnis: Auf der einen Seite besteht ein gesellschaftlicher Konsens, dass die Versorgung mit für ein Überleben notwendigen Gütern und Dienstleistungen gesichert werden muss (AMBROSIUS 2008: 529). Auf der anderen Seite wirkt ein liberales Marktverständnis staatlicher Einflussnahme entgegen (AMBROSIUS 2008: 529). In der Folge entstehen Sonderformen in der Positionierung des Staates zu den daseinsvorsorgerelevanten Märkten und in der Einflussnahme auf diesen, wie die folgenden Ausführungen verdeutlichen.

Die staatliche Organisation im Vereinigten Königreich variiert je nach Landesteil. So besteht in England, Wales, Schottland und Nordirland seit 1999 jeweils ein eigenständiger Verwaltungsaufbau mit eigenem Planungssystem (DEMBSKI & O'BRIEN 2022: www und BMVBS 2013: 59). Seitdem besteht also im Vereinigten Königreich kein einheitliches Planungssystem mehr. Die verschiedenen Landesteile nehmen im Bereich der Daseinsvorsorge und ländlichen Entwicklung auch unterschiedliche Kompetenzen in einem teilweise variierenden Umfang wahr (BMVBS 2013: 60). Jedoch gibt es staatliche Initiativen, um insbesondere die ländliche Entwicklung im Rahmen einer übergreifenden Netzwerkarbeit für das gesamte Vereinigte Königreich zu koordinieren (BMVBS 2013: 59).

Landesteilübergreifend sollen oft als „Key services“ bezeichnete „Schlüsselangebote“ die Daseinsvorsorge sichern. Diese werden überwiegend durch die Kommunen bereitgestellt (DEMBSKI & O ‘ BRIEN 2022: www). Zudem werden einige Bereiche wie die Gesundheitsversorgung in nationalstaatlicher Zuständigkeit gesichert (ebd.). Einige weitere Aufgaben der Daseinsvorsorge, insbesondere solche, die durch Versorgungsunternehmen erbracht werden, wurden bereits vor vielen Jahren privatisiert (DEMBSKI & O ‘ BRIEN 2022: www). Den Key Services wird in der Literatur ein breites Spektrum an Angeboten zugeschrieben. So gehören der lokale Einzelhandel, örtliche Versorgungseinrichtungen wie Banken oder Poststellen, aber auch Institutionen mit stärkerem Freizeitcharakter wie beispielsweise Restaurants, Kinos und Freizeitzentren dazu (BMVBS 2013: 32). Auch Einrichtungen zur Sicherstellung der öffentlichen Sicherheit, beispielsweise Polizei und Feuerwehr, werden oft zu den „Key Services“ gezählt (BMVBS 2013: 32, HM GOVERNMENT 2014: 4). Besonderen Stellenwert haben zudem das schulische Bildungssystem und das Gesundheitswesen (HM GOVERNMENT 2014: 2). Der staatliche National Health Service spielt dabei beispielsweise eine große Rolle (vgl. HM GOVERNMENT 2011: 5).

Um einen gerechteren Zugang zu Leistungen der Daseinsvorsorge zu erhalten, sollen Services verstärkt digitalisiert werden (HM GOVERNMENT 2014: 11). Auf nationaler Ebene der Londoner Zentralregierung spielen bei der Gesetzgebung insbesondere das *Department for Transport*, das *Department of Health,* zuständig für den *National Health Service* und das *Department for Environment, Food and Rural Affairs* eine wichtige Rolle (BMVBS 2013: 60).

Großbritannien war das erste europäische Land, welches unter der Regierung von Margaret Thatcher ab den 1980er Jahren (bis auf das Postwesen, durchgesetzt von der entsprechenden Gewerkschaft) konsequent die für die Daseinsvorsorge relevanten Versorgungssektoren für marktwirtschaftliche Wettbewerbspraktiken öffnete (SCHNEIDER & LIPPERT 2005: 4 & AMBROSIUS 2008: 529). Diese Liberalisierungspolitik, beispielsweise im Telekommunikationssektor, setzte in der Folge auch die umliegenden Nachbarstaaten sowie die Europäische Union bei der Ausrichtung ihrer Politik unter Veränderungsdruck (SCHMIDT 1998: 105). Bei der allumfassenden Liberalisierung waren in Großbritannien insbesondere auch die „materiellen“ Güter betroffen (AMBROSIUS 2008: 529f), also die entsprechende Versorgungsinfrastruktur. Aufgrund von Qualitätsmängeln bei der Versorgung wurden einige Sektoren in der Folge aber wieder entflochten („Unbundling“), sodass zumindest die Infrastruktur heute wieder in staatlichem Besitz ist, während die Produktion von Waren und Dienstleistungen weiter durch privatwirtschaftliche Akteure erbracht wird (SCHNEIDER & LIPPERT 2005: 4f & AMBROSIUS 2008:

529). Begonnen wurde dieser Entflechtungsprozess ab 2002 mit der der Wasserversorgung und dem Bahnwesen (SCHNEIDER & LIPPERT 2005: 5). Doch je nach Sektor erbringt auch der Staat selbst diese Leistungen (HM GOVERNMENT 2014: 12). Ab 2003 wurden zudem Teilbereiche des vormals staatlich kontrollierten Postwesens für den Wettbewerb geöffnet (SCHNEIDER & LIPPERT 2005: 4).

Durch die sehr schnelle Privatisierung und Öffnung der Märkte, ähnlich einem „institutionellen Erdrutsch“ (SCHNEIDER & LIPPERT 2005: 4), entstanden in der Folge private Monopole oder Oligopole, da der Wettbewerb sich langsamer als die geänderten Rahmenbedingungen entwickelte (ebd.). Der Staat reagiert hierauf mit umfangreichen Regulierungsmechanismen und -institutionen. So sollen beispielsweise Preisobergrenzen („Price Caps“) den Markt regulieren (SCHNEIDER & LIPPERT 2005: 5). Diese werden jedoch teilweise kritisch bewertet: „Insgesamt erfordern die „künstlichen“ Marktmechanismen ein starkes und auch umfangreiches Regulierungssystem, was angesichts des beabsichtigten Ziels eines Staatsabbaus zumindest als paradox gelten kann. Die starken regulativen Eingriffe sind äußeres Zeichen für einen noch nicht ausreichendfunktionierenden Ausgleich von Angebot und Nachfrage“ (SCHNEIDER & LIPPERT 2005: 5).

In den Jahren 2011 und 2012 wurde zudem die regionale Planungsebene im Rahmen einer Haushaltskonsolidierung abgeschafft (BMVBS 2013: 88). Nun fehlende Zuständigkeiten im Bereich der Raumplanung wurden überwiegend auf die lokale Ebene verlagert. So sind nun insbesondere die Städte, Gemeinden und Grafschaften dafür zuständig (ebd.). Zudem wurden auf nationaler Ebene im *Department for Environment, Food and Rural Affairs* erweiterte Kompetenzen aufgebaut, indem Personal aus der wegfallenden regionalen Ebene eingestellt wurde (ebd.). So soll die kommunale Ebene verstärkt unterstützt werden, insbesondere bei der Koordination der Regionalentwicklung (ebd.).

Trotz der wegfallenden regionalen Planungsebene wurden auf nationalem Level umfangreiche Kontrollmechanismen bei der Evaluierung des Einflusses staatlicher Gesetzgebungen geschaffen (vgl. HM TREASURY 2020). Ein zentrales Werkzeug ist das „Rural proofing“, ein Prüfmechanismus, der sektorübergreifend den Einfluss von Gesetzgebung auf ländliche Räume überprüfen soll (DEFRA 2017: 1). Ziel ist eine für ländliche Räume „faire und gerechte“ Gesetzgebung (ebd.). Dafür wurden vier aufeinanderfolgende Schritte definiert: Zuerst sollen die Gesetzgeber den Einfluss der Gesetzgebung auf ländliche Räume erfassen und den Umfang der Einflüsse bestimmen (DEFRA 2017: 5 ff, 9). Die Einflüsse sollen dabei mittels quantitativer Kenngrößen nach einem standardisierten System bewertet werden (s. Abb. 2.1).

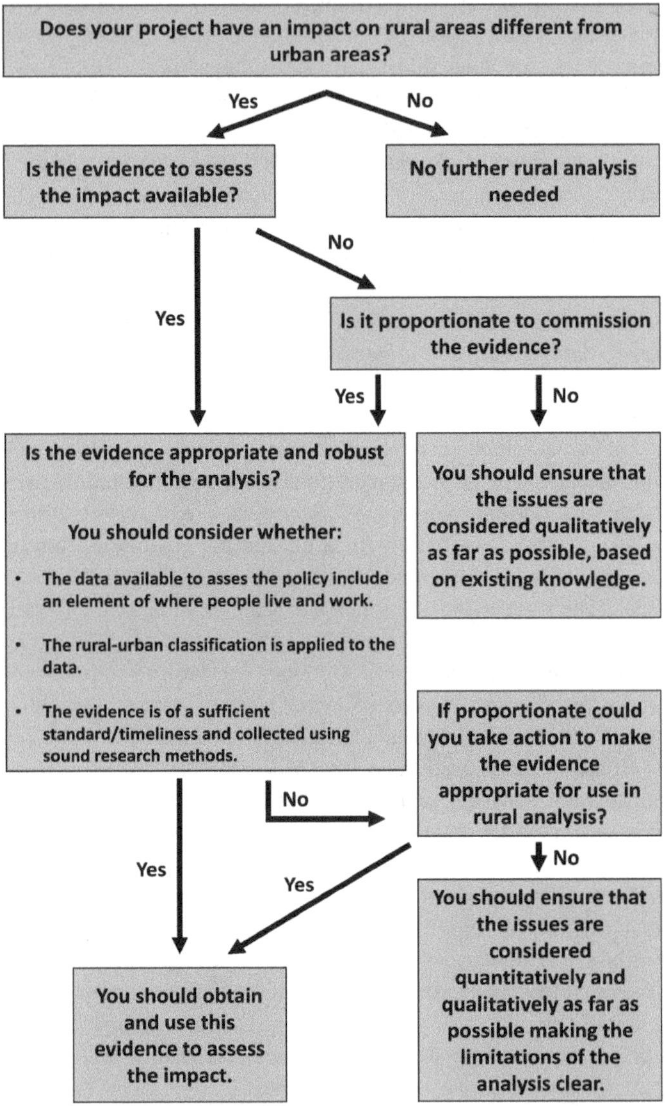

Abbildung 2.1 Standardisierte Vorgehensweise zur Bestimmung des Einflusses von Gesetzesvorhaben auf ländliche Räume in Großbritannien. (Quelle: Eigene Darstellung auf Grundlage von DEFRA 2017: 10)

Wenn bei der Analyse unterschiedliche Einflüsse der Gesetzgebung auf ländliche und städtische Räume deutlich werden, soll die Gesetzgebung angepasst werden, um eine Chancengleichheit zwischen Stadt und Land herzustellen (s. Abb. 2.2, vgl. auch DEFRA 2017: 17f). Schließlich wird eine Reflexion vergangener Gesetzgebungen auf ländliche Räume eingefordert, um diese zukünftig im Sinne dieser zu verbessern (DEFRA 2017: 19).

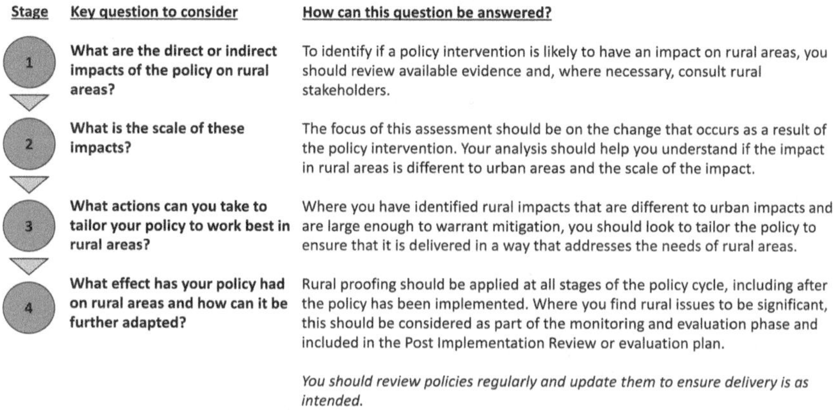

Abbildung 2.2 Rural proofing process in der Gesetzgebung Großbritanniens. (Quelle: Eigene Darstellung auf Grundlage von DEFRA 2017: 1)

2.5 „Social Services of General Interest" in Schweden

Bis zur Entwicklung einer Einordnung von Daseinsvorsorge durch die Europäische Union (vgl. Abschn. 2.1) bestand in Schweden keine theoretisch-konzeptionelle Grundlage für die Erbringungen staatlicher Leistungen (BMVI 2015a: 32). Folglich orientiert sich die schwedische Perspektive auf Daseinsvorsorge am europäischen Rahmen, also dem Konzept der „Services of General Interest", sowie der „Social Services of General Interest (ebd.). Trotz der lange fehlenden Terminologie spielt der Wohlfahrtsstaat, anders als in Großbritannien (vgl. Abschn. 2.4), in Schweden aber traditionell eine wichtige Rolle (AMBROSIUS 2008: 529). So erbringen öffentliche Unternehmen im Wettbewerb marktorientiert verschiedene Leistungen (AMBROSIUS 2008: 530).

Obwohl in Schweden keine klassische Terminologie entwickelt wurde, ist der Staat seit vielen Jahrzehnten insbesondere in ländlichen Räumen um eine soziale Sicherung und den Ausgleich zwischen den Regionen bemüht (BMVBS 2013: 38, 40; OECD 2010: 6). Der Fokus liegt dabei auf der Förderung von Entwicklungschancen für alle Regionen (OECD 2010: 6). So engagiert sich die öffentliche Hand auf vielfältige Art und Weise beispielsweise bei der Sicherung flächendeckender Kinderbetreuung, mit Reintegrationsprogrammen in den Arbeitsmarkt, insbesondere für ältere Menschen, der systematischen Anwerbung von Fachkräften, auch aus dem Ausland, sowie einem umfassenden Finanzausgleichssystems zwischen den verschiedenen Landesteilen (BMVBS 2013: 38f). Im Jahr 2005 wurden fast 30 % des Bruttoinlandsprodukts in öffentliche Sozialausgaben reinvestiert (OECD 2010: 6). Diese Maßnahmen werden mit den sehr geringen regionalen Disparitäten beim Bruttoinlandsprodukt in Verbindung gebracht (OECD 2010: 6). Auch die Differenzen bei der regionalen Arbeitslosenquote sind deutlich geringer als in anderen Ländern mit einer ebenfalls starken Hauptstadtregion (wie Frankreich und Österreich) (OECD 2019: 43).

Insgesamt drei Ebenen bilden die Verwaltungsstruktur in Schweden. So bestehen eine nationale, eine regionale, sowie einer kommunalen Verwaltung, die wiederum in Provinziallandtage (landsting) sowie der Gemeinde (kommun) aufgeteilt ist (BMVI 2015a: 33). Ähnlich wie die deutsche kommunale Selbstverwaltung ist auch in Schweden das „local self-government" ein wichtiges strukturelles Element (ebd.).

Bei der Bereitstellung von Leistungen der Daseinsvorsorge ist folglich eine starke bottom-up Organisationsstruktur zu erkennen (OECD 2010: 6; REGERINGSKANSLIET 2015: 13). So obliegt es den Kommunen, die konkteten Angebote der Daseinsvorsorge auszugestalten (REGERINGSKANSLIET 2015: 13). Darüber befindet sich mit der regionalen und der nationalen Ebene eine Organisationsstruktur, welche mit strategischen Steuerungsinstrumenten den Rahmen vorgibt (ebd.). Harmonisiert ist dieser Prozess auch mit den europäischen Zielen der EU-2020-Strategie [vgl. EUROPEAN COMMISSION 2010] (REGERINGSKANSLIET 2015: 13). Eine Abstimmung zwischen den Planungsebenen findet, ähnlich wie bei dem deutschen Gegenstromprinzip (s. Abb. 2.3, vgl. hierzu auch Abschn. 3.1.1), sowohl bottom-up als auch top-down statt (ebd.).

Abbildung 2.3 Das politische Steuerungsmodell der Raumordnung in Schweden. (Quelle: Eigene Darstellung auf Grundlage von REGERINGSKANSLIET 2015: 13)

Bei der Organisation des öffentlichen Personennahverkehrs ist die Bildung regionaler Planungsallianzen durch mehrere Kommunen gesetzlich vorgesehen. So übernehmen im Regelfall die Region und die Gemeinden eines Landkreises gemeinsam Verantwortung für die Bestellung des öffentlichen Personennahverkehrs (2 kap. § 1 Lag om kollektivtrafik). Bei einer gemeinsamen Verantwortung wird die Aufgabenträgerschaft über einen Kommunalverband organisiert (2 kap. § 2 Lag om kollektivtrafik). Diese ähneln bezüglich der Organisations- und Finanzierungsstruktur den in Deutschland gängigen kommunalen Zweckverbänden (vgl. beispielsweise Gesetz über den Regionalverband Großraum Braunschweig).

Während in Großbritannien eine materielle Privatisierung vollzogen wurde, setzte man in Schweden auf eine Öffnung der daseinsvorsorgerelevanten Märkte für den Wettbewerb (AMBROSIUS 2008: 529f), dieser Öffnungsprozess wurde in den Jahren vor der Jahrtausendwende abgeschlossen (AMBROSIUS 2008: 530). Seitdem sind die staatlichen Versorgungsunternehmen in einem liberalisierten Wirtschaftsumfeld mit Wettbewerb zu einem „marktorientiert[en]" Handeln angehalten (ebd.). Dennoch ist in Schweden noch eine Kontrolle des Staates über die öffentlichen Unternehmen vorhanden (AMBROSIUS 2008: 530).

Die Bestrebungen der Europäischen Union zur Schaffung von mehr Wettbewerb fanden auch in Schweden Ausdruck in der Liberalisierung der Märkte (AMBROSIUS 2008: 530; vgl. hierzu auch REGERINGSKANSLIET 2015: 13). Dennoch konnte der traditionelle schwedische Weg der Daseinsvorsorgesicherung durch staatliche Stellen beibehalten werden: „Letztlich haben die strukturellen Veränderungen der öffentlichen Dienstleistungen in jüngster Zeit deren konzeptionelle Verankerung im schwedischen Modell des zentralen korporativ organisierten Wohlfahrtsstaates mit starken Steuerungsmöglichkeiten kaum berührt" (AMBROSIUS 2008: 530).

2.6 Abschließender Vergleich der Länder mit internationaler Einordnung Deutschlands

Die Sicherstellung der Daseinsvorsorge ist in Schweden wie in Deutschland von einer starken kommunalen Selbstverwaltung geprägt. Beispielsweise in der Organisation des öffentlichen Personenverkehres sind kaum strukturelle Unterschiede zu Deutschland erkennbar. Lediglich der konzeptionell-theoretische Überbau der Daseinsvorsorge fehlte in Schweden bis zu einer Adaption der Leitlinien der europäischen Kohäsionspolitik. Daher bestehen Unterschiede im Begriffsverständnis, die sich in der konkreten praktischen Umsetzung jedoch nicht fortsetzen. Der Service public in der Schweiz lässt sich im Vergleich zu Deutschland hingegen deutlicher abgrenzen. So verbleiben, im Gegensatz zur deutschen kommunalen Selbstverwaltung, wesentliche Kompetenzen, wie die Gestaltung öffentlicher Verkehre, in der Kompetenz des Bundes. Deutlich unterschieden werden kann auch in den gesetzlichen Festlegungen zum Leistungsumfang der Daseinsvorsorge. Hier werden in der Schweiz teilweise konkrete Anforderungen zum Versorgungsniveau formuliert. Während die Auslegung eines „gleichwerigen Angebots" in Deutschland eines lokalen oder regionalen politischen Definitionsprozesses bedarf, ist dieses in der Schweiz konkret festgelegt, wie die mindestens vier täglichen ÖPNV-Verbindungen zu und von jeder Ortschaft mit mindestens 100 Einwohner*innen exemplarisch zeigen.

Ein grundlegend anderes Konzept liegt im Vereinigten Königreich von Großbritannien und Nordirland vor. Hier sind seit der Abschaffung der regionalen Verwaltungsebene die Zentralregierung und die kommunale Ebene für die Gewährleistung von Daseinsvorsorge zuständig. Ein begrifflicher und konzeptioneller Überbau besteht nicht. Folglich findet die traditionelle liberale Marktausrichtung auch bei der Daseinsvorsorge Anwendung. Die Bereitstellung von staatlichen Schlüsselangeboten soll jedoch eine grundlegende Chancengleichheit bieten. Diese sind, ähnlich wie in Deutschland, bezüglich Art und Umfang nicht näher definiert. Dafür wird insbesondere im Rahmen der nationalen Gesetzgebung auf einen Ausgleich zwischen städtischen und ländlichen Regionen hingewirkt. So wird beispielsweise im Rahmen umfangreicher Evaluationsverfahren sichergestellt, dass ländliche Räume bei der Gesetzgebung entsprechend Berücksichtigung finden. Nationalstaatlich geführte Organisationen wie der National Health Service werden von der Zentralregierung in London gesteuert, in anderen Bereichen haben die Kommunen einen großen Spielraum, wodurch in diesen Bereichen organisatorische Gemeinsamkeiten mit Schweden und Deutschland entstehen.

Im europäischen Vergleich ist die Daseinsvorsorge in Deutschland also geprägt von einer starken Begrifflichkeit und einem entsprechend ausgeprägten theoretischen Rahmen, sowie einer vergleichsweise einheitlichen Verwaltungsstruktur mit klar abzugrenzenden Kompetenzen. Die praktische Gewährleistung einer Gleichwertigkeit der Lebensverhältnisse wird dabei stärker als in den Vergleichsländern Schweden und Großbritannien durch eine starke Bottom-Up-Struktur, insbesondere durch die kommunale Selbstverwaltung, geprägt. Eine vergleichsweise sehr wichtige Rolle spielt auch die regionale Ebene, die mit umfangreichen Kompetenzen ausgestattet ist. Der Bund nimmt dabei, anders als beispielsweise in der Schweiz, überwiegend eine normativ-beratende Rolle ein. So sind vor allem die Kommunen, Regionen und Bundesländer für die Ausgestaltung gleichwertiger Lebensverhältnisse verantwortlich.

Wichtig für die Fragestellung, welche **Beitragspotenziale ein autonomer ÖPNV zur Sicherung der Daseinsvorsorge in Deutschland** entfalten kann, ist neben technisch-organisatorischen Aspekten und der Abschätzung einer tatsächlichen Nutzung durch die Bevölkerung also insbesondere die **politische Definition eines Bedarfs** für solche Verkehre. Nur wo durch demokratisch-legitimierte politische Gremien und deren Verwaltungen eine Untererfüllung von Daseinsvorsorgefunktionen im Bereich der Anbindung formuliert wird, kann ein autonomer ÖPNV folglich einen Beitrag zur Erfüllung genau dieser staatlichen Gewährleistungspflicht leisten. **Hier sind, je nach Organisationsstruktur der Aufgabenträger, die jeweiligen, Kommunen, Zweckverbände und Regionen gefordert, um den tatsächlichen Bedarf zu formulieren und zu legitimieren.**

Sicherung der Daseinsvorsorge durch die räumlichen Planungen und die ÖPNV-Fachplanung

3

3.1 Sicherung der Daseinsvorsorge durch die räumlichen Planungen

3.1.1 Aufgaben, Funktionen und Kompetenzverteilung der räumlichen Planungen

Die räumlichen Planungen sind in Bezug auf viele gesellschaftliche Fragestellungen relevant. So sind diese beispielsweise bei der Sicherung des Raumes für bestimmte Funktionen wie Siedlungs- und Freiraumentwicklung, aber auch das Vorhalten von Fläche für die zukünftige Entwicklung von Infrastruktur wichtig (ARL 2020: 1). Für die Sicherung der Daseinsvorsorge haben diese ebenfalls eine große Bedeutung (ebd.). Raumordnung hat in Deutschland also verschiedene Aufgaben und Funktionen: „Raumordnung steht für den öffentlichen Gestaltungsanspruch, und hat sowohl eine Entwicklungs- als auch eine Ordnungs- und Sicherungsfunktion. Um ihre Aufgabe zu erfüllen, ist Raumordnung auf einen stabilen Rechtsrahmen und wirksame Instrumente angewiesen" (PRIEBS 2013: 60).

Ein wichtiges **Instrument der Raumordnung** sind die **Raumordnungspläne**, in denen das **System der zentralen Orte** eine besondere Stellung einnimmt. Dieses wurde in der ersten Hälfte des 20. Jahrhunderts vom deutschen Geographen Walter Christaller entwickelt: „Ausgehend von seiner Beobachtung einer weitgehend regelmäßigen Anordnung der Städte im Raum entwickelte Christaller eine epochale Theorie zur Hierarchisierung des Siedlungssystems" (PRIEBS 2013: 30; vgl. auch CHRISTALLER 1933: 1 ff. und TERFRÜCHTE & FLEX 2018: 2970).

J. Lamberg, *Beitragspotenziale eines autonomen ÖPNV zur Sicherung der Daseinsvorsorge*, https://doi.org/10.1007/978-3-658-50160-0_3

Seit vielen Jahrzehnten besitzt das System der zentralen Orte nun bereits eine herausragende Bedeutung. So ist „das Zentrale-Orte-System […] in Deutschland seit den 1960er-Jahren zum normativen Leitbild der Landes- und Regionalplanung geworden […]" (PRIEBS 2013: 31). Nach GAWRON (2008: 6) hat das System der zentralen Orte zudem wesentlich zur „Herstellung gleichwertiger Lebensverhältnisse" [Art. 72 GG] beigetragen (vgl. hierzu auch BBSR 2021a: 5). Dies liegt insbesondere daran, dass das Zentrale-Orte-System Ortschaften definiert, die Güter und Dienstleistungen der Daseinsvorsorge in einer vertretbaren Erreichbarkeit vorhalten sollen (ARL 2020: 4 und TERFRÜCHTE & FLEX 2018: 2970; vgl. auch DANIELZYK & KOCH 2002: 201 f.). Die Zentralität liegt in der Versorgungsfunktion begründet, den diese Orte für ein Gebiet über die eigenen Siedlungsgrenzen hinaus wahrnehmen (ARL 2020: 4 & BMVBS & BBSR 2010: 32). Die Ortschaften haben also einen „Bedeutungsüberschuss" (PRIEBS 2013: 30). Die Einrichtungen eines zentralen Orts befriedigen also nicht nur die Binnennachfrage, sondern versorgen ebenfalls die umliegenden Gebiete. Die Erreichbarkeit dieser Orte aus den peripheren Gebieten muss hierfür gewährleistet sein (ARL 2020: 4, BMVBS & BBSR 2010: 32 und DANIELZYK & KOCH 2002: 201 f.). Die zentralen Orte werden im Regelfall in **Oberzentren, Mittelzentren und Grundzentren** unterteilt und sind für Deutschland flächendeckend festgelegt (s. Abb. 3.1).

Die Kompetenzen im Rahmen der Raumordnung und -planung sind in Deutschland auf **verschiedene administrative Ebenen** verteilt (s. Abb. 3.2). Die Bundesraumordnung bildet gemeinsam mit der europäischen Raumordnung den rahmenden Überbau (ebd.). Dieser wird anschließend im Rahmen der Landes- und Regionalplanung sowie der kommunalen Bauleitplanung konkretisiert (ebd.). Über das sogenannte **Gegenstromprinzip** (§ 1 Abs. 3 ROG; vgl. hierzu z. B. auch KÜMPER 2018: 762 und PRIEBS 2013: 101) werden Top-Down und Bottom-Up-Ansätze miteinander kombiniert und durch die Einbeziehung von Trägern öffentlicher Belange, Bürger*innen, raumwirksamen Fachpolitiken sowie insbesondere den sektoralen **Fachplanungen** auf den jeweiligen Ebenen komplettiert (s. Abb. 3.2). Für die vorliegende Arbeit ist bei den Fachplanungen insbesondere die Verkehrsplanung der ÖPNV-Aufgabenträger relevant (s. Abschn. 3.2). Die Zusammenarbeit der Länder mit der Bundesebene wird zudem durch die im Raumordnungsgesetz verankerte Raumentwicklungsministerkonferenz [ehemals Ministerkonferenz für Raumordnung] geregelt (§ 24 Abs. 1 ROG).

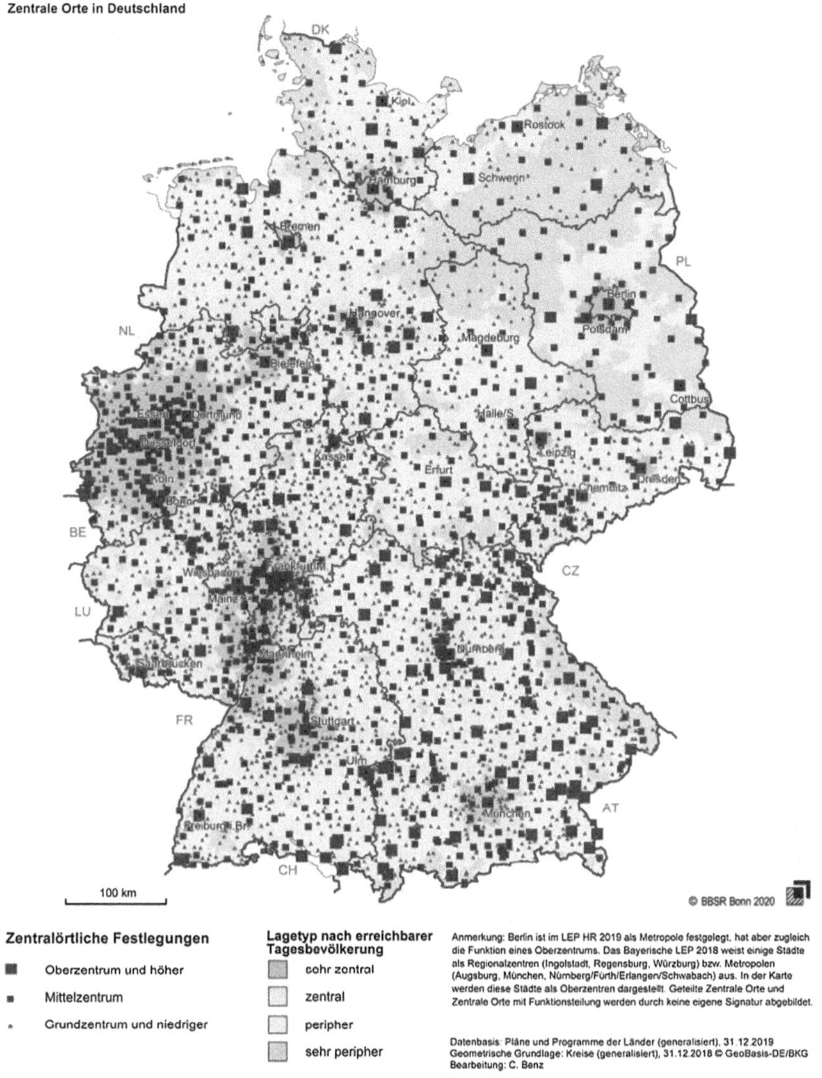

Abbildung 3.1 Das System der zentralen Orte in Deutschland. (Quelle: BBSR 2020: 1)

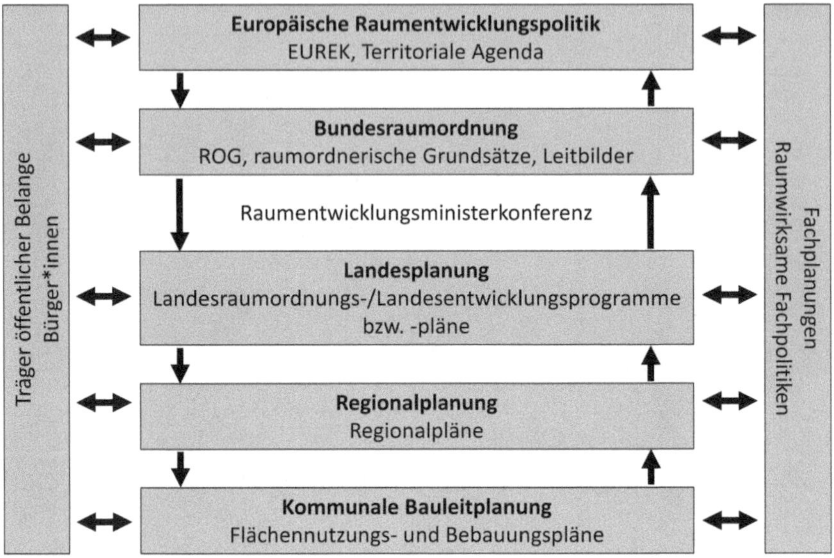

Abbildung 3.2 Das System der räumlichen Planungen. (Quelle: Eigene Darstellung auf Grundlage von DILLER 2018: 1891 unter Ergänzung von SCHÖN 2018: 579 f., PRIEBS 2013: 101–104 und § 24 Abs. 1 ROG)

Ab der Landesebene werden auf den unteren Ebenen der räumlichen Planung verbindliche Festlegungen getroffen: „Während die Inhalte auf der Ebene des Bundes und der EU vorwiegend programmatischen und orientierenden Charakter besitzen, wirken die Landesplanung, die Regionalplanung und die kommunale Bauleitplanung normsetzend“, also rechtsverbindlich (REGIONALER PLANUNGSVERBAND OBERES ELBTAL/OSTERZGEBIRGE 2017: 1).

Verbindliche Landesraumordnungspläne sind nach §13 (Abs. 1 Nr. 1) des Raumordnungsgesetzes durch die Bundesländer aufzustellen, mit Ausnahme der Stadtstaaten Berlin, Hamburg und Bremen. In diesen kann der Flächennutzungsplan die Aufgabe der Landesraumordnungspläne übernehmen (§13 Abs. 1 Nr. 2 ROG). Konkretisiert werden die Landesraumordnungspläne in den ebenfalls verbindlich aufzustellenden Regionalplänen (§13 Abs. 1 Nr. 2 ROG). Die kommunalen Flächennutzungs- sowie Bebauungspläne sind bei der Aufstellung der Landesraumordnungspläne und Regionalpläne zu berücksichtigen (§ 13 Abs. 2 ROG).

3.1.2 Europäische Raumentwicklungspolitik

Die **Europäische Raumordnung** bzw. Europäische Raumentwicklungspolitik (vgl. DILLER 2018: 1891 und SCHÖN 2018: 578) und die Bundesraumordnung (SINZ 2018: 326) bilden den Rahmen für die Raumordnung in Deutschland. Jedoch hat diese insbesondere auf europäischer Ebene eine rahmengebende Funktion: „Tatsächlich [...] bewegt sich [diese] weitgehend im informellen Bereich. Dies ist darin begründet, dass es immer noch keine echte Kompetenz der Europäischen Union für die Raumordnung gibt“ (PRIEBS 2013: 102, vgl. auch SCHÖN 2018: 581).

Eine wichtige Grundlage der Europäischen Raumentwicklungspolitik ist das **Europäische Raumentwicklungskonzept** (EUREK; EUROPÄISCHE KOMMISSION 2004 und SCHÖN 2018: 579), welches im Sinne der beschriebenen informellen Steuerung ausgestaltet ist. So heißt es in dessen Präambel: „Alle Beteiligten waren sich einig, daß [sic.] das EUREK keine neuen Kompetenzen auf der Ebene der Gemeinschaft begründet. Es dient den Mitgliedstaaten, deren Regionen und lokalen Gebietskörperschaften und der Europäischen Kommission im jeweiligen eigenem [sic.] Zuständigkeitsbereich als politischer Orientierungsrahmen.“ (Abs. 5, Präambel des EUREK; EUROPÄISCHE KOMMISSION 2004). Relevant für den Kontext dieser Arbeit ist insbesondere das im EUREK enthaltene Bekenntnis zu einer Verteilung der Zentrenfunktionen auf verschiedene Orte sowie deren Erreichbarkeit: „Bei der Verwirklichung der Ziele für die europäische Raumentwicklung kommt neben den großen Städten und Stadtregionen auch den ländlichen Räumen eine große Bedeutung zu. Eine dezentrale, polyzentrische Siedlungsstruktur wird nicht zuletzt dadurch erreicht werden können, daß [sic.] die sozio-ökonomische Funktionsfähigkeit ländlicher Räume stabilisiert, langfristig gesichert oder hergestellt werden kann. Dafür sind die Zugangsmöglichkeiten zu Infrastruktur und Wissen Schlüsselpositionen [...]“ (Abs. 289 EUREK; EUROPÄISCHE KOMMISSION 2004).

Mit der Territorialen Agenda wurde zudem eine weitere Grundlage für eine gemeinsame europäische Raumentwicklung erarbeitet (SCHÖN 2018: 580 und PRIEBS 2013: 104). In diesem Dokument wird die „Daseinsvorsorge“, anders als im EUREK, explizit erwähnt und in ihrer Ausgestaltung konkretisiert: „Erreichbarkeit, Nähe, Bezahlbarkeit und Qualität öffentlicher Dienstleistungen sind für Lebensqualität und Geschäftsentwicklung wichtig“ (Abs. 27, Territoriale Agenda 2030; MINISTERINNEN UND MINISTER FÜR RAUMORDNUNG, RAUMENTWICKLUNG UND/ODER TERRITORIALEN ZUSAMMENHALT 2020).

Zudem besteht auch auf europäischer Ebene, ähnlich wie bei der Raumentwicklungsministerkonferenz (vgl. folgenden Abschn. 3.1.3), ein Austausch der nationalen Minister*innen, in deren jeweiligen Zuständigkeitsbereich die Raumordnung fällt (SCHÖN 2018: 578 und PRIEBS 2013: 102). Allerdings werden diese Sitzungen, [anders als die im Raumordnungsgesetz verankerten Abstimmungen auf nationaler Ebene (vgl. § 24 Abs. 1 ROG),] ebenfalls nur informell durchgeführt (PRIEBS 2013: 102).

Allerdings lässt der Vertrag über die Europäische Union (EU-Vertrag) seit dem Inkrafttreten des Vertrags von Lissabon die Ausgestaltung von Kompetenzen in der Raumordnung durchaus zu. So wurde der „wirtschaftliche[], soziale[] und territoriale[] Zusammenhalt und die Solidarität zwischen den Mitgliedstaaten" als Ziel der Union (Art. 3 Abs. 3 UAbs. 3 EUV) verfassungsrechtlich verankert. Darüber hinaus spielt der Einsatz von Finanzinstrumenten über verschiedene Fördertöpfe der Europäischen Struktur- und Investitionsfonds eine wichtige Rolle. So „hat die EU-Politik seit Jahrzehnten faktisch über den Einsatz von Finanzmitteln einen erheblichen Einfluss auf die Raumentwicklung der EU-Staaten" (PRIEBS 2013: 103; vgl. auch SCHÖN 2018: 583).

3.1.3 Bundesraumordnung

Auch die **Bundesraumordnung** nimmt im System der Planungsebenen eine rahmengebende Funktion ein. So werden auf Bundesebene insbesondere übergeordnete Konzepte und Leitbilder erarbeitet (SINZ 2018: 326). Zudem besteht eine „materielle Regelungskompetenz" bei bundeslandübergreifenden „raumordnerische[n] Belange[n]" (SINZ 2018: 326). So können „in begrenzter Form und für bestimmte Teilaspekte Raumordnungspläne für das Bundesgebiet oder größere länderübergreifende Zusammenhänge" aufgestellt werden (SINZ 2018: 328). Diese Möglichkeit wurde im Rahmen der Bundesraumordnung bereits genutzt. So trat am 1. September 2021 die „Verordnung über die Raumordnung im Bund für einen länderübergreifenden Hochwasserschutz" in Kraft. Darüber hinaus ist der Bund auf Grundlage des Raumordnungsgesetzes für die Raumordnung in der deutschen ausschließlichen Wirtschaftszone (AWZ) [in der Nord- und Ostsee] zuständig (§ 17 Abs. 1 Satz 1 ROG, vgl. auch Sinz 2018: 328). Diese gehört nicht zum Hoheitsgebiet der Bundesrepublik Deutschland, wurde dieser jedoch völkerrechtlich zur alleinigen Nutzung zugewiesen (ARL 2013b: 22). Für die AWZ stellt das zuständige Bundesministerium einen „Raumordnungsplan als

Rechtsverordnung“ auf (§ 17 Abs. 1 ROG). Doch auch durch die Fachplanungen des Bundes und auch durch die Gesetzgebung entfaltet die Bundesebene räumliche Relevanz (SINZ 2018: 326).

Neben dem jeweils zuständigen Fachministerium nimmt insbesondere das Bundesinstitut für Bau-, Stadt- und Raumforschung (BBSR) eine bedeutsame Stellung ein (SINZ 2018: 334 und PRIEBS 2013: 67). Insbesondere die vom BBSR 2016 gemeinsam mit dem zuständigen Bundesministerium veröffentlichte Leitbildkarte „Daseinsvorsorge“ ist für den Kontext dieser Arbeit relevant (Abb. 3.3). Diese wurde zuvor von der damaligen Ministerkonferenz für Raumordnung erarbeitet und beschlossen.

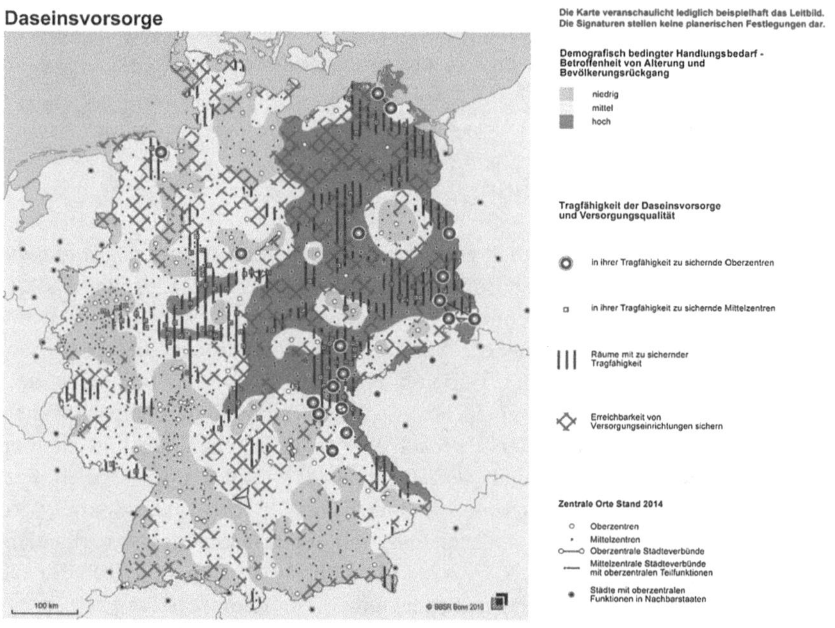

Abbildung 3.3 Leitbildkarte Daseinsvorsorge. (Quelle: BMVI & BBSR 2016: 20)

So ist insbesondere die „Erreichbarkeit von Versorgungseinrichtungen“ sowie die „Tragfähigkeit“ von Räumen zu sichern (s. Abb. 3.3). Für alle vier gewählten Untersuchungsregionen in dieser Arbeit ist mindestens eine der beiden Festlegungen zutreffend (vgl. Abb. 3.3 mit Abschn. 8.1).

Auf Grundlage des Grundgesetzes könnte die Bundesebene ihre Kompetenzen im Kontext der Sicherung der Daseinsvorsorge zukünftig ausweiten: „Im Bereich der konkurrierenden Gesetzgebung haben die Länder die Befugnis zur Gesetzgebung, solange und soweit der Bund von seiner Gesetzgebungszuständigkeit nicht durch Gesetz Gebrauch gemacht hat" (Art 72 Abs. 1 GG). Dies gilt dann, „wenn und soweit die Herstellung gleichwertiger Lebensverhältnisse im Bundesgebiet oder die Wahrung der Rechts- oder Wirtschaftseinheit im gesamtstaatlichen Interesse eine bundesgesetzliche Regelung erforderlich macht" (Art 72 Abs. 2 GG). Allerdings wird den Bundesländern im selben Artikel des Grundgesetzes für diese Fälle, explizit auch für die Raumordnung, die Möglichkeit eingeräumt, dann von der Gesetzgebung des Bundes abzuweichen (Art 72 Abs. 3 GG) (vgl. zum Verhältnis der Bundes- und Landesebene auch PRIEBS 2013: 64). Aktuell findet eine Harmonisierung der beiden Planungsebenen insbesondere durch die im vorherigen Kapitel vorgestellte Raumentwicklungsministerkonferenz statt (§ 24 Abs. 1 ROG).

3.1.4 Landesraumordnung

Die Landesraumordnung, oft auch gefasst unter dem Begriff der *Landesplanung*, ist die räumlichen Planung der Bundesländer (GOPPEL 2018: 1307 und PRIEBS 2013: 77). Wie bereits in Abschnitt 3.1.1 deutlich wurde, ist die Landesplanung neben der Bundesraumordnung die höchste Verwaltungsebene, dessen Festlegungen eine rechtsverbindliche Wirkung entfalten. Das Raumordnungsgesetz verpflichtet die Bundesländer, einen landesweiten Raumordnungsplan aufzustellen (§ 13 Abs. 1 ROG). In den Bundesländern Berlin, Hamburg und Bremen kann diese Funktion jedoch auch vom Flächennutzungsplan übernommen werden. Im Rahmen der „Gemeinsamen Landesplanung Berlin-Brandenburg" wird jedoch auch für Berlin „eine Landesplanung mit eigenständigem überregionalem Charakter" betrieben (PRIEBS 2013: 77; vgl. auch GOPPEL 2018: 1310). Da die landesweiten Raumordnungspläne „Festlegungen zur Raumstruktur [...], insbesondere zu der anzustrebenden Siedlungsstruktur" enthalten sollen (§ 13 Abs. 5), nennt der Gesetzestext in diesem Zusammenhang insbesondere auch die Festlegung Zentraler Orte (§ 13 Abs. 5 Nr. 1). Landesweiten Raumordnungspläne und die Regionalpläne legen also die zentralen Orte fest (zu zentralen Orten vgl. auch Abschn. 3.1.5 & Abschn. 4.2.3). Auf der Ebene der Länder ist eine Oberste Landesplanungsbehörde dafür zuständig (GOPPEL 2018: 1313 und PRIEBS 2013: 77).

Im Folgenden wird exemplarisch die niedersächsische Landesraumordnung vorgestellt, um die für die Untersuchungsgebiete dieser Arbeit zugrunde liegende Spezifika der niedersächsischen Landesplanung erfassen zu können.

Beispiel: Niedersächsische Landesraumordnung
Zentrales Instrument bei der Landesraumordnung ist das **Landesraumordnungsprogramm Niedersachsen**, welches vom Niedersächsischen Ministerium für Landwirtschaft als oberste Landesplanungsbehörde aufgestellt wird. Im **Landesraumordnungsprogramm** werden die **Ober- und Mittelzentren** in Niedersachsen „abschließend" festgelegt (Abschn. 2.2 Abs. 3 S. 4 LROP, vgl. auch Abb. 3.4).

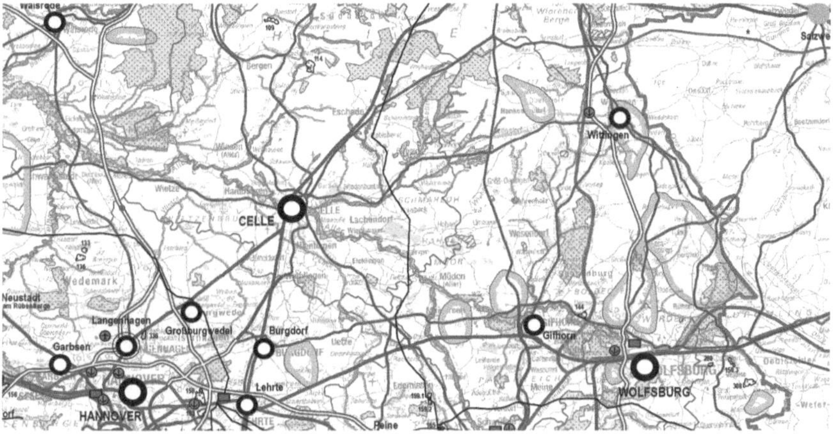

Abbildung 3.4 Ausschnitt aus der zeichnerischen Darstellung des Landesraumordnungsprogramms Niedersachsen mit diversen Ober- und Mittelzentren. (Quelle: FIS-RO, Raumordnungsportal Niedersachsen; ML 2025a: www)

Dieses gilt zudem als Rahmen für die Raumordnung auf regionaler Ebene, auf der die **regionalen Raumordnungsprogramme** von den unteren Landesplanungsbehörden als Träger der Regionalplanung aufgestellt und fortgeführt werden. So sind nach der beschreibenden Darstellung des Landesraumordnungsprogramm „die Grundzentren [...] in den Regionalen Raumordnungsprogrammen festzulegen" (Abschn. 2.2 Abs. 3 S. 6 LROP). Die folgende Tabelle 3.1 zeigt in der Übersicht die Zuständigkeiten der verschiedenen Raumordnungsebenen für Niedersachsen

Tabelle 3.1 Organisation der Raumordnung und Landesentwicklung in Niedersachsen

Planungsraum	Planungsebene	Raumordnerische Vorgaben	Zuständige Stelle
Europäische Union	Europäische Raumentwicklung	Europäisches Entwicklungskonzept (EUREK) Territoriale Agenda	Mitgliedsstaaten der EU
Bundesrepublik Deutschland	Bundesraumordnung	Raumordnungsgrundsätze im Raumordnungsgesetz (ROG) Leitbilder der Raumentwicklung Bundesraumordnungspläne	Bundesministerium für Wohnen, Stadtentwicklung und Bauwesen
Land Niedersachsen	Landesraumordnung/ Landesplanung	Landesraumordnungsprogramm (Niedersächsisches Raumordnungsgesetz, NROG)	Niedersächsisches Ministerium für Ernährung, Landwirtschaft und Verbraucherschutz
Landkreise und kreisfreie Städte sowie die Region Hannover und der Regionalverband Großraum Braunschweig	Regionalplanung	Regionale Raumordnungsprogramme	Landkreise und kreisfreie Städte sowie die Region Hannover und der Regionalverband Großraum Braunschweig

Quelle: Eigene aktualisierte und vervollständigte Darstellung von ML 2008: 5 unter Berücksichtigung von ML 2025b: www, SINZ 2018: 328 und SCHÖN 2018: 579 f

auf. Auf die Ebene der Regionalplanung wird im folgenden Abschnitt 3.1.5 näher eingegangen.

3.1.5 Regionalplanung

Unterhalb der Ebene der Landesraumordnung ist die Regionalplanung verortet und für die weitere Konkretisierung der Raumplanung zuständig. Das Raumordnungsgesetz verpflichtet die Bundesländer dazu, in den Bundesländern zusätzlich zu den landesweiten Raumordnungsplänen auch Regionalpläne aufzustellen (§ 13 Abs. 1 ROG). Ausgenommen sind davon die Stadtstaaten Berlin, Hamburg und Bremen sowie das Saarland (ebd.). Insbesondere die Siedlungsentwicklung kann durch Regionalpläne gesteuert werden (ARL 2016: 31). Auf Grundlage des Raumordnungsgesetzes sind durch die Regionalpläne ebenfalls zentrale Orte festzulegen, soweit dies noch nicht abschließend durch die Landesweiten Raumordnungspläne festgelegt ist (vgl. hierzu § 13 Abs. 5 ROG).

Regionalplanung ist in den Bundesländern unterschiedlich organisiert. In Sachsen beispielsweise wird die Regionalplanung über vier Planungsverbände gesteuert. Diese sind alle „kommunal verfasst“ - Mitglieder sind die kreisfreien Städte und die Landkreise (SMI 2014: 13). Im Vergleich dazu nimmt Niedersachsen eine besondere Stellung ein. So sind bis auf die Region Hannover und den Regionalverband Großraum Braunschweig die **Landkreise und kreisfreien Städte** Träger*innen der Regionalplanung (PRIEBS 2018: 2049). Auch die Regulierungsintensität der Regionalpläne ist sehr unterschiedlich, wie die folgende Abbildung 3.5 auf Grundlage einer Analyse von PEHLKE et al. (2021) aufzeigt (vgl. hierzu auch PRIEBS 2013: 79).

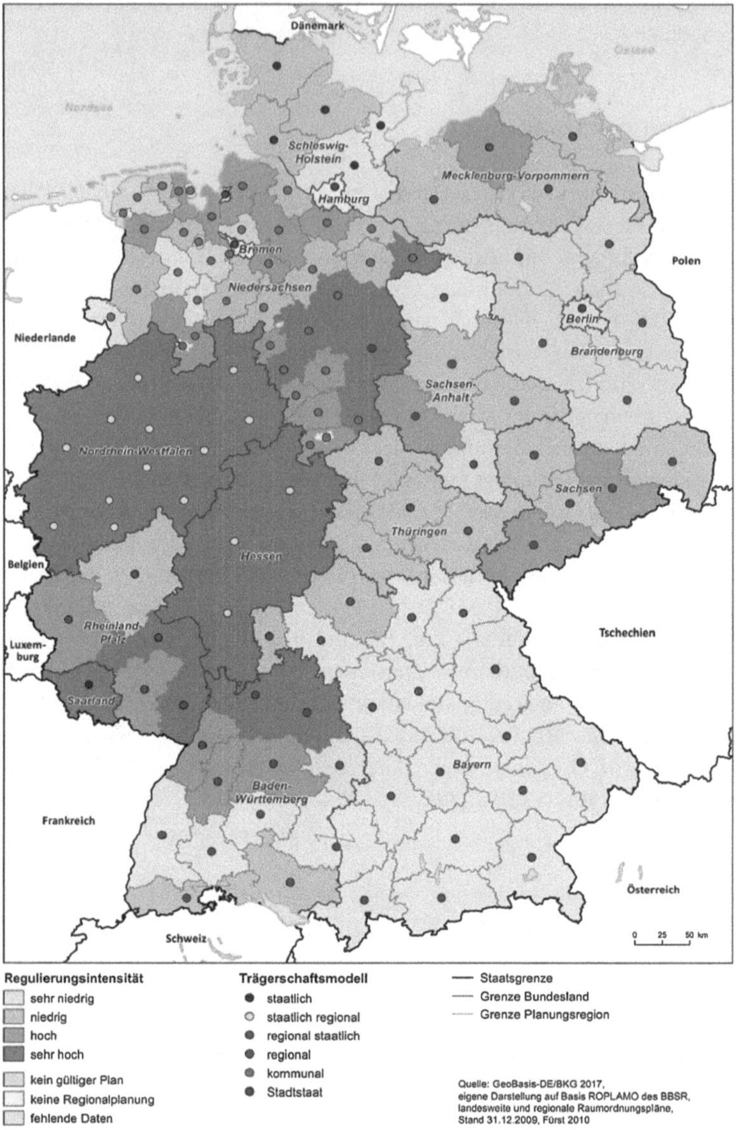

Abbildung 3.5 Trägerschaftsmodelle der Regionalplanung in Deutschland. (Quelle: Pehlke et al. 2021: 492)

Um einen tiefergehenden Einblick in die Arbeit der regionalen Planungsebene ermöglichen zu können, wird im Folgenden exemplarisch die Regionalplanung in Niedersachsen vorgestellt.

Beispiel: Regionalplanung in Niedersachsen
Wichtige Aufgabe der Regionalplanung ist die Festlegung von zentralen Orten. Da im **Landesraumordnungsprogramm Niedersachsen** nur die **Oberzentren und Mittelzentren** festgelegt werden (Abschn. 2.2 Abs. 3 S. 4 LROP), kommt der **Regionalplanung** die Aufgabe zur **Definition der Grundzentren** zu. So heißt es auch in der beschreibenden Darstellung des LROP: „die Grundzentren sind in den Regionalen Raumordnungsprogrammen festzulegen" (Abschn. 2.2 Abs. 3 S. 6 LROP). In Niedersachsen sind bis auf die Region Hannover und den Regionalverband Großraum Braunschweig die **Landkreise und kreisfreien Städte** Träger*innen der Regionalplanung (PRIEBS 2018: 2049, vgl. auch Abb. 3.6).

Diese in einem bundesdeutschen Kontext vergleichsweise kleinteilige Strukturierung (vgl. Abb. 3.6 mit Abb. 3.5) wird im Fachkontext kontrovers diskutiert. So heißt es beispielsweise bei PRIEBS: „Die niedersächsische Lösung ist von Anfang an fachlich umstritten gewesen, weil die Planungsräume zum Teil sehr klein sind. Auch gibt es meist keine planerische Klammer zwischen den (kreisfreien) Kernstädten und ihrem Verflechtungsbereich. In der Praxis sieht es außerdem so aus, dass in den kreisfreien Städten der Flächennutzungsplan den Regionalplan ersetzt. Diese Problematik hat der Gesetzgeber offenbar erkannt, weswegen er zumindest in den beiden größten Verdichtungsräumen des Landes, Braunschweig und Hannover, Sonderregelungen geschaffen hat" (2013: 87). Zudem unterstützt das Niedersächsische Ministerium für Bundes- und Europaangelegenheiten und Regionale Entwicklung die regionale Ebene. Mit dem Förderprogramm „Zukunftsräume Niedersachsen" wird beispielsweise eine Stärkung der für die Daseinsvorsorge relevanten Grund- und Mittelzentren forciert (MB 2023: 2). Mit dem regionalpolitischen Instrument der Zukunftsregionen werden die Landkreise und kreisfreien Städte bei der Zusammenarbeit unterstützt (MB 2020: 2).

In den folgenden Ausführungen werden zwei der in Niedersachsen vorkommenden Organisationsformen der Regionalplanung exemplarisch vorgestellt: zum einen ein kommunal verfasster Planungsverband als Träger der Regionalplanung sowie die Regionalplanung in einem Landkreis.

Abbildung 3.6 Träger der Regionalplanung in Niedersachsen, zugleich untere Landesplanungsbehörden. (Quelle: ML 2025c: www)

Organisationsform 1: Regionalplanung im kommunal verfassten Planungsverband, Beispiel Regionalverband Großraum Braunschweig

Wie das vorherige Kapitel aufzeigt, gibt es auf Ebene der Regionalplanung in Niedersachsen neben der Verortung auf Landkreisebene auch zwei weitere Varianten. Zum einen die Region Hannover als regionale Gebietskörperschaft sowie den kommunal verfassten Planungsverband Regionalverband Großraum Braunschweig. Da drei von vier Untersuchungsgebiete dieser Arbeit (vgl. Abschn. 8.1) sich im Gebiet des Regionalverbands Großraum Braunschweig befinden, wird dieser in diesem Kapitel genauer vorgestellt. Der Regionalverband ist ein Zusammenschluss verschiedener Landkreise und kreisfreier Städte. Verbandsglieder im Regionalverband Großraum Braunschweig sind die Landkreise Gifhorn, Peine, Helmstedt, Wolfenbüttel und

Goslar sowie die kreisfreien Städte Wolfsburg, Braunschweig und Salzgitter (s. Abb. 3.7).

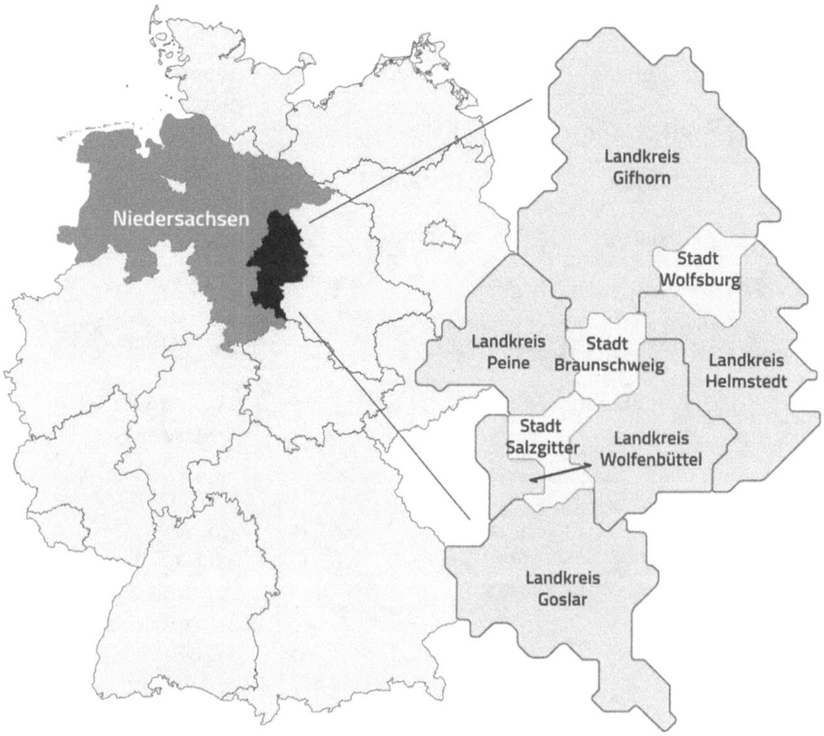

Abbildung 3.7 Das Gebiet des Regionalverbandes und seine Mitglieder sowie dessen Lage in Niedersachsen und Deutschland. (Quelle: REGIONALVERBAND GROẞRAUM BRAUNSCHWEIG 2025: www)

Die Struktur und auch die Arbeitsweise werden im „Gesetz über den Regionalverband „Großraum Braunschweig““ (RVGBrG) geregelt. Die Verbandsglieder entsenden Mitglieder in die 59 Personen umfassende Verbandsversammlung (§ 4 Abs. 1 RVGBrG), die ihre Sitzungen in den Fachausschüssen für Regionalentwicklung und Regionalverkehr sowie im Verbandsausschuss vorbereitet (s. Abb. 3.8). Der Verbandsrat, bestehend aus den Verwaltungsspitzen der Verbandsglieder, also den OberbürgermeisterInnen und Landrät*innen, berat die Ausschüsse bei ihrer Arbeit (ebd.). Die zur Verbandsversammlung gehörende Verwaltung wird durch

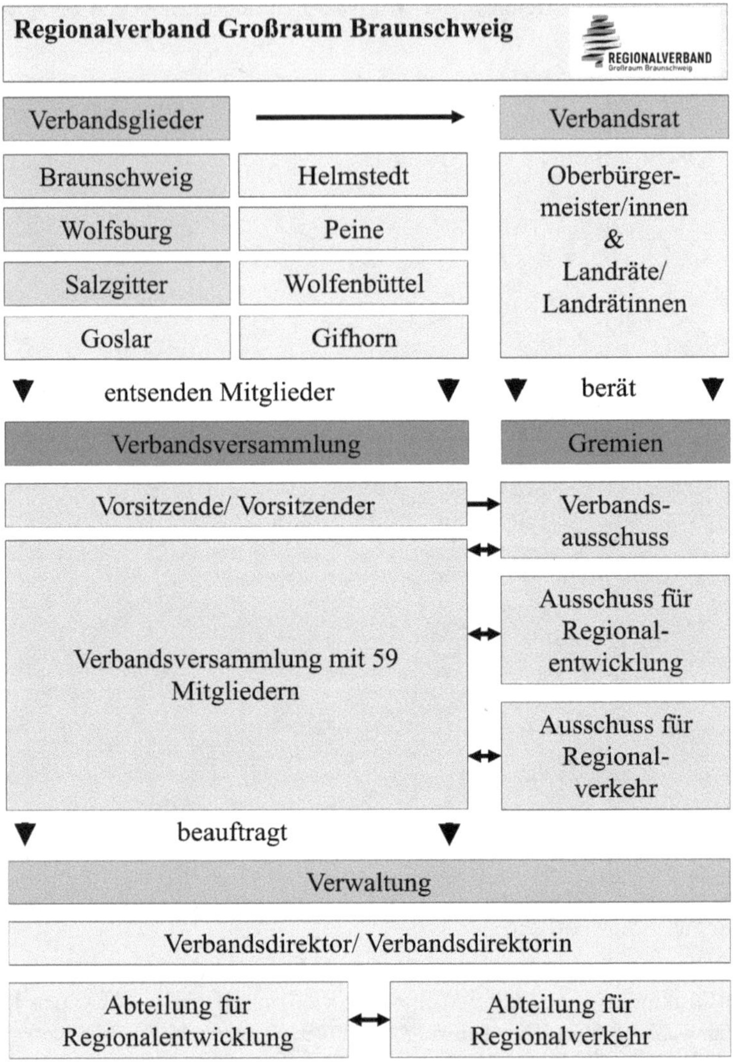

Abbildung 3.8 Organigramm des Regionalverbands Großraum Braunschweig. (Quelle: Lamberg 2022a: 28/ vgl. auch REGIONALVERBAND GROẞRAUM BRAUNSCHWEIG 2025: www)

die Versammlung mit der Umsetzung von Vorhaben beauftragt. Die Verbandsversammlung wird von einer vorsitzenden Person geführt, die Verwaltung von einem Direktor oder Direktorin (ebd.).

Den beiden genannten Fachausschüssen hat der Regionalverband zwei gesetzlich festgeschriebene Aufgabenbereiche. So ist er Träger der Regionalplanung sowie ÖPNV-Aufgaben-träger (§ 2 Abs. 1 RVGBrG) und stellt damit sowohl ein Regionales Raumordnungsprogramm (§ 5 Abs. 1 NROG in Verbindung mit § 5b Abs. 4 S. 2 RVGBrG) sowie einen Nahverkehrsplan (§ 6 Abs. 1 NNVG in Verbindung mit § 5b Abs. 4 S. 2 RVGBrG) auf. Auf die Nahverkehrsplanung durch den Regionalverband Großraum Braunschweig wird in Abschn. 3.2.4 noch näher eingegangen.

Im Regionalen Raumordnungsprogramm des Regionalverbands Großraum Braunschweig werden unter anderem die Grundzentren sowie darüber hinaus „Ortsteile mit grundzentraler Teilfunktion" festgelegt. (REGIONALVERBAND GROẞRAUM BRAUNSCHWEIG 2008a: 7). Diese Festlegungen finden sich ebenfalls in der zeichnerischen Darstellung des Regionalen Raumordnungsprogramms (s. Abb. 3.9).

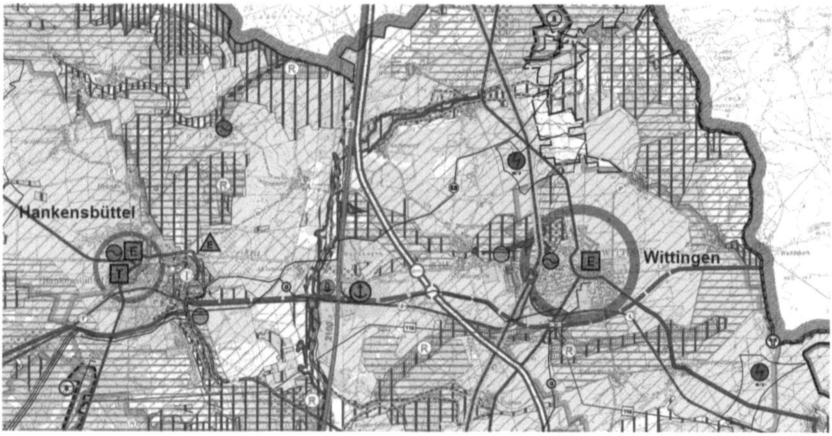

Abbildung 3.9 Ausschnitt aus der zeichnerischen Darstellung des Regionalen Raumordnungsprogramms des Regionalverbands Großraum Braunschweig. (Quelle: REGIONALVERBAND GROẞRAUM BRAUNSCHWEIG 2008b: 1)

Organisationsform 2: Regionalplanung auf Landkreisebene, Beispiel Landkreis Emsland

Neben drei Untersuchungsgebieten im Regionalverband Großraum Braunschweig wird ein weiteres Untersuchungsgebiet im Landkreis Emsland bearbeitet (vgl. Kap. 8). In diesem ist das Regionale Raumordnungsprogramm Landkreis Emsland der Regionalplan, da hier der Landkreis untere Landesplanungsbehörde und Träger der Regionalplanung ist. Dieses wurde vom Kreistag des Landkreises Emsland als zuständiges politisches Gremium verabschiedet (LANDKREIS EMSLAND 2011a: 2).

Im regionalen Raumordnungsprogramm werden unter anderen die Grundzentren festgelegt. Diese sind die Ortschaften „Dörpen, Emsbüren, Freren, Geeste, Haren (Ems), Haselünne, Herzlake, Lathen, Lengerich, Esterwegen, Rhede (Ems), Salzbergen, Sögel, Spelle, Twist, Werlte. In diesen Grundzentren sind zentralörtliche Einrichtungen und Angebote für den allgemeinen täglichen Grundbedarf zu sichern und zu entwickeln. Auch in den Gemeinden und Gemeindeteilen außerhalb der Standorte der Mittel- und Grundzentren sind zur Aufrechterhaltung einer wohnortbezogenen Nahversorgung im erforderlichen Maße Wohn- und Gewerbebauland sowie Infrastruktureinrichtungen im Rahmen der Bauleitplanung auf der Grundlage der Bevölkerungsentwicklung bereitzustellen“ (Abschn. 2.2 Abs. 6 S. 1&2 RROP Landkreis Emsland; LANDKREIS EMSLAND 2011a: 15 f.). Auf die Rolle der Bauleitplanung wird im folgenden Kapitel näher eingegangen.

Neben einer beschreibenden Darstellung werden die Festlegungen im Regionalen Raumordnungsprogramm auch zeichnerisch auf einer Karte konkretisiert, dabei werden insbesondere auch die Grundzentren abgebildet (s. Abb. 3.10).

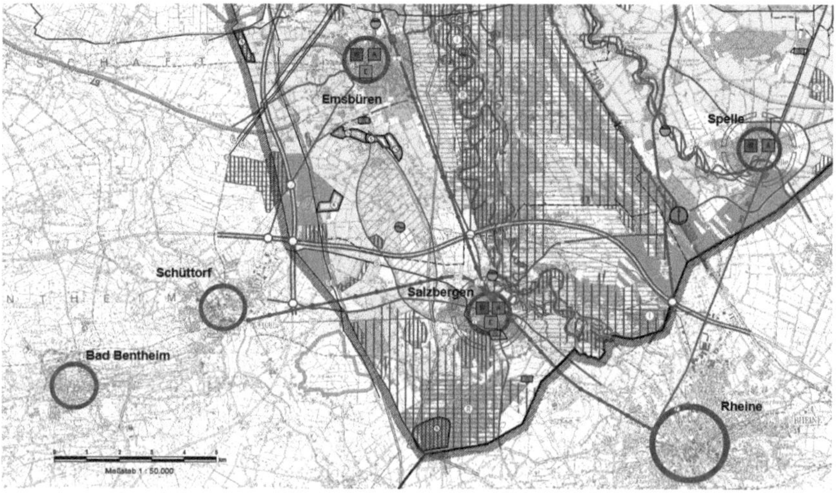

Abbildung 3.10 Ausschnitt aus der zeichnerischen Darstellung des Regionalen Raumordnungsprogramms des Landkreises Emsland. (Quelle: LANDKREIS EMSLAND 2011b: 1)

3.1.6 Kommunale Bauleitplanung

Die kommunale Bauleitplanung nimmt eine wichtige Rolle im „System der räumlichen Planung[en] in Deutschland" ein (PRIEBS 2013: 62). Diese konkretisiert die Leitbilder, Planungen und Festlegungen der höheren Raumordnungs- und Planungsebenen (s. Abb. 3.2). Zur Bauleitplanung gehören der Flächennutzungsplan (vorbereitender Bauleitplan, vgl. § 5 bis § 7 BauGB) und der Bebauungsplan (verbindlicher Bauleitplan, vgl. § 8 bis 10 BauGB). Mit diesen kann die örtliche Entwicklung auf Gemeindeebene gesteuert werden. Das Grundgesetz der Bundesrepublik Deutschland sichert der lokalen Ebene dabei weitreichende Gestaltungsspielräume im Rahmen der kommunalen Selbstverwaltung zu: „Den Gemeinden muss das Recht gewährleistet sein, alle Angelegenheiten der örtlichen Gemeinschaft im Rahmen der Gesetze in eigener Verantwortung zu regeln" (Art. 28 Abs. 2 Satz 1). So liegt auch die Ausgestaltung der Regionalplanung und der Gestaltung des öffentlichen Straßenpersonennahverkehrs im Rahmen der Aufgabenträgerschaft oft bei den Kommunen, oder von diesen beauftragten regionalen Planungsverbänden (vgl. Abschn. 3.2.4). So sind in Niedersachsen mit

Ausnahme der Region Hannover und dem Regionalverband Großraum Braunschweig die Landkreise und kreisfreien Städte Träger der Regionalplanung (vgl. Abschn. 3.1.5).

3.2 Sicherung der Daseinsvorsorge durch die ÖPNV-Fachplanung

Die ÖPNV-Fachplanung nimmt eine wichtige Stellung bei der Sicherung der Daseinsvorsorge ein. Im Folgenden werden der europäische und nationale Rahmen sowie die ÖPNV-Planung in den Bundesländern und bei den Aufgabenträgern näher vorgestellt.

3.2.1 Europäischer Rahmen

Auf europäischer Ebene wird mit der **Verordnung (EG) Nr. 1370/2007** der Rahmen für die Ausgestaltung des ÖPNV in der Europäischen Union gesetzt. In dieser Verordnung wird der öffentliche Personennahverkehr den „Dienstleistungen von allgemeinem Interesse" (Art. 1 Abs 1 Satz 1 EG 1370/2007; vgl. hierzu auch Abschn. 2.1) und damit zur Daseinsvorsorge zugeordnet. Doch nicht nur die Definition von ÖPNV im Kontext der Daseinsvorsorge ist in der Verordnung enthalten, sondern auch Regelungen zu dessen Organisation. So sollen die zuständigen Behörden entsprechende Verkehre organisieren, um die „Dienstleistungen von allgemeinem Interesse zu gewährleisten, die unter anderem zahlreicher, sicherer, höherwertig oder preisgünstiger sind als diejenigen, die das freie Spiel des Marktes ermöglicht hätte" (Art. 1 Abs 1 Satz 1 EG 1370/2007). Die Verordnung (EG) Nr. 1370/2007 definiert diese Verkehre als „Personenbeförderungsleistungen von allgemeinem wirtschaftlichen Interesse, die für die Allgemeinheit diskriminierungsfrei und fortlaufend erbracht werden" (Art. 2a EG 1370/2007). Hierfür ist die „Behörde oder Gruppe von Behörden eines oder mehrerer Mitgliedstaaten, die zur Intervention im öffentlichen Personennahverkehr in einem bestimmten geographischen Gebiet befugt ist [...]" zuständig (Art. 2b EG 1370/2007). Dies sind in Deutschland die Aufgabenträger, die von den Bundesländern bestimmt werden. Sie haben die „Sicherstellung einer ausreichenden Bedienung der Bevölkerung mit Verkehrsleistungen im öffentlichen Personennahverkehr" sicherzustellen (§8 Abs. 3 Satz 1 PBefG, vgl. auch § 3 RegG und 2020: 31, 43). Hierzu kann einem Betreiber das „ausschließliche Recht" erteilt werden „bestimmte öffentliche Personenverkehrsdienste auf einer bestimmten Strecke oder in einem bestimmten Streckennetz oder Gebiet unter Ausschluss aller anderen solchen Betreiber zu erbringen“ (Art. 2 f. EG 1370/ 2007). Hierfür können von der zuständigen Behörde [in Deutschland von den Aufgabenträgern] „Ausgleichzahlungen für gemeinwirtschaftliche Verpflichtungen“ gewährt werden (Art. 2 g EG 1370/2007). Das ausschließliche Recht zur Erbringung einer Verkehrsleistung kann dabei unter bestimmten Bedingungen auch als „Direktvergabe“, also „ohne Durchführung eines vorherigen wettbewerblichen Vergabeverfahrens“ erteilt werden (Art. 2h EG 1370/2007). Zur Erbringung von Personenbeförderungsleistungen von allgemeinem wirtschaftlichen Interesse sind rechtsverbindliche „öffentliche[] Dienstleistungsaufträg[e]“ zu schließen, mit denen ein Verkehrsunternehmen mit der Erbringung einer Leistung betraut wird (Art. 2i EG 1370/2007).

3.2.2 Nationaler Rahmen

Die geltenden Regelungen auf europäischer Ebene werden auf der Ebene der Bundesrepublik Deutschland in nationales Recht übersetzt. Die Regelungen der Verordnung (EG) Nr. 1370/2007 finden im Gesetz zur Regionalisierung des öffentlichen Personennahverkehrs (Regionalisierungsgesetz) und im Personenbeförderungsgesetz (PBefG) im nationalen Recht Anwendung (vgl. § 4 Satz 1 RegG & § 8, § 8a, §8b PBefG).

Das **Regionalisierungsgesetz** legt insbesondere fest, dass der öffentliche Personennahverkehr in Deutschland in den Zuständigkeitsbereich der Länder fällt (§ 3 RegG). Zudem werden die Ausgleichszahlungen des Bundes an die Länder zur Bestellungen von allgemeinwirtschaftlichen Personenverkehre geregelt (Anlage 1 zu $ 5 Abs. 4 & 9 RegG). So erhielt beispielsweise das Land Niedersachsen im Jahr 2019 vom Bund knapp 733 Millionen Euro Regionalisierungsmittel (ebd.).

Das **Personenbeförderungsgesetz** regelt insbesondere, wie öffentliche Personenverkehre zu organisieren und durchzuführen sind (§ 1 Abs. 1 PBefG). So ist beispielsweise festgeschrieben, dass die zuständigen Bundesländer für ihr jeweiliges Hoheitsgebiet in eigenen ÖPNV-Gesetzen festlegen, welche Behörden als Aufgabenträger das konkrete Angebot organisieren und Ausgestalten (§8 Abs. 3 Satz 1 PBefG). Die Aufgabenträger für den öffentlichen Personennahverkehr definieren schließlich „die Anforderungen an Umfang und Qualität des Verkehrsangebotes, dessen Umweltqualität sowie die Vorgaben für die verkehrsmittelübergreifende Integration der Verkehrsleistungen in der Regel in einem Nahverkehrsplan“ (§8 Abs. 3 Satz 2 PBefG).

3.2.3 ÖPNV-Fachplanung auf Landesebene

Die Bundesländer nehmen bei der Organisation des ÖPNV eine rahmengebende Funktion ein. Diese wird vor allem durch die Aufstellung von Landesnahverkehrsgesetzen ausgeübt, die die Struktur und Organisation des ÖPNV festlegen. Dies ist beispielsweise auch in Niedersachsen der Fall. Die „Sicherstellung einer ausreichenden Bedienung mit Verkehrsleistungen im öffentlichen Personennahverkehr" wird in der niedersächsischen Landesgesetzgebung explizit als „eine Aufgabe der Daseinsvorsorge" bezeichnet (§ 2 Abs. 2 NNVG). Zuständig dafür sind die ÖPNV-Aufgabenträger. Das Niedersächsische Nahverkehrsgesetz legt auf Grundlage des Personenbeförderungsgesetzes [vgl. §8 Abs. 3 Satz 1 PBefG] die jeweilige Aufgabenträgerschaft für den öffentlichen Personennahverkehr im Bundesland fest. Für den Schienenpersonennahverkehr und den Personennahverkehr auf der Straße gelten dabei unterschiedliche Festlegungen, wie die folgenden Kapitel aufzeigen. Darüber hinaus fungiert das Land über die Landesnahverkehrsgesellschaft Niedersachsen mbH auch als Genehmigungsbehörde (LNVG 2025b: www). Dies umfasst insbesondere „Genehmigungen für den Betrieb und die Linienführung von Bus- und Stadtbahnverkehren", die Genehmigung der Tarifstrukturen und bei „Änderungen bei den Haltestellen, in der Streckenführung und im Fahrplan" (ebd.). Damit übt das Land Niedersachsen mittelbar über die LNVG, neben der SPNV-Aufgabenträgerschaft für weite Teile des Bundeslandes (s. Abb. 3.11 im folgenden Abschn. 3.2.4) auch eine Kontrollfunktion über die weiteren Aufgabenträger im Bundesland aus. Darüber hinaus nimmt die LNVG im Rahmen der ÖPNV-Finanzierung „öffentlich-rechtliche Verwaltungsaufgaben wahr" (LNVG 2025b: www). Dies umfasst insbesondere „die Verteilung der vom Bund zugewiesenen Regionalisierungsmittel" (ebd.).

3.2.4 ÖPNV-Fachplanung auf Ebene der Aufgabenträger

Die Aufgabenträger sind in Deutschland für die Gestaltung des ÖPNV zuständig. Das Personenbeförderungsgesetz (PBefG) definiert dafür wesentliche Eckpunkte. Insbesondere bei der Definition, was genau unter ÖPNV zu verstehen ist, werden Konkretisierungen vorgenommen: „Öffentlicher Personennahverkehr im Sinne dieses Gesetzes ist die allgemein zugängliche Beförderung von Personen mit Straßenbahnen, Obussen und Kraftfahrzeugen im Linienverkehr, die überwiegend dazu bestimmt sind, die **Verkehrsnachfrage im Stadt-, Vorort- oder Regionalverkehr** zu befriedigen. Das ist im Zweifel der Fall, wenn in der **Mehrzahl der Beförderungsfälle eines Verkehrsmittels die gesamte Reiseweite 50 Kilometer**

oder die gesamte Reisezeit eine Stunde nicht übersteigt" (§ 8, Abs. 1 PBefG). Darüber hinaus sind insbesondere im Kontext der Sicherung der Daseinsvorsorge weitere Festlegungen zu flexibleren Verkehren relevant: „Öffentlicher Personennahverkehr ist auch der Verkehr mit Taxen oder Mietwagen, der eine der in Absatz 1 genannten Verkehrsarten ersetzt, ergänzt oder verdichtet" (§8, Abs. 2 PBefG).

Zudem wird die Organisation des ÖPNV in Deutschland im Gesetzestext in den Grundzügen festgelegt. Dabei wird insbesondere auch die Dimension der Daseinsvorsorge hervorgehoben: „Für die Sicherstellung einer ausreichenden [...] Bedienung der Bevölkerung mit Verkehrsleistungen im öffentlichen Personennahverkehr sind die von den Ländern benannten Behörden (Aufgabenträger) zuständig. Der Aufgabenträger definiert dazu die Anforderungen an Umfang und Qualität des Verkehrsangebotes, dessen Umweltqualität sowie die Vorgaben für die verkehrsmittelübergreifende Integration der Verkehrsleistungen in der Regel in einem Nahverkehrsplan" (§ 8, Abs. 3 PBefG). Der öffentliche Personennahverkehr (ÖPNV) umfasst insbesondere den Öffentlichen Straßenpersonennahverkehr (ÖSPV) und den Schienenpersonennahverkehr (SPNV), welche durch Aufgabenträger als zuständige Behörden geplant und bestellt werden. In den folgenden Ausführungen wird näher auf die verschiedenen Formen der Aufgabenträgerschaft eingegangen.

ÖSPV-Aufgabenträgerschaft

Die Aufgabenträgerschaft für den Öffentlichen Straßenpersonennahverkehr (ÖSPV) ist in Deutschland sehr unterschiedlich organisiert. Für den ÖSPV in Niedersachsen sind beispielsweise „die Landkreise und kreisfreien Städte in ihrem jeweiligen Gebiet" zuständig (§ 4 Abs. 1 Satz 3 NNVG). Landkreise können „einer kreisangehörigen Gemeinde [...] die Aufgabenträgerschaft für den Personnennahverkehr [...] [auf dem Gemeindegebiet] übertragen" (§ 4 Abs. 2 NNVG). Dies ist entweder durch den Landkreis verpflichtend durchzuführen, wenn die entsprechende Gemeinde hierzu einen Antrag stellt (§ 4 Abs. 2 Satz 1 NNVG), oder kann durch den Landkreis als Aufgabenträger auch ohne Antrag aktiv angestrebt und umgesetzt werden, wenn die entsprechende kreisangehörige Gemeinde diesem zustimmt (§ 4 Abs. 2 Satz 2 NNVG). So wurde in Niedersachsen von den entsprechenden Landkreisen die Aufgabenträgerschaft auf die Städte Leer, Cuxhaven, Winsen (Luhe), Buchholz in der Nordheide, Nienburg (Weser), Hann. Münden und Hildesheim (vgl. LANDKREIS UND STADT HILDESHEIM 2019: 8) übertragen (s. auch Abb. 3.11). Für das restliche Kreisgebiet verbleibt die Aufgabenträgerschaft beim Landkreis (ebd.).

Abbildung 3.11 ÖPNV-Aufgabenträger für den Straßenpersonennahverkehr (ÖSPV) in Niedersachsen. (Quelle: LNVG 2025a: www)

In der Region Hannover und im Regionalverband Großraum Braunschweig haben die zugehörigen Landkreise und kreisfreien Städten die Aufgabenträgerschaft für den Straßenpersonennahverkehr zudem auf die beiden regionalen Planungsebenen übertragen (s. Abb. 3.11), sodass diese als Besonderheit in Niedersachsen allumfassend für die Planung und Bestellung öffentlicher Verkehre auf Straße und Schiene zuständig sind (zur Aufgabenträgerschaft für den SPNV s. Abb. 3.12).

Die Aufgabenträger sollen auf Grundlage des Niedersächsischen Nahverkehrsgesetztes ein Bedienungsangebot sicherstellen, welches „sich nach den Bedürfnissen der Bevölkerung und den raumstrukturellen Erfordernissen richte[t]" (§ 2 Abs. 4 Satz 1 NNVG). Bei der Auslegung dieser Festlegungen hat die jeweilige Behörde einen großen Auslegungsspielraum: „Die Aufgaben des Aufgabenträgers sind die Definition und Sicherstellung einer ausreichenden Bedienung der Bevölkerung mit ÖPNV-Verkehrsleistungen (Daseinsvorsorge). Was im Detail eine ausreichende Bedienung im Rahmen der Daseinsvorsorge darstellt und wie diese realisiert werden soll, definieren die Aufgabenträger im eigenen Wirkungskreis" (LNVG 2025a: www). Dies ist über verschiedene Möglichkeiten umsetzbar: „Zur Durchsetzung ihrer Interessen und Strategien stehen den ÖPNV-Aufgabenträgern mit dem **Nahverkehrsplan** und der Möglichkeit der Vorabbekanntmachung [für eigenwirtschaftliche Verkehre; vgl. § 8a Abs. 2 S. 2 PBefG i. V. m. Art. 7 Abs. 2 EG 1370/2007] zwei zentrale **Instrumente** zur Verfügung" (LNVG 2025a: www).

Die Aufstellung eines Nahverkehrsplans sowie die Berücksichtigung bestimmter inhaltlicher Aspekte in diesen ist auf Grundlage des Niedersächsischen Nahverkehrsgesetzes für die Aufgabenträger verpflichtend (§6 Abs. 1 und 2 NNVG): „Die Aufgabenträger [...] stellen für ihren jeweiligen Bereich, [...] jeweils für fünf Jahre einen Nahverkehrsplan auf. Im Nah-verkehrsplan soll dargestellt werden,

1. welches Bedienungsangebot im Planungsgebiet besteht und welche dafür wesentlichen Verkehrsanlagen vorhanden sind,
2. welche Zielvorstellungen bei der weiteren Gestaltung des öffentlichen Personennahverkehrs verfolgt werden,
3. welche Maßnahmen unter Berücksichtigung der finanziellen Leistungsfähigkeit des Aufgabenträgers zur Verwirklichung der Zielvorstellungen nach Nummer 2 ergriffen werden sollen,
4. welche Anteile der nach Nummer 3 geplanten Investitionen auf den Schienenpersonennahverkehr und auf den sonstigen Personennahverkehr entfallen,
5. welcher Finanzbedarf sich für diese Investitionen einschließlich ihrer Folgekosten ergibt,
6. welcher Finanzbedarf für Betriebskostendefizite sich aus dem vorhandenen Bedienungsangebot und aus der Verwirklichung der Maßnahmen nach Nummer 3 ergibt und
7. wie der in den Nummern 5 und 6 dargestellte Finanzbedarf gedeckt werden soll.

Der Nahverkehrsplan ist bei Bedarf vor Ablauf des Fünfjahreszeitraumes anzupassen und Fortzuschreiben.

(2) Der Nahverkehrsplan ist anzupassen

1. an das geplante Bedienungsangebot der Aufgabenträger des Schienenpersonennahverkehrs oder – mangels einer solchen Planung – an das bisherige Bedienungsangebot für diesen Bereich sowie
2. an die Ziele der Raumordnung und Landesplanung.“

Neben dem ÖSPV spielt auch der SPNV bei der Gestaltung des öffentlichen Personennahverkehrs in Deutschland eine wesentliche Rolle. Im Folgenden wird daher näher auf die Organisation der SPNV-Aufgabenträgerschaft eingegangen.

SPNV-Aufgabenträgerschaft

Der Schienenpersonennahverkehr (SPNV) wird in Deutschland von verschiedenen Aufgabenträgern organisiert. Bezüglich des Gebietszuschnitts gibt es hierbei Unterscheidungen (s. Abb. 3.12). So sind zum einen SPNV-Aufgabenträger wie die Bayerische Eisenbahngesellschaft (BEG) oder die Nahverkehrsverbund Schleswig-Holstein GmbH (NAH.SH) landesweit tätig. Im Verkehrsverbund Berlin-Brandenburg (VBB) bearbeiten die Bundesländer Berlin und Brandenburg diese Aufgabe gemeinsam. In Bundesländern wie Nordrhein-Westfalen und Sachsen gestalten mehrere regionale Aufgabenträger den SPNV (s. Abb. 3.12). Eine besondere Organisationsform liegt in den Bundesländern Niedersachsen und Baden-Württemberg vor: hier sind landesweite Organisationen für die Gestaltung des Schienenpersonennahverkehrs verantwortlich – mit Ausnahme der Großräume Stuttgart (Verband Region Stuttgart), Hannover (Region Hannover) und Braunschweig (Regionalverband Großraum Braunschweig), in denen eigene Aufgabenträger das ÖPNV-Angebot auf der Schiene gestalten (s. Abb. 3.12). In Niedersachsen gestalten also beispielsweise drei SPNV-Aufgabenträger den ÖPNV auf der Schiene: Die Landesnahverkehrsgesellschaft Niedersachsen mbH (vgl. zu den weiteren Aufgaben der LNVG auch Abschn. 3.2.3), die Region Hannover und der Regionalverband Großraum Braunschweig (vgl. auch § 4 Abs. 1 Satz 1 & 2 NNVG).

Abbildung 3.12 ÖPNV-Aufgabenträger für den Schienenpersonennahverkehr (SPNV) in Deutschland. (Quelle: BUNDESVERBAND SCHIENENNAHVERKEHR 2025: www)

Wie ein Vergleich von Abbildung 3.12 und Abbildung 3.11 zeigt, wird die Ausgestaltung des SPNV und des ÖSPV in einem Gebiet oft, aber nicht immer, von zwei unterschiedlichen Aufgabenträgern durchgeführt. In den folgenden Ausführungen werden daher die Organisation und Arbeitsweise von zwei verschiedenen ÖPNV-Aufgabenträgern in Niedersachsen exemplarisch vorgestellt. Im Fall des Regionalverbands Großraum Braunschweig liegen die Aufgabenträgerschaft für den SPNV und den ÖSPV im Wirkungsbereich der selben Behörde. Der Landkreis Emsland hingegen ist nur für die Gestaltung des ÖSPV zuständig, die Aufgabenträgerschaft für den SPNV übernimmt dort die LNVG (vgl. Abb. 3.11 mit Abb. 3.12).

Beispiele für die Ausgestaltung der Aufgabenträgerschaft

Kommunal verfasste Aufgabenträger für den SPNV und ÖSPV: Beispiel Regionalverband Großraum Braunschweig

Der Regionalverband Großraum Braunschweig als kommunal verfasster Planungsverband ist Aufgabenträger für die Landkreise Gifhorn, Peine, Helmstedt, Wolfenbüttel und Goslar sowie die kreisfreien Städte Wolfsburg, Braunschweig und Salzgitter. Die Verwaltungs- und Organisationsstruktur des Regionalverbands wurde in Abschnitt 3.1.5 bereits detailliert vorgestellt. In diesem Kapitel wird nun auf die Aspekte der ÖPNV-Aufgabenträgerschaft näher eingegangen.

Als Aufgabenträger für den Schienenpersonennahverkehr (SPNV) und den Straßenpersonenverkehr (ÖSPV) gestaltet der Regionalverband Großraum Braunschweig den öffentlichen Personennahverkehr im Verbandsgebiet (s. Abb. 3.11 & 3.12). Dabei findet eine Abstimmung der Planungen sowohl mit den kommunalen Verbandsgliedern als auch mit der Landesnahverkehrsgesellschaft statt, die eine Tochtergesellschaft des Landes Niedersachsen ist (s. Abb. 3.13). Die Verkehrsleistungen im Verbandsgebiet werden von den Verkehrsunternehmen auf Schiene und Straße erbracht (ebd.). Auf der Schiene werden dabei teilweise die Fahrzeuge des verbandseigenen Fahrzeugpools verwendet (ebd.).

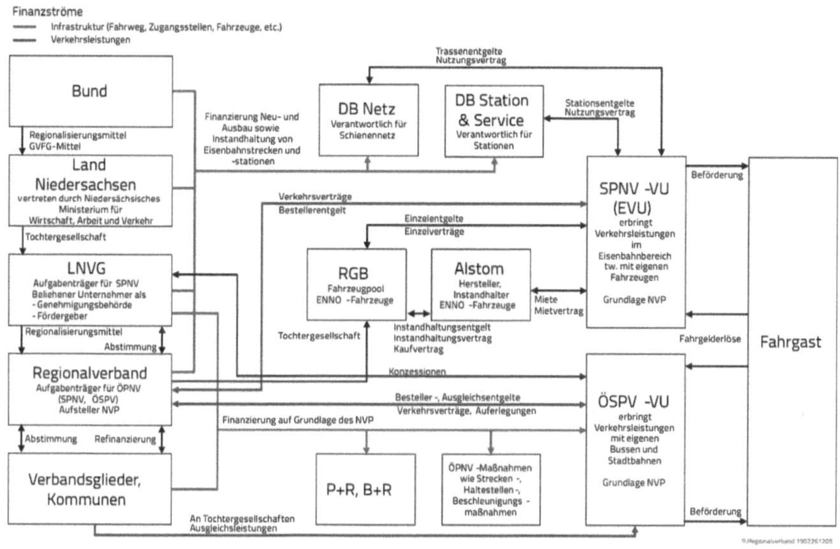

Abbildung 3.13 Zuständigkeiten bei der Organisation des ÖPNV im Großraum Braunschweig. (Quelle: REGIONALVERBAND GROßRAUM BRAUNSCHWEIG 2020: 47)

Beteiligt ist der Regionalverband Großraum Braunschweig dabei an allen Verkehren im Verbandsgebiet. Dies umfasst auch alle SPNV-Verbindungen, die nur einen Teil der Halte im Verbandsgebiet durchführen (s. Abb. 3.14).

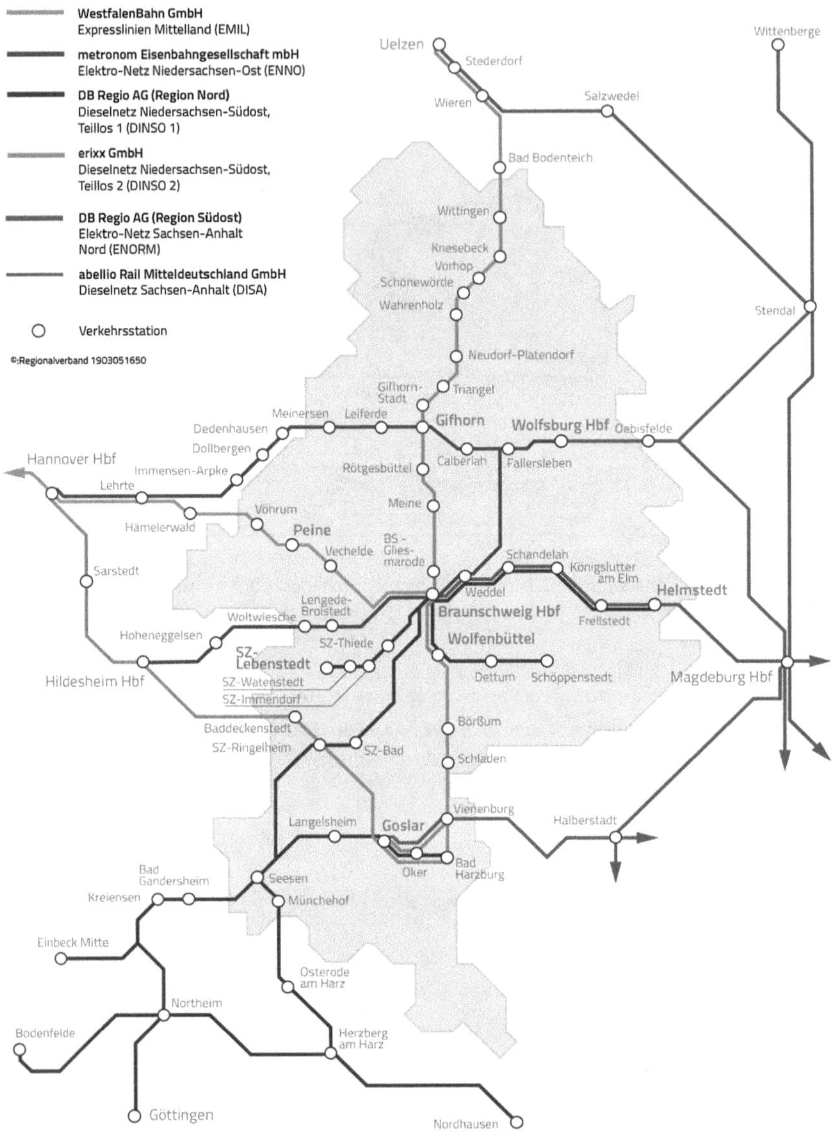

Abbildung 3.14 SPNV-Netze im Gebiet des Regionalverbands Großraum Braunschweig. (Quelle: REGIONALVERBAND GROẞRAUM BRAUNSCHWEIG 2020: 49)

Für die Schaffung des ÖPNV-Angebots auf der Straße werden im Nahverkehrsplan verschiedene Teilnetze gebildet (REGIONALVERBAND GROẞRAUM BRAUNSCHWEIG 2020: 168). Die Einteilung erfolgt mit dem Ziel, möglichst „verkehrliche[]“, „betriebliche[]“ und „wirtschaftliche[]“ Einheiten zu bilden (REGIONALVERBAND GROẞRAUM BRAUNSCHWEIG 2020: 171). Die Teilnetze sollen also sowohl für die Fahrgäste als auch für die Verkehrsunternehmen sinnvoll nutzbare Einheiten bilden. In folgenden Teilnetzen gestaltet der Regionalverband Großraum Braunschweig als Aufgabenträger das Verkehrsangebot gemeinsam mit den jeweiligen Verbandsgliedern und den Verkehrsunternehmen (REGIONALVERBAND GROẞRAUM BRAUNSCHWEIG 2020: 10):

- Teilnetz 10 Gifhorn
- **Teilnetz 11 Wesendorf**
- **Teilnetz 12 Wittingen – Hankensbüttel**
- Teilnetz 13 Meinersen
- Teilnetz 14 Brome – Boldecker Land – Sassenburg
- Teilnetz 15 Braunschweig – Meine/Schwülper
- Teilnetz 16 Meine – Isenbüttel
- Teilnetz 17 Sassenburg – Boldecker Land
- **Teilnetz 20 Wolfsburg**
- Teilnetz 30 Helmstedt – Schöningen – Büddenstedt – Heeseberg
- Teilnetz 31 Helmstedt – Grasleben – Velpke
- Teilnetz 32 Helmstedt – Nordelm – Königslutter am Elm – Lehre
- Teilnetz 40 Braunschweig Stadtbahn und Stadtbus
- Teilnetz 50 Peine – Ilsede
- Teilnetz 51 Edemissen
- Teilnetz 52 Vechelde – Wendeburg
- Teilnetz 53 Hohenhameln – Ilsede – Lengede
- Teilnetz 60 Salzgitter
- Teilnetz 61 Baddeckenstedt
- Teilnetz 62 Braunschweig – Salzgitter – Wolfenbüttel
- Teilnetz 70 Wolfenbüttel
- Teilnetz 71 Braunschweig – Cremlingen – Sickte – Elm-Asse
- Teilnetz 72 Wolfenbüttel – Elm-Asse – Oderwald – Schladen-Werla
- **Teilnetz 80 Goslar**
- Teilnetz 81 Goslar – Oberharz – St. Andreasberg – Langelsheim
- Teilnetz 82 Liebenburg – Vienenburg – Bad Harzburg – Seesen – Lutter
- Teilnetz 83 Bad Harzburg – Braunlage – St. Andreasberg

Die vier markierten Teilnetze mit den Nummern 11, 12, 20 und 80 werden im Rahmen der Analyse des Nahverkehrsplans des Regionalverbands Großraum Braunschweig in Abschnitt 11.3 näher betrachtet.

ÖSPV-Aufgabenträgerschaft auf Ebene der Landkreise: Beispiel Landkreis Emsland
Der Landkreis Emsland ist für das Kreisgebiet der Aufgabenträger für den ÖSPV (vgl. § 4 Abs. 1 NNVG). Auf Grundlage eines Kreistagsbeschlusses als politisches Gremium ist die Estländische Eisenbahngesellschaft (EEB) für die „Durchführung der operativen Aufgaben" zuständig (Landkreis Emsland 2020: 12). Dies ist ebenfalls im Nahverkehrsplan fest-geschrieben. So heißt es dort (Landkreis Emsland 2020: 13): „Die Aufgaben der EEB erstrecken sich im Rahmen des straßengebunden ÖPNV und der Schülerbeförderung unter anderem über die folgenden Bereiche:

- Organisation der Schülerbeförderung im Kreisgebiet
- Aufbau und Betrieb einer regionalen ÖPNV-Informationsstelle/ Mobilitätszentrale
- Beauftragung von Verkehrsunternehmen zur Durchführung von ÖPNV-Leistungen
- Vorbereitende Arbeiten zur Erstellung des Nahverkehrsplanes
- Durchführung von Projekten zur Verbesserung des ÖPNV
- Kontinuierlicher Ausbau des ÖPNV-Angebotes"

Durchgeführt werden die Verkehre vom jeweiligen Verkehrsunternehmen (ebd.). Darüber hinaus ist der Landkreis Emsland in die Verkehrsregion-Nahverkehr Ems-Jade (VEJ) eingebunden. Diese ist ein „Verbund der Aufgabenträger [...] Landkreise Aurich, Emsland, Friesland, Leer und Wittmund sowie die kreisfreien Städte Emden und Wilhelmshaven" (Landkreis Emsland 2020: 13). Zwar ist die VEJ bezüglich der Tiefe der regionalen Zusammenarbeit nicht mit Aufgabenträgern wie dem Regionalverband Großraum Braun-schweig vergleichbar, dennoch findet in verschiedenen Bereichen eine interkommunale Zusammenarbeit statt. So sind „Ziele [...] insbesondere die Entwicklung, der Aufbau und die Sicherung eines verbundweiten ÖPNV-Angebotes und die Koordination der Landkreisgrenzen übergreifenden Verkehre und Tarife. Darüber hinaus gehört auch die Wahrnehmung gemeinsamer Interessen gegenüber den Verkehrsunternehmen des straßengebundenen ÖPNV, dem Bund, dem Land, der Landesnahverkehrsgesellschaft Niedersachsen mbH (LNVG) [als Aufgabenträgerin für den SPNV im Landkreis Emsland, s. Abb. 3.12], der DB AG und anderen in der Region tätigen Eisenbahnverkehrsunternehmen sowie den zuständigen Infrastrukturgesellschaften zur Zielsetzung“ (LANDKREIS EMSLAND 2020: 13).

Bei der Analyse des bestehenden sowie bei der Skizzierung des zukünftigen ÖPNV-Angebots spielt das System der zentralen Orte eine zentrale Rolle (LANDKREIS EMSLAND 2020: 19). So wird im Kontext der Daseinsvorsorge für jedes Grund- und jedes Mittelzentrum im Landkreis Emsland auf Grundlage eines Ampelsystems die Verbindungsqualität ins Umland analysiert (vgl. LANDKREIS EMSLAND 2020: 68 ff.) und auch grafisch entsprechend dargestellt (s. Abb. 3.15).

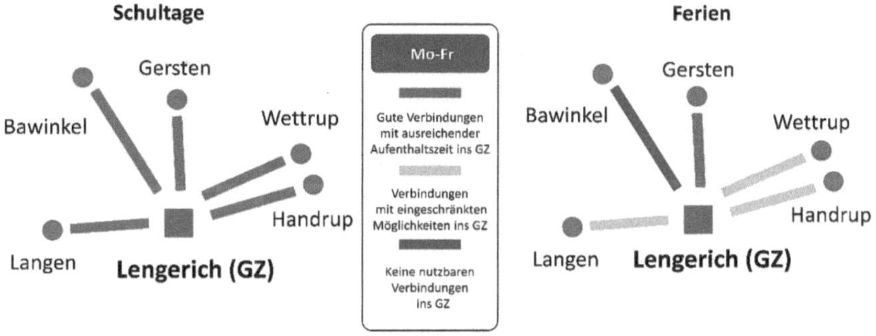

Abbildung 3.15 Analyse der ÖPNV-Verbindungsqualität zwischen den umliegenden Orten und dem Grundzentrum Lengerich im Nahverkehrsplan des Landkreises Emsland. (Quelle: LANDKREIS EMSLAND 2020: 68)

3.3 Zusammenwirken von räumlicher Planung und ÖPNV-Fachplanung

Die vorangestellten Kapitel verdeutlichen jeweils die Bedeutung der Raumordnung und Raumplanung sowie der ÖPNV-Fachplanung für diese Arbeit. Durch die Festlegung zentraler Orte durch die Raumordnung und -planung wird die Grundlage für die Schaffung verschiedener Grund- und Mittelzentren sowie deren Einzugsbereiche geschaffen. In diesen sollen Waren und Dienstleistungen für den grundlegenden und auch den spezialisierteren Bedarf verfügbar sein. Die ÖPNV-Fachplanung wiederum ist für die Ausgestaltung der Erreichbarkeit eben dieser zentralen Orte relevant, insbesondere für Menschen, die keinen Zugang zur Individualmobilität mit dem Pkw besitzen. Doch nicht nur die Ausgestaltung des eigentlichen Verkehrsangebots entsteht im Zusammenwirken der

Verkehrsplanung mit den Festlegungen der Raumordnung und -planung. Auch die Infrastruktur, auf der die jeweilige Verkehrsleistung abgewickelt wird, ist in ihrer Ausgestaltung sowohl von der räumlichen als auch von der verkehrlichen Planung bestimmt: „Auch wenn der Verkehr eine der bedeutendsten Fachplanungen hervorgebracht hat, ist die regionale und überregionale Abstimmung und Optimierung von Trassen und Standorten des Verkehrs über die Raumordnung erforderlich – wegen der vielfältigen Wechselwirkungen mit anderen Raumfunktionen sowie wegen des Flächenanspruchs und der Umweltauswirkungen" (PRIEBS 2013: 12). Generell hat die Raumordnung und -planung eine rahmengebende und leitende Rolle bei den Fachplanungen: „Auch Fachplanungen sind an die Erfordernisse der Raumordnung gebunden; hierzu enthalten die meisten Fachgesetze sogenannte Raumordnungsklauseln. Schließlich hat die Raumordnung als ultima ratio die Handhabe, raum-ordnungswidrige Planungen und Maßnahmen zeitlich unbegrenzt zu untersagen" (PRIEBS 2013: 19). Im konkreten Fall des Bundeslandes Niedersachsen, in dem die Untersuchungsregionen dieser Arbeit liegen, regelt beispielsweise das Niedersächsische Nahverkehrsgesetz, dass die verbindlich aufzustellenden Nahverkehrspläne „an die Ziele der Raumordnung und Landesplanung" anzupassen sind (§ 6 Abs. 2) [zur Rolle der Nahverkehrspläne vgl. auch Abschn. 3.2.4]. Die vorliegende Arbeit befasst sich also mit einer Fragestellung an der Schnittstelle zwischen der Raumordnung und -planung sowie der Verkehrsplanung und bedarf daher der Grundlagen eben beider genannten Disziplinen.

4 Herausforderungen bei der Sicherung der Daseinsvorsorge im ÖPNV

Insbesondere in ländlichen Räumen bestehen Herausforderungen bei der Sicherung der Daseinsvorsorge im ÖPNV, wie der Abschnitt 4.2 aufzeigt. Daher ist eine Abgrenzung ländlicher Räume erforderlich. Diese wird im folgenden Abschnitt 4.1 vorgenommen.

4.1 Herausforderungsintensive ländliche Räume: Abgrenzung der Raumtypologie

Ländliche Räume in Deutschland sind sehr heterogen strukturiert (BMEL 2020: 5 & KÜPPER 2016: 4). Verschiedene Ansätze versuchen eine Differenzierung von Ländlichkeit auf Kreis-ebene vorzunehmen. Insbesondere zwei Klassifizierungsansätze von Ländlichkeit werden in Deutschland oft verwendet. Zum einen ein Modell des BBSR, welches in Deutschland vier verschiedene siedlungsstrukturelle Kreistypen definiert (s. Abb. 4.1):

- Kreisfreie Großstädte
- Städtische Kreise
- Ländliche Kreise mit Verdichtungsansätzen
- Dünn besiedelte ländliche Kreise

J. Lamberg, *Beitragspotenziale eines autonomen ÖPNV zur Sicherung der Daseinsvorsorge*, https://doi.org/10.1007/978-3-658-50160-0_4

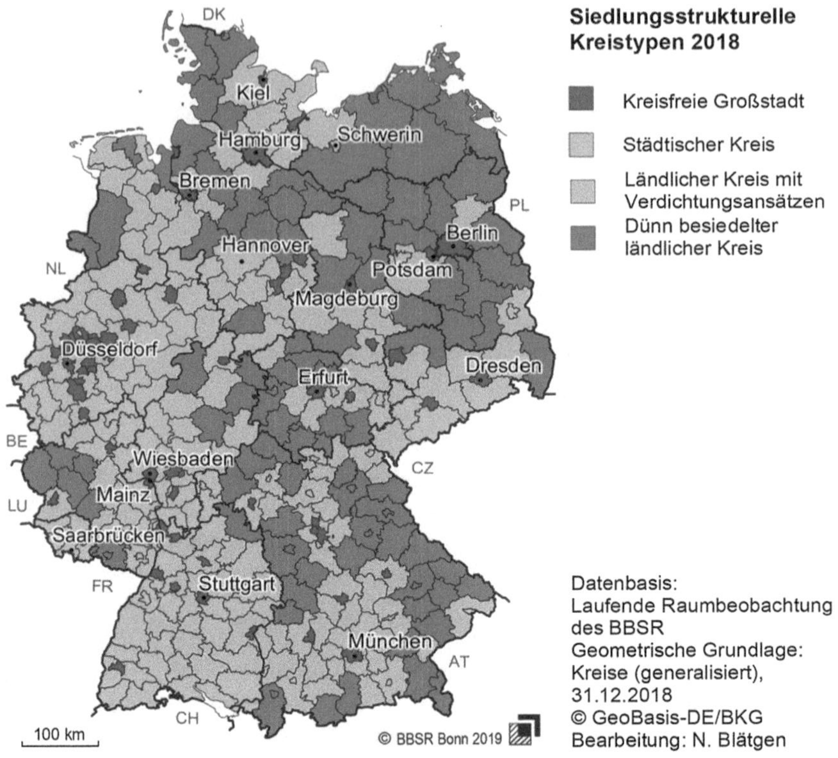

Abbildung 4.1 Einteilung siedlungsstruktureller Kreistypen durch das BBSR in Deutschland. (Quelle: BBSR 2023: www)

Zum anderen wurde ein Modell vom Thünen-Institut für Ländliche Räume entwickelt. Dieses unterteilt Deutschland in fünf verschiedene Raumkategorien (s. Abb. 4.2):

- Sehr ländlich / gute sozioökonomische Lage
- Sehr ländlich / weniger gute sozioökonomische Lage
- Eher ländlich / weniger gute sozioökonomische Lage
- Eher ländlich / gute sozioökonomische Lage
- Sowie Nicht ländlich

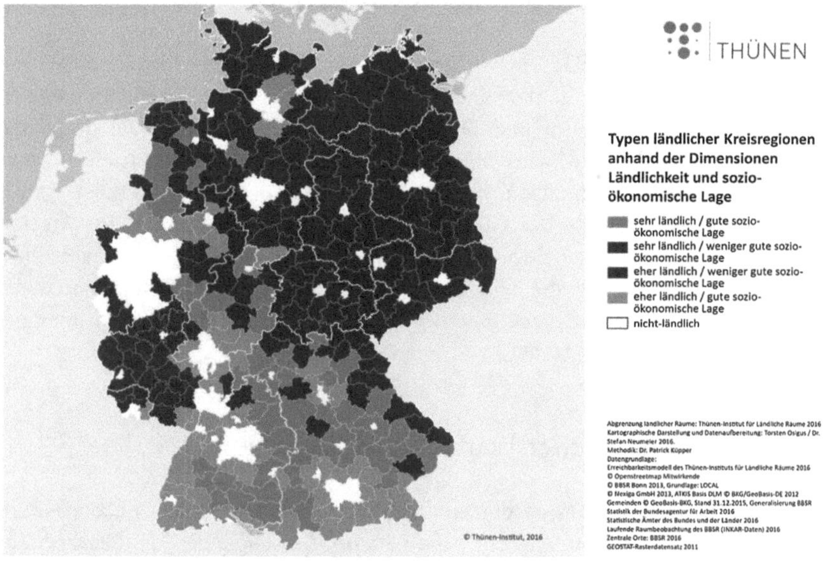

Abbildung 4.2 Typen ländlicher Kreisregionen anhand der Dimensionen Ländlichkeit und sozioökonomische Lage. (Quelle: KÜPPER 2016: 26)

Für die Auswahl der Fallstudien (s. Kap. 8) wurde der Ansatz des Thünen-Instituts gewählt, da bei diesem durch die Kombination mehrerer Merkmale eine feinere Abgrenzung ländlicher Räume möglich ist (vgl. zum Beispiel die Landkreise Emsland und Gifhorn, die bei der Methodik des BBSR dieselbe Raumkategorie aufweisen, im Fall des Thünen-Instituts jedoch nicht). In Summe zeigt der Vergleich der beiden Ansätze zudem, dass der Fokus des BBSR eher auf der Definition von Urbanität liegt (kreisfreie Großstadt, städtischer Kreis, ländlicher Kreis mit Verdichtungsansätzen) und der des Thünen-Ansatzes auf Ländlichkeit (zwei Kategorien jeweils sehr ländlich und eher ländlich). Auch daher eignet sich der Ansatz des Thünen-Instituts im Kontext von Daseinsvorsorge im ÖPNV besser.

4.2 Dimensionen der Herausforderung

Bei der Sicherung der Daseinsvorsorge im ÖPNV spielen die aktuellen und zukünftigen Bevölkerungszahlen eine wichtige Rolle, da diese die Nachfrage nach überlebenswichtigen Gütern und Dienstleistungen beeinflussen. Die derzeitige Dynamik in diesem Feld wird insbesondere durch den demografischen Wandel und Migrationsbewegungen verursacht. Die Bevölkerungsverteilung ist für die räumliche Distribution der Güter und Dienstleistungen der Daseinsvorsorge relevant. Schließlich entscheidet insbesondere die Ausgestaltung von Erreichbarkeiten zentraler Orte, ob die Güter und Dienstleistungen überhaupt durch die Bevölkerung in Anspruch genommen werden können und die Daseinsvorsorge damit gesichert ist (vgl. DANIELZYK & KOCH 2002: 201 f.).

4.2.1 Demografischer Wandel und Migration

In Deutschland vollzieht sich ein demografischer Wandel: „Die sinkende Zahl der Menschen im jüngeren Alter und die gleichzeitig steigende Zahl älterer Menschen verschieben den demografischen Rahmen in bisher nicht gekannter Art und Weise. Jede zweite Person in Deutschland ist heute älter als 45 und jede fünfte Person älter als 66 Jahre“ (DESTATIS 2025: www; vgl. hierzu auch DESTATIS & WZB 2016: 23). So lebten im Jahr 2021 in Deutschland deutlich mehr ältere und weniger jüngere Menschen als noch 31 Jahre vorher im Vergleichsjahr 1990 (s. Abb. 4.3).

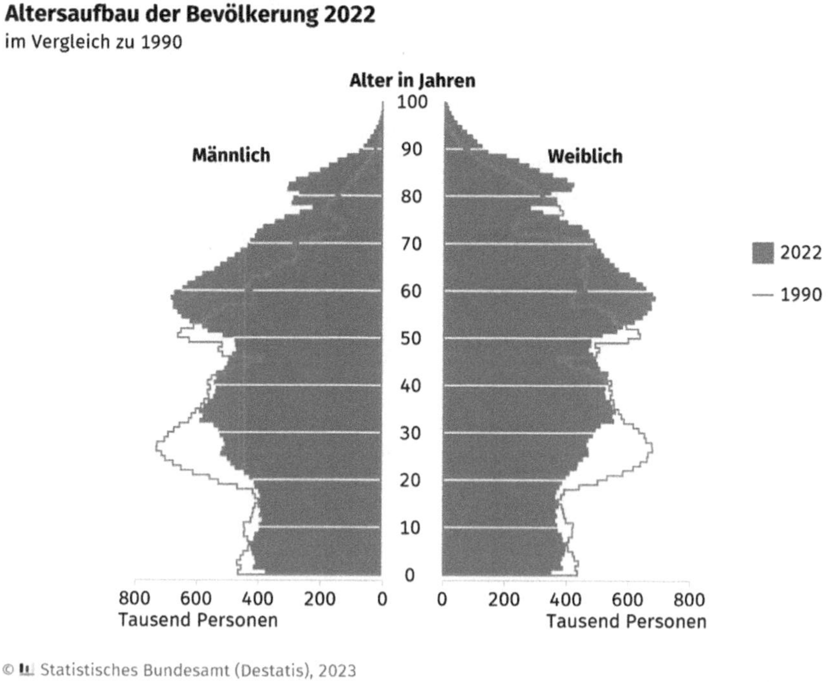

Abbildung 4.3 Altersaufbau der Bevölkerung in Deutschland im Jahr 2021 im Vergleich zu 1990. (Quelle: DESTATIS 2025: www)

Die Dynamik des demografischen Wandels wird vor allem durch die drei Faktoren der Geburtenrate, der Lebenserwartung und der Nettozuwanderung bestimmt (WZB 2009: 25). Seit Anfang der 1990er Jahre war die Geburtenrate rückläufig, während die Zahl der über 70-Jährigen von 8,1 Millionen im Jahr 1990 auf fast auf fast 12,9 Millionen im Jahr 2013 anstieg (ebd.). Innerhalb der letzten 100 Jahre hat sich zudem die Lebenserwartung in Deutschland verdoppelt (DESTATIS & WZB 2016: 26). Allerdings ist der seit der Jahrtausendwende prognostizierte Rückgang der absoluten Bevölkerungszahl aktuell zu revidieren: „Mit Blick auf die Entwicklung der Zahl der in Deutschland lebenden Bevölkerung ist zunächst auffällig, dass der Bevölkerungsstand Ende des Jahres 2019 mehrere Vorausberechnungen aus den 2000er Jahren übertroffen hat […]. Während 2018 zum ersten Mal die 83-Millionen-Einwohner-Marke in Deutschland überschritten worden war, setzte sich das Bevölkerungswachstum auch 2019 fort" (BIB 2021: 10).

So wird für die kommenden Jahre, im Gegensatz zu früheren Prognosen, eine weitere Steigerung der Bevölkerungszahl prognostiziert. Die Voraussage einer zukünftigen Schrumpfung der Bevölkerung findet sich auch noch in aktuellen Modellen wieder, allerdings in deutlich schwächerer Form und zu einem deutlich späteren Zeitpunkt als bisher (s. Abb. 4.4).

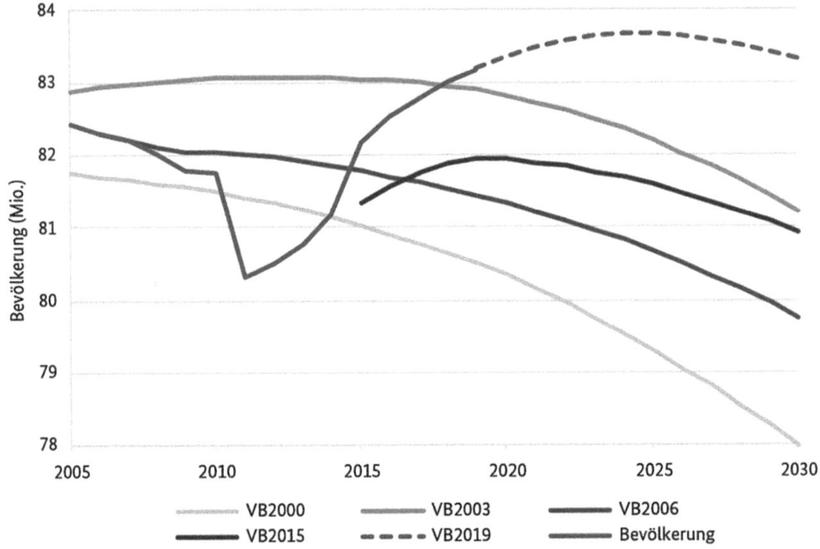

Abgebildet ist jeweils die 2. Variante der angegebenen VB, außer für die VB2003, deren 5. Variante gezeigt wird;
Datenquellen: Statistisches Bundesamt, verschiedene Bevölkerungsvorausberechnungen, Darstellung: Bundesinstitut für Bevölkerungsforschung

Abbildung 4.4 Bevölkerungsstand und Bevölkerungsvorausberechnungen (VB) für den Zeitraum von 2005 bis 2030 im Vergleich. (Quelle: BIB 2021: 11)

Insbesondere die Zuwanderung aus dem Ausland führte in den vergangenen Jahren zu einer steigenden Bevölkerungszahl (BBSR 2017c: 3), welche neben den der Geburtenrate und der Lebenserwartung einen weiteren Faktor bei der Entwicklung der demografischen Dynamik darstellt (vgl. hierzu WZB 2009: 25). So hatte insbesondere die Nettozuwanderung aus Europa, der Türkei und Asien [wozu insbesondere auch die Länder im arabischen Raum, beispielsweise Syrien, gehören] einen großen Effekt (s. Abb. 4.5).

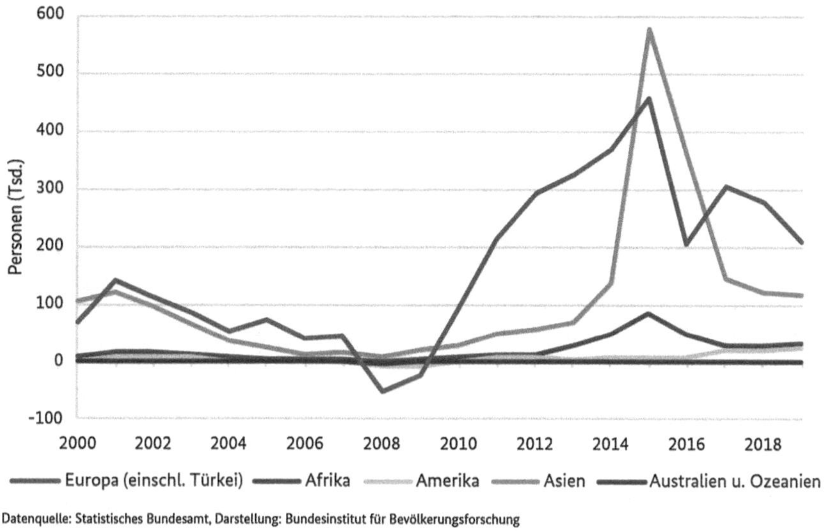

Abbildung 4.5 Wanderungssaldo Deutschlands mit Quell- und Zielbeziehungen im Zeitraum von 2000 bis 2019. (Quelle BiB 2021: 38)

Seit Anfang 2022 hat zudem der hohe Zuzug von ukrainischen Staatsangehörigen nach Deutschland einen großen Effekt auf die Nettozuwanderung (s. Abb. 4.6 und Destatis 2023: www).

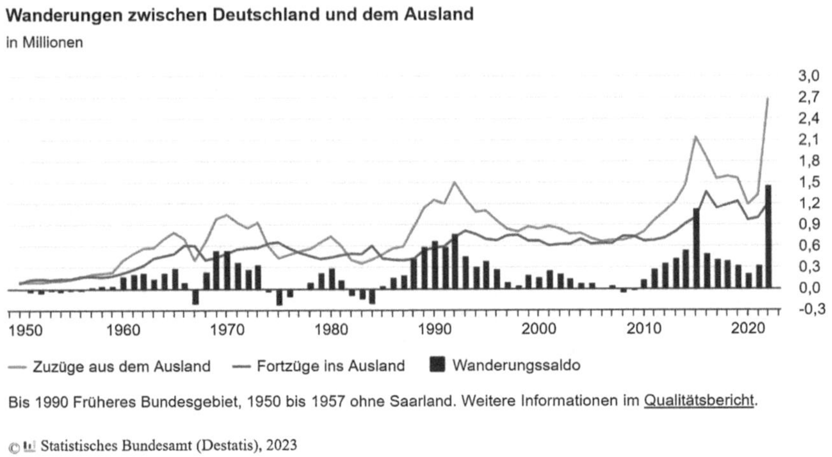

Abbildung 4.6 Wanderung über die Grenzen Deutschlands im Zeitraum von 1950 bis 2022. (Quelle: DESTATIS 2023: www)

Doch nicht nur die absolute Anzahl der zurzeit in Deutschland lebenden Menschen wird durch den Zuzug aus dem Ausland beeinflusst. Die Zuwanderung hat auch einen Einfluss auf die Fertilitätsrate und damit die zukünftige Bevölkerungsentwicklung: „Während bereits seit Mitte der 2000er Jahre die EU-Binnenwanderung nach Deutschland, vornehmlich aus Süd- und Osteuropa von Relevanz für die Fertilitätsrate Deutschlands ist, wird das Fertilitätsgeschehen seit 2014 auch verstärkt durch Geburten in Familien, die als Geflüchtete nach Deutschland zugewandert sind, beeinflusst. Betrachtet man die Entwicklung der TFR [zusammengefasste Geburtenziffer, Total Fertility Rate] nach Staatsangehörigkeit der Mutter, so wird der Einfluss von Migranten bzw. Geflüchteten deutlich. Die TFR stieg zwischen 2011 und 2019 insgesamt um 0,15 Kinder pro Frau. Dabei nahm die Kinderzahl pro Frau mit deutscher Staatsangehörigkeit von 1,33 auf 1,43 um 0,1 zu, die Geburtenziffer der Mütter mit ausländischer Staatsangehörigkeit stieg sogar noch stärker von 1,58 auf 2,06 und somit um 0,48 Kinder pro Frau“ (BIB 2021: 32 & Abb. 4.7).

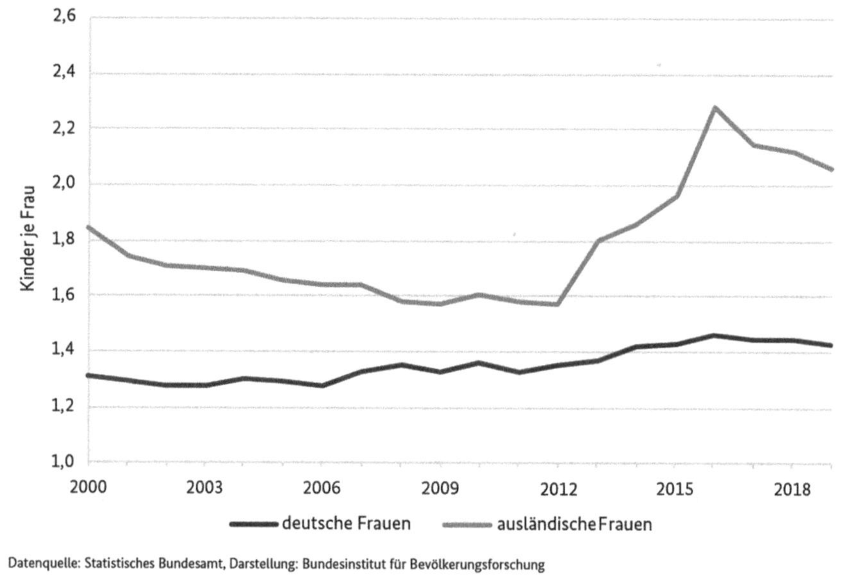

Abbildung 4.7 Zusammengefasste Geburtenziffer deutscher und ausländischer Frauen im Zeitraum 2000 von 2019. (Quelle: BIB 2021: 32)

Für die kommenden Jahre wird also ein weiteres Wachstum der Bevölkerung in Deutschland prognostiziert. Allerdings bestehen bei der demografischen Entwicklung regional große Unterschiede, was insbesondere einen erheblichen Einfluss auf die Sicherung der Daseinsvorsorge hat. Das folgende Kapitel geht näher auf diese Thematik ein.

4.2.2 Bevölkerungsverteilung und Siedlungsstrukturen

Der demografische Wandel hat einen großen Einfluss auf die Nachfrage nach Gütern und Dienstleistungen der Daseinsvorsorge (ARL 2020: 3). Insbesondere ländliche Räume weisen oft einen starken Rückgang der Bevölkerung auf, vor allem bedingt durch Abwanderung, während der Anteil älterer Menschen gleichzeitig steigt. Städtisch geprägte Regionen sind hin-gegen überwiegend durch einen Zuzug von Menschen gekennzeichnet (ebd.). Damit ergeben sich heterogene Herausforderungen bei der Sicherung der Daseinsvorsorge: „Während in Regionen mit schrumpfender Bevölkerung Einrichtungen der Daseinsvorsorge aufgrund rückläufiger Nachfrage und sinkender Tragfähigkeit vermehrt geschlossen oder zurückgebaut werden, besteht in wachsenden Städten und wirtschaftlich prosperierenden ländlichen Räumen ein Ausbaubedarf vieler sozialer und technischer Infrastrukturen. In den meisten Regionen erfolgt jedoch zeitgleich ein Aus- und Rückbau von Angeboten der Daseinsvorsorge, da sich der Anteil älterer und jüngerer Menschen oft gegenläufig entwickelt. Insofern zwingt der demografische Wandel öffentliche wie private Anbieter von Dienstleistungen und Einrichtungen der Daseinsvorsorge dazu, ihre Angebote laufend an die sich wandelnde Nachfrage anzupassen“ (ARL 2020: 3).

Insbesondere seit der Jahrtausendwende haben ländliche Räume Bevölkerung verloren, während ein verstärkter Zuzug insbesondere in die Großstädte festzustellen ist (s. Abb. 4.8). Diese profitieren beispielsweise auch überwiegend „[seit] 2008 [von der] stetig gestiegene[n] Zuwanderung aus dem Ausland“ (BBSR 2017c: 3).

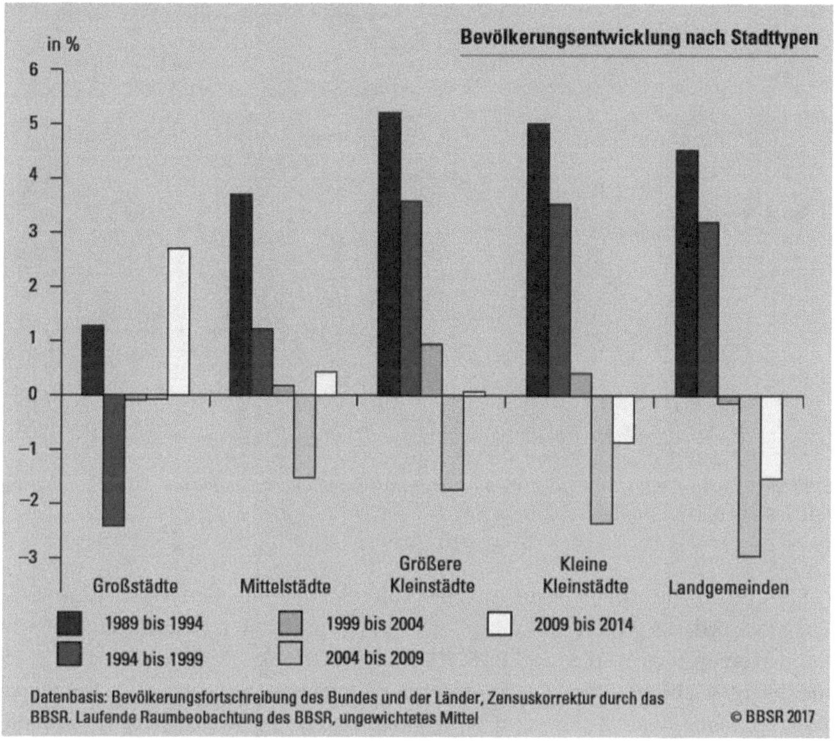

Abbildung 4.8 Bevölkerungsentwicklung nach Stadttypen im Zeitraum von 1989 bis 2014. (Quelle: BBSR 2017b: 3)

Doch auch Binnenwanderungsbewegungen innerhalb Deutschlands führen zu einem Wachstum von Städten, während ländliche Räume schrumpfen. Insbesondere „Ausbildungs- und Berufseinstiegswanderer“ ziehen in Großstädte und städtische Kreise (BBSR 2017a: 11). Ländliche Gemeinden verloren so beispielsweise zwischen 2001 und 2011 insgesamt 7 % der Bevölkerung der 18- bis unter 30-Jährigen (s. Abb. 4.9). Auch in absoluten Zahlen wohnt inzwischen ein Großteil dieser Bevölkerungsgruppe in Groß- und Mittelstädten (ebd.).

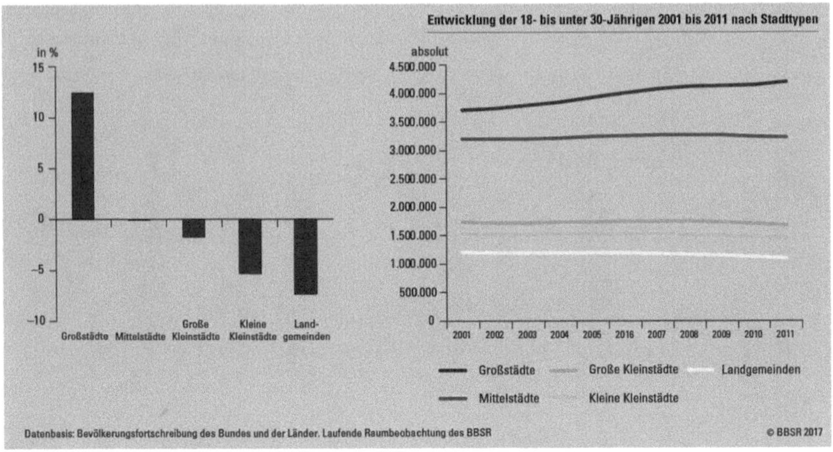

Abbildung 4.9 Entwicklung der 18- bis unter 30-Jährgen nach Stadttypen im Zeitraum von 2001 bis 2011. (Quelle: BBSR 2017b: 11)

So sind in ländlichen Räumen zur Aufrechterhaltung der Versorgung Entwicklungspfade zwischen räumlicher Verteilung und weiterer Konzentration von Daseinsvorsorge zu wählen (ALBRECHT et al. 2020: 10). Dabei erscheint jedoch eine Neuausrichtung der Raum- und Bauleitplanung notwendig: „Die räumliche Trennung von Wohn- und Arbeitsort, durch die Motorisierung und die Entwicklung der Verkehrssysteme befördert, war eine der treibenden Kräfte der Siedlungsentwicklung der letzten Jahrzehnte“ (BBSR 2015: 3). Durch die Maßgabe des Baugesetzbuches (BauGB), „städtebauliche Entwicklungen vorrangig durch Maßnahmen der Innenentwicklung“ umzusetzen (§ 1 Abs. 5 Satz 3), konnte in den kreisfreien Großstädten bereits eine überdurchschnittliche Innenentwicklung erreicht werden (BBSR 2017b: 13, 15 & Abb. 4.10), auch wenn diese durch den starken Zuzug, auch aus dem Ausland, nicht alle Suburbanisierungstendenzen umkehren konnte (BBSR 2016: 21). Parallel dazu steigt die Außenentwicklung immer stärker an, je ländlicher ein Kreis strukturiert ist (s. Abb. 4.10).

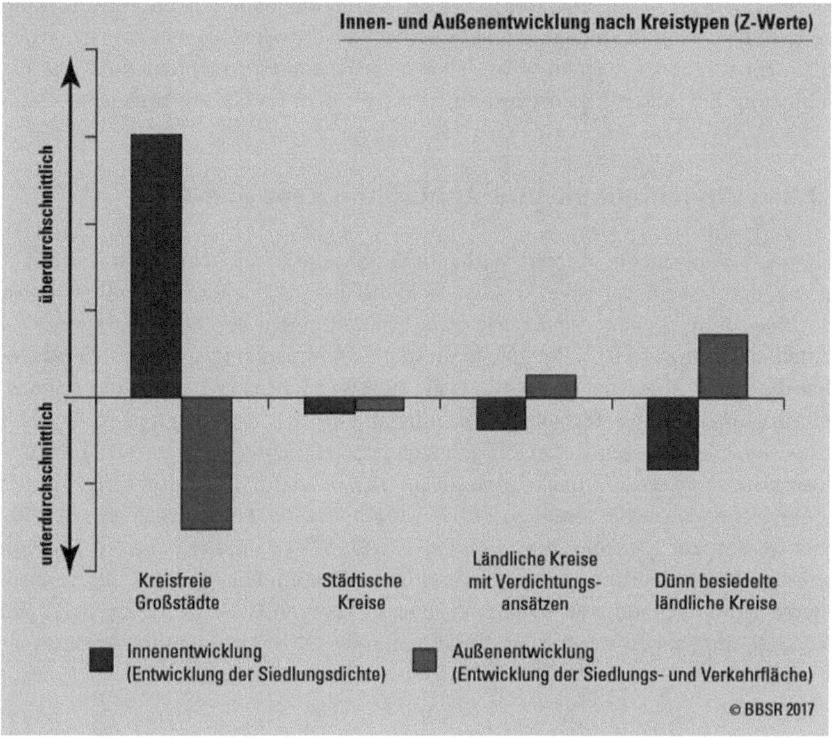

Abbildung 4.10 Innen- und Außenentwicklung nach Kreistypen. (Quelle: BBSR 2017b: 16)

Die Zunahme der Siedlungsfläche bei einer stagnierenden oder sinkenden Bevölkerungszahl führt jedoch zu Problemen: „In dünn besiedelten ländlichen Räumen [...] sind Wohnstandorte weitgestreut, während sich Arbeitsplätze und Dienstleistungen viel stärker konzentrieren. Zentrale gesellschaftliche Errungenschaften wie Wahlfreiheit in Bezug auf Arbeitsplätze und Dienstleistungen sowie die Teilhabe an Bildung, Gesundheit, Kommunikation und anderen Bereichen der Daseinsvorsorge sind nur möglich, wenn deren Erreichbarkeit gesichert ist" (BMVI 2015c: 20). Vor allem in peripheren Regionen mit abnehmender Bevölkerung sind also Antworten auf die Herausforderungen bei der Erreichbarkeit von Einrichtungen der Daseinsvorsorge zu formulieren. Hier ist der ÖPNV ein wichtiges Instrument: „wenn man den ÖPNV als Standortfaktor im Rahmen der

Daseinsvorsorge betrachtet, eröffnet man damit die Möglichkeit, Bevölkerung auch auf Dauer im ländlichen Raum zu halten“ (Interview VERWALTUNG 1, 2018: mdl.). Im folgenden Kapitel wird daher detailliert auf Erreichbarkeiten und die Anbindung ländlicher Räume, insbesondere mit dem ÖPNV, eingegangen.

4.2.3 Erreichbarkeit und Anbindung zentraler Orte

Wie das vorangestellte Kapitel verdeutlicht, ist eine Erreichbarkeit von Einrichtungen der Daseinsvorsorge zu dessen Sicherung essenziell. Wesentlich dabei ist „eine hinreichende Versorgung mit Einrichtungen der Daseinsvorsorge in zumutbarer Nähe“ (ARL 2006: 5). In diesem Zusammenhang spielt das **Zentrale-Orte-Konzept** eine wichtige Rolle (vgl. Abschn. 3.1.1). Die durch die Landes- und Regionalplanung festgelegten zentralen Orte bündeln nach dem Leitbild der *dezentralen Konzentration* Einrichtungen der Daseinsvorsorge (ebd.). Neben einer kritischen erforderlichen Anzahl an Personen im Einzugsgebiet ist auch die Erreichbarkeit von zentralen Orten wesentlich für deren Erhalt (ebd.). Oftmals werden zur Messung der Funktionsfähigkeit 30 Minuten Fahrtzeit bis zum nächsten Mittelzentrum, sowie maximal 60 Minuten Fahrtzeit bis ins nächste Oberzentrum als Indikator verwendet (ebd.). Während diese durch den MIV im Regelfall eingehalten werden, ist die Situation im ÖPNV oft deutlich ungünstiger (s. Abb. 4.11).

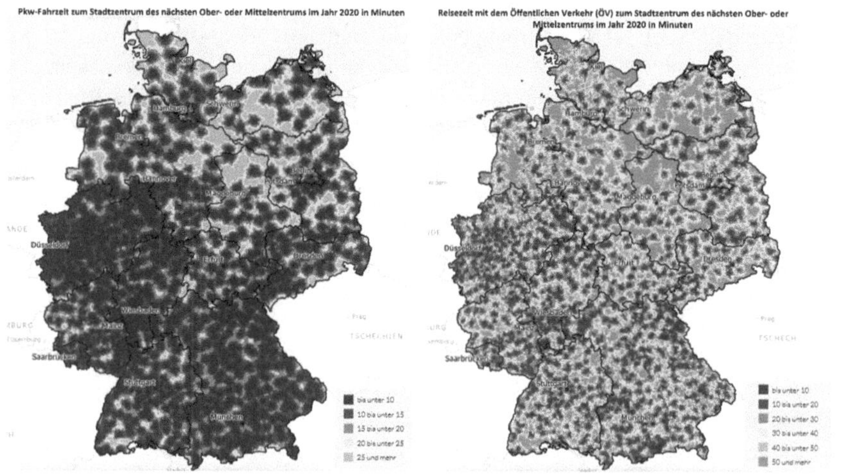

Abbildung 4.11 Erreichbarkeiten von Mittel- und Oberzentren mit dem Pkw und dem ÖPNV. (Quelle: BMWSB 2025: www)

Damit entfaltet der ÖPNV bisher deutlich geringere Beitragspotenziale zur Sicherung der Daseinsvorsorge als der MIV: „Der Nutzen eines Verkehrssystems lässt sich nicht nur durch Bewertungskriterien wie beispielsweise die Kosten der Herstellung oder Nutzung sowie die Direktheit von Verkehrsverbindungen beschreiben, vielmehr soll dem eigentlichen Ziel des Verkehrssystems, nämlich der Raumerschließung, durch Maßstäbe der Lagegunst (Lagegunstindizes) Rechnung getragen werden" (MIETZSCH 2020: 21; vgl. auch SCHWARZE 2005: 12). So sind viele ländlichen Räume nicht ausreichend mit [öffentlichen] „Mobilitätsangebote[n]" versorgt (BMEL 2020: 5). Diese sind jedoch ein zentraler Bestandteil bei der Sicherung der Daseinsvorsorge, denn „eine Teilhabe an den gesellschaftlichen Errungenschaften soll auch ohne eigenes Auto möglich sein" (BMVI 2015c: 22). Der Abschlussbericht der ÖPNV-STRATEGIEKOMMISSION Sachsen zeigt beispielhaft auf, dass in den Oberzentren teilweise „rund um die Uhr" ein attraktives ÖPNV-Angebot, teilweise sogar ergänzt durch neue Sharing-Angebote, besteht (2017: 28). Doch schon in den kleineren Zentren bestehen teilweise nachts mehrstündige Taktlücken (ebd.). Das Angebot geht mit einem Verlust an Zentralität zurück, bis die Daseinsvorsorge in peripheren Räumen nicht mehr vollumfassend gewährleistet ist: „In den **Landkreisen** konzentriert sich das ÖPNV-Angebot auf den Schülerverkehr, dessen Anteil an der Gesamtnachfrage mehr als 70 % ausmacht, wohingegen Schüler weniger als 15 % der Gesamtbevölkerung darstellen. Dagegen mangelt es oft an einem verlässlichen Angebot im Jedermannverkehr für Arbeitnehmer, Besorgungen und den Freizeitverkehr. An Wochenenden und in den Schulferien fährt in vielen Regionen kein Bus bzw. nur vereinzelt. Im Ergebnis wird der ÖPNV hier seiner Funktion der Daseinsvorsorge nicht immer gerecht, besonders in Regionen ohne SPNV-Anschluss. Dies gilt sowohl für innerörtliche Nah- als auch regionale Mobilitätsbedürfnisse" (ÖPNV- STRATEGIEKOMMISSION 2017: 28).

Die Dominanz des privaten Automobils (vgl. Abschn. 4.2.3) liegt in ländlichen Räumen insbesondere im hohen Komfort und der Flexibilität dieses Verkehrsmittels begründet (BBSR 2018: 3). Dieser Effekt wird durch ein oftmals unzureichendes Angebot im öffentlichen Personennahverkehr sowie fehlende Möglichkeiten für die Abwicklung von Verkehrsnachfrage über den Fuß- und Fahrradverkehr noch verstärkt (BBSR 2018: 3). Für die Nutzung des ÖPNV ist nicht nur die reine Fahrtdauer bis zum Ziel relevant (s. Abb. 4.11), sondern insbesondere auch die Häufigkeit, in der dieses Verkehrsmittel pro Zeiteinheit verfügbar ist (BBSR 2018: 5). Im Auftrag des BBSR wurde für sämtliche Haltestellen des öffentlichen Verkehrs in Deutschland eine Untersuchung zur Bedienhäufigkeit durchgeführt (ebd.). Auffällig ist, dass ein Großteil der Haltestellen nur wenige Abfahrten pro Tag aufweist, wenige Haltestellen jedoch überdurchschnittlich viele (s. Abb. 4.12).

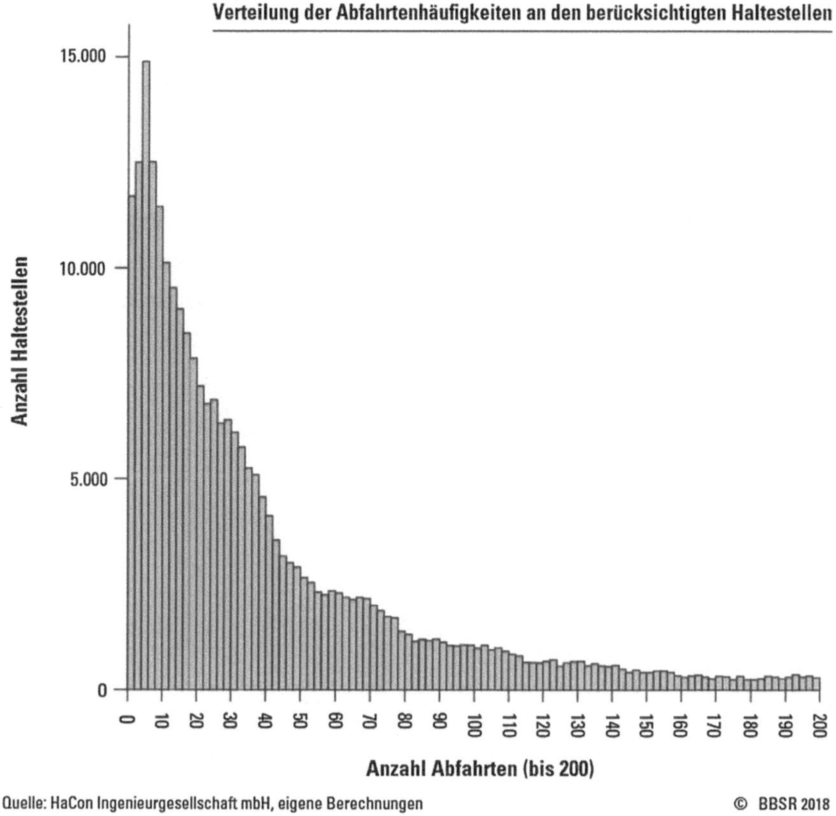

Abbildung 4.12 Bedienhäufigkeit aller deutschen ÖPNV-Haltestellen im Vergleich. (Quelle: BBSR 2018: 6)

Diese stark frequentierten Haltestellen liegen überwiegend in den Großstädten, einige davon erreichen „mehrere[] Tausend Abfahrten [pro Tag]" (BBSR 2018: 6). Den Spitzenwert erreichte die Haltestelle München Hauptbahnhof mit 6.500 Abfahrten an einem Werktag, alle Kategorien des öffentlichen Verkehrs („vom Bus bis zum ICE") eingeschlossen (ebd.). Ein gegensätzliches Ergebnis weisen ländliche Räume auf. Dabei sinkt sowohl die Haltestellen- als auch die Abfahrtsdichte, je ländlicher ein Stadt- und Gemeindetyp strukturiert ist (s. Abb. 4.13).

Haltestellen in einer Landgemeinde weisen im Vergleich zu Großstädten im Mittel nur 40 % der angebotenen Abfahrten je 1000 Einwohner*innen auf (ebd.).

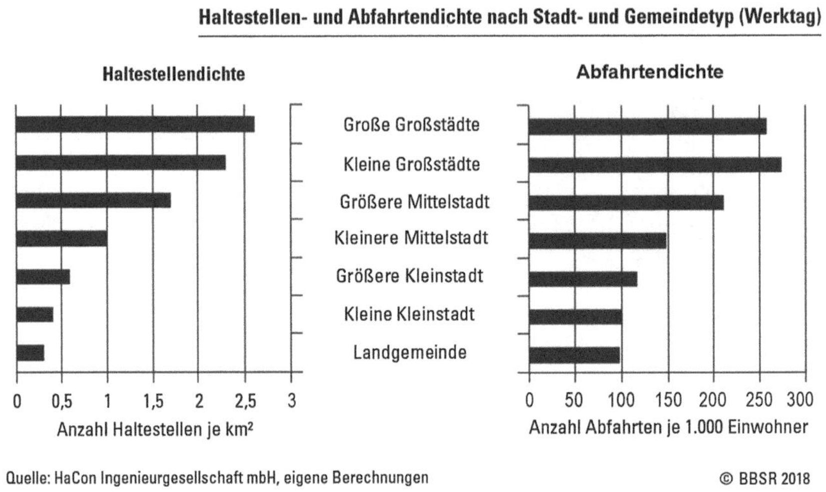

Abbildung 4.13 Haltestellen- und Abfahrtendichte nach Stadt- und Gemeindetyp werktags. (Quelle: BBSR 2018: 7)

Die Bedienhäufigkeit unterscheidet sich dabei zwischen den einzelnen Tagen einer Woche deutlich. Während die Summe der Abfahrten an allen deutschen Haltestellen 13,8 Millionen beträgt, ist diese mit 6 Millionen Abfahrten an einem Sonntag mehr als halbiert (BBSR 2018: 6). Dabei vergrößern sich insbesondere die im Mittel schon deutlichen Disparitäten zwischen städtischen und ländlichen Räumen in der Einzelbetrachtung eines Sonntags noch weiter, wie Abbildung 4.14 verdeutlicht. Insbesondere in ländlichen Räumen ist das Angebot also deutlich reduziert.

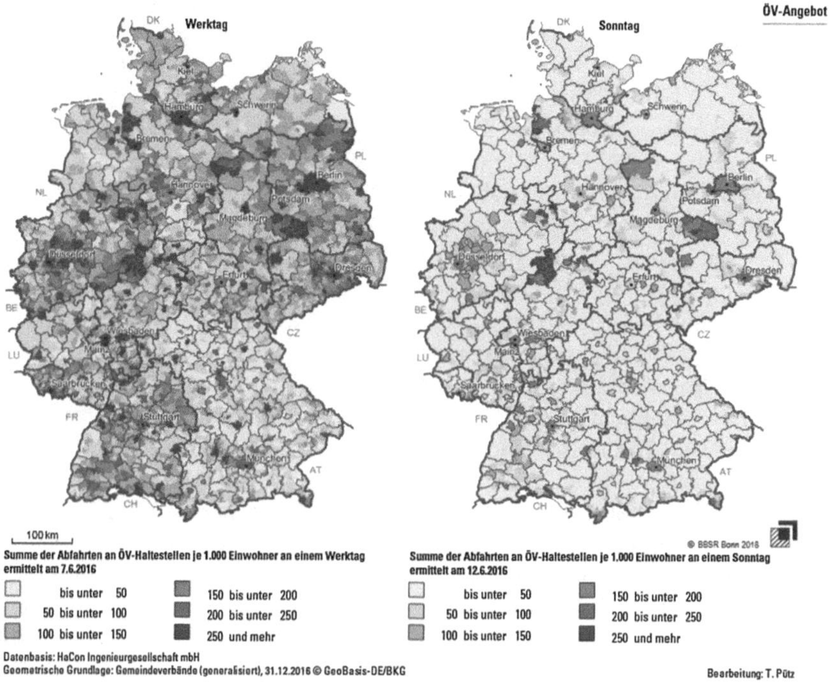

Abbildung 4.14 Summe der ÖV-Abfahrten je 1.000 Personen an einem Werktag und einem Sonntag im Vergleich. (Quelle: BBSR 2018: 6)

Insbesondere die Anbindung der Peripherie, abseits der Hauptverkehrswege in den „Achsenzwischenräume[n]“, ist bisher oft nicht ausreichend gegeben (NPM 2019: 9). Eine Lösung dieser Herausforderung erscheint schwierig: „In peripheren Regionen sind ÖV-Angebote mit hohen Kosten verbunden und trotzdem oft nicht ausreichend gut“ (ROOST 2019: 31). So ist oft nur entlang zentraler Achsen ein öffentlicher Personenverkehr möglich (NPM 2019: 9). In vielen ländlichen Räumen Deutschlands ist der ÖPNV zudem bisher vor allem auf den Schülerverkehr ausgerichtet (BMVI 2015c: 20). Doch auch dieses, oft heute schon unzureichende Angebot, gerät zunehmend unter Druck: „Der demographische Wandel reduziert und verändert in den dünn besiedelten ländlichen Räumen die Nachfrage nach herkömmlichen ÖPNV-Angeboten, denn die Zahl der Schüler nimmt ab, während die Zahl der Älteren zunimmt“ (BMVI 2015c: 20). Die Mobilitätsbedürfnisse der älteren Generationen sind jedoch deutlich heterogener ausgestaltet und insbesondere abhängig „vom Alter, ihrem Gesundheitszustand und ihrer Pkw-Verfügbarkeit“ (BMVI 2015c: 21). So sind liniengebundene Verkehre oft nicht in der Lage, diese Bedürfnisse zu befriedigen: „Arztbesuche, medizinische Therapien, das Einkaufen in die nächstgrößere Stadt [sic.] oder gesellige Veranstaltungen haben ihre eigenen Zeitpläne und Rhythmen, die sich nicht mit der synchronisierten Welt der Schüler und der Schülerbeförderung vergleichen lassen. Vereinfacht gesagt: Wenn er gebraucht wird, fährt der Bus möglicherweise gerade nicht. Oder ein Termin ist gut erreichbar, doch der Rückweg kann nicht sichergestellt werden. Zudem können Wege zu Bushaltestellen zu weit oder der Einstieg zu schwierig sein. Ein barrierefreies ÖPNV-Angebot ist zwar wünschenswert, doch noch lange nicht gegeben.“ (BMVI 2015c: 21).

Auch das im Laufe des Lebens erlernte Mobilitätsverhalten kann bei der Nutzung des ÖPNV als Barriere wirken, wenn dieses bisher auf individuelle Mobilität mit dem Pkw ausgerichtet war: „Wer sein Leben lang nur selbst Auto gefahren ist oder immer vom Partner mitgenommen wurde, tut sich mit der ÖPNV-Nutzung schwer. So wächst zwar durch die Alterung der Gesellschaft die Nachfrage nach „Nicht-Selbstfahr-Mobilität“, doch die Bedienung ist nicht einfach. Eine kleinteilige unsynchronisierte Nachfrage und spezielle Servicebedürfnisse der Nutzer schaffen jedenfalls einen schwierigen Rahmen“ (BMVI 2015c: 21). Können hier zukünftig keine Lösungen entwickelt werden, ist die Sicherung der Wahlfreiheit des Wohnorts gefährdet: „Wenn man vor Ort wohnen bleiben will, alt ist, keinen Führerschein mehr hat, dann kommt man in die Gelegenheit, dass man feststellt, wenn die Mobilität nicht mehr funktioniert, dass man nicht mehr selber fahren kann, dass man überhaupt keinen Führerschein hat, dann kann man möglicherweise gar nicht vor Ort auf dem Land wohnen bleiben“ (Interview VERWALTUNG 1, 2018: mdl.).

Die fehlende Flexibilität des ÖPNV im Vergleich zum Pkw ist also insbesondere in ländlichen Räumen eine Herausforderung. Es bestehen weniger Mobilitätsmöglichkeiten. Dies liegt in den originären Systemeigenschaften eines liniengebundenen öffentlichen Verkehrs begründet: „Systeme die wir heute benutzen beruhen häufig auf der Systematik, dass man linienbezogen denkt. [...] Deshalb wäre eine Flächenbedienung, die im Prinzip unabhängig von Fahrplänen und Linienvorgaben eine Verbindung ermöglicht, das ist das was man in Zukunft leisten müsste“ (Interview VERWALTUNG 1, 2018: mdl.).

Bei der Auswertung von Abbildung 4.14 sind auch einige „nicht-städtische Gebiete mit einem hohen Wert beim Verhältnis der Abfahrten- zur Einwohnerzahl“ erkennbar, beispielsweise die Landkreise Cuxhaven, Waldeck-Frankenberg und Wittenberg sowie der Altmarkkreis Salzwedel (BBSR 2018: 7). In diesen bestehen neben klassischen Linienverkehren auch flexiblere Mobilitätsmöglichkeiten: „Das Verhältnis ist in diesen dünn besiedelten Regionen auch an Sonntagen sehr hoch, weil ausgedehnte Netze bzw. Angebote bedarfsgerechter Verkehre bestehen und die Verkehrsgesellschaften oder -verbünde alle potenziellen Abfahrten übermittelt haben und diese in den Fahrplandaten erfasst sind" (BBSR 2018: 7). Es werden also Angebote geschaffen, die eine größere Flexibilität als liniengebundene Verkehre aufweisen, also den Komfortnachteil im Vergleich zu einem privaten Pkw minimieren (vgl. Interview VERWALTUNG 1, 2018: mdl.). Auf die Möglichkeiten der Flexibilisierung des ÖPNV wird im folgenden Kapitel näher eingegangen.

5 Lösungsansätze zur Sicherung der Daseinsvorsorge im ÖPNV

5.1 Zielsetzungen in den Nahverkehrsgesetzen der Länder

Die vorherigen Kapitel und die folgende Tabelle 5.1 zeigen auf, dass die Ermöglichung von Mobilität und Erreichbarkeit wesentliche Bestandteile bei der Sicherung der Daseinsvorsorge sind. In den **Nahverkehrsgesetzen der Länder** wird diesbezüglich grundlegend festgelegt, welche **Anforderungen an den ÖPNV** im jeweiligen Bundesland dabei berücksichtigt werden müssen. Diese bilden anschließend den Rahmen für konkrete Nahverkehrsplanung der Aufgabenträger (vgl. §8 Abs. 3 Satz 2 PBefG und Abschn. 3.2.4). Die Texte der Landesnahverkehrsgesetze weisen im Vergleich Gemeinsamkeiten, aber auch Unterschiede auf, wie ein exemplarischer Vergleich von Niedersachsen und Sachsen zeigt (s. Tab. 5.1).

Tabelle 5.1 Anforderungen an den ÖPNV in den Nahverkehrsgesetzen der Bundesländer Niedersachsen und Sachsen im Vergleich

Niedersächsisches Nahverkehrsgesetz	Gesetz über den öffentlichen Personennahverkehr im Freistaat Sachsen
„Die Sicherstellung einer ausreichenden Bedienung mit Verkehrsleistungen im **öffentlichen Personennahverkehr ist eine Aufgabe der Daseinsvorsorge**" (§ 2 Abs. 2).	„Der **öffentliche Personennahverkehr ist eine Aufgabe der Daseinsvorsorge**. Dies ist bei der Ausgestaltung der Haushalte der Aufgabenträger […] angemessen zu berücksichtigen" (§ 2 Abs. 1 S. 1 & 2).

(Fortsetzung)

J. Lamberg, *Beitragspotenziale eines autonomen ÖPNV zur Sicherung der Daseinsvorsorge*, https://doi.org/10.1007/978-3-658-50160-0_5

Tabelle 5.1 (Fortsetzung)

Niedersächsisches Nahverkehrsgesetz	Gesetz über den öffentlichen Personennahverkehr im Freistaat Sachsen
„Im Interesse **verträglicher Lebens- und Umweltbedingungen** und der Verkehrssicherheit soll der öffentliche Personennahverkehr zu einer **Verlagerung** des Aufkommens im motorisierten Individualverkehr **auf öffentliche Verkehrsmittel** beitragen" (§ 2 Abs. 1).	„Der öffentliche Personennahverkehr soll im Interesse des **Umweltschutzes**, der Verkehrssicherheit, der Verbesserung der Verkehrsinfrastruktur sowie der **Herstellung und Sicherung gleichwertiger Lebensbedingungen im gesamten Freistaat zur Verfügung stehen**" (§ 2 Abs. 1 S. 3).
„Das Bedienungsangebot soll sich nach den **Bedürfnissen der Bevölkerung** und den **raumstrukturellen Erfordernissen** richten" (§ 2 Abs. 4 S. 1). „Die Aufgabenträger sollen dem Ausbau und der Finanzierung des öffentlichen **Personennahverkehrs gegenüber** Maßnahmen für den **motorisierten Individualverkehr den Vorrang einräumen**, soweit der Nutzen der Maßnahmen für den öffentlichen Personennahverkehr bei **gesamtwirtschaftlicher Betrachtung** überwiegt" (§ 2 Abs. 3).	„Die Bedienung mit öffentlichen Verkehrsmitteln soll auf die **Bedürfnisse der Bevölkerung** ausgerichtet werden und den **Grundsatz der Wirtschaftlichkeit und Sparsamkeit** berücksichtigen" (§ 2 Abs. 1 S. 4). „Dem **öffentlichen Personennahverkehr** soll **in verdichteten Räumen der Vorrang vor dem motorisierten Individualverkehr** eingeräumt werden" (§ 2 Abs. 3 S. 2).
„Die **Fahrzeuge sollen umweltverträglich und bequem** sein. Bei Planung, Bau, Ausbau und Umbau von Verkehrsanlagen und bei der Fahrzeugbeschaffung sind die besonderen Bedürfnisse einzelner Nutzergruppen, insbesondere die **Bedürfnisse von Menschen mit Mobilitätsbeeinträchtigungen, älteren Menschen, Kindern und Personen mit Kindern**, angemessen zu berücksichtigen. Die öffentlichen Zuwendungsgeber werden aufgefordert, Maßnahmen vorrangig zu fördern, die den besonderen Bedürfnissen dieser Nutzergruppen entsprechen" (§ 2 Abs. 4 Abschn. 3). „Bei der **Gestaltung von baulichen Anlagen sowie beim Bedienungsangebot** ist den **Belangen von Frauen** angemessen Rechnung zu tragen" (§ 2 Abs. 4 Abschn. 4).	„Neben den **Sicherheitsbedürfnissen der Fahrgäste**, insbesondere von **Frauen**, sind die **Belange von Menschen mit Behinderung sowie die Bedürfnisse von Personen, die in ihrer Mobilität beeinträchtigt sind**, besonders zu berücksichtigen" (§ 2 Abs. 6).

Quelle: Selbstständige Gegenüberstellung auf Grundlage des Niedersächsischen Nahverkehrsgesetzes und des Gesetzes über den öffentlichen Personennahverkehr im Freistaat Sachsen

Gemeinsamkeiten zwischen den Gesetzestexten der beiden Bundesländer bestehen bei der Definition des ÖPNV als ein Teil der **Daseinsvorsorge** und dessen **Ausrichtung auf die Bedürfnisse der Bevölkerung**. **Belange von mobilitätseingeschränkten Reisenden** sind ebenfalls in den Gesetzestexten beider Bundesländer berücksichtigt (s. Tab. 5.1). Vorrang vor dem motorisierten Individualverkehr (MIV) soll ebenfalls in beiden Bundesländern gewährt werden, jedoch in unterschiedlichen Fällen: in Sachsen generell „in verdichteten Räumen" (§ 2 Abs. 3 Satz 2 ÖPNVG), in Niedersachsen bei einem höheren Nutzen des ÖPNV bei „einer gesamtwirtschaftliche[n] Betrachtung" (§ 2 Abs. 3 NNVG). Auch die Belange von Frauen sind in beiden Gesetzen berücksichtigt, allerdings in Niedersachsen „bei der Gestaltung von baulichen Anlagen sowie beim Bedienungsangebot" (§ 2 Abs. 4 Abschnitt 4) und in Sachsen in Bezug auf „Sicherheitsbedürfnisse[] der Fahrgäste" (§2 Abs. 6).

Unterschiedliche Ausrichtungen sind bei den raumstrukturellen Rahmenbedingungen zu erkennen. Während der ÖPNV in Niedersachsen „im Interesse verträglicher Lebens[bedingungen]" (§ 2 Abs. 1) ausgestaltet werden soll, ist in Sachsen die „Herstellung und Sicherung gleichwertiger Lebensbedingungen" (§ 2 Abs. 1 Satz 3) anzustreben. Diese sollen explizit „im gesamten Freistaat [Sachsen] zur Verfügung stehen". Eine solche gesamträumliche Verpflichtung ist im Niedersächsischen Nahverkehrsgesetz nicht verankert. Zudem macht das Sächsische ÖPNV-Gesetz im Gegensatz zum Niedersächsischen keine Angaben zur Ausgestaltung von Fahrzeugen (s. Tab. 5.1). Dafür ist nur im niedersächsischen Gesetzestext eine Verlagerung von Verkehren des MIV auf den ÖPNV vorgesehen (§ 2 Abs. 1).

Ein Vergleich der Formulierungen in den Nahverkehrsgesetzen der Länder mit den Herausforderungen bei der Sicherung der Daseinsvorsorge im vorherigen Kapitel zeigen eine deutliche Diskrepanz zwischen Anspruch und Wirklichkeit auf. Eine Nachsteuerung ist also erforderlich. Neben den Landesnahverkehrsgesetzen und den Nahverkehrsplänen auf lokaler und regionaler Ebene bieten, abgestimmt auf nationaler Ebene, die Schlussfolgerungen der „Kommission gleichwertige Lebensverhältnisse" weitere Perspektiven für eine zukünftige Sicherung der Daseinsvorsorge.

Empfehlungen der „Kommission gleichwertige Lebensverhältnisse"

In der Legislaturperiode des 19. Deutschen Bundestags wurde auf Grundlage der Vereinbarungen im entsprechenden Koalitionsvertrag eine „Kommission gleichwertige Lebensverhältnisse" eingerichtet (BMI 2019: 8). Vorsitzende der Kommission waren die Spitzen der Bundesministerien für Familie, Senioren, Frauen und Jugend, für Ernährung und Landwirtschaft sowie des Innern für Bau und Heimat. Darüber hinaus waren auch die weiteren Bundesressorts, alle 16 Bundesländer sowie als Vertretung der lokalen Ebene der Deutsche Städtetag, der Deutsche Städte- und Gemeindebund sowie der Deutsche Landkreistag (ebd.) eingebunden. Die drei federführenden Bundesministerien publizierten die Ergebnisse als „Schlussfolgerungen" in einem gemeinsamen Strategiepapier (BMI 2019).

Unter der Überschrift „Mobilität in Stadt und Land sichern" werden konkrete Vorschläge zur Verbesserung der Daseinsvorsorge im Bereich der öffentlichen Mobilität dargelegt: „Bund, Länder und Kommunen räumen einer **zeitgemäßen, flexiblen Mobilität und der Erreichbarkeit von lokalen Einrichtungen der Daseinsvorsorge in allen Regionen und für alle Bevölkerungsgruppen** eine hohe Priorität ein. **Mobilität und Erreichbarkeit sind unverzichtbare, grundlegende Voraussetzungen** für direkte menschliche Kontakte, **gesellschaftliche Teilhabe**, Beschäftigung und wirtschaftlichen Wohlstand. Es geht dabei um die Mobilität in Städten, die Stadt-Umland-Verbindungen und die **Mobilität in den ländlichen, insbesondere den dünn besiedelten Räumen**" (BMI 2019: 20). Um diese Ziele zu erreichen, werden insbesondere eine stärkere Verknüpfung von öffentlichen Verkehren auf Straße und Schiene und verbesserte Verbindungen zwischen den Regionen empfohlen. Zum einen wird hierfür eine Verbesserung der Stadt-Umland-Verkehrsbeziehungen genannt, explizit jedoch auch **Verbindungen „in und zwischen dünner besiedelten Regionen**" (BMI 2019: 20).

„Für die **Herstellung und Sicherung gleichwertiger Lebensverhältnisse** spielt ein **flächendeckend verfügbares, leistungsfähiges, erschwingliches und nutzerorientiertes Mobilitätsangebot** eine wichtige Rolle" (BMI 2019: 20). So soll „die **Anbindung** der ländlichen Räume und die regionalen **Verbindungen in der Fläche** gestärkt und optimiert werden. Dort, wo die Nachfrage geringer ist, sollen **flexible und bedarfsgerechte Lösungen** angeboten werden" (BMI 2019: 20). Hierzu wird empfohlen, „die Einführung von Mindesterreichbarkeiten für zentrale Einrichtungen der Daseinsvorsorge auf Ebene der Länder zu prüfen" (BMI 2019: 20). Auch soll mittels einer Novellierung des Personenbeförderungsgesetzes eine **Einführung von „flexiblere[n] Mobilitätsangebote[n] in der Fläche** (z. B. On-demand-Verkehre, experimentelle Angebote) leichter und dauerhaft genehmigungsfähig werden, sofern diese die **Linienverkehre ergänzen und stärken**" (BMI

2019: 20). Zudem wird eine **verstärkte Zusammenarbeit zwischen den Kommunen** und auch Bundesländern empfohlen, um **gebietsüberschreitende Verkehre** ausbauen zu können (BMI 2019: 20). Insbesondere einem flexibleren ÖPNV wird von der Kommission also eine große Bedeutung bei der Sicherung der Daseinsvorsorge zugeschrieben. Die Möglichkeiten der Flexibilisierung und daraus ableitbare flexible ÖPNV-Bedienformen werden in den folgenden Kapiteln näher beschrieben.

5.2 Flexibilisierung des Verkehrsangebots

5.2.1 Definition der Parameter

Flexible Bedienformen werden in der Praxis oft für die Sicherung der Erreichbarkeit von zentralen Orten eingesetzt (BMVBS & BBSR 2009b: 40). Bei deren Ausgestaltung ist die Anpassung verschiedener Parameter möglich. Die Ausgestaltung der Variable Raum wird durch die Organisation der Verkehre zwischen Quelle und Ziel, sowie durch die Ausgestaltung der Systemzu- und abgänge bestimmt (s. Abb. 5.1). Ein Verkehrssystem kann beispielsweise in einem vorgegebenen Richtungsband, oder frei in der Fläche betrieben werden. Ein- und Ausstieg können an einer Haltestelle, oder an der Haustür, beziehungsweise einem anderen frei zu wählendem Punkt erfolgen (s. Abb. 5.1). Auch die Variable Zeit bietet unterschiedliche Ausgestaltungsmöglichkeiten. Verkehre können auf der Grundlage eines Fahrplans, oder zeitlich ungebunden disponiert werden. Verschiedene Betriebsformen wie die Bedarfslinie, der Richtungsband- oder der Flächenbetrieb werden so möglich (s. Abb. 5.1). Darüber hinaus kann im Betrieb auf Schwankungen der Verkehrsnachfrage durch die Anpassung der Fahrzeuggröße reagiert werden. So sind zum einen Fahrzeuge mit einer variablen Größe einsetzbar. Die Änderung der Fahrzeuggröße wird hierbei durch das Zu- und Abkuppeln von Anhängern möglich. Alternativ können Fahrzeuge in unterschiedlichen Größen im Fuhrpark vorgehalten werden, sodass im Tagesverlauf flexibel auf die Verkehrsnachfrage reagiert werden kann (s. Abb. 5.1).

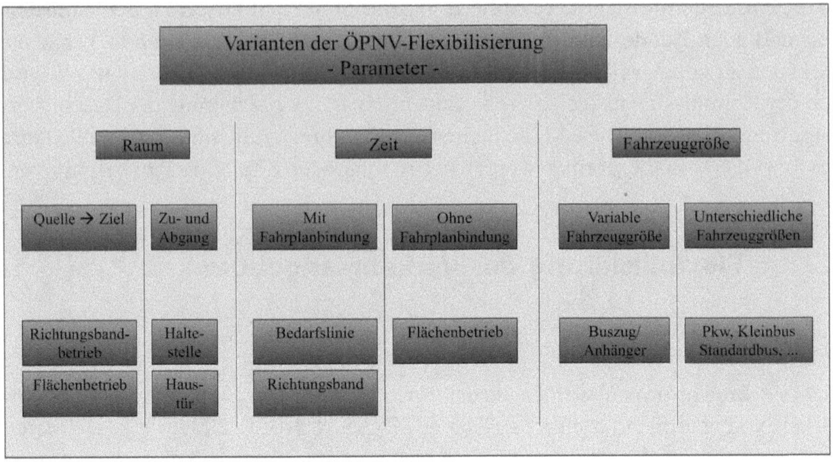

Abbildung 5.1 Varianten und Parameter der ÖPNV-Flexibilisierung. (Quelle: Eigene Weiterentwicklung von BMVBS & BBSR 2009a: 26 unter Berücksichtigung von KÄSSBOHRER & STUDIENGESELLSCHAFT NAHVERKEHR 1990)

5.2.2 Räumliche Flexibilisierung

Im Regelfall wird eine Verkehrsleistung im ÖPNV durch die Einrichtung konventioneller Linienverkehre erbracht (BMVBS & BBSR 2009a: 25). Diese ist durch eine räumlich festgelegte Route mit definierten Start- und Endpunkten gekennzeichnet (s. Abb. 5.2). Bezüglich der zeitlichen Dimension ist die Linie ebenfalls exakt definiert – Fahrpläne weisen Haltestellen konkrete Uhrzeiten für Ankünfte und Abfahrten zu (BMVBS & BBSR 2009a: 25). Da die Verkehrsleistung bedarfsunabhängig erbracht wird, ist eine vorherige Fahrtanmeldung durch die Nutzenden nicht erforderlich (ebd.). Insbesondere in dünn besiedelten Räumen ist die Bedienung einer schwachen Verkehrsnachfrage mit konventionellen Linienverkehren jedoch nicht immer möglich. Hier kann eine räumliche Flexibilisierung des Verkehrsangebots sinnvoll sein (ebd.).

Um eine räumliche Flexibilisierung klassischer Linienverkehre zu erreichen, sind insbesondere die Modelle des Bedarfslinienbetriebs, des Richtungsbandbetriebs sowie des Flächenbetriebs anwendbar. Die Betriebskonzepte unterscheiden sich vor allem hinsichtlich ihres Flexibilisierungsgrads (s. Abb. 5.2).

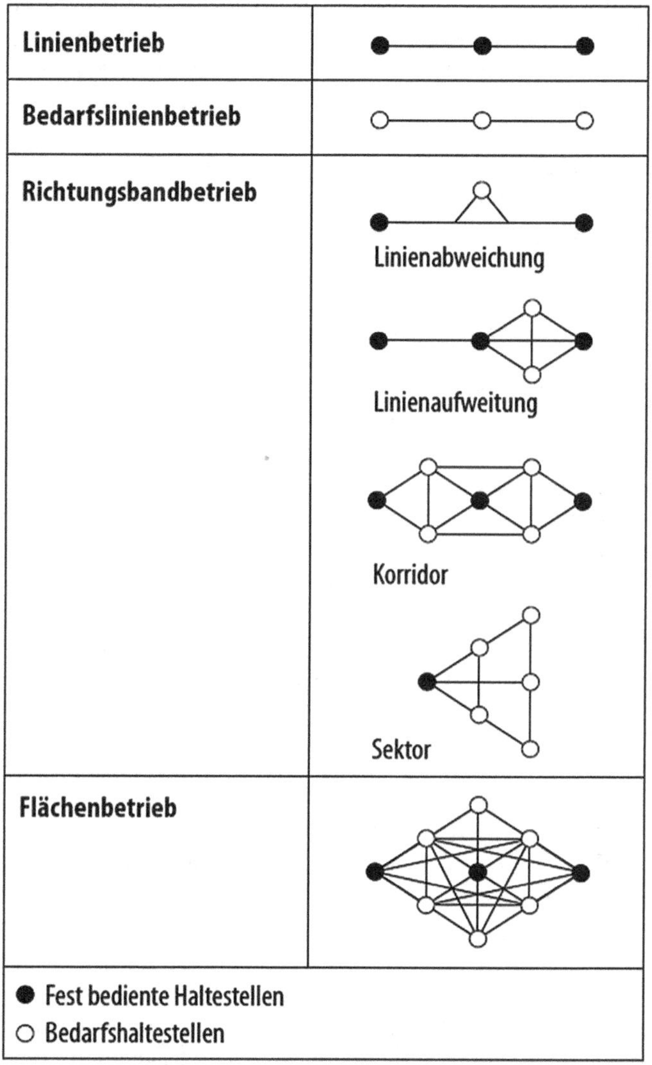

Abbildung 5.2 Möglichkeiten der räumlichen Flexibilisierung von ÖPNV-Linienverkehren. (Quelle: BMVBS & BBSR 2009a: 26)

Bedarfslinienbetrieb

Einer Bedarfslinie ist ein festgelegter Routenverlauf mit definiertem Start- und Zielpunkt zugewiesen. Zeitlich ist die Linie mit einem festen Fahrplan hinterlegt (BMVBS & BBSR 2009a: 26). Ein Betrieb findet jedoch nur statt, wenn ein Fahrtwunsch im Vorfeld angemeldet wird. Dabei wird teilweise auch nur der nachgefragte Teil der Linie befahren. In diesen Fällen liegt dann eine räumliche Flexibilisierung vor (ebd.). Doch auch eine Komponente der Zeitlichen Flexibilisierung ist hier feststellbar (vgl. folgendes Kapitel zur zeitlichen Flexibilisierung).

Richtungsbandbetrieb

Beim Richtungsbandbetrieb verkehrt das eingesetzte Fahrzeug auf einer Linie, entlang eines Korridors oder innerhalb eines Sektors in eine festgelegte Richtung (s. Abb. 5.2). Verschiedene Formen der Flexibilisierung sind so möglich (ebd., vgl. auch MEHLERT 1998: 56 ff.). Neben einer festen Grundlinie sind so Abweichungen, Aufwertungen sowie die genannten Korridor- und Sektorenverkehre möglich (s. Abb. 5.2, vgl. auch KLOTH et al. 2005: 14) Der genaue Verlauf der Fahrt wird auf Grundlage der angemeldeten Bedarfe ausgestaltet, die Fahrtrichtung ist dabei jedoch immer im Vorfeld definiert (BMVBS & BBSR 2009: 27). Die Kombination der beiden Faktoren Nachfrage und Siedlungsstruktur bedingen hier also letztendlich die konkrete Ausgestaltung des Richtungsbandbetriebs (vgl. auch ebd.). Insbesondere bei einem Sektorenbetrieb können bestimmte fest bediente Haltepunkte vorhanden sein, wie Abbildung 5.2 verdeutlicht. Dies ist insbesondere bei der Sicherung der Anschlüsse an Buslinien und zum Schienenverkehr notwendig.

Flächenbetrieb

Wesentliches Unterscheidungskriterium im Vergleich zum Richtungsbandbetrieb ist bei einem Flächenbetrieb der Entfall einer übergeordneten Fahrtrichtung (KLOTH et al. 2005: 12). Damit ist der Verkehr deutlich flexibler. Dabei ist entweder eine Bedienung von Haustür zu Haustür möglich („F-Bus", s. BMVBS & BBSR 2009a: 33), oder ein Betrieb von Haltestelle zu Haltestelle („RF-Bus", s. BMVBS & BBSR 2009a: 34). Der Komfort für die Fahrgäste ist bei der Haustürbedienung höher (ebd.). Auch bei einem Flächenbetrieb können bestimmte fest bediente Haltepunkte vorhanden sein, wie Abbildung 5.2 verdeutlicht. Dies kann beispielsweise Anschlüsse zu Buslinien und zum Schienenverkehr sichern. Es bestehen also in Bezug auf die Komponente Raum verschiedene Unterscheidungen bei den Systemzugängen.

Räumlicher Systemzugang

Nach VON MÖRNER ergeben sich so grundsätzlich drei verschiedene Betriebsszenarien (2018: 46):

- von „Haltestelle zu Haltestelle“
- von „Haltestelle zur Haustür“
- von „Haustür zu Haustür“

In der Kombination der Variablen „Haltestelle“ und „Haustür“ ergibt sich zudem mit Verkehren von der Haustür zur Haltestelle eine weitere Kombinationsmöglichkeit.

5.2.3 Zeitliche Flexibilisierung

Neben einer räumlichen Flexibilisierung ist auch eine zeitliche Flexibilisierung möglich, wie Abbildung 5.2 aufzeigt. So ist der Bedarfslinienbetrieb beispielsweise die zeitliche Flexibilisierung des räumlich als Linienverkehrs ausgeprägten Angebots (nach Fahrplan) (ebd.). Wesentliche Einflussgröße bei der Ausprägung der zeitlichen Flexibilisierung ist das Zugrunde liegen eines Fahrplans (BMVBS & BBSR 2009a: 28 f.). Dabei bestehen nicht nur die beiden Kategorien *fahrplangebunden* und *fahrplanungebunden*, sondern es sind auch Zwischenformen möglich. So sind bei einigen Konzepten „nur die Abfahrtszeiten an der Starthaltestelle festgelegt [...], nicht jedoch die Abfahrtszeiten an den Zwischenhaltestellen“ (BMVBS & BBSR 2009a: 29). Bei fahrplanungebundenen Systemen ist die Abfahrtszeit durch die Nutzenden selbst bestimmbar (ebd.). Eine zeitliche Flexibilisierung bietet bei der Sicherung der Daseinsvorsorge, insbesondere in ländlichen Räumen, große Potenziale: „Die zeitliche Flexibilisierung ermöglicht es, insbesondere die zeitlich schwer zu bündelnden Mobilitätsbedürfnisse zu befriedigen, die nicht auf die Spitzenstunden ausgerichtet sind. Dazu zählen Einkaufs-, Erledigungs- und Freizeitwege“ (BMVBS & BBSR 2009a: 29). Wie stark ein entsprechendes Angebot fahrplanbasiert betrieben wird, hat Auswirkungen auf Fahrgäste und das betreibende Verkehrsunternehmen, da deren Bedürfnisse gegeneinander abgewogen werden müssen, wie die folgende Tabelle 5.2 verdeutlicht.

Tabelle 5.2 Stärken und Schwächen der zeitlichen Flexibilisierung aus Betreiber- und Fahrgastperspektive

	Betreiberperspektive		Fahrgastperspektive	
	Stärken	Schwächen	Stärken	Schwächen
Fahrplanbindung	Bessere Planbarkeit Höhere Wirtschaftlichkeit	–	System ist besser verständlich und vertrauter	Abweichungen bei Abfahrtszeiten möglich
Ohne Fahrplanbindung	Hohe Kundenzufriedenheit	Erschwerte Planbarkeit	Hoher Komfort durch individuelle Zeitplanung und kürzere Fahrtzeiten	System ist weniger vertraut; teilweise lange Vorlaufzeiten bei Anmeldung

Quelle: Eigene vereinfachende Darstellung auf Grundlage von BMVBS & BBSR 2009a: 29

5.2.4 Flexibilisierung der Fahrzeuggröße

Eine weitere Möglichkeit zur Anpassung von ÖPNV-Verkehren auf eine wechselnde Nachfrage besteht in der Flexibilisierung der Fahrzeuggröße. So kann für verschiedene Verkehre mit wechselnden Nachfragen dasselbe Fahrzeug eingesetzt werden. Schon im Jahr 1990 stellten KÄSSBOHRER & STUDIENGESELLSCHAFT NAHVERKEHR Konzepte für Fahrzeuge mit anpassbarer Kapazität für ländliche Räume vor. So wird eine kleinteilige Aufteilung des Fahrzeugs skizziert, deren Einheiten je nach Nachfrage über Kupplungen eine Erweiterung oder Verkleinerung ermöglicht (KÄSSBOHRER & STUDIENGESELLSCHAFT NAHVERKEHR 1990: 51). Die Beitragspotenziale bezüglich einer Sicherung der Mobilität werden sehr positiv bewertet. So kommt die Studie zu dem Ergebnis, dass „modulare Fahrzeugeinheiten […] sich in ländlichen Räumen als Substitut nicht nur der hier häufig unrentablen Gelenkbusse, sondern oft auch als Ersatz für nicht wirtschaftlich zu nutzende Standardbusse“ (KÄSSBOHRER & STUDIENGESELLSCHAFT NAHVERKEHR 1990: I) eignen. Insbesondere bei der ÖPNV-Anbindung ländlicher Räume werden Potenziale identifiziert: „Die modularen Fahrzeugeinheiten leisten einen Beitrag zur Stabilisierung und Verbesserung des Bedienungsstandards des bisher durch schleichende Auszehrung bedrohten öffentlichen Personennahverkehrs im ländlichen Raum“ (KÄSSBOHRER & STUDIENGESELLSCHAFT

NAHVERKEHR 1990: I). Auch in städtischen Räumen sind diese Konzepte einsetzbar, und konnten sich hier als Ergänzung von Busflotten etabliert werden. So setzt die Münchner Verkehrsgesellschaft (MVG) beispielsweise Busse mit Anhängern ein (s. Abb. 5.3).

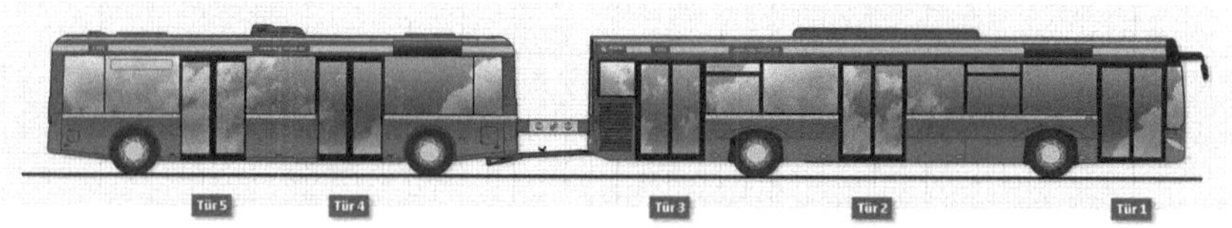

Abbildung 5.3 Von der Münchner Verkehrsgesellschaft (MVG) eingesetzter „Buszug". (Quelle: MVG 2016: 2)

Diese haben als zweiteilige Einheit eine um 30 Prozent erhöhte Kapazität im Vergleich zu einem klassischen Gelenkbus (MVG 2016: 2). So werden die Fahrzeuge zum einen auf Linien mit einer sehr hohen Nachfrage eingesetzt, beispielsweise im Schülerverkehr oder bei Schienenersatzverkehren im Straßenbahn- und U-Bahnnetz (MVG 2016: 1). Bei Einsätzen mit einer geringeren Nachfrage, beispielsweise an Wochenenden, Feiertagen und in den Ferien, verkehren die Fahrzeuge ohne Anhänger (ebd.).

5.2.5 Flexible Angebotsformen im ÖPNV

Die Kombination räumlicher und zeitlicher Flexibilisierungen führt zur Ausgestaltung verschiedener flexibler Angebotsformen im ÖPNV. Deren häufigste Varianten werden im Folgenden vorgestellt.

Bedarfslinienverkehre
Bedarfslinienverkehre sind eine typische Form der flexiblen Angebotsformen und Linienverkehre nach Fahrplan in ihrer Beschaffenheit am ähnlichsten.

<u>Anrufbus (L-Bus)</u>
Der L-Bus ist der klassische „Anrufbus auf [einer] Bedarfslinie", also ein „Bedarfslinienbetrieb" (BMVBS & BBSR 2009a: 30). Der L-Bus ist also in den Grundzügen ein Linienbus, der allerdings nur nach vorheriger Anmeldung, also nach Bedarf,

fährt. Wesentliche Merkmale sind die Beibehaltung eines festen Fahrplans, dessen Fahrten erst nach Bestellung durchgeführt werden sowie ein Transport von Haltestelle zu Haltestelle (ebd.).

Richtungsbandverkehre

Richtungsbandverkehre können Linienabweichungen, Linienaufweitungen, Korridorbedienungen oder Sektorenbedienungen umfassen. Diese werden insbesondere durch die räumlichen Gegebenheiten bestimmt. Je nach Fahrgastaufkommen und angestrebter Servicequalität können unterschiedliche Angebote eingesetzt werden.

Anrufbus im Richtungsbandbetrieb (R-Bus)

Der R-Bus ist ein „Anrufbus mit Richtungsbandbetreib", also ein „Richtungsbandbetrieb" (BMVBS & BBSR 2009a: 30). Dieser ist zwar durch die räumlich und zeitlich fest definierten Punkte auf der Strecke fahrplangebunden, durch die nicht immer bedienten Zu- und Ausstiegspunkte abseits der Hauptroute jedoch auch „teilweise bedarfsabhängig" (ebd.). Die Bedienung erfolgt im Regelfall von Haltestelle zu Haltestelle, in einigen Fällen jedoch auch von Haltestelle zu Haustür (ebd).

Anruf Sammeltaxi im Richtungsbandbetrieb (R-AST)

Das R-AST ist das „Anruf-Sammeltaxi im Richtungsbandbetrieb" (BMVBS & BBSR 2009a: 32). Dieses ist ebenfalls fahrplangebunden, allerdings vollständig bedarfsabhängig und erbringt als Sonderfall im Vergleich zu den anderen Bedienformen Verkehrsleistungen von einer Haltestelle zu einer Haustür (ebd.).

Flächenverkehre

Flächenverkehre bieten die größte räumliche und zeitliche Flexibilität. Je nach angestrebter Servicequalität können auch hier unterschiedliche Angebote eingesetzt werden.

Anrufbus im Flächenbetrieb (F-Bus)

Der F-Bus, „Anrufbus im Flächenbetrieb" ist ein Flächenbetrieb von Haustür zu Haustür (BMVBS & BBSR 2009a: 33). Durch den fehlenden festen Fahrplan in Kombination mit einem bedarfsabhängigen Betrieb und einer Haustürbedienung (ebd.) bietet diese Betriebsform die größte Flexibilität.

Anrufbus im Flächenbetrieb (RF-Bus)

Der RF-Bus ist ein „Anrufbus im Flächenbetrieb ohne Haustürbedienung" BMVBS & BBSR 2009a: 34). Dieser verkehrt ebenfalls ohne Linienbindung ohne Fahrplan und bedarfsabhängig in einem flächigen Bediengebiet, unterscheidet sich vom F-Bus jedoch dahingehend, dass statt einer Haustürbedienung ausschließlich Haltestellen bedient werden (ebd.).

Bei der Auswahl der geeigneten Bedienform spielen verschiedene Parameter eine Rolle. In einem ersten Schritt ist die Größe des Bediengebiets entscheidend für die weitere Eingrenzung. So wird zwischen kleinen Bediengebieten bis zu einer Größe von 100 Quadratkilometern und großen Bediengebieten über diesem Wert unterschieden (s. Abb. 5.4). Anschließend entscheidet die Bevölkerungsdichte, unterteilt in eine Dichte von unter und über 100 Personen je Quadratkilometer über die weitere Einordnung. Die Siedlungsstruktur schließlich, klassifiziert in disperse, radiale oder linienhafte Räume schließlich entscheidet über die endgültige Wahl der vorgestellten flexiblen Bedienformen (s. Abb. 5.4).

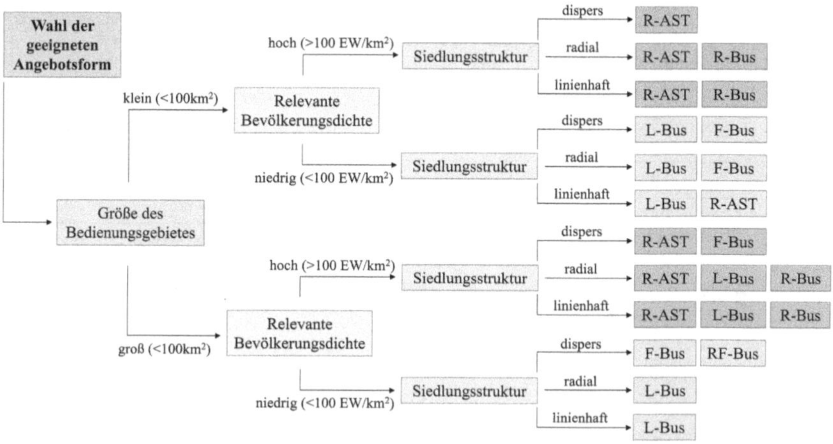

Abbildung 5.4 Wahl der geeigneten flexiblen Bedienform auf Grundlage von Größe, Bevölkerungsdichte und Siedlungsstruktur eines zukünftigen Bediengebiets. (Quelle: Lamberg 2022a: 48/ eigene Weiterentwicklung von BMVBS & BBSR 2009a: 31 & 36)

Genehmigungsrechtlich sind flexible Bedienformen an der Grenze zwischen konzessioniertem Linienverkehr nach den § 42 und § 43 des Personenbeförderungsgesetzes und davon unabhängigen Verkehren zu verorten (s. Abb. 5.5).

Nach der Definition des BMVI befinden sich jedoch flexible Verkehre beider Genehmigungswege im Bereich der Sicherung der Daseinsvorsorge im ÖPNV (s. Abb. 5.5). Flexible Bedienformen können also auch bezüglich der Rechtsgrundlage unterschiedlich ausgestaltet werden.

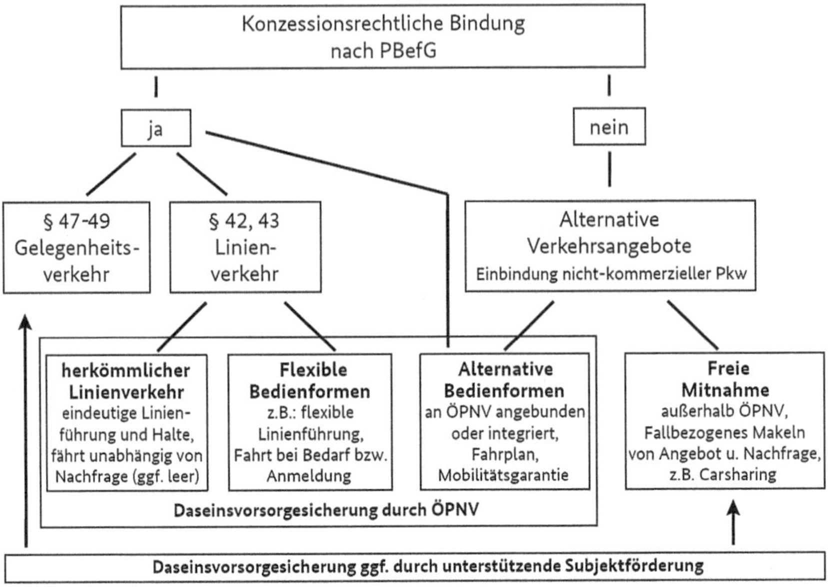

Abbildung 5.5 Genehmigungsrechtliche Einordnung von flexiblen Bedienformen. (Quelle: BMVI 2015c: 23)

Flexible Angebotsformen werden im ÖPNV in Deutschland bereits seit einigen Jahrzehnten erprobt und eingesetzt (vgl. NVBW 2018: 19). So war beispielsweise der Rufbus Friedrichshafen von 1977 bis 1987 in Betrieb, wurde dann jedoch aufgrund von wegfallenden Fördermitteln eingestellt (NVBW 2018: 22). Auch der R-Bus in Wunstorf nahm zur gleichen Zeit den Betrieb auf (NVBW 2018: 8), fuhr jedoch nur bis zum Jahr 1999 (NVBW 2018: 19). So entwickelten sich in den Teilräumen spezifische Angebote, die sowohl konzeptionell, als auch begrifflich von den theoretischen Reinformen flexibler Bedarfsverkehre abweichen (BMVI 2016a: 24).

Die voranschreitende Digitalisierung von Verkehrssystemen ermöglicht inzwischen zudem weitere Formen der Organisation von Mobilität (vgl. BMVI 2020a: 3, 10 ff.). Insbesondere in ländlichen Räumen ergeben sich so neue Handlungsspielräume bei der Ausgestaltung des ÖPNV-Angebots. Flexible Bedienformen eignen sich insbesondere „für den Einsatz in Zeiten und Räumen schwacher Nachfrage“ (BMVI 2016a: 23). In diesen Anwendungsfällen können der Einführung unterschiedliche Zielstellungen zugrunde liegen. So sind flexible Bedienformen unter anderem als Ersatz für liniengebundene Verkehre und als Zusatzverkehre zu diesen einsetzbar (HVV 2014: 9). So sind Kosteneinsparungen, aber auch attraktivere sowie optimierte ÖPNV-Angebote umsetzbar (ebd.).

Auch bei der Entwicklung von Stadtverkehren spielen flexible Bedienformen eine Rolle. So soll das Angebot „Flexa“ in Leipzig ein weiterer Baustein bei der Ermöglichung intermodaler Wegeketten mit ÖPNV-Anteilen sein. Insbesondere sollen jedoch individuelle Mobilitätsbedürfnisse besser im ÖPNV abbildbar sein (BMVI 2020a: 10 f.). So entsteht ein öffentlich nutzbares Angebot, welches näher an die Eigenschaften des MIV heranrückt und damit zu einer Alternative zu diesem wird (BMVI 2020a: 11). Um die Angebote des ÖPNV besser zu vernetzen und einfache Zugänge zu schaffen, werden auch verkehrsträgerübergreifende Mobilitätsplattformen entwickelt (vgl. BMVI 2020a: 28 ff.), deren Schaffung ebenfalls erst durch die Potenziale der Digitalisierung möglich wird.

5.3 Betrieb von Bürgerbussen

Bei einer geringen Nachfrage nach öffentlicher Mobilität können neben flexiblen Bedienformen auch Bürgerbusse zur Erbringung von Verkehrsleistungen eingesetzt werden (BMVI 2016b: 24). Diese sind insbesondere als Substitution eines unzureichenden ÖPNV in ländlichen Räumen zu finden (Berlin- Institut 2018: 5). Ziel von Bürgerbussen ist die Etablierung eines Angebots, welches nicht in Konkurrenz zu möglicherweise anderweitig bestehenden ÖPNV-Verkehren steht (BMVI 2016b: 24), sondern zeitliche und räumliche Lücken im bestehenden ÖPNV-Angebot schließen soll (BMVBS & BBSR 2009b: 7). Jedoch bestehen in der Praxis auch Beispiele, bei denen die gleichen Strecken parallel befahren (s. Abb. 5.6).

Abbildung 5.6 Linienverkehr und Bürgerbus begegnen sich im Landkreis Gifhorn. (Quelle: Eigene Darstellung/ LAMBERG 2022a: 81)

Betrieben wird ein Bürgerbus im Regelfall durch einen gemeinnützigen Verein, der bei verschiedenen Aufgaben, wie beispielsweise der Fahrzeugbeschaffung sowie deren Wartung und Betrieb, von lokalen Verkehrsunternehmen und dem zuständigen Aufgabenträger unterstützt wird (BMVBS & BBSR 2009: 61). Der Fahrbetrieb wird durch ehrenamtlich tätiges Personal sichergestellt (HVV 2014: 8). Zudem sind die Verkehrsangebote von Bürgerbussen oft in die lokal bestehenden Tarifverbünde und -strukturen eingebunden (vgl. z. B. VBN 2025a: www). Im Jahr 2015 war in Deutschland eine Vielzahl von Bürgerbussystemen eingerichtet, mit über 100 verschiedenen Angeboten die meisten davon in Nordrhein-Westfalen (s. Abb. 5.7).

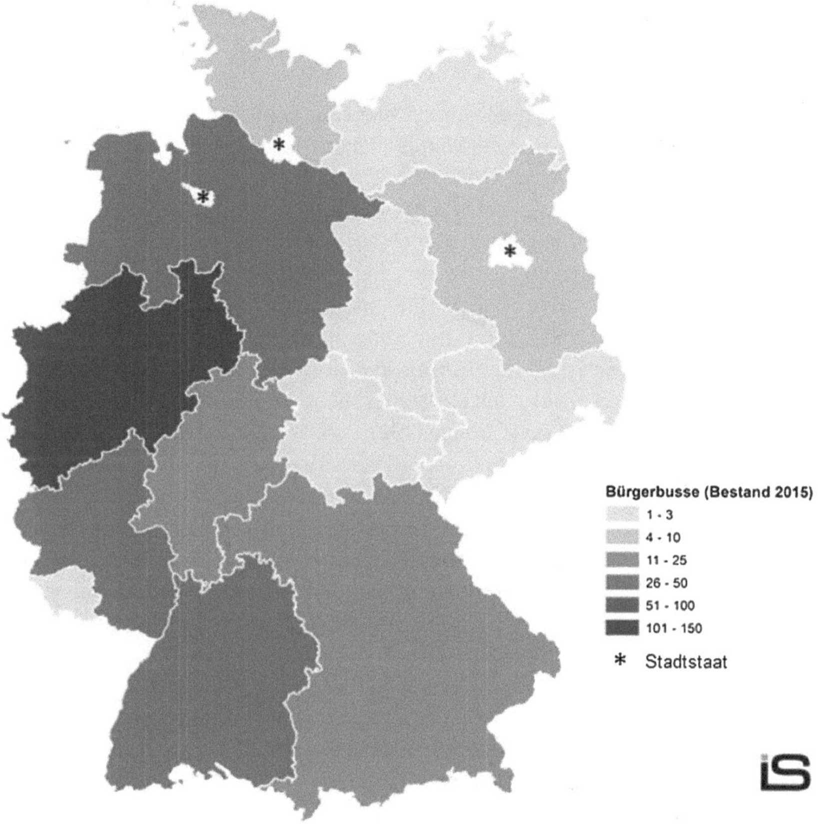

Abbildung 5.7 Bestand an Bürgerbussen in Deutschland nach Bundesländern. (Quelle: BMVI 2016b: 26)

Wie exemplarisch die Erfahrungen des Bürgerbusses in der Samtgemeinde Meinersen zeigen, kommen die ehrenamtlich betriebenen Angebote jedoch schnell an ihre Grenzen. Die mit viel Aufwand erhaltene Konzession verhinderte in Meinersen beispielsweise anschließend eine flexiblere Betriebsform der Verkehre und damit eine flexible Anpassung der Fahrten auf eine wechselnde Nachfrage (ebd.). Individuelle Anfragen („Können wir denn direkt nach Gifhorn zum Arzt fahren […] [?]") müssen so oft abgelehnt werden (ÖPNV 1,

2018: mdl.). Auch die Vermittlung eines neuen Angebots ist nach Jahrzehnten einer erlernten „Nicht-Selbstfahr-Mobilität" (BMVI 2015c: 21) schwierig, wie Abschnitt 4.2.3 aufzeigt. Dies zeigt sich auch bei den Erfahrungen des Bürgerbusvereins in Meinersen, bei dem das Angebot trotz einer Vielzahl an Vermittlungs- und Marketingmaßnahmen nur sehr zögerlich angenommen wird: „dörfliche Bewohnerinnen und Bewohner haben immer sehr viele Vorbehalte" (ÖPNV 1, 2018: mdl.).

Im Kontext der Sicherung der Daseinsvorsorge sind Bürgerbusse ebenfalls kritisch zu betrachten: „Reguläre Angebote durch Bürgerbusse zu ersetzen, würde [...] der Rechtslage zuwiderlaufen, nach der eine ausreichende Verkehrsbedienung Teil der Daseinsvorsorge und somit eine öffentliche Aufgabe ist" (BMVBS & BBSR 2009: 61). Die Einrichtung von Bürgerbussen sollte daher primär ergänzend umgesetzt werden: „Aufgrund des begrenzten Leistungsumfangs sind die Bürgerbusse eines der letzten Mittel, Mobilität zu sichern" (BMVBS & BBSR 2009: 61). In der Praxis können Bürgerbusse für ÖPNV-Aufgabenträger jedoch attraktiv erscheinen, da mit Ihnen Verantwortung für die Sicherung der Daseinsvorsorge, insbesondere auch im finanziellen Kontext, abgegeben werden kann. Der Regionalverband Großraum Braunschweig als Aufgabenträger für drei der vier Untersuchungsgebieten in dieser Arbeit (Wolfsburg, Gifhorn und Goslar) fördert beispielsweise die Einrichtung und den Betrieb von Bürgerbussen, da diese, nach eigener Definition, ein „Teil des ÖPNV" seien (REGIONALVERBAND GROßRAUM BRAUNSCHWEIG 2020: 105).

5.4 Engagement privatwirtschaftlicher Mobilitätsdienstleister

Neben der staatlichen Gestaltung von öffentlicher Mobilität durch die Planung der ÖPNV-Aufgabenträger spielen auch zunehmend private Mobilitätsdienstleister eine Rolle im Transportmarkt für öffentliche und halböffentliche Mobilität. Im Dezember 2016 gründete beispielsweise der Volkswagen Konzern den Mobilitätsdienstleister „Moia", welches mit Flotten von Kleinbussen geteilte Fahrten, sogenanntes Ridesharing, anbietet (NIEDERSÄCHSISCHER LANDTAG 2017: 1). Moia kündigte an, bis 2025 einer der wichtigsten Mobilitätsdienstleister der Welt zu werden (ebd.). Im April 2018 unterstrich der damalige Chief Digital Officer von Volkswagen im Experteninterview noch seine Ambitionen, in ländlichen Räumen mit flexiblen Personenverkehren Geld verdienen zu wollen: „Mobilität im ländlichen Raum ist ein wichtiges Thema, dass in den letzten Jahrzehnten vernachlässigt wurde. Kleine Flotten mit wenigen Fahrzeugen sind aus meiner Sicht dort wirtschaftlich sinnvoll betreibbar. Das wollen wir in Zukunft mit unserer Firma ‚Moia' tun" (Interview AUTOMOBILINDUSTRIE 1, 2018: mdl., vgl. auch LAMBERG 2022a: 114). Shuttleverkehre allerdings betreibt Moia bis heute nur in Hamburg und Hannover. Eine Kooperation zwischen Moia und dem kommunalen Verkehrsunternehmen Üstra in Hannover im Rahmen von Zu- und Abbringerverkehren für ÖPNV-Haltestellen wurde nach einer Testphase an drei Stadtbahnstationen aufgrund fehlender Nachfrage nicht verlängert: „Ein Umsteigen von einem auf das andere Verkehrsmittel kam zumindest in der Ausgestaltung des Tests in Hannover für viele nicht infrage, sodass die Kooperation nach der dreimonatigen Testphase nicht fortgeführt wird" (ÜSTRA 2020: 9 f.). Eine Studie in NRW weist zudem darauf hin, dass flexible Verkehre im Rahmen des Ridepooling in ländlichen Räumen bisher nicht implementiert wurden (ÖPNV DIGITALISIERUNGSOFFENSIVE NRW & KOMPETENZCENTER DIGITALISIERUNG NRW 2020: 8). Im Kontext der Daseinsvorsorge kommt es also zu einem **Marktversagen der privatwirtschaftlichen Anbieter**. Die formulierte Sorge, private Anbieter könnten, auch in ländlichen Räumen, in den lukrativen Bereichen in Konkurrenz zu öffentlich bestellten oder durchgeführten Verkehren treten (vgl. LAMBERG 2022a: 125 & ROOST 2019: 32) sind also bisher unbegründet. Allerdings ist so auch kein Beitrag zur Sicherung der Daseinsvorsorge, insbesondere in ländlichen Räumen, durch privatwirtschaftlich arbeitende Mobilitätsdienstleister erkennbar. In peripheren Gebieten scheint der Personentransport zumindest im Status quo nur unter staatlicher Regie und subventionsbasiert zu funktionieren.

5.5 Grenzen aktueller Ansätze

Flexible Bedienformen können einen möglichen Ansatz zur Sicherung der Daseinsvorsorge im ÖPNV darstellen. Allerdings werden diese bisher nicht flächendeckend in Deutschland eingesetzt. Dies liegt insbesondere an den **hohen Kosten**, die den sinnvollen Einsatz eines flexiblen Medienangebots häufig verhindern, wie Interviewpartner VERWALTUNG 1 erläutert (2018: mdl.): „Die Schwierigkeit liegt darin, dass [...] die von uns heute betriebenen Anrufangebote systembedingt den Nachteil haben, dass mit steigender Nutzung Anrufangebote [...] höhere Kosten verursachen, während steigende Nachfrage in einem nachfrageunabhängigen System, also beispielsweise ein Bus der immer fährt, zu einer höheren Kostenabdeckung führen. Sprich, zu höheren Einnahmen, und von daher haben wir heute eher den Nachteil, dass die von Gemeinden oder von Landkreisen finanzierten Anrufverkehre zum Teil im Fahrplan schlummern, aber keiner will so richtig, dass sie stark genutzt werden" (vgl. hierzu auch

Interview WISSENSCHAFT 1 sowie BMVBS & BBSR 2009b: 58). Probleme bei der Finanzierung führten auch beim Rufbus Friedrichshafen zur Einstellung des etablierten Systems (NVBW 2018: 17). Diese determinierende Einschränkung besteht bis heute fort: „Die Kostendeckung bleibt [...] insbesondere für Rufbus-Angebote, die nicht in den übrigen ÖPNV eingebunden sind, problematisch; ein kostendeckender Betrieb ohne Zuschüsse wird in Gebieten mit geringer Einwohnerdichte als nicht realisierbar gesehen – also ausgerechnet dort, wo das Rufbus-Konzept den größten Nutzen entfalten könnte" (NVBW 2018: 19 f.). Eine Untersuchung von BMVBS und BBSR zeigt in diesem Zusammenhang für eine Vielzahl von Verkehren einen niedrigen Kostendeckungsgrad und damit einen sehr hohen Zuschussbedarf für verschiedene untersuchte flexible Angebotsformen in Deutschland auf (s. Abb. 5.8).

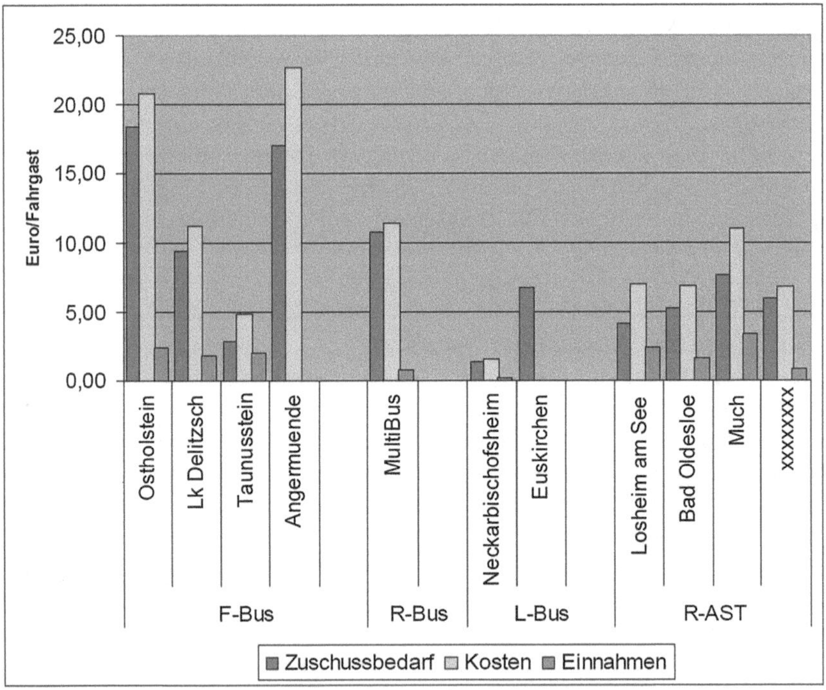

Abbildung 5.8 Zuschussbedarf, Kosten und Einnahmen je Fahrgast bei verschiedenen flexiblen ÖPNV-Angebotsformen in Deutschland. (Quelle: BMVBS & BBSR 2009b: 44)

Diese Situation verhindert schlussendlich oft eine dauerhafte Etablierung dieses Angebots: „Auch die flexiblen Bedienformen müssen wirtschaftlich betrieben werden. Dies kann jedoch erhebliche Probleme aufwerfen. Viele der bisher experimentell erprobten flexiblen Bedienungsformen sind an ihrer schwierigen Koordinierbarkeit und der mangelnden Rentabilität gescheitert" (NUHN & HESSE 2006: 217).

Erschwert wird die dauerhafte Sicherung der Daseinsvorsorge mittels flexibler Bedienformen darüber hinaus durch den generellen und zunehmenden **Fahrpersonalmangel im ÖPNV**. Wie eklatant sich dieser bereits auf den ÖPNV auswirkt, zeigt eine Mitgliederbefragung des Bundesverbands Deutscher Omnibusunternehmen. So geben über 80 Prozent der im Verband organisierten Verkehrsunternehmen an, dass der Fahrpersonalmangel bereits heute Einschränkungen im laufenden Betrieb verursacht (Abb. 5.9). Weitere 12 Prozent erwarten Einschränkungen „in naher Zukunft" (ebd.).

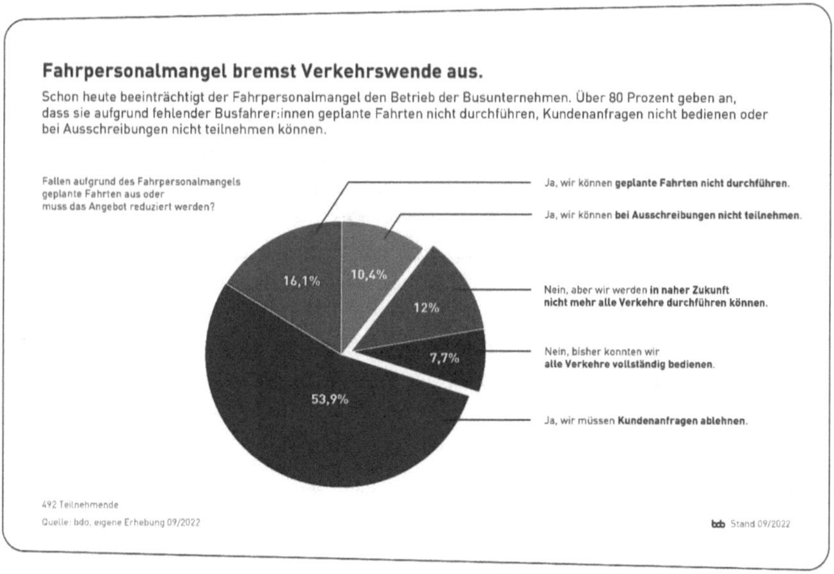

Abbildung 5.9 Auswirkungen des Fahrpersonalmangels auf die Verkehrsunternehmen in Deutschland. (Quelle: BDO 2022: 2)

Damit sehen sich über 90 Prozent der befragten Unternehmen sich nicht in der Lage, die an sie gestellten Anforderungen vollumfänglich zu erfüllen. Dass die bereits angespannte Situation sich in Zukunft noch weiter verschärfen könnte, zeigt auch ein Positionspapier des Verbands Deutscher Verkehrsunternehmen zum Fahrpersonalmangel auf. So geht die Anzahl der zur Verfügung stehenden Personale durch den demografischen Wandel zurück, während gleichzeitig eine Vielzahl neuer Personale für die Umsetzung der Verkehrswende benötigt wird: „Mehr als die Hälfte aller Busfahrerinnen und Busfahrer ist älter als 50 Jahre. Bis 2030 werden jährlich ca. 4.000 bis 6.000 Fahrer in den Ruhestand wechseln. Tram- und U-Bahnfahrerinnen und -fahrer sowie Triebfahrzeugführerinnen und -führer im Personenverkehr mit Eisenbahnen weisen eine ähnliche Altersstruktur auf. Hier muss von jährlichen altersbedingten Abgängen in einer Größenordnung bis zu 2.000 Personen ausgegangen werden. Die Branche wird folglich jährlich bis zu 6.000 Fahrpersonale im ÖPNV und SPNV gewinnen müssen, um das altersbedingte Ausscheiden von Fahrpersonalen im Bus- und Bahnsektor kompensieren zu können. Hinzu kommt: Für die Realisierung der Verkehrswende sind rund 110.000 zusätzliche Personale erforderlich, davon viele Tausend für den Fahrbetrieb zu gewinnen“ (VDV 2023a: 3). Auch wenn sich die Prognosen teilweise unterscheiden – so geht auch der Verband Deutscher Omnibusunternehmen von einer steigenden Diskrepanz zwischen Verfügbarkeit von und Nachfrage nach Fahrpersonal aus. Wie diesem steigenden Delta an erforderlichem Fahrpersonal begegnet werden soll, ist bisher unklar (s. Abb. 5.10).

Bei diesen Prognosen ist ein Ausbau von flexiblen Bedienformen, die neben einem niedrigen Kostendeckungsgrad auch ein vergleichsweise ungünstiges Verhältnis zwischen eingesetztem Fahrpersonal und der Anzahl der transportierten Personen aufweisen, fraglich. Damit ist neben der Umsetzung der Verkehrswende und der Erreichung der mit ihr verbundenen Klimaschutzziele insbesondere auch eine Aufrechterhaltung und Sicherung der Daseinsvorsorge fraglich.

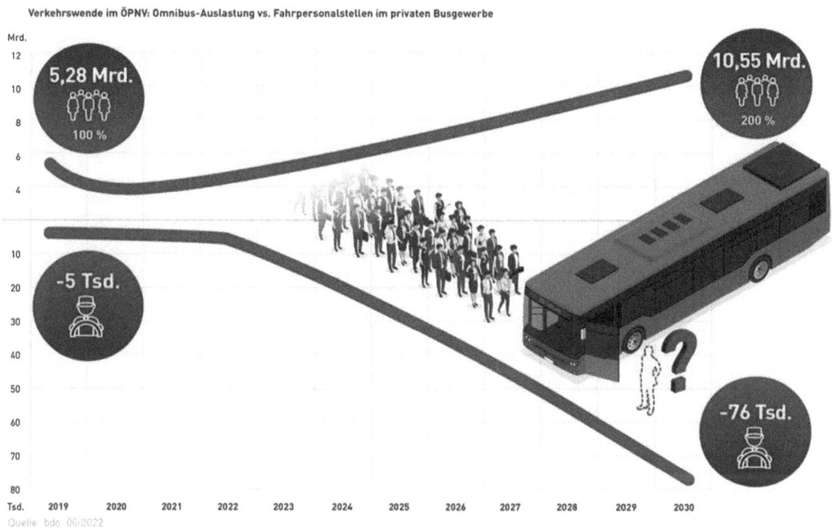

Abbildung 5.10 Erwartete Diskrepanz zwischen steigenden Fahrgastzahlen im ÖPNV bei einem sinkenden Bestand an verfügbarem Fahrpersonal. (Quelle: BDO 2022: 4)

6 Vorstellung eines neuen potenziellen Lösungsansatzes: Einsatz des autonomen Fahrens im ÖPNV in Deutschland

6.1 Autonomes Fahren im öffentlichen Straßenpersonennahverkehr

6.1.1 Die Rolle des öffentlichen Straßenpersonennahverkehrs im Kontext der Daseinsvorsorge

Der Fokus dieser Arbeit liegt insbesondere auf der Anbindung der Fläche an die zentralen Orte und damit überwiegend auf dem straßengebundenen Transport von Personen. Dem öffentlichen Straßenpersonennahverkehr kommt damit eine zentrale Rolle bei der Sicherung der Daseinsvorsorge zu. Dies wurde insbesondere in Abschnitt 4.2.3 deutlich. Traditionell werden hier insbesondere liniengebundene Angebote eingesetzt, um das Erreichen des nächsten Grundzentrums zu ermöglichen. Eine wesentliche Rolle spielen liniengebundene Angebote auch bei einer Anbindung der Grundzentren an die Mittelzentren.

Neben liniengebundenen Angeboten sind bei der Anbindung der Fläche an die Grundzentren aber insbesondere auch flexible Bedienformen relevant. Während an diese hohe Erwartungen in Bezug auf die Sicherung der Daseinsvorsorge gestellt werden, sind diese bisher jedoch gleichzeitig nur unzureichend zu erfüllen, wie das vorherige Kapitel 5 aufzeigt. Insbesondere bei den flexiblen Bedienformen im ÖPNV könnte daher ein großes Potenzial für den Einsatz des autonomen Fahrens liegen, wie der Abschnitt 5.2 aufzeigt. Darüber hinaus spielt in Deutschland, auch der Schienenpersonennahverkehr eine Rolle bei der Sicherung der Daseinsvorsorge. Auf diesen wird in Abschnitt 6.2 näher eingegangen.

J. Lamberg, *Beitragspotenziale eines autonomen ÖPNV zur Sicherung der Daseinsvorsorge*, https://doi.org/10.1007/978-3-658-50160-0_6

6.1.2 Stufen der Automatisierung

Der internationale Verband der Automobilingenieure, SAE International, definiert in der Norm SAEJ3016 sechs Stufen des automatisierten Fahrens auf der Straße (s. Abb. 6.1). Diese beginnen bei „Level 0“ mit ersten Assistenzsystemen, wie der automatischen Notbremsfunktion und reichen bis zum vollautonomen Fahren bei „Level 5“, in denen das Fahrzeug in ausnahmslos allen möglichen Situationen vollständig selbstständig agieren kann. Dies wird im Straßenverkehrsgesetz als Möglichkeit definiert, das „Kraftfahrzeug selbstständig in einen risikominimalen Zustand zu versetzen“ (§ 1e StVG).

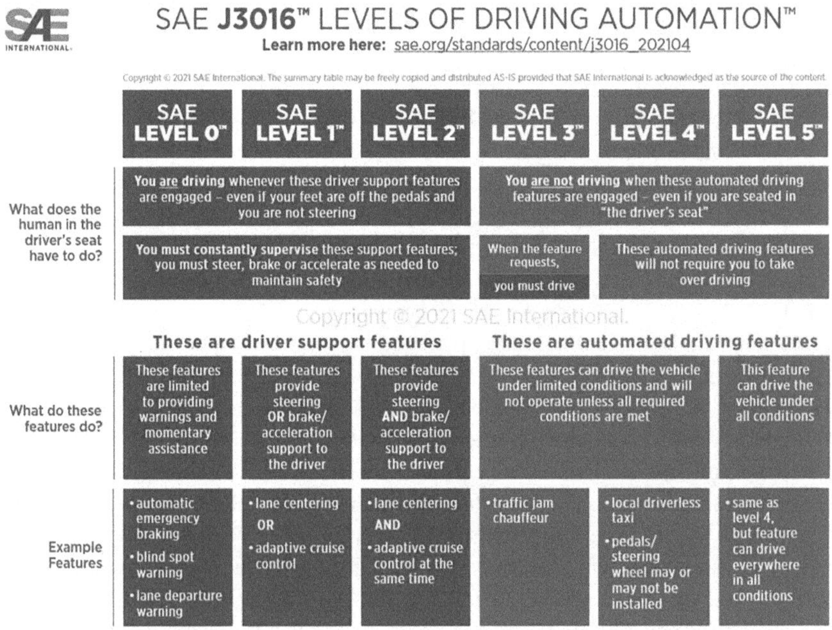

Abbildung 6.1 Level der Automatisierung nach der Klassifizierung der SAE International. (Quelle: SAE INTERNATIONAL 2019: www/ © SAE International from SAE J3016™ Taxonomy and Definitions for Terms Related to Driving Automation Systems for On-Road Motor Vehicles (2021–04-30), https://saemobilus.sae.org/content/J3016_202104/)

Da Personalkosten einen großen Anteil an den Gesamtkosten für den ÖPNV haben (vgl. Kap. 7) wird in den folgenden Kapiteln ein **vollautonomer ÖPNV mit SAE-Level 4 oder 5 angenommen**. Nur so kann das volle Potenzial des automatisierten Fahrens bei der Bewältigung von Herausforderungen bei der Sicherung der Daseinsvorsorge in ländlichen Räumen abgeschätzt werden.

6.1.3 Herausforderungen bei der Implementierung

Herausforderungen bei der Implementierung des autonomen Fahrens bestehen vor allem bei der Gewährleistung der Rechtssicherheit, bei der sicheren technischen Umsetzung des Fahrbetriebs sowie bei der Lösung ethischer Fragestellungen. Auf diese drei Themenbereiche wird im Folgenden näher eingegangen.

Rechtssicherheit des Betriebs
Eine Kompatibilität mit der Gesetzeslage in Deutschland, insbesondere eine Harmonisierung mit den Anforderungen der Straßenverkehrsordnung (StVO) sowie der Straßenverkehrszulassungsordnung (StVZO) sind eine Grundvoraussetzung für die Implementierung der Autonomen Fahrtechnologie (GRAHLE et al. 2020: 893). Mit der Novellierung des Straßenverkehrsgesetzes (StVG) im Jahr 2021 und mit der Schaffung der Verordnung zur Genehmigung und zum Betrieb von Kraftfahrzeugen mit autonomer Fahrfunktion in festgelegten Betriebsbereichen (AFGBV) im Jahr 2022 wurde der Rechtsrahmen für das autonome Fahren in Deutschland geschaffen.

Im Straßenverkehrsgesetz wird dabei ganz grundsätzlich die Möglichkeit zum Betrieb autonomer Fahrzeuge gegeben (§ a1 StVG), das autonome Fahren in Deutschland damit rechtlich möglich. Die „Rechte und Pflichten des Fahrzeugführers bei Nutzung hoch- oder vollautomatisierter Fahrfunktionen" (§ 1b StVG) sieht einen autonomen Fahrbetrieb bis Level 4 vor, da er sich „abwenden" darf, dabei allerdings „wahrnehmungsbereit" bleiben muss, um im Zweifelsfall „die Fahrzeugsteuerung unverzüglich wieder zu übernehmen" (ebd.). Das novellierte Straßenverkehrsgesetz definiert die Anforderungen des Gesetzgebers an das autonome Fahren in Deutschland. So heißt es in § 1e Abs. 2 Nrn. 1 bis 10 StVG (neu):

„Kraftfahrzeuge mit autonomer Fahrfunktion müssen über eine technische Ausrüstung verfügen, die in der Lage ist,

1. die Fahraufgabe innerhalb des jeweiligen festgelegten Betriebsbereichs selbstständig zu bewältigen, ohne dass eine fahrzeugführende Person in die Steuerung eingreift oder die Fahrt des Kraftfahrzeugs permanent von der Technischen Aufsicht überwacht wird,
2. selbstständig den an die Fahrzeugführung gerichteten Verkehrsvorschriften zu entsprechen und die über ein System der Unfallvermeidung verfügt, das
   a) auf Schadensvermeidung und Schadensreduzierung ausgelegt ist,
   b) bei einer unvermeidbaren alternativen Schädigung unterschiedlicher Rechtsgüter die Bedeutung der Rechtsgüter berücksichtigt, wobei der Schutz Menschlichen Lebens die höchste Priorität besitzt, und
   c) für den Fall einer unvermeidbaren alternativen Gefährdung von Menschenleben keine weitere Gewichtung anhand persönlicher Merkmale vorsieht,
3. das Kraftfahrzeug selbstständig in einen risikominimalen Zustand zu versetzen, wenn die Fortsetzung der Fahrt nur durch eine Verletzung des Straßenverkehrsrechts möglich wäre,
4. im Fall der Nummer 3 der Technischen Aufsicht selbstständig
   a) mögliche Fahrmanöver zur Fortsetzung der Fahrt vorzuschlagen sowie
   b) Daten zur Beurteilung der Situation zu liefern, damit die Technische Aufsicht über eine Freigabe des vorgeschlagenen Fahrmanövers entscheiden kann,
5. ein von der Technischen Aufsicht vorgegebenes Fahrmanöver zu überprüfen und dieses nicht auszuführen, sondern das Kraftfahrzeug selbstständig in einen risikominimalen Zustand zu versetzen, wenn das Fahrmanöver am Verkehr teilnehmende oder unbeteiligte Personen gefährden würde,
6. eine Beeinträchtigung ihrer Funktionalität der Technischen Aufsicht unverzüglich anzuzeigen,
7. ihre Systemgrenzen zu erkennen und beim Erreichen einer Systemgrenze, beim Auftreten einer technischen Störung, die die Ausübung der autonomen Fahrfunktion beeinträchtigt, oder beim Erreichen der Grenzen des festgelegten Betriebsbereichs das Kraftfahrzeug selbstständig in einen risikominimalen Zustand zu versetzen,
8. jederzeit durch die Technische Aufsicht oder durch Fahrzeuginsassen deaktiviert zu werden und im Falle einer Deaktivierung das Kraftfahrzeug selbstständig in den risikominimalen Zustand zu versetzen,
9. der Technischen Aufsicht das Erfordernis der Freischaltung eines alternativen Fahrmanövers, der Deaktivierung mit ausreichender Zeitreserve sowie Signale

zum eigenen Funktionsstatus optisch, akustisch oder sonst wahrnehmbar anzuzeigen und

10. ausreichend stabile und vor unautorisierten Eingriffen geschützte Funkverbindungen, insbesondere zur Technischen Aufsicht, sicherzustellen und das Kraftfahrzeug selbstständig in einen risikominimalen Zustand zu versetzen, wenn diese Funkverbindung abbricht oder darauf unerlaubt zugegriffen wird."

Der Gesetzestext setzt damit den Rahmen für die **technischen Anforderungen** an das autonome Fahren. Die Nummern 2 bis 10 tragen darüber hinaus möglichen **ethischen Dilemmata** beim autonomen Fahren Rechnung. § 1e Abs. 2 Nrn. 2 StVG berührt zudem das Haftungsrecht und § 1e Abs. 2 Nrn. 10 StVG das Datenschutzrecht.

Im Kontext von Haftung bei möglichen Unfällen findet aktuell ein Diskurs mit noch offenem Ausgang statt. So besteht für automatisiertes Fahren in den Leveln 3 bis 5 im **Haftungsrecht** seit Längerem noch Regelungsbedarf (vgl. NPM 2019: 7). Der 61. Deutsche Verkehrsgerichtstag empfiehlt zunächst, auch bei einer zunehmenden Automatisierung weiter primär die Nutzenden und nicht die Fahrzeughersteller in die Verantwortung zu nehmen: „Die in Deutschland geltende Gefährdungshaftung des Kraftfahrzeughalters ist technikneutral und erfasst daher sowohl konventionell als auch durch KI gesteuerte Kraftfahrzeuge. Deshalb ist der zunehmende Betrieb autonomer Kraftfahrzeuge kein Anlass, die bewährte Halterhaftung aufzugeben oder zu ändern. Sie sollte vielmehr zum Schutz des Geschädigten unbedingt beibehalten werden, der so auf einfachem Weg den Halter des gegnerischen Kraftfahrzeugs und dessen Pflichtversicherer auf Schadensersatz in Anspruch nehmen kann. Die von der EU-Kommission in Aussicht genommene Richtlinie über KI-Haftung wird für die deutsche Verkehrsunfallhaftung keine Bedeutung erlangen" (VGT 2023: 1).

Allerdings wird für die Zukunft auch eine stärkere rechtliche Verantwortung der Fahrzeughersteller als notwendig erachtet: „Die von der EU-Kommission vorgeschlagene Anpassung der Produkthaftungsrichtlinie an digitale Produkte wird grundsätzlich unterstützt: Je mehr Einfluss der Hersteller auf die Steuerung des Kraftfahrzeugs gewinnt, desto stärker rückt die Produkthaftung als Regressinstrument des Kfz-Haftpflichtversicherers in den Fokus. Denn nicht mehr Fahrfehler, sondern vor allem Produktfehler des Kraftfahrzeugs werden dann Ursache von Unfällen sein" (VGT 2023: 1). Es wird also eine Phase vorhergesagt, in der sich die Halter- und die Produkthaftung überlagern. Als langfristige Perspektive wird ein Übergang in eine vollständige Produkthaftung der Hersteller als möglich erachtet: „Wenn sich in ferner Zukunft autonome Kraftfahrzeuge im Verkehr durchgesetzt haben und Unfälle so selten geworden sind, dass die vom Kraftfahrzeug ausgehende Gefahr keine Halterhaftung mehr rechtfertigt, wird man einen gesetzlichen Übergang von der Halterhaftung zur Produkthaftung des Herstellers überlegen können. Die Realisierung dieser Produkthaftung darf dann für den Geschädigten nicht schwieriger als bei der heutigen Halterhaftung sein“ (ebd.). Während ein autonomer Fahrbetrieb rechtlich also inzwischen möglich ist, werden mit höheren Automatisierungsgraden und einer stärkeren Verbreitung des autonomen Fahrens weitere Anpassungen der das autonome Fahren betreffenden Rechtsgrundlagen notwendig sein.

Mit dem novellierten Straßenverkehrsgesetz werden auch Regelungen getroffen, die das **Datenschutzrecht** berühren. So besteht einerseits eine Pflicht zur Erhebung bestimmter Daten auf der einen Seite, aber ebenfalls zu deren Löschung (§ 1 g StVG). Verpflichtend sind nach § 1 g Abs. 1 StVG durch den „Halter eines Kraftfahrzeugs mit autonomer Fahrfunktion [...] folgende Daten beim Betrieb des Kraftfahrzeugs zu speichern:

1. Fahrzeugidentifizierungsnummer,
2. Positionsdaten,
3. Anzahl und Zeiten der Nutzung sowie der Aktivierung und der Deaktivierung der autonomen Fahrfunktion,
4. Anzahl und Zeiten der Freigabe von alternativen Fahrmanövern,
5. Systemüberwachungsdaten einschließlich Daten zum Softwarestand,
6. Umwelt- und Wetterbedingungen,
7. Vernetzungsparameter wie beispielsweise Übertragungslatenz und verfügbare Bandbreite,
8. Name der aktivierten und deaktivierten passiven und aktiven Sicherheitssysteme, Daten zum Zustand dieser Sicherheitssysteme sowie die Instanz, die das Sicherheitssystem ausgelöst hat,
9. Fahrzeugbeschleunigung in Längs- und Querrichtung,
10. Geschwindigkeit,
11. Status der lichttechnischen Einrichtungen,
12. Spannungsversorgung des Kraftfahrzeugs mit autonomer Fahrfunktion,
13. von extern an das Kraftfahrzeug gesendete Befehle und Informationen.“

Diese Daten sind dem Kraftfahrt-Bundesamt und weiteren Behörden des Bundes und der Länder zur Verfügung zu stellen (§ 1 g Abs. 1 StVG). Erhoben werden müssen diese Daten nach § 1 g Abs. 2 StVG 1 „bei Eingriffen durch die Technische

Aufsicht, [...] bei Konfliktszenarien, insbesondere bei Unfällen und Fast-Unfall-Szenarien, [...] bei nicht planmäßigem Spurwechsel oder Ausweichen, [...] [und] bei Störungen im Betriebsablauf. Explizit festgelegt ist, dass dies im Rahmen des geltenden Bundesdatenschutzgesetzes zu erfolgen hat (§ 1 g Abs. 4 StVG). Zudem ist im Anschluss eine Löschung der erhobenen und übermittelten Daten zu veranlassen: „Das Kraftfahrt-Bundesamt hat die Daten unverzüglich zu löschen, sobald sie für die Zwecke nach Satz 1 nicht mehr erforderlich sind, spätestens nach Ablauf von drei Jahren nach Einstellung des Betriebs des entsprechenden Kraftfahrzeugs“ (§ 1 g Abs. 4 StVG). Damit sind der Zweck, der Umfang und die zeitliche Dauer der Datenerhebung, -verarbeitung, -nutzung und -speicherung im Rahmen des autonomen Fahrens rechtlich geregelt.

Sichere technische Umsetzung des Fahrbetriebs

Die **Erfassung und Abbildung der Fahrzeugumgebung** ist eine wesentliche Grundvoraussetzung für die Implementierung des autonomen Fahrens. Für einen sicheren Betrieb autonomer Fahrzeuge im öffentlichen Straßenraum spielt die Implementierung von Sensorik eine wichtige Rolle (MITTEREGGER 2023: 181). Soll sich das Fahrzeug selbstständig bewegen, ist insbesondere die Erfassung der Fahrzeugumgebung von besonderer Relevanz (RAUCH et al. 2012: 6). Auch eine genaue Positionsbestimmung des Fahrzeugs ist für einen sicheren Betrieb notwendig (RAUCH et al. 2012: 3 & VOß 2020: 100). Jedoch behindern vielfältige Abschattungseffekte bei der Nutzung von GPS und anderen Technologien zur Positionsbestimmung aktuell noch das autonome Fahren mit hohen Geschwindigkeiten, beispielsweise in bebauten Bereichen sowie in Tunnelabschnitten (RAUCH et al. 2012: 3 & VOß 2020: 100f). Daher ist Erfassung des Umfelds mit unterschiedlich arbeitenden Sensoren notwendig und erhöht gleichzeitig grundsätzlich die Sicherheit und Genauigkeit des Fahrbetriebs (RAUCH et al. 2012: 3). Folglich bieten sich für einen sicheren Betrieb des Fahrzeugs Mischkonzepte an, wie in Abbildung 6.2 beispielhaft dargestellt wird.

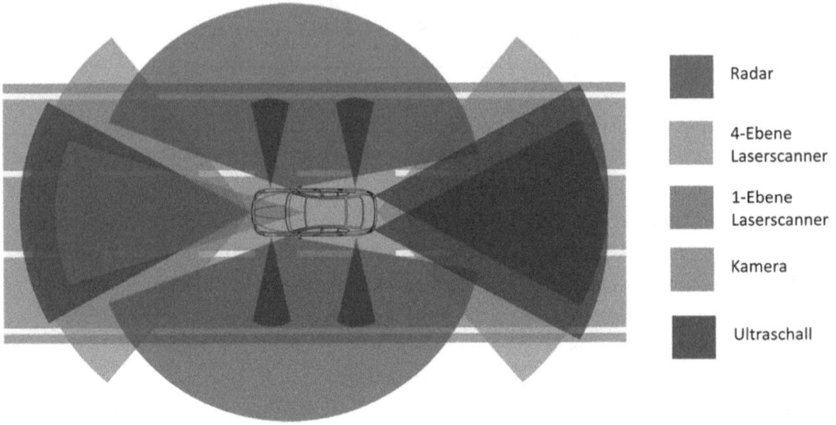

Abbildung 6.2 Beispielhaftes Konzept mit verschiedenen Messmethoden zur Umfelderfassung des autonomen Fahrzeugs. (Quelle: RAUCH et al. 2012: 7)

Im dargestellten Konzept von BMW werden eine Kamera, drei Radareinheiten sowie jeweils vier Laserscanner und Ultraschallsensoren eingesetzt (RAUCH et al. 2012: 6). In Kombination mit Daten aus einer digitalen Karte und einer exakten Positionsbestimmung des Fahrzeugs lassen sich bestimmte Fahrprofile ableiten, auf deren Grundlage beispielsweise eine Entscheidung für oder gegen einen Überholvorgang getroffen werden kann (RAUCH et al. 2012: 3, 10 & ARDELT et al. 2010: 568ff).

Auch die **sichere Vernetzung von Fahrzeugen und Infrastruktur** spielt für eine erfolgreiche technische Implementierung des autonomen Fahrens eine wichtige Rolle. Besondere Relevanz erhält im fachlichen Diskurs die Frage, ob die Sensorik zur räumlichen Erfassung nur in den Fahrzeugen, oder auch in der Infrastruktur verbaut sein sollte (MITTEREGGER 2023: 181). Die „Nationale Plattform Zukunft der Mobilität" erachtet für ein zukünftiges, aufeinander abgestimmtes und intelligentes Verkehrsangebot eine zweiseitige Digitalisierung von Fahrzeugen und Infrastruktur sinnvoll (NPM 2019: 8). Die Bereitstellung, Verfügbarkeit und der Austausch von Infrastrukturdaten kann folglich als eine wesentliche Voraussetzung für die Implementierung des autonomen Fahrens angesehen werden (NPM 2019: 4). Auch ein vom Gesamtsystem nutzbares „Mobilitätsdatenökosystem" könnte so entstehen (NPM 2019: 8).

Abwägung ethischer Dilemmata

Ethische Fragestellungen treten vor allem bei hohen Automatisierungsgraden auf, also „beim Einsatz hochautomatisierter und vollautomatisierter Fahrsysteme und für fahrerlose Fahrzeuge“ (BMVI 2017: 14). Damit sind sie für den thematischen Kontext dieser Arbeit relevant. Wie bei LIN (2015) deutlich wird, können bei einem Einsatz des autonomen Fahrens ethische Dilemmata auftreten. So müsste ein selbstfahrendes Fahrzeug im Extremfall unter anderem eine Entscheidung darüber treffen, in welche Richtung ein Lenkmanöver ausgeführt werden soll – entweder wird eine Rentnerin oder ein junges Mädchen überfahren (LIN 2015: 70). Diese Entscheidung müsste beim autonomen Fahren im Vorfeld durch die Programmierung des Fahrcomputers vorweggenommen werden. Doch dies ist nach ethischen Grundsätzen nicht möglich. Der weltweit agierende Berufsverband "Institute of Electrical and Electronics Engineers" hat für seine Mitglieder ethische Arbeitsgrundsätze festgelegt, die insbesondere auch bei der Entwicklung des autonomen Fahrens Anwendung finden. So wird eine Diskriminierung aufgrund verschiedener Merkmale wie Geschlecht, Hautfarbe oder Alter ausgeschlossen: "We, the members of the IEEE, in recognition of the importance of our technologies in affecting the quality of life throughout the world, and in accepting a personal obligation to our profession, its members and the communities we serve, do hereby commit ourselves to the highest ethical and professional conduct and agree [...] to treat all persons fairly and with respect, and to not engage in discrimination based on characteristics such as race, religion, gender, disability, age, national origin, sexual orientation, gender identity, or gender expression [...]" (IEEE 2025: www). Eine Vorwegnahme von Entscheidungen durch die Programmierenden des Fahrcomputers ist also nicht möglich. Dennoch findet eine Entwicklung des autonomen Fahrens statt, wie das folgende Kapitel aufzeigt.

In Deutschland beschäftigte sich daher eine „Ethik-Kommission Automatisiertes und Vernetztes Fahren“, welche vom damaligen Bundesminister für Verkehr und digitale Infrastruktur eingesetzt wurde, mit den ethischen Dilemmata. In ihren Abschlussbericht werden wesentliche Festlegungen getroffen. So sind insbesondere Schäden von Personen als oberstes Entwicklungsziel möglichst auszuschließen: „Der Schutz von Menschen hat Vorrang vor allen anderen Nützlichkeitserwägungen. Ziel ist die Verringerung von Schäden bis hin zur vollständigen Vermeidung. Die Zulassung von automatisierten Systemen ist nur vertretbar, wenn sie im Vergleich zu menschlichen Fahrleistungen zumindest eine Verminderung von Schäden im Sinne einer positiven Risikobilanz verspricht“ (BMVI 2017: 10). Dies soll insbesondere durch eine Prävention kritischer Situationen erreicht werden: „Die automatisierte und vernetzte Technik sollte Unfälle so gut wie praktisch möglich vermeiden. Die Technik muss nach ihrem jeweiligen Stand so ausgelegt sein, dass kritische Situationen gar nicht erst entstehen, dazu gehören auch Dilemma-Situationen, also eine

Lage, in der ein automatisiertes Fahrzeug vor der „Entscheidung" steht, eines von zwei nicht abwägungsfähigen Übeln notwendig verwirklichen zu müssen" (BMVI 2017: 10). Mit dem novellierten Straßenverkehrsgesetz wurden diese Anforderungen inzwischen in geltendes Recht übersetzt (vgl. § 1e Abs. 2 Nr. 2 StVG). Sollten diese Anforderungen technisch nicht umsetzbar sein, kann ein ethischer einwandfreier autonomer Fahrbetrieb der Level 4 und 5 [vgl. hierzu Abschn. 6.1.2] nach Auffassung der Ethik-Kommission nicht gewährleistet werden:

> *„Echte dilemmatische Entscheidungen, wie die Entscheidung Leben gegen Leben sind vonder konkreten tatsächlichen Situation unter Einschluss „unberechenbarer" Verhaltensweisen Betroffener abhängig. Sie sind deshalb nicht eindeutig normierbar und auch nicht ethisch zweifelsfrei programmierbar. Technische Systeme müssen auf Unfallvermeidung ausgelegt werden, sind aber auf eine komplexe oder intuitive Unfallfolgenabschätzung nicht so normierbar, dass sie die Entscheidung eines sittlich urteilsfähigen, verantwortlichen Fahrzeugführers ersetzen oder vorwegnehmen könnten. Ein menschlicher Fahrer würde sich zwar rechtswidrig verhalten, wenn er im Notstand einen Menschen tötet, um einen oder mehrere andere Menschen zu retten, aber er würde nicht notwendig schuldhaft handeln. Derartige in der Rückschau angestellte und besondere Umstände würdigende Urteile des Rechts lassen sich nicht ohne weiteres in abstrakt-generelle Ex-Ante-Beurteilungen und damit auch nicht in entsprechende Programmierungen umwandeln" (BMVI 2017:11).*

Um sich einer Überwindung der ethischen Dilemmata zu erreichen empfahl die „Nationale Plattform Zukunft der Mobilität" welche ebenfalls vom BMVI eingerichtet wurde, eine generelle Einbindung der Bevölkerung in Deutschland (NPM 2019: 4). So könnte ein breiter öffentlicher Diskurs zur Schaffung eines gesellschaftlich vertretbaren ethischen Standpunkts bezüglich des autonomen Fahrens beitragen. Bisher stellt der Bericht der Ethik-Kommission allerdings den ethischen Status quo dar, wie eine Veröffentlichung des ADAC sechs Jahre später aufzeigt (ADAC 2023: www).

6.1.4 Aktueller Stand bei der Implementierung im ÖPNV

In den vergangenen Jahren wurde in Deutschland eine Vielzahl von Pilotprojekten zum Autonomen Fahren im ÖPNV durchgeführt, wie die entsprechende Projektdatenbank des Verbands Deutscher Verkehrsunternehmen zeigt (VDV 2023b: www). Die Zielstellungen der Projekte sind dabei sehr unterschiedlich. So werden für städtische und ländliche sowie öffentliche und nichtöffentliche Räume neue Konzepte erprobt. Projektübergreifend sind die Verkehre im Regelfall bedarfsgesteuert, also „On-Demand" und es werden bisher fast ausschließlich kleine

Fahrzeuggrößen eingesetzt. Das inhaltliche Spektrum reicht dabei von der Entwicklung von Mobilitätsplattformen für Dienstleistungen und eine Verknüpfung von Verkehren bis hin zum Einsatz für die erste und letzte Meile, teilweise auch in ländlichen Räumen (VDV 2023b: www). Neben der Abschätzung von wirtschaftlichen und touristischen Potenzialen geht es auch um mögliche Verbindungen von Ortschaften, die Anbindung von Siedlungen und sogar grenzüberschreitende Verkehre. Auch die Erprobung einer automatisierten Disposition sowie von automatisierten Ladevorgängen standen bei einigen Projekten im Fokus (VDV 2023b: www). Generell ist eine vollständige Automatisierung des Betriebs oftmals das Hauptziel. Hierzu werden insbesondere auch Erfahrungen bei hochkomplexen Verkehrssituationen, sowie bezüglich der Schnittstellen zwischen Fahrzeug und Infrastruktur und der technischen Anforderungen bei komplexen Strecken gesammelt, damit die zugrunde liegende künstliche Intelligenz weiterentwickelt werden kann. Dies kann neben engen und steilen Strecken in Altstädten und im Gebirge auch die Teilnahme der Fahrzeuge an hochkomplexe Mischverkehren mit höheren Geschwindigkeiten beinhalten (VDV 2023b: www). Die Auswirkungen automatisierter Kleinbusse auf den Verkehrsfluss werden ebenfalls untersucht. Eine schrittweise Erhöhung der Betriebsgeschwindigkeit ist bei einigen Projekten das Hauptziel. (VDV 2023b: www). Auch die Erforschung der Nutzerakzeptanz spielt eine Rolle, damit die Verkehre angenommen werden und eine Entwicklung neuer Geschäftsmodelle auch erfolgreich gelingt (VDV 2023b: www).

Die in Anspruch genommene Förderkulisse ist dabei heterogen (vgl. VDV 2023b: www). Von der regionalen Ebene (z. B. Regierungspräsidium Freiburg), über diverse Landesministerien bis hin zu Bundesministerien (insbesondere BMVI) konnten finanzielle Mittel für die Praxiserprobung autonomer Verkehre abgerufen werden. Im Bundesland Sachsen-Anhalt konnten zudem über eine aus EFRE-Mitteln finanzierte Landesförderung mehrere Projekte realisiert werden (VDV 2023b: www). Einige Projekte kamen ohne externe Förderung aus, oder wurden durch die Industrie finanziert (ebd.). Die Innovationslandkarte „Autonomes Fahren im ÖPNV“ des VDV zeigt, dass in fast allen Bundesländern öffentliche, autonome Verkehre erprobt wurden, oder werden (s. Abb. 6.3).

Abbildung 6.3 Innovationslandkarte „Autonomes Fahren im ÖPNV“. (Quelle: Eigene Vervollständigung von VDV 2023c: www)

Jedoch ist durch die meist zeitlich begrenzte Förderung bisher oftmals kein dauerhafter Betrieb möglich (vgl. VDV 2023b: www). Eine Ausnahme bildete Bad Birnbach in Bayern (ebd.). Von 2017 bis 2024 verkehrten in Bad Birnbach autonome Kleinbusse im öffentlichen Straßenraum und verbanden den Bahnhof des Kurorts an der Strecke von Passau nach Mühldorf mit dem Marktplatz und der Rottal Terme (REGIONALBUS OSTBAYERN 2019: 1 & KOMMUNAL 2025: www). Damit war der **Bus in Bad Birnbach einer der wenigen längerfristig eingerichteten autonomen Busverkehre** in Deutschland. Der dortige Betrieb wurde im Rahmen dieser Arbeit eingehender betrachtet – die Ergebnisse werden in Kapitel 16 vorgestellt.

6.2 Autonomes Fahren im Schienenpersonennahverkehr

6.2.1 Die Rolle des Schienenpersonennahverkehrs im Kontext der Daseinsvorsorge

Der Fokus dieser Arbeit liegt insbesondere auf der Anbindung der Fläche an die Grundzentren und damit überwiegend auf dem straßengebundenen Transport von Personen. Dies wurde insbesondere im Abschnitt 4.2.3 und in Kapitel 5 deutlich. Doch auch der Schienenpersonennahverkehr spielt eine Rolle bei der Sicherung der Daseinsvorsorge, insbesondere bei der Verbindung der verschiedenen zentralen Orte untereinander, beispielsweise von den Grundzentren in die Mittel- und Oberzentren. Daher wird der autonome Schienenpersonennahverkehr an dieser Stelle ergänzend betrachtet, um alle Aspekte eines autonomen ÖPNV zu berücksichtigen. Das Personenbeförderungsgesetz (PBefG) setzt hierbei jedoch Grenzen, welche Schienenpersonenverkehre dem ÖPNV zuzuordnen sind: „Öffentlicher Personennahverkehr im Sinne dieses Gesetzes ist die allgemein zugängliche Beförderung von Personen mit Straßenbahnen, Obussen und Kraftfahrzeugen im Linienverkehr, die überwiegend dazu bestimmt sind, die **Verkehrsnachfrage im Stadt-, Vorort- oder Regionalverkehr** zu befriedigen. Das ist im Zweifel der Fall, wenn in der **Mehrzahl der Beförderungsfälle eines Verkehrsmittels die gesamte Reiseweite 50 Kilometer oder die gesamte Reisezeit eine Stunde nicht übersteigt**“ (§ 8, Abs. 1 PBefG). Diese Rechtsgrundlage setzt für die vorliegende Arbeit den Rahmen für die Betrachtung von Personenverkehren auf der Schiene. Ergänzend ist an dieser Stelle zu erwähnen, dass nicht nur ein autonomer SPNV für die Ausgestaltung eines zukünftigen ÖPNV eine Rolle spielt. Insbesondere in den urbanen Zentren steigt zudem die Bedeutung von automatisierten Nahverkehrssystemen, beispielsweise bei dem Betrieb von Untergrundbahnen, wie der Abschnitt 6.2.4 zeigt.

6.2.2 Stufen der Automatisierung

Auch im Schienenverkehr gibt es, ähnlich wie beim straßengebundenen Transport (vgl. Abschn. 6.1.2), verschiedene Stufen der Automatisierung. Nach der Norm IEC 62267:2009 (übersetzt in EN 62267:2009) kann autonomes Fahren im Schienenpersonenverkehr in insgesamt vier verschiedene Level unterteilt werden (s. Abb. 6.4). Während in den Stufen eins und zwei das Fahrpersonal durch automatisierte Assistenzsysteme unterstützt wird, ist in Stufe drei der Betrieb bereits vollautomatisch. Dieser wird jedoch noch durch eine begleitende Person an Bord überwacht. Stufe vier schließlich ist der vollautomatische Betrieb, bei dem kein Personal mehr an Bord ist (s. Abb. 6.4).

Grade of Automation	Type of train operation	Setting train in motion	Stopping train	Door closure	Operation in event of disruption
GoA1	ATP* with driver	Driver	Driver	Driver	Driver
GoA2	ATP and ATO* with driver	Automatic	Automatic	Driver	Driver
GoA3	Driverless	Automatic	Automatic	Train attendant	Train attendant
GoA4	UTO	Automatic	Automatic	Automatic	Automatic

**ATP - Automatic Train Protection; ATO - Automatic Train Operation*

Abbildung 6.4 Stufen der Automatisierung auf dem Weg zu einem vollautonomen Personentransport im Schienenpersonenverkehr. (Quelle: © UITP/ UITP 2019: 8)

Da Personalkosten einen großen Anteil an den Gesamtkosten für den ÖPNV haben (vgl. Abschn. 5.5 und 7.2.2) wird in den folgenden Kapiteln, analog zum Straßenverkehr (vgl. Abschn. 6.1.2) ein **vollautonomer Schienenpersonennahverkehr mit GoA3** (im SPNV für den Fall, dass diese Aufgaben von den dann noch vorhandenen Fahrgastbetreuenden wahrgenommen werden können) **oder GoA4 angenommen**. Nur so kann das volle Potenzial des automatisierten Fahrens bei der Bewältigung von Herausforderungen bei der Sicherung der Daseinsvorsorge in ländlichen Räumen abgeschätzt werden.

6.2.3 Herausforderungen bei der Implementierung

Wie beim autonomen Fahren auf der Straße sind auch bei Schienenverkehren die Gewährleistung der Rechtssicherheit und eine sichere technische Umsetzung des Fahrbetriebs wesentliche Herausforderungen bei der Implementierung. Ethische Dilemmata treten hingegen in den Hintergrund, wie die folgenden Ausführungen in diesem Kapitel zeigen.

Rechtssicherheit des Betriebs
Rechtsgrundlage für den Schienenverkehr in Deutschland ist das Allgemeinen Eisenbahngesetz (AEG), welches „der Gewährleistung eines sicheren Betriebs der Eisenbahn und eines attraktiven Verkehrsangebotes auf der Schiene sowie der Wahrung der Interessen der Verbraucher im Eisenbahnmarkt" dient (§ 1 Abs. 1 AEG). Die aus dem Allgemeinen Eisenbahngesetz abgeleitete Eisenbahn-Bau- und Betriebsordnung (EBO) regelt abschließend alle die Infrastruktur und den Fahrbetrieb betreffenden Belange, also insbesondere Regelungen zu Bahnanlagen (zweiter Abschnitt der Verordnung), zu Fahrzeugen (Dritter Abschnitt), zum Bahnbetrieb (vierter Abschnitt), zum Personal (fünfter Abschnitt) und zur „Sicherheit und Ordnung auf dem Gebiet der Bahnanlagen" (sechster Abschnitt). Auch ein autonomer Bahnbetrieb ist folglich im Einklang mit diesen Regelungen durchzuführen.

Für Schienenverkehre außerhalb des Geltungsbereichs des Allgemeinen Eisenbahngesetzes stellt das Personenbeförderungsgesetz (PBefG) die rechtliche Grundlage dar. Analog zur EBO stellt die Straßenbahn-Bau und Betriebsordnung (BOStrab) eine sichere Erstellung und Wartung der Infrastruktur sowie einen störungsfreien Fahrbetrieb sicher. Die BOStrab enthält insbesondere Regelungen zur Betriebsleitung der Verkehre (Zweiter Abschnitt), zu den Betriebsanlagen (Vierter Abschnitt), zu den Fahrzeugen (fünfter Abschnitt), zum Betrieb (sechster Abschnitt) und zu Verfahrensvorschriften (siebter Abschnitt). Die Verfahrensvorschriften regeln beispielsweise insbesondere die „Aufsicht über den Bau von Betriebsanlagen und Fahrzeugen" (§ 61 BOStrab) sowie deren Inbetriebnahme (§ 62 BOStrab). Autonome Schienenverkehre außerhalb des Wirkungsbereichs von AEG und EBO wären folglich im Einklang mit den geltenden Regelungen des Personenbeförderungsgesetzes und der Straßen-bahn-Bau und Betriebsordnung umzusetzen.

Sichere technische Umsetzung des Fahrbetriebs

Die drei großen technischen Herausforderungskomplexe bei der Implementierung des Autonomen Fahrens auf der Schiene bestehen in den Bereichen der Signaltechnik, der Fahrzeugtechnik sowie die sichere Gestaltung der Bahnsteiganlagen (ALLIANZ PRO SCHIENE 2025: www). Bei der **Infrastruktur** ist insbesondere die Signaltechnik relevant: „Eine selbstfahrende Bahn benötigt eine Fülle an Informationen. Insbesondere über die Strecken auf denen sie verkehrt, über ihre eigene Position und die, der anderen Bahnen im Netz. Diese Daten werden von Sensoren und Signalen entlang der Gleise gesammelt. Der Zugabstand zum Beispiel ist eine Kerninformation für autonomes Fahren. Auch für die Steuerung der Züge müssen entsprechende Systeme auf den Strecken verbaut werden [...]“ (ALLIANZ PRO SCHIENE 2025: www).

Auch die auf der Infrastruktur verkehrenden **Fahrzeuge** müssen für einen entsprechenden Betrieb ausgerüstet sein: „Neben einer zentralen Recheneinheit, die den Verkehr auf dem Streckennetz steuert, müssen die Fahrzeuge für autonomes Fahren mit speziellen Systemen ausgerüstet werden. Im Wesentlichen sind dies die automatische Zugsicherung (ATP) und die automatische Zugsteuerung (ATO). Während die Zugsicherung Zugabstände und Geschwindigkeiten errechnet und kontrolliert, ist die Zugsteuerung für das autonome Fahren zuständig. Bei all diesen Vorgängen werden auch Informationen zwischen den fahrerlosen Bahnen ausgetauscht, weshalb man das gesamte System auch „Communication Based Train Control“ nennt“ (ALLIANZ PRO SCHIENE 2025: www). Die entsprechenden Informationen werden vor allem über verschiedene sensorische und optische Verfahren zur Erfassung der Fahrzeugumgebung gewonnen (CHELOUATI et al. 2022: 2130).

Wie beim autonomen Fahren auf der Straße (vgl. Abschn. 6.1) hat also auch bei Verkehren auf der Schiene das **Zusammenspiel von Infrastruktur und Fahrzeugen** eine besondere Bedeutung (vgl. auch PELESKA et al. 2022: 288). Dies ist insbesondere bei einer Umrüstung bestehender Schieneninfrastruktur für den autonomen Fahrbetrieb eine Herausforderung: „[the] operational environment is assumed to be heterogeneous, with diverse track-side equipment“ (PELESKA et al. 2022: 288). Darüber hinaus ist die **Schaffung sicherer Bahnsteiganlagen** von besonderer Bedeutung: „Selbstfahrende Bahnen benötigen für den betrieblichen Ablauf kein Personal. Ein wichtiger Moment ist jedoch das Zu- und Aussteigen der Fahrgäste, bei dem mitunter auch gefährliche Situationen entstehen können. Bahnsteige können auf verschiedene Arten überwacht und gesichert werden. Einige

Städte setzen dabei auf Bahnsteigtüren, die vor der Abfahrt des Zuges schließen. In Nürnberg dagegen werden Bahnsteige per Radar überwacht, um die Sicherheit der Fahrgäste zu gewährleisten [zum autonomen Fahrbetrieb der U-Bahn in Nürnberg s. auch Kap. 16]" (ALLIANZ PRO SCHIENE 2025: www).

Auch die **Zulassung durch das Eisenbahn-Bundesamt** stellt eine Herausforderung dar. Dieses ist nach § 4 Abs. 6 AEG „Im Hinblick auf Errichtung, Änderung, Unterhaltung und Betrieb der Betriebsanlagen und der Fahrzeuge von Eisenbahnen" zuständig für „die Erteilung von Baufreigaben, Zulassungen und Genehmigungen [...] [sowie] die Abnahmen, Prüfungen und Überwachungen" (§ 4 Abs. 6 Nr. 1 bis 2 AEG) und damit auch für die Zulassung und Überwachung autonomer Verkehre und dessen Infrastrukturen zuständig. Doch diese gestaltet sich als sehr komplex, wie Christian Böttger, Professor an der Hochschule für Technik und Wirtschaft Berlin in einem Interview ausführt: „Wir haben mit dem Eisenbahnbundesamt einen Regulator, der so extrem vorsichtig und zurückhaltend bei der Zulassung von Neuerungen jeglicher Art ist, wie wir das in Deutschland sonst nicht haben. Das würde ich mir [...] [im Fall des autonomen Fahrens auf der Schiene] auch gut überlegen, ob ich mit dieser Behörde einen Kampf anfange" (BUSINESS INSIDER 2019: www). Auf weitere Herausforderungen bei der Implementierung autonomer Schienenverkehre wird in Kapitel 16 eingegangen.

Abwägung ethischer Dilemmata

Für eine konsistente Betrachtung des Schienenpersonenverkehrs im Vergleich zum öffentlichen Straßenpersonenverkehr wird an dieser Stelle auch noch auf die Abwägung ethischer Dilemmata eingegangen. Wie die Kapitel zu autonomen Schienenverkehren in dieser Arbeit aufzeigen, handelt es sich bei Bahnen überwiegend um geschlossene Systeme, also solche, bei denen eine Kreuzung mit anderen Verkehrsmitteln, insbesondere von Personen, die zu Fuß gehen, ausgeschlossen ist. Daher treten ethische Dilemmata wie auf der Straße (Abschn. 6.1.3) im Schienenverkehr bisher nicht auf. Einzig bei autonomen Straßenbahnsystemen (vgl. Abschn. 6.2.4) ist eine direkte Interaktion zwischen Fahrzeugen sowie Personen und Gegenständen möglich. Allerdings sind auch hier Vorwegnahmen durch die Programmierung des Fahrcomputers auf der Schienenführung nicht mit dem Straßenverkehr vergleichbar. Damit treten auch hier die von LIN (2015) aufgezeigten ethischen Dilemmata nicht auf (vgl. ebd.).

6.2.4 Aktueller Stand bei der Implementierung im ÖPNV

Der „Masterplan Schienenverkehr“ des Bundesministeriums für Verkehr und digitale Infrastruktur bildet einen strategischen Rahmen für die Weiterentwicklung des Systems Schiene in Deutschland. Auch Maßnahmen zur Ermöglichung des autonomen Fahrens werden in diesem festgeschrieben. So wird insbesondere die Digitalisierung der technischen Komponenten als notwendige Grundvoraussetzung erachtet: „Für die Steigerung der Leistungsfähigkeit des Systems Bahn ist auch die Nutzung weiterer neuer digitaler Technologien ein entscheidender Faktor. Dazu gehören u. a. hochentwickelte Sensorik für die Umfeldwahrnehmung und Echtzeitortung von Zügen, Verkehrsmanagement auf Basis von künstlicher Intelligenz sowie 5G- und Cloud-Technologien, die eine entsprechend hohe Datenkonnektivität und Datenverarbeitungskapazität zur Verfügung stellen. Dies ist die Basis für weitere Innovationen wie automatisiertes und autonomes Fahren“ (BMVI 2020b: 46). Zudem soll „für die Vorbereitung und Entwicklung des automatisierten bzw. autonomen Fahrens in allen Segmenten des Schienenverkehrs [...] zur Gewährleistung einer praxisnahen Forschung der Aufbau geeigneter Labore und stationärer und mobiler Teststrecken bzw. Testfelder vorangetrieben werden“ (BMVI 2020b: 48). Auch wird die Schaffung von Förderprogrammen zur „Entwicklung von Systemen und Komponenten für autonom fahrende Schienenfahrzeuge“ vorgeschlagen (BMVI 2020b: 50). Bisher allerdings konnte nur eine begrenzte Anzahl an Pilotprojekten in Deutschland umgesetzt werden.

Auf dem „Smart Rail Connectivity Campus“ im Erzgebirge wurde im September 2019 erstmals auf der Welt ein „fahrerloser Zug per 5G gesteuert“ (DLR 2019: www). Dies ist eine wichtige Voraussetzung für die Schaffung des autonomen Fahrens auf der Schiene. Seit Oktober 2021 fahren in **Hamburg** zudem automatisiert betriebene S-Bahnen. Dort erreichen die Züge während des Fahrgastbetriebs den Automatisierungsgrad GoA 2 (SCHRÖDER et al. 2021: 44) und im Rangierbetrieb sogar bereits den vollautonomen Automatisierungsgrad GoA 4 (SCHRÖDER et al. 2021: 45). Erwähnenswert im Kontext der Daseinsvorsorge sind zudem drei weitere Vorhaben. Das Projekt **„**BahnAutonom Bayern 2029 – Automatisiertes Bahnfahren auf Nebenstrecken im ländlichen Raum“ des Bayerischen Staatsministeriums für Wohnen, Bau und Verkehr befindet sich aktuell in der Entwicklung. Erste Voruntersuchungen konnten bereits finanziert werden (STMB 2021: www). Zudem plant Alstom zeitnah den Test eines „automatische[n] Zugbetrieb[s] für Regionalverkehrszüge“ im Regionalverband Großraum Braunschweig (ALSTOM 2020: 1). Angestrebt wird „GoA 3 im regulären Fahrgastbetrieb und GoA4 beim Rangieren“ (ALSTOM 2020:

1). Im Projekt „Monocab OWL" befindet sich darüber hinaus in Ostwestfalen-Lippe eine autonome Einschienenbahn für die Anbindung ländlicher Räume an die Städte auf stillgelegten Nebenstrecken in der Entwicklung. Dies ermöglicht einen Zweirichtungsbetrieb auf eingleisigen Nebenstrecken: „Das Monocab ist eine kreiselstabilisierte Einschienenbahn: Selbstfahrende Kabinen für 4–6 Passagiere fahren in beide Richtungen auf einem Gleis. Denn sie sind so kompakt, dass sie in entgegengesetzter Richtung aneinander vorbeifahren können – wie ein Paternoster im ständigen Umlauf. Sie können wie Taxis für die individuelle Fahrt ins Dorf oder in die Stadt bestellt werden. Einfach per App, rund um die Uhr, 365 Tage im Jahr. Individuell, automatisiert – und „on demand" [...]" (MONOCAB OWL 2025: www; s. Abb. 6.5).

Abbildung 6.5 Visualisierung der Einschienenbahn „Monocab". (Quelle: MONOCAB OWL 2025: www)

Doch nicht nur im Geltungsbereich der Eisenbahn-Bau- und Betriebsordnung (EBO), sondern auch bei Systemen auf Grundlage der Straßenbahn-Bau und Betriebsordnung (BOStrab) wird das autonome Fahren auf der Schiene entwickelt. So entwickelt beispielsweise Siemens eine autonom fahrende Straßenbahn (SIEMENS MOBILITY 2019). 2018 wurde diese erstmals in Potsdam im öffentlichen Straßenraum getestet (SIEMENS MOBILITY 2019: 3). Herausragend ist zudem die autonome U-Bahn in Nürnberg, welche bereits seit 2008 vollautomatisch im Fahrgastbetrieb verkehrt (STADT NÜRNBERG 2025: www). Auf dieses System wird in Kapitel 16 näher eingegangen. Die autonome U-Bahn in Nürnberg ist eines von knapp 50 vollautomatischen Metrosystemen, die bisher weltweit implementiert werden konnten (s. Abb. 6.6).

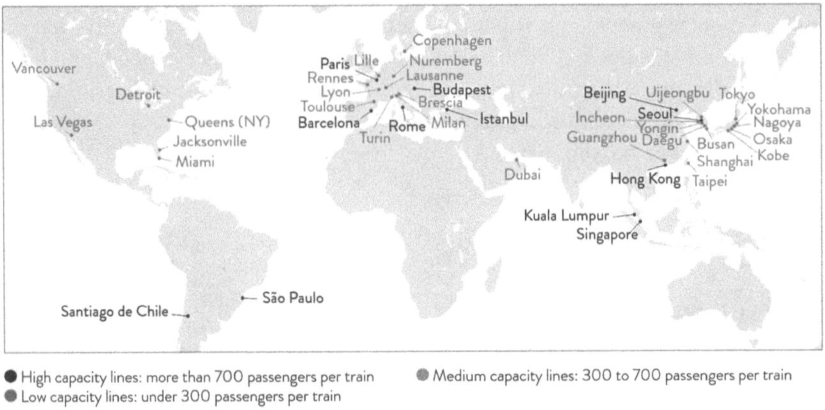

Abbildung 6.6 Globale Übersicht über vollautonome Metrosysteme. (Quelle: © UITP/ UITP 2019: 1)

Teil II: Forschungsbeitrag – Beitragspotenziale eines autonomen ÖPNV zur Sicherung der Daseinsvorsorge

7 Ableitung des Forschungsbedarfs: Beitragspotenziale eines autonomen ÖPNV zur Sicherung der Daseinsvorsorge?

7.1 Ausgangslage

Die vorangestellten Kapitel in Teil I verdeutlichen, dass vor allem in ländlichen Räumen vielfältige Herausforderungen bei der Sicherung der Daseinsvorsorge bestehen. Dies gilt auch für den ÖPNV. Der insbesondere auf Basis von Linien nach Fahrplan gestaltete Öffentliche Personennahverkehr gerät in ländlichen Räumen durch einen Bevölkerungsrückgang zunehmend unter Druck (BBSR 2021b: 23, vgl. auch die vorherigen Kapitel). Durch eine geringere Nachfrage sinkt der Kostendeckungsgrads des Angebots, was vielerorts zu Lücken im ÖPNV-Angebot ländlicher Räume führt (ebd.). In den letzten Jahrzehnten wurden als Antwort darauf teilweise flexible Angebotsformen in ländlichen Räumen erprobt. Doch diese verursachen hohe Kosten, insbesondere durch ein ungünstiges Verhältnis der Anzahl transportierter Fahrgäste je eingesetztem Fahrpersonal. So stellen Personalkosten teilweise die Hälfte der Gesamtbetriebskosten dar (vgl. Interview VERWALTUNG 2018: mdl.) und führen damit zu einem im Vergleich zu Linienverkehren deutlich erhöhten Zuschussbedarf (BMVBS & BBSR 2009b: 44). Auch der generelle und zunehmende Fahrpersonalmangel schränkt die Möglichkeiten zur Erprobung und dauerhaften Etablierung flexibler Bedienformen weiter ein (vgl. Abschn. 5.5).

Mit einer fortschreitenden Digitalisierung entstehen jedoch neue Möglichkeiten zur Organisation und Abwicklung flexibler Verkehre: „In diesem Kontext werden auch die damaligen Konzepte für den vollflexiblen Rufbus wieder interessant. Viele Elemente, die beim einstigen Rufbus noch nötig waren, sind heute verzichtbar. Wo jedermann [und -frau] das Internet in der Tasche mit sich trägt, sind keine Rufsäulen und Anrufe mehr nötig. Buchungsprozesse laufen vollautomatisch ab und können ganz auf die Nutzerseite verlagert werden. Der technische

J. Lamberg, *Beitragspotenziale eines autonomen ÖPNV zur Sicherung der Daseinsvorsorge*, https://doi.org/10.1007/978-3-658-50160-0_7

Fortschritt und eine sich wandelnde Gesellschaft machen Anwendungsszenarien denkbar, die früher utopisch schienen. So könnten durch den Einsatz autonomer Fahrzeuge die Personalkosten quasi auf null gesetzt werden und damit die Rufbus-Wirtschaftlichkeit enorm positiv beeinflussen" (NVBW 2018: 20). Die Raumplanung als auch die Verkehrsplanung sind im Kontext dieser neuen Rahmenbedingungen angehalten, angepasste und neue Konzepte zur Sicherung der Daseinsvorsorge erarbeiten.

7.2 Stand der Forschung zum Einsatz des autonomen Fahrens im ÖPNV im Kontext der Sicherung der Daseinsvorsorge

7.2.1 Grundsätzliche Einordnung

Das Aufkommen einer neuen Technologie wie dem autonomen Fahren und auch dessen Auswirkungen auf den ÖPNV können von vielen unterschiedlichen wissenschaftlichen Disziplinen aus einer Vielzahl an Perspektiven untersucht werden. Daher ist es erforderlich, den aktuellen Stand der Forschung aufzuzeigen und daraus den konkreten Untersuchungsgegenstand dieser Arbeit abzuleiten.

Eine Vielzahl von Publikationen bezieht sich auf die Schaffung eines nationalen Rechtsrahmens für straßengebundene autonome Fahrzeuge, vor allem im Kontext des motorisierten Individualverkehrs (vgl. z. B. Schreurs & Steuwer 2015, Hansson 2020, Smith 2015 oder Iclodean et al. 2020). Findet Forschung im Kontext des ÖPNV statt, liegt ein Fokus insbesondere auf der Lösung konkreter technischer und betrieblicher Herausforderungen (z. B. Beiker 2015, von Mörner 2018 und Soteropoulos et al. 2023).

Eine von Azad et al. durchgeführte Untersuchung kam zu dem Schluss, dass die Nutzerakzeptanz autonomer Fahrzeuge, Sicherheitsaspekte, fahrzeugtechnische Fragestellung, Rechtsfragen und Kosten in der englischsprachigen Literatur bereits breiter untersucht wurden, jedoch in vielen anderen Bereichen keine oder kaum Ergebnisse vorlagen (2019: 14). Seit der Veröffentlichung hat sich die Studienlage zum autonomen ÖPNV in weiteren Bereichen verbessert. So wurden inzwischen beispielsweise auch erste Auswirkungen des autonomen Fahrens auf soziale Kontexte untersucht (z. B. bei Dangschat 2023 oder auch bei Manderscheid 2023). Auch in den Bereichen Governance und Raumplanung konnten erste Arbeiten veröffentlicht werden. Allerdings hat beispielsweise die Publikation von Perret & Abegg (2023), anders als der Titel „How are automated vehicles driving spatial development in Switzerland?" vermuten lässt, keinen direkten Bezug zum System der räumlichen Planungen und auch nicht zum System der Fachplanung des ÖPNV. So wird stattdessen aus einer eher allgemein gehaltenen Governance-Perspektive die Notwendigkeit zur Erstellung eines nationalen Rechtsrahmens abgeleitet, um die Auswirkungen des autonomen Fahrens in verschiedenen Bereichen im Sinne des Staates steuern zu können (PERRET & ABEGG 2023: 366). Bei BANERJEE & FURUTANI (2023) werden nationale Entwicklungsstrategien in Japan im Kontext des autonomen Fahrens nachvollzogen. Allerdings sind diese Ergebnisse nicht mit dem stark regionalisierten Ansatz der deutschen ÖPNV-Fachplanung vergleichbar und damit nicht auf Deutschland übertragbar (vgl. BANERJEE & FURUTANI 2023 mit Abschn. 3. 2).

Zwei Bereiche die für die Abschätzung der Beitragspotenziale eines autonomen ÖPNV zur Sicherung der Daseinsvorsorge im Besonderen relevant sind, wurden bereits eingehend erforscht. Zum einen die ökonomischen Effekte und Auswirkungen autonomer ÖPNV-Verkehre. Der aktuelle Stand der Forschung in diesem Bereich wird im folgenden Abschnitt 7.2.2 vorgestellt. Darüber hinaus liegt inzwischen eine fundierte Datenlage zu den Perspektiven der Nutzerinnen und Nutzer, also zur Annahme eines autonomen ÖPNV durch die Bevölkerung vor. Auf diese wird in Abschnitt 7.2.3 eingegangen. Dem steht die Untersuchung des autonomen Fahrens aus der Perspektive der ÖPNV-Aufgabenträger entgegen, welche noch nicht näher untersucht wurde. Diese Forschungslücke wird im Rahmen dieser Arbeit geschlossen, wie Abschnitt 7.3 verdeutlicht.

7.2.2 Ökonomische Effekte autonomer ÖPNV-Verkehre

Abschnitt 5.5 zeigt auf, dass der zunehmende Fahrpersonalmangel Probleme bei einer Aufrechterhaltung des ÖPNV-Angebots in Deutschland verursacht. Das autonome Fahren könnte hier zur Lösung dieser Herausforderung beitragen. Zentral ist zudem insbesondere der wirtschaftliche Effekt dieser Technologie im Kontext eines zumeist defizitären Verkehrsträgers. Wesentlich bei einer Betrachtung der Beitragspotenziale eines autonomen ÖPNV zur Sicherung der Daseinsvorsorge ist also, ob selbstfahrende Angebote im Vergleich zu konventionellen Verkehren Kosten einsparen können und so neue Handlungsspielräume ermöglichen. Insbesondere bei der Frage nach einer Anbindung der Fläche an die Grundzentren, welche in dieser Arbeit im Vordergrund steht, kann der Einsatz flexibler Bedienformen einen Lösungsansatz darstellen (vgl. Kap. 5). Allerdings scheitert der Einsatz von konventionellen flexiblen ÖPNV-Angeboten oft am geringen Kostendeckungsgrad und dem damit verbundenen hohen Zuschussbedarf, oder ist durch diese eingeschränkt (vgl. Abschn. 5.5). Insbesondere bei flexiblen ÖPNV-Bedienformen sind die wirtschaftlichen Auswirkungen des autonomen Fahrens also eine ganz zentrale Einflussgröße bei der Bewertung der Beitragspotenziale zur Sicherung der Daseinsvorsorge: „In peripheren Regionen sind ÖV-Angebote mit hohen Kosten verbunden und trotzdem oft nicht ausreichend gut. Gerade dort könnten sich Ridesharing, Roboter-Taxis oder autonome Minibusse schnell durchsetzen und das klassische Nahverkehrsangebot durch hybride Mischformen von ÖV und IV ersetzen“ (ROOST 2019: 31). Auch bei schienengebundenen Verkehren könnte das autonome Fahren eine stärkere Flexibilisierung und Bedarfsorientierung ermöglichen (FLAMM et al. 2019: 28).

Personalkosten bilden bei öffentlichen Verkehren einen sehr großen Kostenanteil (TIRACHINI & ANTONIOU 2020: 14f). Hierbei gilt: je kleiner das eingesetzte Fahrzeug ist, desto höher ist der Anteil der Kosten für das Fahrpersonal an den Gesamtkosten (ebd.). Folglich ist das Einsparungspotenzial bei einer Automatisierung von Kleinbussen größer als bei selbstfahrenden Solo- oder Gelenkbussen – was für die Automatisierung kleiner Fahrzeuggrößen für Verkehre mit schwacher Nachfrage in ländlichen Räumen einen besonders großen Einsparungseffekt erwarten lässt. Berechnungen von TIRACHINI & ANTONIOU zeigen zudem, dass Effekte der Automatisierung von öffentlichen Verkehren in einem Land mit vergleichsweise hohen Personalkosten wie Deutschland höher sind, als in einem Land mit geringeren Lohnkosten wie Chile (2020: 17). Bei einer Untersuchung in einem ländlichen Gebiet bei Amsterdam wurde eine fahrplanbasierte Linie in ein (von Fahrern gesteuertes) flexibles Shuttlebussystem umgewandelt. Dadurch sank die Anzahl der gefahrenen Kilometer und auch die Zeitspanne, in der Fahrzeuge im Einsatz waren, was sich vorteilhaft auf die Kosten auswirkte (allerdings sank die Nachfrage ebenfalls deutlich auf unter 28 Prozent im Vergleich zum vorherigen Linienangebot) (COUTINHO et al. 2020: 8).

Das Experteninterview VERWALTUNG 1 zeigt auf, dass das autonome Fahren auch aus der Perspektive der Planungspraxis die Wirtschaftlichkeit verbessern und damit den Gestaltungsspielraum der ÖPNV-Planung erweitern könnte: „Der größte Vorteil wäre, dass voraussichtlich die Kosten sinken würden, weil ein wesentlicher Teil der Kosten, nämlich die Personalkosten, wegfallen würde. Die im Schnitt heute von uns für unseren [Verkehrs]Raum mit 46 % angenommen werden [im Gesamtnetz mit Verkehren auf Schiene und Straße]. Man könnte grob sagen, dass die **Kosten für den Leistungskilometer**, für den Nutzwagenkilometer **um die Hälfte sinken könnten**“ (Interview VERWALTUNG 1, 2018: mdl.).

Frühe Kostenmodellierungen von PAVONE kamen zu dem Ergebnis, dass die Gesamtkosten für ein autonomes und flexibles Verkehrssystem (Automated

Mobility-on-Demand) um fast 50 Prozent sinken könnten (2015: 412). Berechnungen von ZHANG et al. (2019) zeigen jedoch im theoretischen Vergleich von konventionellen, teilweise automatisierten und vollautonomen Fahrzeugen, dass die tatsächlichen Kosteneinsparungen im Einzelfall stark von der Gestaltung des Angebots, beispielsweise der Anzahl der eingesetzten Fahrzeuge und der Wahl des Verkehrsnetzes, abhängt. Als großes Problem wird bei autonomen Straßenverkehren grundsätzlich auch die noch sehr niedrige Geschwindigkeit angesehen, mit der autonome Fahrzeuge verkehren (ZHANG et al. 2019: 13). Dies gilt insbesondere für nur teilautomatisierte Fahrzeuge, die generell geringere Einsparungen aufweisen (ZHANG et al. 2019: 14). Kann die Betriebsgeschwindigkeit zukünftig angehoben werden, vergrößern sich die Einsparungen in beiden Fällen (vgl. ZHANG et al. 2019: 13f). Bei geringen Geschwindigkeiten und einer Teilautomatisierung können mittels **Platooning** auf nachfragestärkeren Abschnitten Kosten eingespart werden (ZHANG et al. 2019: 14).

Eine Studie der Technischen Universität Hamburg aus dem Jahr 2021 untersuchte die Kosten eines autonomen öffentlichen Personennahverkehrs in einem mehrstufigen Verfahren mittels umfangreicher Literaturanalyse und einer Delphi-Befragung von Fachpersonen aus den Fachverwaltungen, der Forschung, der Fahrzeugindustrie sowie den Verkehrsbetrieben. Ergänzt wurden diese durch Ergebnisse aus dem von den Autoren mitbetreuten Reallabor für autonome Minibusse ‚TaBuLa' in Lauenburg/Elbe. Die Autoren gelangen bezüglich der Kosteneinsparungen und die diese beeinflussenden Parameter zu folgenden Schlussfolgerungen:

„Die Ergebnisse zeigen, dass an die Fahrzeuge des ÖPNV zugunsten der barrierefreien Nutzbarkeit und der besonderen Nutzungsintensität spezielle Anforderungen zu stellen sind, die gegenüber Taxis und privaten Pkw zu erhöhten Investitionskosten führen. Während für den Zeitpunkt der Marktreife – laut Expert:innen zwischen 2025 und 2040 – konkrete

Investitionskosten für autonom fahrende kleine Minibusse ermittelt werden können, bleibt es bei den unzähligen Betriebskostenparametern in den Umfragen bei Trends für die individuelle Kostenprognose. Deutlich wird jedoch, dass neben einer großen Ersparnis durch den Wegfall des Fahrpersonals viele Betriebskosten ansteigen könnten. Gemäß Expert:innenbefragung werden in der Literatur die Kosten für IT-Systeme, Technische Leitstelle, Sicherheit von System und Fahrgästen bisher unterschätzt. Dennoch ***kann im Öffentlichen Personennahverkehr in einem größeren Flottenbetrieb autonomer Fahrzeuge mit einem um ein Drittel niedrigeren Fahrplankilometerpreis gerechnet werden****"* (GROTE & RÖNTGEN 2021: 5).

Auch nach BÖSCH et al. führt eine insgesamt veränderte Kostenstruktur beim autonomen Fahren zu Einsparungen: während die Anschaffungskosten für Fahrzeuge steigen, sinken die Kosten für die Versicherung, die Wartung und die Antriebsenergie, während der größte Kostenblock, das Fahrpersonal, vollständig entfällt (2018: 6). Insbesondere für Ridehailing- oder Taxiflotten besteht hier großes Einsparpotenzial: eine höhere Auslastung und sinkende Betriebskosten überwiegen im Vergleich zu höheren Fixkosten (Fahrzeugbeschaffung) – die Produktionskosten sinken deutlich (BÖSCH et al. 2018: 6).

Eine Auswertung von verschiedenen Studien zur Kostenentwicklung autonomer Fahrzeuge im öffentlichen Verkehr durch TIRACHINI & ANTONIOU kommt zudem zu dem Ergebnis, dass sich die durch die Automatisierung verursachten Mehrkosten bei der Fahrzeugbeschaffung aufgrund steigender Stückzahlen in der Produktion (und damit sinkenden Produktionskosten) bis zum Jahr 2036 um mehr als die Hälfte reduzieren könnten (2020: 6). Die prognostizierten zukünftigen Mehrkosten je Fahrzeug könnten dabei in einer Spanne zwischen 15.000 Euro bis weniger als 5000 Euro liegen, was je nach Studie die heutigen Mehrkosten für die Fahrzeugautomatisierung halbieren oder sogar um bis zu drei Viertel senken könnte (ebd.). Die Ratio zwischen den Mehrkosten bei der Fahrzeugbeschaffung und den Einsparungen bei den Personalkosten dürfte sich also, bei einer steigenden Verbreitung der autonomen Fahrtechnologie, immer vorteilhafter entwickeln.

Auch eine Untersuchung zum „Sammelverkehr mit autonomen Fahrzeugen im ländlichen Raum“ von der Technischen Universität Darmstadt kommt zu dem Schluss, dass die entsprechenden Angebote aus wirtschaftlicher Sicht angemessen betrieben werden können: „hier können Fahrten sinnvoll gebündelt werden, was dazu führt, dass Fahrzeuge in einem Sammelverkehr gut ausgelastet werden und eine Fahrzeugflotte effizient eingesetzt werden kann. Autonome Sammelverkehre im ländlichen Raum können für jeden erschwinglich sein, besonders, wenn sie als Ersatz des klassischen ÖPNVs gesehen und wie dieser heute subventioniert werden. Mit 0,16 €/km bis 0,37 €/km unsubventioniertem Endnutzerpreis ist Mobilität für die Meisten bezahlbar. Mobilität für alle ließe sich mit einem Angebot auf der Basis autonomer Sammelverkehre mit etwa 6 % (mit Puffer 10 %) der heute im [untersuchten] Landkreis [Kronach] zugelassenen Fahrzeuge umsetzen“ (VON MÖRNER 2018: 143).

Während sich die zitierten Untersuchungen überwiegend auf Verkehre auf der Straße konzentrieren, ist der wirtschaftliche Effekt der Automatisierung des Schienenverkehrs weniger gut untersucht. FLAMM et al. (2019) zeigen auf, dass die wirtschaftlichen Auswirkungen einer Automatisierung stark von den jeweiligen Kosten für die Automatisierung des Systems, insbesondere der Infrastruktur, abhängen. Dies ist insbesondere für den „Regionalverkehr in der Fläche“ eine große Herausforderung (FLAMM et al. 2019: 29). Hier besteht aus wirtschaftlicher Sicht noch weiterer Untersuchungsbedarf. Unabhängig davon können jedoch für die Daseinsvorsorge nutzbare Potenziale für eine Bedarfsorientierung und Flexibilisierung des Betriebs festgestellt werden. Diese sind nach FLAMM et al. in den Automatisierungsstufen GoA3 und GoA 4 erreichbar (2019: 28).

7.2.3 Die Perspektive der Nutzenden: Annahme eines autonomen ÖPNV durch die Bevölkerung

Wie von AZAD et al. (2019) ausgeführt, ist das autonome Fahren im ÖPNV insbesondere in Bezug auf die **Nutzerakzeptanz** bereits gut erforscht. Neben vorliegenden Publikationen zu Pilotprojekten im internationalen Kontext ermöglichte eine hohe Zahl an durchgeführten Reallaboren in den vergangenen Jahren auch vielfältige Untersuchungen zu diesem Thema in Deutschland. Eine Untersuchung im bayrischen Bad Birnbach, wo seit 2017 automatisierte Minibusse verkehrten (s. hierzu auch Kap. 16) verglich beispielsweise Wahrnehmungen von Fahrgästen in Kleinbussen mit und ohne Fahrpersonal. Verglichen wurden unter anderem die erwartete bzw. wahrgenommene Einfachheit und Nützlichkeit der Benutzung sowie das Vertrauen in das Verkehrsmittel (WINTERSBERGER et al. 2018: 3). Während die Ergebnisse beim bekannten Verkehrsmittel mit Fahrpersonal ex ante und ex post annähernd konstant blieben, verbesserten sich diese Werte beim automatisierten Fahrzeug nach der Fahrt im Vergleich zu den Erwartungen vor der Fahrt (ebd.). Die Autor*innen schlussfolgern, dass bei einem Abbau der aktuellen technischen Nachteile, wie der geringen Geschwindigkeit, und einer „benutzerzentrierten Optimierung“ des Systems von der Nutzerseite aus keine weiteren Hürden bei der Einführung solcher Verkehre bestehen (WINTERSBERGER et al. 2018: 4). Auch bei einer in Finnland durchgeführten Studie wurde die gefühlte Sicherheit an Bord während der tatsächlichen Fahrt als größer empfunden, als im Vorfeld eingeschätzt (SALONEN & HAAVISTO 2019: 8)

Die Auswertung zwölf europäischer Testfelder für automatisierte Minibusse zeigt auf, dass das Fehlen von Fahrpersonal bei ansonsten gleichbleibender Fahrzeit und gleichen Fahrpreisen bei der Entscheidung für oder gegen eine Mitfahrt eine untergeordnete bis gar keine Rolle spielt (ALESSANDRINI et al. 2014: 143). Ebenfalls keinen Einfluss hatten die sozioökonomischen Rahmenbedingungen der Befragten (ALESSANDRINI et al. 2014: 144). Eine Studie zu Autonomen Schulbusverkehren in den USA zeigte im Vergleich zu Angeboten mit Fahrpersonal allerdings eine deutlich verminderte Bereitschaft von Eltern auf, ihre Kinder in diesen Fahrzeugen mitfahren zu lassen (ANANIA et al. 2018: 8f). Dieser Aspekt ist insbesondere auch für ländliche Räume in Deutschlands relevant, wo ein Großteil des bestehenden ÖPNV auf den Schülerverkehr ausgerichtet ist (vgl. Abschn. 4.2.3).

Eine Literaturanalyse des DLR zeigt auf, dass insbesondere die Sicherheit entscheidend für eine Akzeptanz automatisierter Fahrzeuge ist (DLR 2020: 8). Für ein hohes Sicherheitsgefühl ist nicht zwingend das Vorhandensein von Fahrpersonal verantwortlich, sondern die generelle Möglichkeit der Fahrgäste, in den Fahrtverlauf eingreifen zu können. Eine auf dem EUREF-Campus in Berlin durchgeführten Studie zeigt auf, dass Fahrgäste ein größeres Vertrauen in autonome Fahrzeuge haben, wenn Sie, beispielsweise durch einen Nothalteknopf, die Kontrolle über das Fahrzeug übernehmen können (NORDHOFF et al. 2017: 7) sowie die gesamte Fahrt durch den Fahrzeugbetreiber überwacht wird (NORDHOFF et al. 2017: 8). Dies deckt sich mit den Ergebnissen aus LAMBERG (2022a: 119). Doch nicht nur das Sicherheitsempfinden im Fahrzeug, sondern in der Fahrzeugumgebung spielt bei der Implementierung eine wichtige Rolle. Beispielsweise die Kommunikation autonomer Fahrzeuge mit anderen Verkehrsteilnehmer*innen, insbesondere Fußgänger*innen, erhöht das Sicherheitsgefühl für Personen außerhalb des Fahrzeugs (EDEN et al. 2017: 4). Ohne diese Maßnahmen wurde das Verhalten des Fahrzeugs in einer Studie in Sion (Schweiz) als nicht vorhersagbar und damit potenziell unsicher wahrgenommen (EDEN et al. 2017: 4f).

Auf Basis der Ergebnisse von ALESSANDRINI et al. (2014) beeinflussen neben einem Gefühl von Sicherheit auch andere Faktoren die Entscheidung für oder gegen eine Fahrt in einem autonomen öffentlichen Verkehrsmittel. Die Untersuchung des DLR zeigt beispielsweise weitere wichtige Systemeigenschaften auf. Der Preis spielte hier die größte Rolle. Damit sind **wirtschaftliche Faktoren** nicht nur planungsseitig, sondern auch aus Sicht der Nutzenden relevant. So wird ein günstigerer Preis als bei einer Taxifahrt und als bei Fahrten im privaten Fahrzeug sowie eine Einbindung in das Tarifsystem des bestehenden ÖPNV als notwendig angesehen (GRAHLE et al. 2020: 893, zum selben Ergebnis gelangen PIAO et al. (2016) in ihrer in La Rochelle durchgeführten Studie).

Auch **Komfortmerkmale** wie die Fahrt- und Wartezeit sind relevant, sowie insbesondere bei jüngeren Befragten der Abfahrtsort (DLR 2020: 27). Die Zahlungsbereitschaft stieg bei einer Haustürbedienung (DLR 2020: 27). Das Fahrzeugkonzept (Grundriss der Fahrzeuge, Anordnung der Türen, etc.) spielt zudem eine „relevante Rolle für die Nutzerakzeptanz“ (ebd.). Bezüglich des Komforts konnten mit dem (konventionell gesteuerten) Rufbus Friedrichshafen in der Praxis bereits wichtige Erkenntnisse erlangt werden. Aufgrund fehlender **Fahrgastinformationen** kam den Fahrgästen der Weg im flexibel verkehrenden Fahrzeug oft länger vor, als bei einem Linienbus, auch wenn dies real nicht der Fall war: „In der Regel war der Rufbus schneller am Ziel als jede vergleichbare Fahrt mit dem Linienbus gedauert hätte. [...] Die Wahrnehmung des Menschen darf nicht außer Acht gelassen werden, wenn es darum geht, Akzeptanz für neue (Verkehrs-) Konzepte und Systeme zu schaffen – die Psychologie lässt sich selbst durch vorteilhafte Technik nur bedingt beeinflussen" (NVBW 2018: 19). Relevant ist bei der Ermittlung der Bedürfnisse zudem die Ausgestaltung von **Systemzugangspunkten**. Die Erfahrungen beim Betrieb des Rufbusses Friedrichshafen zeigen, dass mit sinkenden Wegen zur Haltestelle die Nutzung des Verkehrsangebots zunimmt (NVBW 2018: 18).

Auch die Größe der eingesetzten Fahrzeuge und die Flottengröße im Bediengebiet spielen eine Rolle bei der Ausgestaltung flexibler Verkehre (HVV 2014: 15). Nach GRAHLE et al. ist eine Fahrzeuggröße von sieben bis neun Sitzplätzen sowie maximal vier weiteren Stehplätzen für einen autonomen Busbetrieb optimal geeignet (2020: 894). So seien Privatsphäre, akzeptable Reisezeiten und die für die Nachfragespitzen nötige Kapazität bestmöglich miteinander vereinbar (ebd.).

Generell kann auch die grundsätzliche Schaffung von **Mobilitätsmöglichkeiten** ein Nutzungsgrund für computergesteuerte Transportangebote sein. Aufgrund der fehlenden Notwendigkeit zum Steuern des Fahrzeugs eignen sich autonome Fahrzeuge insbesondere zur Verbesserung der Mobilität von älteren Menschen und Minderjährigen (MERAT et al. 2017: 17). Für eine verbesserte gesellschaftliche Chancengleichheit sollten in diesem Zusammenhang insbesondere bei der Systemzugänglichkeit Belange älterer und eingeschränkter Fahrgäste berücksichtigt werden (GRAHLE et al. 2020: 893). Zudem wird die Nutzung einer Mobilitätsplattform für die Buchung und die Abwicklung der Bezahlvorgänge sowie die Ermöglichung einer Tür-zu-Tür-Beförderung empfohlen (KAISER & MALANOWSKI 2020: 18f, 22, 26, 31).

Vorbilder spielen bei einer Entscheidung für die Nutzung autonomer ÖPNV-Angebote ebenfalls eine Rolle, wie NORDHOFF et al. (2017) aufzeigen. Allerdings sind die Auswirkungen unterschiedlich. Während eine Nutzung des Angebots durch Personen aus dem eigenen sozialen Umfeld für die städtische Bevölkerung keinen Unterschied bei der Entscheidung für oder gegen die Nutzung autonomer Fahrzeuge machte, war dies ein wesentlicher Faktor für die Nutzungsakzeptanz in ländlichen Gebieten (NORDHOFF et al. 2017: 9).

Insbesondere bei der **Verkehrsleistung** besteht eine Konkurrenzsituation zwischen dem öffentlichen Personennahverkehr und dem motorisierten Individualverkehr. So wird eine mit privaten Pkw und Taxis ähnliche Fahrtdauer als relevant für eine hohe Nutzerakzeptanz angesehen (GRAHLE et al. 2020:

893). Eine Untersuchung von Testfeldern mit autonom-fahrenden Bussen in La Rochelle, Frankreich und Lausanne, Schweiz zeigt zudem auf, dass ein wesentlicher Faktor für die Entscheidung für oder gegen dieses Verkehrssystems in der im Vergleich zu anderen Verkehrsmitteln erwarteten Performance lag (MADIGAN et al. 2016: 2224). Auch der Einfluss anderer Personen sowie der erwartete Aufwand bei der Systemnutzung spielten bei dieser Entscheidung eine Rolle (ebd.).

Die Bedürfnisse der Fahrgäste spielen also eine wesentliche Rolle, damit ein zukünftiges Verkehrsangebot angenommen wird. Die zitierten Studien zeigen in Summe auf, dass von Nutzerseite eine Implementierung und Annahme autonomer ÖPNV-Angebote und damit die Entfaltung potenzieller Beitragspotenziale zur Sicherung der Daseinsvorsorge möglich ist. Allerdings bleibt offen, ob diese Potenziale planungsseitig ausgeschöpft werden (können): „was der autonome ÖPNV in Zukunft im ländlichen Raum leisten kann, welche Einflussfaktoren es dazu gibt: Ganz sicher zunächst einmal die Akzeptanz solcher Angebote und die Frage welches Angebot gemacht wird. Das ist heute noch schwer abzusehen wie ein solches System organisiert ist, ob es 24 Stunden, sieben Tage die Woche fährt. Dann wäre das Angebot hervorragend im Vergleich zu heute. Es würde dem Individualverkehr sehr nahekommen“ (Interview VERWALTUNG 1, 2018: mdl.). Aus dieser Forschungslücke wird im folgen Kapitel der Fokus dieser Arbeit abgeleitet.

7.3 Inhaltliche Abgrenzung der Untersuchung und Ableitung von fünf Forschungsfragen

Den fundierten Untersuchungen zu den wirtschaftlichen Effekten des autonomen Fahrens im ÖPNV und der bereits guten Datenlage zur Annahme und Nutzung durch die Bevölkerung steht eine bisher noch fehlende Bearbeitung der Planungsperspektive gegenüber, wie die Ausführungen in den vorherigen Kapiteln deutlich machen. Dies umfasst zum einen die Perspektive der planenden Personen und Institutionen, als auch die Analyse des bestehenden Angebots im Kontext des autonomen Fahrens. So haben Untersuchungen, die den ÖPNV im Kontext der Daseinsvorsorge untersuchen, bisher keinen Bezug zum autonomen Fahren (vgl. z. B. GAIL et al. 2023). Forschung zu den Verkehrsplanungsprozessen von ÖPNV-Projekten liegt bisher ebenfalls nicht mit einem Bezug zum autonomen Fahren vor (vgl. z. B. HIRSCHHORN et al. 2020). **Sowohl in Bezug auf die Raumplanung als auch auf die Verkehrsplanung ist** also **noch zentraler Forschungsbedarf vorhanden.**

Dringlichkeit erhält dieser Forschungsbedarf durch die Formulierung politischer Zukunftsvisionen und -vorstellungen. So erhofft sich die per Bundeskabinettsbeschluss eingerichtete „Nationale Plattform Zukunft der Mobilität" konkrete Potenziale von flexibleren und digitalisierten Verkehren für die Schaffung neuer ÖPNV-Angebote in ländlichen Räumen: „Die Bedienung der „Achsenzwischenräume" und die Organisation von Zu- und Abbringerverkehren zu den Schnittstellen des Linienverkehrs erfolgt vermehrt durch flexible Bedienformen. Es verbinden sich insofern gerade für die Fläche und im ländlichen Raum, aber auch in Stadtrandlagen, große Erwartungen für die Sicherung eines Mobilitätsangebots, insbesondere hinsichtlich der Organisation flexibler Bedienformen (z. B. autonom fahrendes Anruf-sammel-taxi [sic.] / Shuttle im ÖPNV oder privater Anbieter). Mit autonomen Fahrzeugen ist auch jenseits der Hauptachsen und zu Randzeiten grundsätzlich eine Mobilitätsversorgung rund um die Uhr umsetzbar" (NPM 2019: 9). Flexible Angebote mit Fahrpersonal können dies in der Regel nicht abbilden (vgl. BMVBS & BBSR 2009: 39).

Auch der in diesem Kontext noch bestehende Forschungs- und Informationsbedarf wurde von der „Nationalen Plattform Zukunft der Mobilität" definiert. So sind für die Implementierung des autonomen Fahrens „die verkehrlichen, technischen, rechtlichen, organisatorischen und nutzerseitigen Anforderungen zur Serieneinführung automatisierter und fahrerloser Fahrzeuge und zum Betrieb automatisierter und fahrerloser Shuttles und Robotaxis abzuleiten" (NPM 2019: 12). Wie die vorherigen Kapitel aufzeigen, konnten bei ökonomischen und nutzerseitigen Fragestellungen bereits fundierte Ergebnisse erzielt werden. Zudem zeigen die Ausführungen in Kapitel 6 den aktuellen Entwicklungsstand von rechtlichen, ethischen und technischen Aspekten des autonomen Fahrens, welche für die vorliegende Arbeit relevant sind, auf. Allerdings bleiben die organisatorischen Anforderungen offen, also insbesondere ob und in welcher Form die ÖPNV-Fachplanung das autonome Fahren zur Sicherung der Daseinsvorsorge nutzen kann und wird. Auf Basis der aufgezeigten Forschungslücke wird in den folgenden Kapiteln untersucht, welchen Beitrag ein autonomer ÖPNV zur Sicherung der Daseinsvorsorge aus der Perspektive der Raum- und Verkehrsplanung leisten kann.

Dabei ist zum einen die Perspektive der Planung zu beforschen. Wie in Abschnitt 3.2.4 deutlich wird, sind die Aufgabenträger nicht nur für die Schaffung eines ausreichenden ÖPNV-Angebots zuständig, sondern auch für die Definition, welcher Umfang schlussendlich als ausreichend anzusehen ist. So unterstreicht auch die Landesnahverkehrsgesellschaft als oberste Planungs- und Genehmigungsbehörde für den ÖPNV in Niedersachsen, dass „die Aufgaben des Aufgabenträgers […] die Definition und Sicherstellung einer ausreichenden Bedienung der Bevölkerung mit ÖPNV-Verkehrsleistungen (Daseinsvorsorge) [sind]. Was im Detail eine ausreichende Bedienung im Rahmen der Daseinsvorsorge darstellt und wie diese realisiert werden soll, definieren die Aufgabenträger im eigenen Wirkungskreis“ (LNVG 2025a: www). Damit nimmt die **Perspektive der Aufgabenträger** auf das derzeitige und zukünftige Angebot einen zentralen Platz im Kontext dieser Arbeit ein. Dies umfasst zum einen die Bewertung des derzeitigen Angebots durch die Aufgabenträger. Zum anderen sind mögliche zukünftige autonome Szenarien zu berücksichtigen, um schlussendlich Beitragspotenziale eines autonomen ÖPNV zur Sicherung der Daseinsvorsorge ableiten zu können. Da möglicherweise nicht nur die Aufgabenträger dieses zukünftige Angebot alleine gestalten, sind, je nach Fall, weitere Akteure wie Kommunen oder auch Verkehrsunternehmen mit ihren Sichtweisen zu berücksichtigen.

Neben einer Perspektive der Planung, welche die Sichtweise der Aufgabenträger auf einen ausreichenden Angebotsumfang in den Fokus nimmt, ist darüber hinaus auch eine **verkehrsplanerische Analyse des Status quo** als weitere Perspektiven auf die Sicherung der Daseinsvorsorge sinnvoll. Im Rahmen von Datenerhebungen ist also das aktuelle Fahrplanangebot im Kontext der Daseinsvorsorge zu begutachten. Dieses Vorgehen ermöglicht zum einen den Ausschluss von Subjektivität welche durch die Befragung der Mitarbeitenden der Aufgabenträger entstehen kann. Zudem sind die Ergebnisse durch dieses Vorgehen auch von politischen und verwaltungstechnischen Einflüssen befreit und damit wissenschaftlich wiederhol- und nachvollziehbar. In einem zweiten Schritt können auf Basis dieser Analyse auch autonome Verkehrsangebote entwickelt werden, welche die tatsächlich vorliegenden und messbaren Lücken bei der ÖPNV-Versorgung auch wirklich schließen.

Darüber hinaus ist auch die Ableitung von Erfolgsfaktoren bei der Einführung autonomer ÖPNV-Angebote relevant, um die praktische Umsetzbarkeit der im Rahmen dieser Arbeit entwickelten Szenarien und Anwendungsfälle in der Praxis sicherstellen zu können. Hierfür ist die **Beleuchtung der zugrundeliegenden Planungsprozesse** bereits eingeführter Verkehre in Deutschland relevant.

Auf Grundlage der Ausführungen ergeben sich die folgenden fünf **Forschungsfragen**:

1. Wie bewerten die Aufgabenträger die derzeitige ÖPNV-Versorgung im Kontext der Sicherung der Daseinsvorsorge?
2. Ist durch das derzeitige ÖPNV-Angebot die Sicherung der Daseinsvorsorge vollumfänglich gewährleistet?

3. Welche Einsatzpotenziale für autonome ÖPNV-Angebote bestehen auf Grundlage des derzeitigen Angebots?
4. Welche Einsatzpotenziale für autonome ÖPNV-Angebote bestehen aus Perspektive der Aufgabenträger und weiteren Akteuren des ÖPNV?
5. Welche Faktoren und Rahmenbedingungen tragen zu einer erfolgreichen Implementierung autonomer ÖPNV-Angebote bei?

Es ist also relevant, ob aus Perspektive der Aufgabenträger die Daseinsvorsorge im ÖPNV aktuell vollumfänglich gewährleistet ist (Perspektive der Planung, erste Forschungsfrage). Die Erfassung des Status quo bei der Versorgung mit ÖPNV-Leistungen ist zentral bei der Frage, ob zukünftige autonome Angebote im Vergleich zu heute überhaupt einen Mehrwert schaffen können (Perspektive der Daten, zweite Forschungsfrage). Auf der Grundlage der Messung des aktuellen ÖPNV-Angebots und der Bewertung des Status quo durch die Aufgabenträger lassen sich anschließend Einsatzpotenziale für das autonome Fahren ableiten (Entwicklung autonomer ÖPNV-Bedienkonzepte, Forschungsfragen drei und vier). Der Implementierungserfolg der so skizzierten Möglichkeiten ist schließlich von der Ausgestaltung verschiedener Faktoren und Rahmenbedingungen abhängig. Diese stehen im Fokus der fünften Forschungsfrage (um einen Transfer der ÖPNV-Bedienkonzepte in die Praxis zu ermöglichen).

Im folgenden Teil der Arbeit wird also die Planungsperspektive auf die Beitragspotenziale eines autonomen ÖPNV zur Sicherung der Daseinsvorsorge beforscht. Zuerst wird in Kapitel 8 die Auswahl der Untersuchungsgebiete dargelegt. Anschließend wird auf Basis der in diesem Kapitel formulierten Forschungsfragen in Kapitel 9 das Forschungsdesign erarbeitet. Daraus folgt die Durchführung verschiedener Studien, die ab Kapitel 10 ausführlich dargelegt werden. Abschließend werden die Ergebnisse der vorliegenden Arbeit in verschiedenen Kontexten diskutiert, um die Anschlussfähigkeit der Inhalte sowohl an den wissenschaftlichen als auch planungspraktischen Diskurs zu gewährleisten.

8 Auswahl der Untersuchungsgebiete

8.1 Auswahl von drei Landkreisen und einer kreisfreien Stadt

Wie der Abschnitt 3.1 aufzeigt, entfaltet die Landesraumordnung durch die Aufstellung von Raumordnungsplänen eine hohe rechtsverbindliche Wirkung. Um eine Vergleichbarkeit verschiedener Untersuchungsgebiete zu gewährleisten, ist es daher sinnvoll, diese aus demselben Bundesland auszuwählen. Aufgrund der Finanzierung der vorliegenden Arbeit durch das Niedersächsische Ministerium für Wissenschaft und Kultur wird das **Land Niedersachsen** als Ausgangsbundesland festgelegt.

In Niedersachsen ist der **Regionalverband Großraum Braunschweig** gut für die Auswahl unterschiedlicher Untersuchungsräume geeignet. So bietet die sehr heterogene Siedlungsstruktur vielfältige Forschungsmöglichkeiten: „Neben dem Städtenetz der Mittelzentren und dem oberzentralen Bereich ist die Siedlungsstruktur im Großraum Braunschweig durch einen hohen Dispersionsgrad gekennzeichnet, d. h. eine Vielzahl kleiner Gemeinden ist über den ländlich strukturierten Raum verteilt. […] Die hohe Anzahl der Quellorte trägt zu dispersen Verkehrsströmen bei. Weiter zeigt sich, dass je größer die Anzahl der Städte als Zielorte im Städtenetz ist, desto stärker verteilen sich die Verkehrsströme. Die Verlagerung des MIV auf den ÖPNV ist im Großraum Braunschweig durch die Vielzahl an Quell- und Zielorten um ein Vielfaches schwieriger als in monozentrischen Regionen" (REGIONALVERBAND GROẞRAUM BRAUNSCHWEIG 2020: 59). Hier bietet sich also die Möglichkeit, über einen einzigen Feldzugang verschiedene Raumtypologien und unterschiedliche verkehrliche Herausforderungen zu beforschen. Neben den für die Daseinsvorsorge relevanten ländlichen Räumen

J. Lamberg, *Beitragspotenziale eines autonomen ÖPNV zur Sicherung der Daseinsvorsorge*, https://doi.org/10.1007/978-3-658-50160-0_8

ist insbesondere auch die Möglichkeit eines Vergleichs mit dichter besiedelten Räumen möglich.

Die strategischen Ziele im Nahverkehrsplan des Regionalverbands Großraum Braunschweig zeigen zudem eine hohe Übereinstimmung mit der Fragestellung dieser Arbeit auf, was eine tatsächliche Nutzbarkeit der Ergebnisse durch den Regionalverbands Großraum Braunschweig erwarten lässt:

> *„Zukünftig soll das ÖPNV-Angebot im Großraum Braunschweig durch dicht vertaktete und über den ganzen Tag angebotene Linienfahrten, die entlang von Bedienungsachsen entwickelt und miteinander vernetzt sind, geprägt sein. In den* ***Räumen zwischen diesen Bedienungsachsen*** *erfolgt die* ***ÖPNV-Erschließung über die verschiedenen Formen der flexiblen Bedienformen*** *bis hin zu* ***in Zukunft autonom fahrenden ÖPNV-Angeboten****. Damit soll ein* ***flächendeckendes ÖPNV-Angebot*** *geschaffen werden, das* ***wirtschaftlich tragfähig*** *ist und eine* ***attraktive Alternative zur Nutzung des (eigenen) Kraftfahrzeuges*** *bildet"* (REGIONALVERBAND GROSSRAUM BRAUNSCHWEIG 2020: 84).

Der Thünen-Landatlas weist für den **Landkreis Gifhorn** den mit Abstand höchsten Ländlichkeitswert aller Verbandsglieder im Regionalverband Großraum Braunschweig auf (THÜNEN- INSTITUT FÜR LÄNDLICHE RÄUME 2025: www). Damit ist der Landkreis Gifhorn für die Fragestellung dieser Arbeit im Besonderen geeignet, denn „unter Ländlichkeit wird [im Thünen-Landatlas] eine lockere Wohnbebauung, geringe Siedlungsdichte, ein hoher Anteil an land- und forstwirtschaftlicher Fläche sowie Randlage zu großen Zentren und geringe Einwohnerzahl im Umfeld verstanden [...]" (THÜNEN- INSTITUT FÜR LÄNDLICHE RÄUME 2025: www). Dies ermöglicht insbesondere einen Forschungsfokus auf flexible autonome ÖPNV-Bedienformen (vgl. hierzu Abschn. 5.2).

Im zweiten Fall, dem **Landkreis Goslar**, belegt ein durchgeführtes Expert*inneninterview den Handlungsbedarf bei der Sicherung der Daseinsvorsorge im ÖPNV: „ein Problembereich [ist] ganz sicher auch der Bereich des Landkreises Goslar, so der **Harzbereich** vor allem mit einer ausgeprägten negativen demographischen Entwicklung. Es gibt ja einige Orte die in 20 oder 30 Jahren über 50 % ihrer Einwohner verlieren. Und das wird auch nicht zu verhindern sein. Auch nicht durch eine Verbesserung des ÖPNV, weil einfach die Gesamtrahmenbedingungen das nicht zulassen" (Interview VERWALTUNG 1, 2018: mdl.). Mit dem topographisch flachen und siedlungsstrukturell dispersen Landkreis Gifhorn auf der einen, sowie dem Harz als Mittelgebirge (mit Siedlungsbändern entlang der Verkehrsinfrastrukturen in den Tälern) auf der anderen Seite können autonome Verkehrslösungen im Kontext unterschiedlicher Räume beforscht werden. Die besondere Eignung dieser beiden Bereiche wird über diese Ausführungen hinaus auch noch einmal vertiefend bei der Analyse der Nahverkehrspläne in Kapitel 11 deutlich.

Die Herausforderungen von ländlichen Gebieten bestehen teilweise auch in suburbanen Räumen. Durch die bestehenden Siedlungsstrukturen findet Mobilität hier ebenfalls oft über-wiegend mit dem privaten Pkw statt (ROOST 2019: 31). Durch steigende Pendeldistanzen sorgt der MIV nachgelagert zudem für steigenden Handlungsdruck in den Kernstädten (ebd.). Auch in dichter besiedelten Räumen sind also Herausforderungen bei der Sicherung der Daseinsvorsorge zu bewältigen. Seit der Verwaltungsreform in den 1970er Jahren und der damit verbundenen Zuweisung ländlich geprägter Gebiete zu einer städtischen Administration sind so in den Verwaltungen der Zentren ebenfalls verstärkt Fragestellungen bezüglich der Sicherung der Daseinsvorsorge zu beantworten (vgl. NVBW 2018: 7). Auch in die **Stadt Wolfsburg** wurden mit Inkrafttreten des Gesetz[es] zur Neugliederung der Gemeinden im Raum Wolfsburg am 1. Juli 1972 (§ 1) viele Siedlungsbereiche eingegliedert. (§ 1 Gesetz zur Neugliederung der Gemeinden im Raum Wolfsburg). Folglich ergeben sich bei der Gestaltung der kommunalen ÖPNV-Verkehre seitdem innerstädtisch unterschiedliche Herausforderungen, die teilweise auch in Bezug die Fragestellungen in ländlichen Räumen Ähnlichkeiten aufweisen: „Der öffentliche Personennahverkehr leistet einen wesentlichen Beitrag für die Mobilität und Daseinsvorsorge in Wolfsburg. Aufgrund der vielen Stadt- bzw. Ortsteile der Stadt Wolfsburg und der dadurch bedingten großflächigen Verteilung der Bevölkerung kommt der klassische liniengebundene ÖPNV bei der Befriedigung bestimmter Mobilitätsbedürfnisse jedoch an seine organisatorischen Grenzen. Insbesondere für schwer bündelbare Verkehrsbeziehungen in der Fläche, wie zum Beispiel Tangentialverbindungen zwischen Stadtteilen, sind neue Lösungen zu entwickeln, um den ÖPNV weiter zu stärken“ (STADT WOLFSBURG 2020: 2). Damit ist auch die Stadt Wolfsburg ebenfalls gut als Untersuchungsraum für die vorliegende Arbeit geeignet.

Die vier vom Thünen-Institut entwickelten Kategorien ländlicher Räume (vgl. Abschn. 4.1) bieten eine gute Grundlage für die Festlegung eines weiteren Untersuchungsgebiets. Mit der Auswahl des Landkreises Gifhorn ist die Kategorie „Sehr ländlich / weniger gute sozioökonomische Lage“ berücksichtigt (s. Abb. 8.1). Der Landkreis Goslar weist zudem die Zuordnung „Eher ländlich / weniger gute sozioökonomische Lage“ auf (ebd.). Die Stadt Wolfsburg hat von den acht niedersächsischen kreisfreien Städten die drittniedrigste Bevölkerungsdichte (STATISTA 2024: www). Dieses nach der Klassifizierung in Abbildung 8.1 „nicht ländlich[e]“ Gebiet grenzt an die Landkreise Gifhorn und Helmstedt, die als „sehr ländlich“ kategorisiert werden. Die in die Stadt Wolfsburg eingemeindeten Dörfer, bis 1972 noch Teil der beiden genannten Landkreise (vgl. § 1 Gesetz zur Neugliederung der Gemeinden im Raum Wolfsburg), werden daher als Kategorie „eher ländlich / gute sozioökonomische Lage“ angenommen, da die Siedlungsstruktur bereits nicht mehr städtisch ist, diese aufgrund der aktuellen Gebietszugehörigkeit jedoch seit 50 Jahren an den sozioökonomischen Rahmenbedingungen der Stadt Wolfsburg partizipieren (zum überdurchschnittlichen Bruttoinlandsprodukt pro Kopf in Wolfsburg vgl. LSN 2019: www). Zudem ist durch den fließenden Übergang in die Kernstadt die Kategorie „nicht-ländlich“ abgedeckt.

Auf Grundlage dieser Systematik ist noch ein Untersuchungsgebiet der Kategorie „Sehr ländlich / gute sozioökonomische Lage“ festzulegen. Da kein Landkreis im Regionalverband Großraum Braunschweig dieser Kategorie zuzuordnen ist, und darüber hinaus die Beforschung einer zweiten Verwaltungsstruktur als Referenz Mehrwerte bietet, ist eine Wahl in einem anderen Teil Niedersachsens sinnvoll. Die drei in die Kategorie „Sehr ländlich / gute sozio-ökonomische Lage“ eingeordneten Gebiete sind die Landkreise Ammerland, Vechta und Emsland (s. Abb. 8.1). Da der Landkreis **Emsland** nach dem Thünen-Landatlas einen deutlich höheren Ländlichkeitswert aufweist als die Landkreise Ammerland und Cloppenburg (der Landkreis Emsland weist die dritthöchste **Ländlichkeit in Niedersachsen** auf) (Thünen- Institut für Ländliche Räume 2025: www), wird dieser als viertes Untersuchungsgebiet ausgewählt. Gestützt wird die Auswahl auch durch Ausführungen von Danielzyk et al.: „Die Wirtschaftsstruktur des Emslandes kann nicht als „ländlich-peripher“ im traditionellen Sinne angesehen werden. Das Emsland ist in keiner Weise strukturschwach und auch die demographische Entwicklung spricht für eine sehr dynamische Region“ (2019: 99 f.). So ist hier seit mehreren Dekaden ein Anstieg der Bevölkerungszahl und auch eine Steigerung der Wirtschaftlichen Leistungsfähigkeit zu verzeichnen (Danielzyk et al. 2019: 117).

Als exemplarische Untersuchungsräume in Niedersachsen werden für die vorliegende Arbeit also die Landkreise Emsland, Gifhorn und Goslar sowie die kreisfreie Stadt Wolfsburg ausgewählt (s. Abb. 8.1).

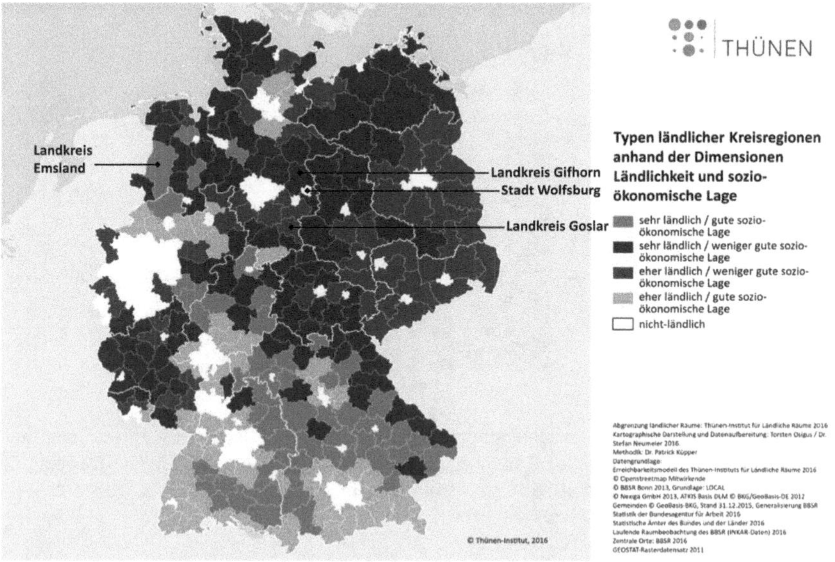

Abbildung 8.1 Typen ländlicher Kreisregionen anhand der Dimension Ländlichkeit und sozioökonomische Lage und ausgewählte Untersuchungsgebiete. (Quelle: Eigene Weiterentwicklung von KÜPPER 2016: 26)

Mit den vier Untersuchungsgebieten Landkreis Gifhorn, Landkreis Goslar, Stadt Wolfsburg und Landkreis Emsland werden also alle vier Typen ländlicher Räume im Thünen-Landatlas in Niedersachsen exemplarisch untersucht (Abb. 8.2).

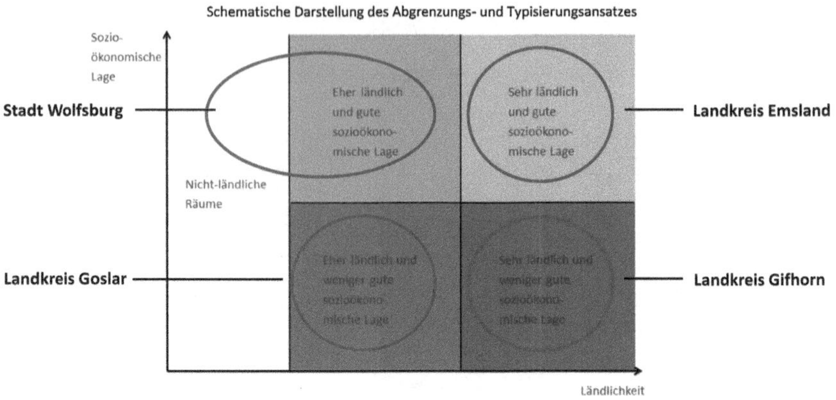

Abbildung 8.2 Auswahl der Untersuchungsgebiete auf Grundlage des Abgrenzungs- und Typisierungsansatzes ländlicher Räume nach KÜPPER (2016). (Quelle: Eigene Darstellung auf Grundlage von KÜPPER 2016: 4 in Verbindung mit Daten von THÜNEN-INSTITUT FÜR LÄNDLICHE RÄUME 2025: www)

8.2 Auswahl von zentralen Orten

Nach einer grundsätzlichen Ableitung der Untersuchungsgebiete in Niedersachsen ist für die Forschungstätigkeit ab Kapitel 13 in dieser Arbeit auch eine konkrete Auswahl von Grund- und Mittelzentren erforderlich, um anhand dieser die konkreten Beitragspotenziale eines autonomen ÖPNV zur Sicherung der Daseinsvorsorge beforschen zu können. Wo möglich sind hierfür die jeweiligen Nahverkehrspläne die Grundlage. Im Fall des Landkreises Emsland wurde im Nahverkehrsplan bereits eine flächendeckende Verbindungsanalyse zwischen Peripherie und Grundzentren sowie zwischen Grundzentren und Mittelzentren durchgeführt und auch grafisch entsprechend aufbereitet. Dies vereinfachte die Festlegung der entsprechenden Orte. **Lingen** als eines von drei Mittelzentren im Landkreis Emsland wurde ausgewählt, da der Nahverkehrsplan hier eine schlechtere ÖPNV-Verbindung mit dem Umland ausweist, als die alternativen Mittelzentren Meppen und Papenburg (vgl. LANDKREIS EMSLAND 2020: 77 f. und s. auch Abschn. 11.2) Das Grundzentrum **Salzbergen** weist zudem die schlechtesten ÖPNV-Umlandbeziehungen von allen 16 Grundzentren im Landkreis Emsland auf (s. LANDKREIS EMSLAND 2020: 75).

Für die drei anderen Untersuchungsregionen Gifhorn, Goslar und Wolfsburg gilt der Nahver-kehrsplan des Regionalverbands Großraum Braunschweig. Dieser enthält zwar keine konkreten Bewertungen der ÖPNV-Verbindungsqualitäten zwischen zentralen Orten und der Peripherie, bietet jedoch ebenfalls einige Anhaltspunkte für die Auswahl geeigneter Ortschaften. Nur an wenigen Stellen im mehrere Hundert Seiten starken Nahverkehrsplan wird der Begriff Daseinsvorsorge verwendet, für die Beschreibung des nördlichen Landreises Gifhorn jedoch schon. So nennt der Nahverkehrsplan einen Bereich mit Potenzial bei der Entwicklung der ÖPNV-Versorgung: „Um den Herausforderungen des demographischen Wandels zu begegnen, sollen neue Strategien für die Mobilität in ländlichen Gebieten entwickelt werden. Dabei stehen insbesondere flexible Bedienungsangebote mit barrierefreien Kleinbussen im Fokus. Sie sollen verstärkt Teil des ÖPNV-Angebotes in ausgewählten Bediengebieten werden. [...] Entsprechende neuartige Konzepte sollen probeweise eingeführt, ausgewertet und nach Bedarf ausgebaut werden. Insbesondere für den **strukturell schwachen Norden des Landkreises Gifhorn** besteht hier die Chance, die Lebensqualität auch im Hinblick der Daseinsvorsorge der Bewohner grundlegend durch flexible Bedienungsangebote zu verbessern." (REGIONALVERBAND GROßRAUM BRAUNSCHWEIG 2020: 179; vgl. hierzu auch Abschn. 8.1). Aus dieser Analyse folgend wurde für den Landkreis Gifhorn mit **Wittingen** das nördlichste Mittelzentrum ausgewählt. Im Fall von **Steinhorst** bot zudem eine weitere Rahmenbedingung Abgrenzungsmöglichkeiten zu den anderen untersuchten Grundzentren, da dies die nördlichste Ortschaft im Landkreis Gifhorn ist, die nur eine grundzentrale Teilfunktion besitzt. So konnte als weitere Differenzierung auch einen Siedlungsbereich mit einem Status unterhalb des Grundzentrums mit in die Untersuchung einbezogen werden. Im Fall des Landkreises Goslar wird im vorherigen Abschnitt 8.1 deutlich, dass insbesondere im Bereich des Harzes strukturelle Herausforderungen bestehen (vgl. auch Interview VERWALTUNG 1, 2018: mdl.). Mit **Clausthal-Zellerfeld** liegt nur eines von drei Mittelzentren des Landkreises im Harz und wird daher für das Forschungsvorhaben ausgewählt. Darüber hinaus wird mit **Sankt Andreasberg** das südlichste und damit am periphersten im Harzbereich liegende Grundzentrum des Landkreises beforscht.

Da **Wolfsburg** den Status einer kreisfreien Großstadt hat, ist den einzelnen Stadt- und Ortsteilen keine Zentralörtlichkeit im Regionalen Raumordnungsprogramm zugewiesen worden (vgl. REGIONALVERBAND GROßRAUM BRAUNSCHWEIG 2008b). Um dennoch für die Erhebung eine Zentralörtlichkeitsäquivalenz abbilden zu können, wurde auf Daten im Flächennutzungsplan der Stadt Wolfsburg zurückgegriffen. Hier wird eine Differenzierung der Stadt- und Ortsteile in A-Zentrum (Stadtmitte), B-Zentren, C + -Zentren, C-Zentren und im Fall des Ausbleibens einer Zuweisung eine Nicht-Zentralität zugewiesen (s. Abb. 8.3).

Abbildung 8.3 Zeichnerische Darstellung des Wolfsburger Flächennutzungsplans 2020plus. (Quelle: Stadt Wolfsburg 2011: 1)

Diese Typisierung wurde analog zum System der zentralen Orte interpretiert. Die Stadtmitte des Oberzentrums Wolfsburg kausal als A-Zentrum, die B-Zentren äquivalent zu Mittelzentren und die C-Zentren äquivalent zu den Grundzentren.

Für die Fragestellung in dieser Arbeit sind insbesondere die Stadt- und Ortsteile relevant, welche mit dem Gesetz zur Neugliederung der Gemeinden im Raum Wolfsburg aus Landkreisen in die kreisfreie Stadt Wolfsburg eingemeindet wurden (vgl. hierzu auch Abschn. 8.1). Dies sind „die Stadt Fallersleben, die Gemeinden Almke, Barnstorf, Ehmen, Hattorf, Hehlingen, Heiligendorf, Mörse, Neindorf, Sandkamp und Sülfeld (Landkreis Gifhorn) sowie die Stadt Vorsfelde, die Gemeinden Brackstedt, Kästorf, Neuhaus, Nordsteimke, Reislingen, Velstove, Warmenau und Wendschott (Landkreis Helmstedt)" (§ 1). Die eingemeindeten Ortschaften ermöglichen eine erste Eingrenzung. Nach dem Thünen-Landatlas sind die beiden Wolfsburg umschließenden Landkreise Gifhorn und Helmstedt „sehr ländlich" und weisen eine „weniger gute sozioökonomische Lage" auf (vgl. Abb. 8.1 in Abschn. 8.1). Auf dieser Grundlage sind vom Wolfsburger Stadtzentrum möglichst periphere, bzw. möglichst nah an den Landkreisgrenzen liegende Zentren auszuwählen. Da der Landkreis Gifhorn eine deutlich höhere Ländlichkeit aufweist (Thünen- Institut für Ländliche Räume 2025: www) wird die Auswahl zugunsten der räumlichen Nähe zum Landkreis Gifhorn getroffen. In diesem Bereich befinden sich **Vorsfelde** (eingemeindet) und die **Nordstadt** (eingemeindeter Einzugsbereich). Damit werden das jeweils nördlichste B- und C-Zentrum in Wolfsburg ausgewählt. Damit ergibt sich die folgende Auswahl an zentralen Orten: Lingen, Salzbergen, Wittingen, Steinhorst, Vorsfelde, Nordstadt, Clausthal-Zellerfeld und Sankt Andreasberg (s. Tab. 8.1). Diese sind ab Kapitel 13 Gegenstand der weiteren Ausführungen.

Tabelle 8.1 Übersicht über die untersuchten Mittel- und Grundzentren in den Untersuchungsregionen

	Mittelzentrum	Grundzentrum
Landkreis Emsland	Lingen	Salzbergen
Landkreis Gifhorn	Wittingen	Steinhorst (grundzentrale Teilfunktion)
Kreisfreie Stadt Wolfsburg	Vorsfelde (äquivalent als B-Zentrum)	Nordstadt (äquivalent als C-Zentrum)
Landkreis Goslar	Clausthal-Zellerfeld	Sankt Andreasberg

Quelle: Eigene Darstellung auf Grundlage eigener Erhebung

9 Einführung in die Erhebungsmethodik und Ableitung des Forschungsdesign

Die Entwicklung der Erhebungsmethodik und des Forschungsdesigns ergeben sich unmittelbar aus der Ableitung der Forschungslücke und den damit verbundenen Forschungsfragen, welche in Abschnitt 7.3 darlegt werden.

9.1 Einführung in die Erhebungsmethodik

Die unterschiedlichen Aspekte des Erkenntnisinteresses führen zum Einsatz verschiedener qualitativer und quantitativer Methoden. Während insbesondere die Bewertung des Status quo, möglicher zukünftiger autonomer ÖPNV-Szenarien sowie die Bewertung von Planungsprozessen über qualitative Methoden sichtbar zu machen sind, erfordert beispielsweise die Auswertung von Fahrplandaten einen stärker quantitativen Ansatz, wodurch sich für die vorliegende Arbeit ein Mixed-Method-Ansatz ergibt. Da sich die einzelnen Methoden oft über mehr als eine Studie erstrecken, wird im Folgenden eine einführende Übersicht über diese hergestellt. In den entsprechenden Kapiteln findet über diese Ausführungen hinaus eine fundierte methodische Erläuterung der jeweiligen Studie statt. Der **quantitative Teil** der Forschung besteht in der Erhebung von Fahrplandaten über ÖPNV-Auskunftssysteme (s. Kap. 12 & 13) sowie in der quantitativen Auswertung codierter, leitfadengestützter Expert*inneninterviews (s. Kap. 10). Die **qualitativen Datenerhebungen** und -auswertungen bestehen zu einem wesentlichen Teil aus leitfadengestützten Expert*inneninterviews und Fokusgruppen, die entweder aufgezeichnet und anschließend transkribiert (s. Kap. 15 & 16) oder als Protokolle erfasst und anschließend sowohl qualitativ, als auch mittels Codierung quantitativ ausgewertet wurden (s. Kap. 10).

J. Lamberg, *Beitragspotenziale eines autonomen ÖPNV zur Sicherung der Daseinsvorsorge*, https://doi.org/10.1007/978-3-658-50160-0_9

Expert*inneninterviews sind im Methodenmix der vorliegenden Arbeit also von zentraler Relevanz. Diese stellen eine Sonderform der qualitativen Sozialforschung dar (HELFFERICH 2011: 162). „Wird jemand als Experte oder Expertin adressiert, erwartet die Person nicht, dass sie über ihre sehr persönlichen Angelegenheiten sprechen soll, sondern über fachliches, abstraktes „Sonderwissen", das sie sich in besonderer Weise angeeignet hat" (HELFFERICH 2011: 163). In den durchgeführten Fällen bestand die Expertise aufgrund der Arbeit in der ÖPNV-Planung. Die Verwendung eines Leitfadens ermöglichen dabei eine inhaltliche Steuerung (HELFFERICH 2014: 559). Für die Erfassung der jeweiligen Versorgungssituation in den jeweiligen Gebieten der niedersächsischen Aufgabenträger ist diese Methode im Besonderen geeignet, denn „[...] Experteninterviews [...] [sind] in der Regel [...] auf die Erhebung von **praxis-** und **erfahrungsbezogenem**, technischem Wissen ausgerichtet" (HELFFERICH 2014: 571). Dabei fungieren die jeweiligen Expertinnen und Experten als Vermittlung eines Sachverhalts: „Generell wird davon ausgegangen, dass das Expertenwissen in einem gewissen Sinn von der Person gelöst werden kann – wer die gleiche Ausbildung absolviert und langjährig mit einer bestimmten Materie Erfahrungen gesammelt hat, verallgemeinert sein Wissen und stellt es nicht als persönliche und höchst individuelle Besonderheit dar" (HELFFERICH 2014: 570).

Allerdings ist wichtig zu betonen, dass auch Expert*inneninterviews klar den qualitativen Methoden zuzuordnen ist, was bei der Auswertung und Einordnung des so generierten Materials berücksichtigt werden muss: „Sowohl die historische Wandelbarkeit von Expertenwissen als auch die Differenzen in den Meinungen innerhalb der Gruppe von Experten und Expertinnen zeigen, dass die beanspruchte Verallgemeinerbarkeit des Expertenwissens nicht mit einer Objektivität der Meinung gleichgesetzt werden kann und auch in Experteninterviews subjektive Deutungen gefunden werden" (HELFFERICH 2014: 570).

Dieser Umstand führt über die Durchführung von Expert*inneninterviews hinaus auch zum **Einsatz von Fokusgruppen**. Auch die Fokusgruppen werden praktisch als leitfadengestützte Expert*inneninterviews durchgeführt, allerdings in einer Gruppensituation. Während der erste Teil der Arbeitsgruppen aus einer klassischen Interviewsituation besteht, ist der zweite Teil durch die Arbeit mit zur Verfügung gestellten autonomen ÖPNV-Konzepten (Anwendungsfälle für den jeweiligen Untersuchungsraum) geprägt (s. Kap. 14 & 15). Die Fokusgruppen bilden dabei exakt den Kreis der Planenden ab, der auch für das aktuelle ÖPNV-Angebot im jeweiligen Gebiet zuständig ist. Damit können Verzerrungen durch

Einzelmeinungen vermieden werden. Durch die vorherige Erhebung quantitativer Fahrplandaten und den daraus entwickelten ÖPNV-Konzepten als Grundlage für die Arbeit in den Fokusgruppen kann die Subjektivität weiter reduziert werden. Die visualisierten, autonomen ÖPNV-Konzepte werden auf Grundlage **von** HELFFERICH erstellt, die einen solchen Einsatz explizit als Erweiterung der klassischen Interviewsituation vorschlägt: „Eine weitere Möglichkeit, z. B. implizites Wissen zu erheben, ist die Vorlage einer Fallvignette oder einer Problemkonstellation mit der Bitte um eine Kommentierung aus Expertensicht" (2014: 572). Auf die jeweils gewählte Methodik wird zu Beginn jeder Studie im Folgenden noch näher eingegangen, um die Einheit von Methodik und Ergebnissen an den entsprechenden Stellen zu gewährleisten.

9.2 Ableitung des Forschungsdesigns

Die Erarbeitung des Forschungsdesigns baut auf den vorherigen Ausführungen in Abschnitt 9.1 auf. Zur Verdeutlichung sind in der folgenden Tabelle 9.1 die in Abschnitt 7.3 entwickelten Forschungsziele und die daraus abgeleiteten Forschungsfragen sowie die zu deren Bearbeitung zu verwendenden Vorgehensweisen und Methodiken aufgeführt.

Tabelle 9.1 Forschungsziele, Forschungsfragen und daraus abgeleitete Vorgehensweisen

Forschungsziele & Forschungsfragen	Vorgehensweise/Methodik
Perspektive der Planung: 1. Wie bewerten die Aufgabenträger die derzeitige ÖPNV-Versorgung im Kontext der Sicherung der Daseinsvorsorge?	Qualitative, leitfadengestützte **Expert*inneninterviews** mit allen niedersächsischen ÖSPV-Aufgabenträgern.
Perspektive auf Grundlage von Daten: 2. Ist durch das aktuelle ÖPNV-Angebot die Sicherung der Daseinsvorsorge vollumfänglich gewährleistet?	Entwicklung von **Indikatoren** zur Messung der Versorgung im ÖPNV. **Datenerhebung und Auswertung** für die Untersuchungsgebiete auf Grundlage der Indikatoren.

(Fortsetzung)

Tabelle 9.1 (Fortsetzung)

Forschungsziele & Forschungsfragen	Vorgehensweise/Methodik
Entwicklung autonomer ÖPNV-Bedienkonzepte: 3. Welche Einsatzpotenziale für autonome ÖPNV-Angebote bestehen auf Grundlage des derzeitigen Angebots?	**Entwicklung von autonomen ÖPNV-Angebotskonzepten** für die vier ausgewählten Untersuchungsgebiete.
Entwicklung autonomer ÖPNV-Bedienkonzepte: 4. Welche Einsatzpotenziale für autonome ÖPNV-Angebote bestehen aus Perspektive der Aufgabenträger und weiteren Akteuren des ÖPNV?	Qualitative, leitfadengestützte **Expert*inneninterviews** mit allen niedersächsischen ÖSPV-Aufgabenträgern. **Diskussion der entwickelten autonomen ÖPNV-Angebotskonzepte in Fokusgruppen** mit den zuständigen Aufgabenträgern, Kommunen und Verkehrsunternehmen der Untersuchungsgebiete.
Transfer der ÖPNV-Bedienkonzepte in die Praxis ermöglichen: 5. Welche Faktoren und Rahmenbedingungen tragen zu einer erfolgreichen Implementierung autonomer ÖPNV-Angebote bei?	Qualitative, leitfadengestützte **Expert*inneninterviews mit Projektbeteiligten** verschiedener autonomer ÖPNV-Projekte in Deutschland

Quelle: Eigene Darstellung auf Grundlage eigenen Vorgehens

Die aus den Forschungsfragen abgeleiteten Vorgehensweisen ergeben in Summe das Forschungsdesign für die vorliegende Arbeit. In einer **ersten Studie** wird die Perspektive der ÖSPV-Aufgabenträger in Niedersachsen auf die Sicherung der Daseinsvorsorge im ÖPNV beforscht (Kap. 10, Studie 1). Im Rahmen einer Vollerhebung werden hier alle **Aufgabenträger für den ÖSPV** mittels telefonischer, leitfadengestützter Expert*inneninterviews zur Sicherung der Daseinsvorsorge sowie als Ausblick in die Zukunft zum autonomen Fahren befragt.

Die **zweite Studie** wird in den vier ausgewählten Untersuchungsgebieten in den **Landkreisen Emsland, Gifhorn und Goslar sowie der kreisfreie Stadt Wolfsburg** durchgeführt (zu deren Auswahl s. Kap. 8). Zur Vertiefung der Perspektive der Aufgabenträger werden zu Beginn die Nahverkehrspläne eingehend analysiert (Kap. 11, Studie 2 A). Anschließend werden Indikatoren entwickelt, um die Gewährleistung der Daseinsvorsorge in den Fahrplandaten messbar zu machen (Kap. 12, Studie 2B). Diese Indikatoren werden für die ausgewählten zentralen Orte in den vier Untersuchungsgebieten angewendet (Kap. 13, Studie 2B). Dabei werden zuerst Fahrplandaten aus den digitalen Auskunftssystemen abgefragt und anschließend ausgewertet. Auf Grundlage der Ergebnisse werden autonome ÖPNV-Angebotskonzepte für die Untersuchungsgebiete entwickelt, die im Vergleich zum gemessenen Status quo zukünftig die Daseinsvorsorge im ÖPNV verbessern (Kap. 14, Studie 2 C). Diese Konzepte werden danach in Fokusgruppen unter anderem mit den entsprechenden Aufgabenträgern analysiert und weiterentwickelt (Kap. 15, Studie 2D). Die Teilnehmenden der Fokusgruppen bildeten dabei genau den Kreis an Personen ab, der auch für die Planung des derzeitigen Angebots zuständig ist.

In einer abschließenden Studie werden darüber hinaus bestehende autonome ÖPNV-Projekte analysiert und Erfolgsfaktoren für die Implementierung abgeleitet (Kap. 16, Studie 3). Die Ergebnisse basieren auf leitfadengestützten Expert*inneninterviews mit den Planungsverantwortlichen bestehender **autonomer ÖPNV-Projekte in Deutschland**. In Summe ergibt sich ein mehrstufiges Forschungsdesign, welches in der folgenden Abbildung 9.1 dargestellt ist.

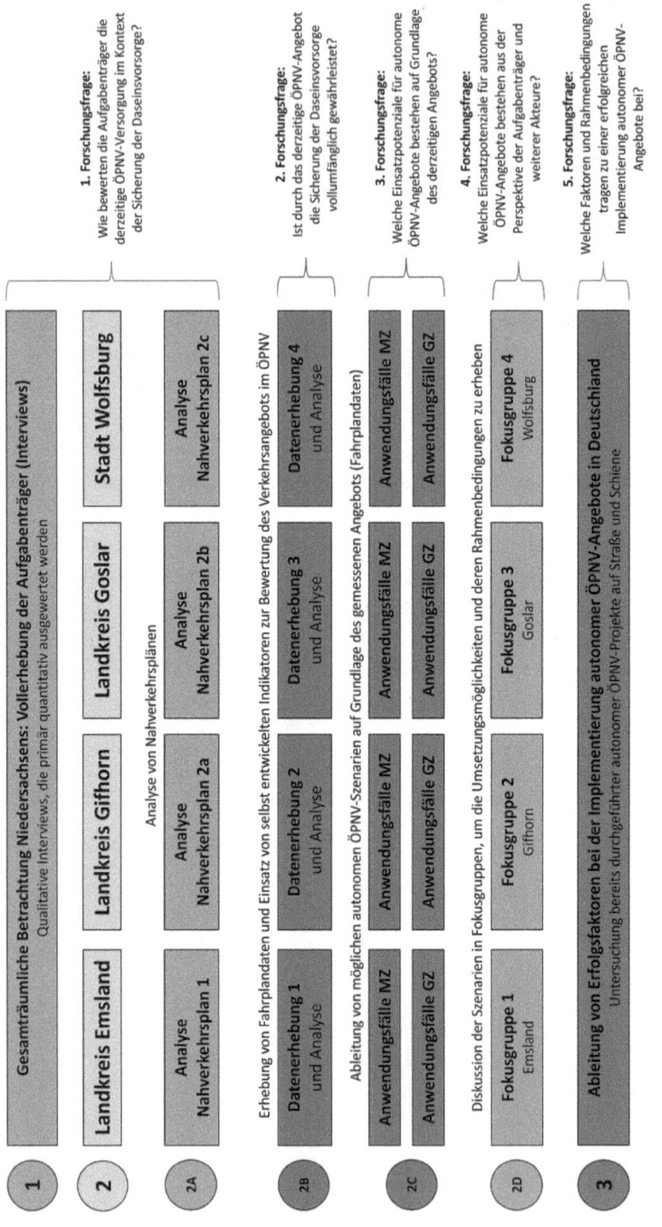

Abbildung 9.1 Finales Forschungsdesign. (Quelle: Eigene Darstellung)

Studie 1: Die Gewährleistung der Daseinsvorsorge aus Sicht der ÖSPV-Aufgabenträger in Niedersachsen

10

10.1 Ausgangslage

Wie in Abschnitt 2.2 deutlich wird, ist Daseinsvorsorge in Deutschland ein unbestimmter Rechtsbegriff. Abschnitt 3.2.4 zeigt auf, dass die Aufgabenträger im Fall des ÖPNV diesen Auslegungsspielraum definieren. So macht auch die Landesnahverkehrsgesellschaft Niedersachsen (vgl. hierzu Abschn. 3.2.3) als zuständige Genehmigungsbehörde deutlich: „Die Aufgaben des Aufgabenträgers sind die Definition und Sicherstellung einer ausreichenden Bedienung der Bevölkerung mit ÖPNV-Verkehrsleistungen (Daseinsvorsorge). Was im Detail eine ausreichende Bedienung im Rahmen der Daseinsvorsorge darstellt und wie diese realisiert werden soll, definieren die Aufgabenträger im eigenen Wirkungskreis“ (LNVG 2025a: www). Daraus wird in Abschnitt 7.3 die erste Forschungsfrage und in Kapitel 9 die Durchführung der vorliegenden Studie abgeleitet. So ist zu erheben, wie die Aufgabenträger die derzeitige ÖPNV-Versorgung im Kontext der Sichtung der Daseinsvorsorge bewerten. Dies ist für die Ableitung von Beitragspotenzialen autonomer Verkehre zur Daseinsvorsorge von zentraler Relevanz.

J. Lamberg, *Beitragspotenziale eines autonomen ÖPNV zur Sicherung der Daseinsvorsorge*, https://doi.org/10.1007/978-3-658-50160-0_10

10.2 Methodik

Im Zeitraum vom 2. Juli 2018 bis zum 9. März 2021 wurden alle 37 für den ÖSPV zuständigen Aufgabenträger (vgl. hierzu Abschn. 3.2.4) in Niedersachsen im Rahmen von leitfadengestützten Expert*inneninterviews (auf Grundlage von HELFFERICH 2014: 566f) qualitativ telefonisch befragt. Die ÖSPV-Aufgabenträgerschaft wird in Niedersachsen in den meisten Fällen durch die Kommunen sichergestellt, die SPNV-Aufgabenträgerschaft durch das Land Niedersachsen (§4 NNVG). Ausnahmen bilden die Region Hannover und der Regionalverband Großraum Braunschweig, die sowohl für die ÖPNV-Verkehre auf der Straße, als auch auf der Schiene in ihrem Gebiet zuständig sind (§4 NNVG). Zudem ist der kommunale Zusammenschluss Zweckverband Verkehrsverbund Bremen/Niedersachsen für die bundesländerübergreifende Planung des straßengebundenen ÖPNV in diesem Gebiet zuständig (s. Abb. 10.1). In einigen Fällen wurde die Aufgabenträgerschaft zudem auch von den zuständigen Landkreisen für das jeweilige Stadtgebiet auf einzelne Städte übertragen, beispielsweise in Cuxhaven, Hildesheim oder Buchholz in der Nordheide (s. Abb. 10.1).

Abbildung 10.1 Übersicht über die befragten ÖSPV-Aufgabenträger in Niedersachsen (Vollerhebung). (Quelle: Eigene überarbeitete Variante von LNVG 2025a: www)

Insgesamt wurden 44 Interviews geführt, da zum einen fünf Aufgabenträger zwei Mal befragt und zudem zwei Aufgabenträgerverbünde interviewt wurden. Die Doppelerhebungen wurden teilweise erforderlich, da bei den ersten Interviews nicht immer der Aspekt des autonomen Fahrens besprochen wurde. Dieser wurde im Rahmen von Zweitinterviews nacherhoben. Die Aufgabenträgerverbünde wurden interviewt, um die Kompetenzverteilung in diesen Strukturen für die Planung weiterer Interviews zu erfassen. Es stellte sich heraus, dass die einzelnen in ihnen zusammengeschlossenen Kommunen die faktische Aufgabenträgerschaft selbst ausüben. Daher fließen die Ergebnisse der beiden

Verbundbefragungen nur in die qualitative, nicht jedoch in die quantitative Auswertung mit ein. Dies war zum einen bei der Verkehrsregion-Nahverkehr Ems-Jade (VEJ) der Fall, die sich zwar selbst als „Verbund der Aufgabenträger in der Region Ems-Jade“ (VEJ 2025: www) bezeichnet, aber faktisch keine Aufgaben der Aufgabenträgerschaft übernimmt. Die VEJ ist auch nicht in Abbildung 10.1 eingezeichnet. Inhaltlich sehr ähnlich gelagert ist der Fall der Verkehrsgesellschaft Nord-Ost-Niedersachsen (VNO), der ebenfalls keine Leistungen der eigentlichen Aufgabenträgerschaft übernimmt. In der Eigendarstellung der VNO heißt es konkret: „Die VNO berät als Planungs- und Managementgesellschaft die kommunalen Aufgabenträger im Bereich des Öffentlichen Personennahverkehrs“ (VNO 2025: www). Dennoch ist die VNO in Abbildung 10.1 als eigener Aufgabenträger dargestellt. Faktisch übernehmen aber die Kommunen selbst die Aufgabenträgerschaft, sodass diese im Gebiet der VNO auch alle einzeln befragt wurden.

Eine telefonische Befragung wurde anderen Befragungsformen wie einer Befragung per E-Mail sowie einem postalischen oder einem Online-Fragebogen vorgezogen, da dies die Chance erhöhte, die geplante Vollerhebung vollständig durchführen zu können (vgl. HÜFKEN 2014: 634f). Zum einen war der Befragungsprozess mit jedem erfolgreich geführten Interview (bis auf die Nacherhebungen) jeweils abgeschlossen, sodass keine weitere Kommunikation notwendig war. Bei schriftlichen Befragungen auf analogem oder digitalem Weg wären bei fehlenden Rückmeldungen weitere Nachfragen und Kommunikationsmaßnahmen notwendig geworden. Zum anderen sollten die Antworten unmittelbar gegeben werden und nicht durch einen Prozess der Abstimmung und Freigabe innerhalb von Verwaltungen verändert, angepasst oder verhindert werden. Dass dies notwendig war zeigte sich beispielsweise beim Antwortverhalten eines Aufgabenträgers, der kurz zuvor eine Verkehrserhebung im selbigen Landkreis durchgeführt hatte. So wurde auf die Frage, ob diese Daten für die vorliegende Forschungsarbeit eingesehen oder verwendet werden dürfen, ablehnend reagiert: „Das weiß ich so jetzt nicht, das müsste man schauen, wenn es soweit ist. Da ist ja von den Instituten dann viel geistige Leistung reingeflossen und die Ergebnisse sind dann ja auch im Besitz des Landkreises NAME. Wir hätten dann, wenn die Doktorarbeit fertig ist aber gerne ein Exemplar, wenn der Landkreis NAME da eingebunden ist und vorkommt“ (Interview Aufgabenträger 10b).

Als vertrauensbildende Maßnahme wurde zudem auf eine Aufzeichnung mit anschließender Transkription verzichtet (vgl. zu den Abwägungen im Spannungsverhältnis zwischen Vertrauensbildung und Nachvollziehbarkeit ZIEGLER 2014: 192, MEDJEDOVIĆ 2014: 225 und FLICK 2014: 420f). Stattdessen wurde unmittelbar während des Gesprächs schriftlich Protokoll über die wesentlichen relevanten

Aussagen geführt und dieses direkt im Anschluss des Gesprächs vervollständigt. Ebenfalls wurde auf eine schriftliche Belehrung zur Datenerhebung und -auswertung verzichtet, um eine Teilnahme am Gespräch nicht zu gefährden. Diese wurde stattdessen mündlich zu Beginn des jeweiligen Telefonats durchgeführt (vgl. zu diesen Abwägungen BAUR & BLASIUS 2014: 48 & 55 und MÜHLICHEN 2014). Aufgrund der überwiegenden quantitativen Auswertung der Interviews ist die Anonymität vollständig gewährleistet, Rückführungen auf Einzelpersonen sind nicht möglich. Die Unmittelbarkeit der Anrufe (ohne vorherige Terminabsprachen) gewährleistete direkte und ungefilterte fachliche Einschätzungen, Sichtweisen und Zugänge zu den befragten Themen und stehen damit in einem deutlichen Gegensatz zu den schriftlichen Nahverkehrsplänen als Ergebnis von Verwaltungshandlung und politischer Abwägung. Dieses Vorgehen war notwendig, um über die (oftmals nur unzureichende) Angebotsanalyse der Aufgabenträger (vgl. Kap. 11) hinaus ein fundiertes Bild über die eigentlichen fachlichen Einschätzungen der Planenden zu erhalten. In vielen Fällen wird die Aufgabenträgerschaft nur durch eine einzelne Person in der Verwaltung sichergestellt. Diese Personen wurden dementsprechend auch befragt. Bei den größeren Aufgabenträgern besteht die Verwaltung teilweise aus einer zweistelligen Zahl an Mitarbeitenden. Hier können die fachlichen Einschätzungen innerhalb einer Verwaltung durchaus variieren, sodass in diesen Fällen die jeweils höchsten unmittelbar fachlich zuständigen Führungskräfte befragt wurden. Es wurde also jeweils genau eine Person je Aufgabenträger befragt.

Folgende Fragen wurden in den Interviews gestellt (Leitfaden):

- Gibt es im Aufgabengebiet Bereiche, deren Anbindung nicht daseinsvorsorgekonform gewährleistet ist?
- Gibt es Ortschaften im Aufgabengebiet, die nicht durch den ÖPNV erschlossen sind?
- Sind im Aufgabengebiet Ortschaften an bestimmten Tagen oder immer nur mit alternativen Bedienformen (Anruf-Sammeltaxi, etc. erschlossen?)
- Ist geplant, das Bedienungsangebot in Teilen des Aufgabenträgergebietes zu reduzieren?
- Ist ein Einsatz autonomer Fahrzeuge im Gebiet des Aufgabenträgers realistisch?
- Wären die Einschätzungen vor der Corona-Pandemie anders ausgefallen? (gestellt bei den Interviews ab 2020)

Die anschließende qualitative Inhaltsanalyse wurde im Rahmen eines Mixed-Method-Ansatzes ausgewertet, der die „Kombination und Integration qualitativer und quantitativer Analyseschritte" umfasst (MAYRING & FENZL 2014: 551, vgl. hierzu auch KELLE 2014, FLICK 2014 und VOGL 2017). Dieser umfasste zum einen eine qualitative Auswertung des aus den leitfadengestützten Expert*inneninterviews generierten Textmaterials (vgl. HELFFERICH 2014: 559). Zum anderen wurde das Textmaterial im Rahmen einer quantitativen Inhaltsanalyse mit Codes versehen und ausgewertet (vgl. ZÜLL & MENOLD 2014: 716). Die Codes wurden auf Grundlage der Antworten zur jeweiligen Leitfadenfrage induktiv aus dem generierten Textmaterial entwickelt (vgl. hierzu ebd.). Die folgende Tabelle 10.1 zeigt auf, welche Codes generiert und angewendet wurden.

Tabelle 10.1 Leitfadenfragen und daraus induktiv abgeleitete Codes für die quantitative Auswertung

Leitfadenfrage	Auswertungscodes
Gibt es im Aufgabengebiet Bereiche, deren Anbindung nicht daseinsvorsorgekonform gewährleistet ist?	Ja / Nein / nicht bewertbar
Gibt es Ortschaften im Aufgabengebiet, die nicht durch den ÖPNV erschlossen sind?	Ja / Nein
Sind im Aufgabengebiet Ortschaften an bestimmten Tagen oder immer nur mit alternativen Bedienformen (Anruf-Sammeltaxi, etc. erschlossen?)	Ja / Nein / Als Ergänzung zum Linienverkehr
Ist geplant, das Bedienungsangebot in Teilen des Aufgabenträgergebietes zu reduzieren?	Erweiterung durchgeführt / Erweiterung geplant / Erweiterung angedacht / Erweiterung gestrichen / Umbau auf selbem Niveau / Weiterführung Bestand / Reduzierung durchgeführt / Reduzierung geplant / (Noch) nicht bewertbar
Ist ein Einsatz autonomer Fahrzeuge im Gebiet des Aufgabenträgers realistisch?	Ja, bereits im Test / Ja / Ja, aber später / Nein, aktuell noch nicht / Nein / Nicht bewertbar
Wären die Einschätzungen vor der Corona-Pandemie anders ausgefallen? (gestellt bei den Interviews ab 2020)	Ja / Nein

Quelle: Eigene Darstellung auf Grundlage eigener Erhebung

10.3 Ergebnisse

10.3.1 Versorgungssituation im ÖPNV

Ausgewertet wurde die Gewährleistung der Daseinsvorsorge im ÖPNV von Niedersachsen nach Anteil der betroffenen Einwohner*innen sowie der Anzahl der Aufgabenträger (auf Grundlage der Antworten auf die Frage „Gibt es im Aufgabengebiet Bereiche, deren Anbindung nicht daseinsvorsorgekonform gewährleistet ist?“). Auch die Anbindung aller Ortschaften im Aufgabenträgergebiet wurde nach Einwohner*innen und nach Anzahl der Aufgabenträger untersucht (auf Grundlage der Antworten auf die Frage „Gibt es Ortschaften im Aufgabengebiet, die nicht durch den ÖPNV erschlossen sind?“ (s. Abb. 10.2).

Weniger als die Hälfte, konkret nur 47 Prozent der Einwohnerinnen und Einwohner von Niedersachsen leben in Gebieten, bei denen vom zuständigen Aufgabenträger angegeben wurde, dass die Daseinsvorsorge im ÖPNV vollständig gewährleistet ist. Ein Viertel, 25 Prozent, lebt in Aufgabenträgergebieten, in denen die Daseinsvorsorge laut befragtem Aufgabenträger nicht vollständig gewährleistet ist. Bei knapp einem Drittel, 28 Prozent, konnte die Gewährleistung der Daseinsvorsorge durch den Aufgabenträger nicht bewertet werden (s. Abb. 10.2).

Leicht veränderte Werte konnten bei der Auswertung nach Anzahl der Aufgabenträger festgestellt werden. 54 Prozent der befragten Aufgabenträger gaben an, dass die Daseinsvorsorge in ihrem Gebiet vollständig gewährleistet ist, 24 Prozent verneinten dies. Mit 22 Prozent konnte mehr als jede fünfte befragte ÖPNV-Behörde dies nicht eindeutig einschätzen (s. Abb. 10.2). Dies wirft die Frage auf, ob es zukünftig klarere Vorgaben geben sollte, beispielsweise über eine Anpassung der Nahverkehrsgesetze der Länder, um den Aufgabenträgern hier Unterstützung zu bieten.

Nach der Abfrage der Einschätzung von Daseinsvorsorge wurde die Fragestellung durch die Betrachtung der Anbindung von Ortschaften konkretisiert. Insgesamt 82 Prozent der Einwohnerinnen und Einwohner leben nach Aussage der Interviewten in Aufgabenträgergebieten, in denen alle Ortschaften an den ÖPNV angeschlossen sind. 18 Prozent leben im Umkehrschluss in Gebieten, in denen dies nicht der Fall ist. Folglich waren auch alle Interviewten in der Lage, diese Frage eindeutig zu beantworten. In der Tendenz ähnliche Ergebnisse können bei einer Auswertung nach Aufgabenträgern erzielt werden. Bei 76 Prozent der Aufgabenträger sind alle Ortschaften im räumlichen Zuständigkeitsbereich angebunden, bei 24 Prozent der Aufgabenträger nicht (s. Abb. 10.2).

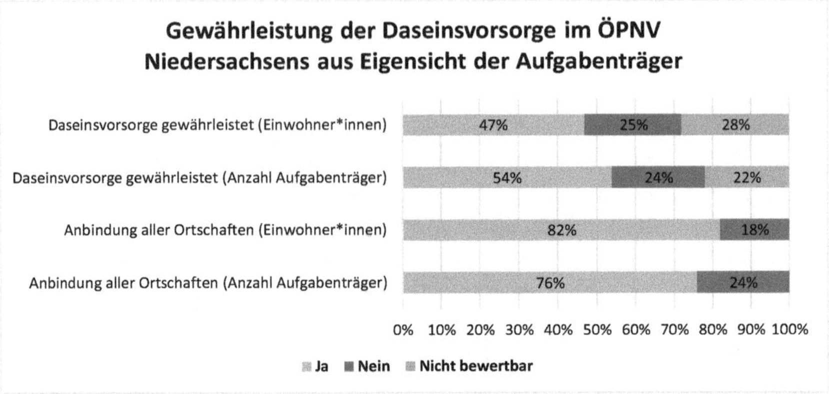

Abbildung 10.2 Gewährleistung der Daseinsvorsorge im ÖPNV Niedersachsens aus Eigensicht der Aufgabenträger. (Quelle: eigene Darstellung auf Grundlage eigener Erhebung; Datengrundlage Interviews Aufgabenträger 1 bis 44)

Die erzielten Ergebnisse zeigen eine Versorgungslage in Niedersachsen, die im Kontext der Daseinsvorsorge ausbaufähig ist. Sind Ortschaften gar nicht an den ÖPNV angebunden, dann kann auch nicht von einer Gleichwertigkeit der Lebensverhältnisse ausgegangen werden. Auch wenn dies natürlich jeweils nicht alle Ortschaften betrifft, lebt knapp ein Fünftel (19 Prozent) der Einwohnerinnen und Einwohner in Niedersachsen in einem Aufgabenträgergebiet, in dem der beschriebene Fall vorliegt. Das fast ein Viertel der Einwohnerinnen und Einwohner (24 Prozent) in Gebieten lebt, in denen die befragten Personen bei den Aufgabenträgern angeben, dass die Daseinsvorsorge im ÖPNV nicht vollständig gewährleistet ist, ist ein deutliches Ergebnis. Schließlich ist dies ein Eingeständnis, dass der eigene gesetzliche Auftrag faktisch als nicht erfüllt betrachtet wird, da die Aufgabenträger laut des Niedersächsischen Nahverkehrsgesetzes (Ableitung in Kombination von § 2, § 4 und § 6 des NNVG) mit der konkreten Ausgestaltung und Gewährleistung der Daseinsvorsorge im ÖPNV beauftragt sind. Hier kann also ein deutlicher Handlungsbedarf festgestellt werden. Die Landesebene ist folglich zukünftig gefordert, diese Situation zu verbessern, insbesondere über die Implementierung konkreterer Vorgaben in einem novellierten Niedersächsischen Nahverkehrsgesetzes. Neben einer konkreteren Definition und aktiveren Steuerung der Sicherung von Daseinsvorsorge durch die Landesebene ist insbesondere auch eine verbesserte finanzielle Ausstattung der Aufgabenträger zu diskutieren, um die aufgezeigten Defizite zu reduzieren.

10.3.2 Einsatz flexibler ÖPNV-Angebotsformen

Ein weiterer Punkt der Erhebung betraf den Einsatz von flexiblen Bedienformen („Sind im Aufgabengebiet Ortschaften an bestimmten Tagen oder immer nur mit alternativen Bedienformen (Anruf-Sammeltaxi, etc.) erschlossen?“) (s. Abb. 10.3).

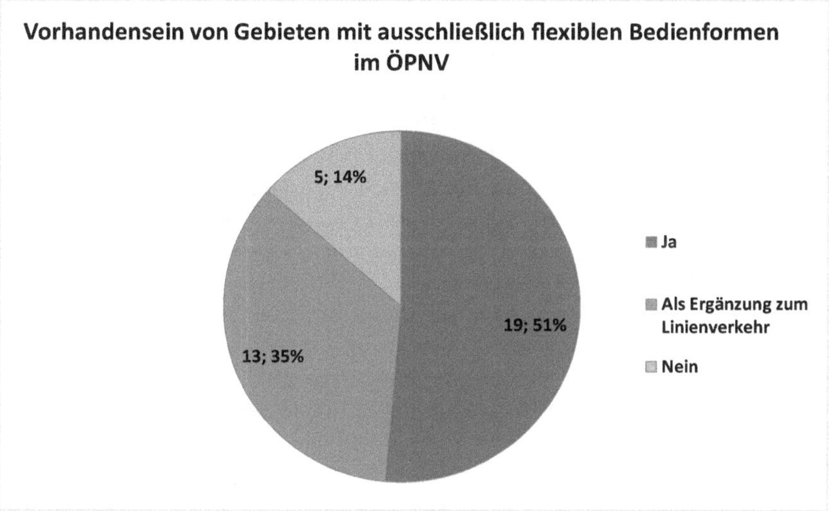

Abbildung 10.3 Vorhandensein von Gebieten mit ausschließlich flexiblen Bedienformen im ÖPNV Niedersachsens auf Grundlage der Selbsteinschätzung der Aufgabenträger. (Quelle: Eigene Darstellung auf Grundlage eigener Erhebung; Datengrundlage Interviews Aufgabenträger 1 bis 44)

19 befragte Personen und damit 51 Prozent der Aufgabenträger gaben an, dass im eigenen Planungsraum Gebiete an mindestens einem Tag in der Woche nur mit flexiblen Bedienformen versorgt sind. 13 Personen und damit 35 Prozent der Aufgabenträger gaben an, dass diese nur als Ergänzung zum Linienverkehr eingesetzt werden. Die Art der Ergänzung wurde dabei nicht im Einzelnen ausgewertet, kann jedoch verschiedene Ausprägungen annehmen. Beispielsweise ist ein Einsatz an Wochenenden (und insbesondere an Sonntagen) als Ergänzung zum dann seltener angebotenen Linienverkehr hier umfasst, aber auch die generelle Füllung

von Taktlücken im Linienverkehr sowie die Versorgung mit ÖPNV in den Tagesrandlagen. Insgesamt 5 Personen und damit 14 Prozent der Aufgabenträger gaben an, dass keine Gebiete ausschließlich oder als Ergänzung zum Linienverkehr mit flexiblen Bedienformen versorgt sind (s. Abb. 10.3).

10.3.3 Einschätzung der zukünftigen Entwicklung des ÖPNV-Angebots

Neben der Bewertung der aktuellen Situation im ÖPNV ist auch eine Einschätzung zu zukünftigen Entwicklungen relevant. Um diese wurde im Rahmen der Interviews ebenfalls gebeten (s. Abb. 10.4). 46 Prozent der Aufgabenträger hatten zum Zeitpunkt der Befragung entweder Erweiterungen des ÖPNV-Angebots vorgenommen oder planten und diskutierten eine solche (s. Abb. 10.4). Bei einem Aufgabenträger wurde die geplante Erweiterung gestrichen. 37 Prozent der Aufgabenträger planten eine Beibehaltung des Angebots oder einen Umbau auf gleichem Niveau. Zwei Aufgabenträger (6 Prozent) hatten eine Reduzierung des Angebots durchgeführt oder geplant, drei Aufgabenträger (8 Prozent) konnten die zukünftige Entwicklung zum Zeitpunkt des Interviews noch nicht bewerten. Gründe für eine fehlende Bewertung wurden die noch laufenden Planung zu einer Veränderung der Angebotsstruktur und die zu diesem Zeitpunkt auftretende Corona-Pandemie genannt (vgl. Interviewprotokolle).

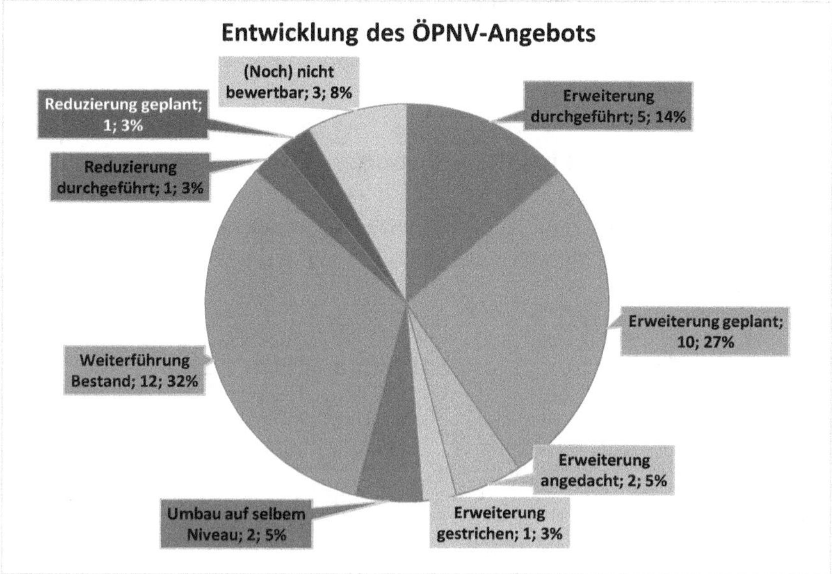

Abbildung 10.4 Geplante und durchgeführte Angebotsveränderungen im ÖPNV Niedersachsens zum Zeitpunkt der jeweiligen Erhebung. (Quelle: Eigene Darstellung auf Grundlage eigener Erhebung; Datengrundlage Interviews Aufgabenträger 1 bis 44)

Bei der Auswertung der Daten lassen sich keine Zusammenhänge zwischen dem bewerteten Ist-Angebot und der geplanten Entwicklung feststellen. Unter den Aufgabenträgern, die eine Erweiterung planen sind sowohl solche, die die Daseinsvorsorge als gewährleistet ansehen sowie solche, bei denen dies nicht der Fall ist. Die beiden Aufgabenträger, die eine Reduzierung planen oder durchgeführt hatten, sehen die Daseinsvorsorge bei sich als gewährleistet an. Auch sind nach Eigensicht alle Ortschaften durch den ÖPNV erschlossen. Insgesamt 86 Prozent der befragten Aufgabenträger planen zumindest eine Fortführung, oder sogar eine Verbesserung des Angebots. Dass mit 43 Prozent fast jeder zweite Aufgabenträger Verbesserungen plant (s. Abb. 10.4), ist ein gutes Signal für die Daseinsvorsorge im ÖPNV. Allerdings ist einschränkend hinzuzufügen, dass eben nicht jeder Aufgabenträger, der die Daseinsvorsorge als nicht gewährleistet ansieht, Verbesserungen plant. Darüber hinaus ist auch der Zeitpunkt der Datenerhebung zu berücksichtigen, da nur 13 von 37 Aufgabenträgern nach Ausbruch der Corona-Pandemie befragt wurden. Allerdings vermeldete keiner zum Zeitpunkt der Befragung auf explizite Nachfrage negative Auswirkungen durch die Pandemie auf das Angebot und auch die zukünftige Planung im ÖPNV.

10.3.4 Zukünftiger Einsatz autonomer Fahrzeuge

Auch um eine Einschätzung zum zukünftigen Einsatz autonomer Fahrzeuge wurde im Rahmen der geführten Interviews gebeten (Abb. 10.5).

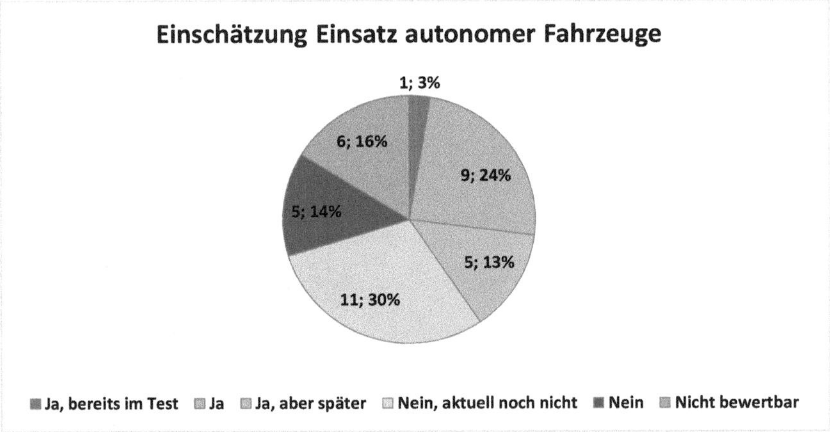

Abbildung 10.5 Einschätzung der Aufgabenträger in Niedersachsen zum zukünftigen Einsatz autonom fahrender Angebote im ÖPNV. (Quelle: Eigene Darstellung auf Grundlage eigener Erhebung; Datengrundlage Interviews Aufgabenträger 1 bis 44)

Ein Aufgabenträger gibt an, autonome Fahrzeuge bereits zu testen und neun können sich ohne Einschränkungen vorstellen, diese zukünftig einzusetzen (24 Prozent). 13 Prozent der befragten Aufgabenträger können sich dies erst in einer ferneren Zukunft vorstellen und 30 Prozent (11 Aufgabenträger) unter den aktuellen Rahmenbedingungen noch nicht, schließen dies für die Zukunft aber nicht aus. 14 Prozent der Aufgabenträger schlossen dies zum Zeitpunkt der Befragung jedoch kategorisch aus und 16 Prozent konnten die Fragestellung nicht bewerten. Dass knapp ein Viertel der Aufgabenträger sich zu einem so frühen Zeitpunkt uneingeschränkt einen Einsatz autonomer Fahrzeuge vorstellen konnte, zeigt ein deutliches Potenzial für Pilotprojekte und Testfelder in Niedersachsen, um die tatsächlichen Möglichkeiten des autonomen Fahrens für die Daseinsvorsorge in der Praxis testen zu können. Welche Aspekte hierbei wichtig sind, wird in Kapitel 16 untersucht.

10.3.5 Differenzierung der Ergebnisse durch eine ergänzende qualitative Auswertung

Neben der quantitativen Auswertung der Aufgabenträgerbefragung werden im Folgenden ergänzend **qualitative Auswertungen** durchgeführt, um exemplarisch Begründungen für das Antwortverhalten zu generieren. Darüber hinaus sind so die Dimensionen der Herausforderungen, mit denen die Aufgabenträger konfrontiert sind, ableitbar.

Eine der wesentlichen unbeantworteten Fragen ist die Definition von Daseinsvorsorge und welche Schlussfolgerungen daraus für die Fachplanung zu ziehen sind. Dies wurde auch in den Interviews mit den Aufgabenträgern deutlich: „Wenn Sie mir jetzt sagen, was sie mit dem komplizierten Wort „nicht daseinsvorsorgekonform" meinen, dann kann ich ihnen darauf auch eine Antwort geben [lacht]. Also meinen Sie genügend, oder ausreichend, oder..." (Interview AUFGABENTRÄGER 36).

Die vollständige Anbindung aller Siedlungen ist bezüglich der Frage nach der Sicherung der Daseinsvorsorge eine vertretene Position: „Die Frage ist ja immer: will man jedes Gebiet anbinden? Ich meine ja. Der Mobilitätsbedarf ist nämlich vergleichbar. Die Wegezwecke sind ähnlich, die Orte die aufgesucht werden und das Verkehrsaufkommen ist proportional zur Einwohnerzahl auch vergleichbar" (Interview AUFGABENTRÄGER 5). Ein weiterer Aufgabenträger teilt diese Position explizit: „Wir fragen uns: Wie kann ich die letzten Ortschaften anbinden? Zumindest zum Grundzentrum kommen! Viele Ortsteile können mit Bedarfsverkehren sogar an die Mittelzentren angebunden werden" (Interview AUFGABEN- TRÄGER 15). Dem entgegen steht beispielsweise der Nahverkehrsplan eines Aufgabenträgers (Interview AUFGABENTRÄGER 11a) in dem festgelegt ist, dass nur Siedlungen mit mindestens einhundert Einwohnerinnen und Einwohnern angebunden werden sollen. Siedlungen mit einer geringeren Anzahl an Menschen sind wenn nur zufällig mit angebunden.

Bei wieder anderen Aufgabenträgern ist „der Begriff [...] nicht exakt definiert" (Interview AUFGABENTRÄGER 34). Ähnliche Aussagen finden sich auch in Interviews mit anderen Aufgabenträgern: „Ländlicher Raum ist Bauernland, da sind viele Ortschaften und Höfe nicht angebunden. [...] Hier herrscht noch die

Meinung: Wer mit dem Bus fährt, kann nicht ganz richtig sein. [...] [Hier] [...] wurde der ÖPNV 20–30 Jahre vernachlässigt. Bis auf Schülerverkehr hat 30 bis 40 Jahre kein ÖPNV stattgefunden“ (Interview AUFGABENTRÄGER 10a). Dennoch sind sich die Aufgabenträger zumindest in Teilen ihrer Verantwortung und auch der Diskrepanz zwischen dem Status quo und einem wünschenswerten Angebot bewusst. Auf die Frage nach Bereichen im Aufgabengebiet, deren Anbindung nicht daseinsvorsorgekonform gewährleistet ist, gibt sich AUFGABENTRÄGER 26 selbstkritisch: „Da haben wir sicherlich Nachholbedarf. Das Ziel ist ja in vielen Nahverkehrsplänen, Ortschaften an das nächste Grundzentrum, das Grundzentrum an das nächste Mittelzentrum, und das Mittelzentrum an das Oberzentrum anzubinden. Hier haben wir bestimmt noch Defizite“ (Interview AUFGABENTRÄGER 26). Es wird also deutlich, dass bei Aufgabenträgern durchaus ein Bewusstsein für mögliche Planungsziele, die eigenen Pflichten und auch für das bestehende (und möglicherweise unzureichende) Angebot besteht.

Allerdings gibt es auch Aufgabenträger, die die Versorgungslage im ÖPNV in ihrem Planungsgebiet gar nicht genau kennen: „Da gibt viele [Ortschaften, die nicht angebunden sind], aber ich habe da keine Übersicht, welche das sind. Man muss deutlich sagen, dass 99,9 % mit dem Auto fahren. ÖPNV im ländlichen Raum muss dem Bürger im Landkreis NAME erst nahegebracht werden“ (Interview AUFGABENTRÄGER 10a). Ein weiterer Aufgabenträger antwortete auf die Frage nach Siedlungsbereichen ohne ÖPNV-Anbindung ähnlich: „Da kann ich nicht alle nennen, der Gutachter vom Nahverkehrsplan kam zu dem Schluss, dass dies auch nicht erforderlich ist“ (Interview AUFGABENTRÄGER 11a). Diese Aussagen sind auch dahingehend relevant, als dass auch die Befragung der Aufgabenträger mittels Interviews Grenzen bei der Bewertung der Daseinsvorsorgeerfüllung aufweist. Daher ist unter anderem die Entwicklung und Zuhilfenahme eines Indikatorensystems zur Analyse von ÖPNV-Daten sinnvoll, um einen weiteren Ansatz zur Bewertung hinzuzufügen (vgl. Entwicklung und Einsatz von Indikatoren zur Messung von Daseinsvorsorge mittels ÖPNV-Fahrplandaten in Kap. 12 & 13). Einheitliche Standards und die flächendeckende Sicherung der Daseinsvorsorge können zudem letztendlich nur über konkrete Festlegungen von Standards in den Nahverkehrsgesetzen der Bundesländer sowie deren Fördermöglichkeiten gewährleistet werden. Über Bundesgesetze und entsprechende Mittelhinterlegungen ist auch auf dieser Ebene eine steuernde und sichernde Funktion möglich.

Neben einer aktiv herbeigeführten oder billigend in Kauf genommenen Nichtversorgung von Siedlungen können auch infrastrukturell bedingte Rahmenbedingungen zur selbigen führen: „Denke wohl, dass es die gibt, also Ortschaften, die gar nicht angeschlossen sind. Hier sind dann schlechte Straßen der Hauptgrund, weil der Bus dann schlichtweg einfach nicht hin kommt in die Ortschaften“ (Interview AUFGABENTRÄGER 26). Damit kann neben reinen politisch-planerischem Abwägungen auch der Faktor der Infrastruktur als determinierender Faktor bei der Sicherung der Daseinsvorsorge ausgemacht werden. Doch nicht nur die räumliche, sondern auch die zeitliche Abdeckung mit dem ÖPNV ist ein diskutierter Parameter bei der Diskussion um eine Gewährleistung der Daseinsvorsorge im ÖPNV: „Das ist immer die Frage, die uns umtreibt: Auch am Wochenende und am Abend?“ (Interview AUFGABENTRÄGER 12). Im Nahverkehrsplan gebe es ein „Mindestanforderungsprofil“, sozusagen ein „Daseinsvorsorgeminimum“, welches dann „nach bestem Wissen und Gewissen“ in der Planung umgesetzt werde. Grundsätzlich solle man vormittags und nachmittags in Grundzentrum kommen. Um Diskussionen zu vermeiden, habe man aber festgelegt, dass Daseinsvorsorge für den Landkreis nur eine Versorgung von Montag bis Freitag bedeute (ebd.).

Ein Merkmal des ÖPNV ist in ländlichen Räumen die starke Fokussierung auf den Schülerverkehr. Dies wurde an vielen Stellen in den Interviews deutlich, beispielsweise bei diesem Zitat: „Die Linienverkehre sind unter der Woche auf den Schülerverkehr ausgerichtet, die vielleicht noch für Lehrer interessant sind. Da werden Relationen angeboten, die interessieren sonst keinen“ (Interview AUFGABENTRÄGER 5). Auch **flexible Bedienformen** spielen im Arbeitsumfeld der Aufgabenträger eine wesentliche Rolle. Diese sind in ländlichen Räumen wichtig für die Schaffung eines konkurrenzfähigen Angebots, insbesondere in den nachfrageschwächeren Zeiten: „An Schultagen gibt es geregelte Verkehre, da [...] [sind flexible Bedienformen] die absolute Ausnahme. In den Ferien und an Wochenenden gibt es aber oft ausschließlich flexible Bedienformen. Das ist dann ganz spannend, weil man mit denen plötzlich konkurrenzfähig zum Auto in zehn Minuten am Bahnhof sein kann.“ (Interview AUFGABENTRÄGER 5).

Eine interviewte Person führt aus, dass diese im Betrieb teurer sind als Linienverkehre, sich aber als Erweiterung der fahrplanbasierten Angebote eignen, um so einen flächendeckenden ÖPNV-Anschluss zu gewährleisten: „Wir haben überall ein AST oder ein ASM, das ist etwas teurer, ist für diese Gemeinden dann aber ein Ersatz für den fehlenden Busverkehr. Das fährt aber natürlich nur innerhalb der jeweiligen Gemeinde. Man kommt damit aber zum nächsten Bahnhof oder zum Regiobus“ (Interview AUFGABENTRÄGER 3). Die Bedeutung der Anschlusssicherung und dessen Qualität wird für flexible Bedienformen auch in einem anderen Interview hervorgehoben: „In einer Samtgemeinde haben wir ein Anruf-Sammeltaxi. Das ist recht erfolgreich und direkt ans Mittelzentrum NAME angebunden. Ich denke, es wäre ohne die Ausrichtung auf das Mittelzentrum nicht so erfolgreich. Erreichbar sind zum Beispiel der Bahnhof von

NAME und das Klinikum" (Interview AUFGABENTRÄGER 6). Ein Aufgabenträger berichtete von einer **sehr geringen Auslastung flexibler Verkehre**. So wurde ein Anruf-Sammeltaxi aufgrund der geringen Nachfrage in ein Anruf-Linientaxi umgewandelt: „Also ein Anruf-Linien-Taxi, ein ALT, haben wir auch. [...] Das war ursprünglich ein AST aber wir haben das wegen der sehr geringen Nachfrage, wir hatten da glaube ich einen Schnitt von 1,05 Fahrgästen pro Fahrt, also im Prinzip eine Einzelbedienung, haben wir das 2019 in ein ALT umgewandelt. Das ALT fährt dann in den Stunden, in denen kein Regionalbus verkehrt, aktuell von 5 bis 22 Uhr" (Interview AUFGABENTRÄGER 1).

Bei der Einrichtung dieser Verkehre ist auch die Gestaltung der Förderkulisse wichtig. Mehrere Aufgabenträger berichten, dass **Förderprogramme** eine wesentliche Rolle bei der Gestaltung des ÖPNV spielen, insbesondere bei der Schaffung von Verbesserungen. Auf die Frage nach einer geplanten Reduzierung verneinte die interviewte Person und nahm Bezug auf Unterstützungsleistungen: „Nö, wir planen eher eine Ausweitung, es gibt da ja das Förderprogramm vom Land Niedersachsen zur Einrichtung von flexiblen Bedienformen. Da planen wir mit den umliegenden Gemeinden ein Angebot, weil die Fahrtwünsche nicht immer an den Gemeindegrenzen enden" (Interview AUFGABENTRÄGER 1). Auch ein weiterer Aufgabenträger äußerte sich im Interview ähnlich: „Nein. Wir machen eigentlich genau das Gegenteil. Über das novellierte NNVG werden erhöhte Ausgleichsmittel bereitgestellt. Im Rahmen des NVP werden wir mit diesen zukünftige Angebote entwickeln." (Interview AUFGABENTRÄGER 25). Ein anderer Aufgabenträger äußerte sich ebenfalls ähnlich, führte jedoch auch verwaltungstechnische Hürden bei der Inanspruchnahme aus: „[...] das Abrufen von 7b-Mittel [ist] immer mal im Gespräch [...]. Allerdings muss man für diese dann auch einen Verwendungsnachweis einreichen, sonst müssen die Mittel zurückgezahlt werden" (Interview AUFGABENTRÄGER 36).

Die Regionalplanung spielt für die ÖPNV-Fachplanung zudem eine wesentliche Rolle: „Arbeiten eng mit der Regionalplanung zusammen" (Interview AUFGABENTRÄGER 12). Die Definition der Versorgungsbereiche mit zugehörigen Ortschaften erfolgt im Fall des zitierten Aufgabenträgers beispielsweise durch die Übernahme aus dem Regionalplan (ebd.). Viele Aufgabenträger argumentieren zudem mit der Topographie und den Siedlungsstrukturen als determinierende Faktoren für die Angebotsausgestaltung des ÖPNV (z. B. Interview AUFGABENTRÄGER 5 und Interview AUFGABENTRÄGER 22). Wenn diese eine Bündelung von Verkehren nicht möglich machen, bestehen Herausforderungen: „Es gibt viele Bereiche, die sind einfach flächendeckend nicht gut bedient. Sogar in [...] [Beispielstadt], da sind die Stadtteile nicht gleich gut bedient" (Interview AUFGABENTRÄGER 5). Probleme werden auch in flachen, flächenhaften

Landkreisen identifiziert (ebd.). Topographisch anspruchsvollere Bereiche werden allerdings als vorteilhaft angesehen: „Es gibt nur wenige Straßen in denen sich der Verkehr bündelt und es gibt nur einige Orte, die angebunden werden müssen. In […] [einem Flächenlandkreis] hingegen gibt es sehr viele Straßen und sehr viele Orte. Da gibt es dann pro forma konzipierte Anrufverkehre, die aber keinen Sinn ergeben. Also da gibt es große Mängel. Die Frage ist da immer: Woran bindet man die Orte an? Da kommen dann oft keine sinnvollen Verbindungen bei heraus. Man müsste danach planen, wo die Leute hinwollen. Wenn ich drei Mal umsteigen muss bis ich […] [im Oberzentrum] bin, ist das kein attraktives Angebot. Kombinierte Verkehre, Sammelverkehre erfordern einen hohen Zeitaufwand im Vergleich zu umsteigefreien Verkehren“ (Interview AUFGABENTRÄGER 5).

Ein Aufgabenträger hebt hervor, dass **Angebote auf der Schiene** die attraktivsten Angebote in ländlichen Räumen bieten: „Gefühlt sind 50 % des ÖPNV bei uns Eisenbahn. Mit etwas anderem braucht man auch gar nicht anzukommen. Wir haben eigentlich nur die Grundzentren über die Straße angebunden. Ein Bus der mit 30 Km/h Durchschnitt oder weniger durch die Ortschaften fährt, ist einfach nicht attraktiv. Wenn man da Fahrgäste gewinnen will ist wichtig: Hauptsache schnell. Mit der Bahn nach Hannover ist man konkurrenzlos schnell, wenn man das mit dem Auto schaffen will, wird es schon kriminell“ (Interview AUFGABENTRÄGER 8). Diese Erfahrung deckt sich auch mit den erhobenen Verkehrsdaten im Landkreis Emsland. Schienenverbindungen sind deutlich schneller als das Angebot über die Straße und auch das einzige ÖPNV-Angebot, welches schnellere Verbindungen als mit dem privaten Pkw ermöglicht (vgl. Abschn. 13.2.2).

Bei der Frage nach einem **zukünftigen Einsatz autonomer Fahrzeuge** gingen die Antworten bezüglich der Tendenzen und auch Begründungen teilweise weit auseinander. Teilweise konnten die befragten Aufgabenträger noch keine Richtung benennen: „Das ist so eine Glaskugelfrage“ (Interview AUFGABENTRÄGER 7); „Das ist eine Sache, mit der wir uns noch nicht so intensiv beschäftigen“ (Interview AUFGABENTRÄGER 21). Ein ähnliches Ergebnis wurde in der Fokusgruppe im Landkreis Emsland erzielt (vgl. Kap. 15.2). Auch in dieser konnten die zukünftigen Beitragspotenziale eines autonomen ÖPNV zur Sicherung der Daseinsvorsorge nicht bewertet werden. In einigen Interviews wurde zwar für die nähere Zukunft eine Prognose vermieden, aber dafür ein zeitlicher Horizont genannt, in dem dies möglicherweise denkbar erscheint: „Da fehlt mir immer ein bisschen die Fantasie, so weit in die Zukunft zu gucken. Vielleicht in 10, 20, 30 Jahren“ (Interview AUFGABENTRÄGER 12); „Darüber habe ich keine Kenntnisse. Sicherlich wird das irgendwann so sein. In 50 bis 100 Jahren ist das gut möglich“ (Interview AUFGABENTRÄGER 9). Allerdings wurde in einem Fall auch die

Möglichkeit einer schnelleren Verfügbarkeit als möglich erachtet: „Vielleicht gibt es noch ein Wunder und die Technik ist schneller auch bei uns einsatzbereit als wir uns das vorgestellt haben." (Interview AUFGABENTRÄGER 13b).

Bezüglich der möglichen Einsatzpotenziale wurde der Fachkräftemangel als treibender Faktor für einen zukünftigen Einsatz des autonomen Fahrens identifiziert: „Wir finden noch genügend Busfahrer – das sieht in 20 Jahren jedoch schon anders aus, da sind autonome Fahrzeuge dann sinnvoll. Da sind wir auch noch zu sehr mit den grundlegenden Dingen wie der Aufstellung von Nahverkehrsplänen beschäftigt. Da müssen wir in vielen Bereichen erst einmal die Grundlagen schaffen. Größere Aufgabenträger und Verkehrsverbünde haben da natürlich andere Möglichkeiten" (Interview AUFGABENTRÄGER 12). Der Einsatz des autonomen Fahrens wird zudem mit einer Flexibilisierung des Verkehrs assoziiert: „Das ist ein Wunsch der Politik. Zumindest zukünftig bedarfsgerechter zu fahren. Es hängt am Ende aber alles an den Kosten. Da sind wir auch noch in der sehr frühen Konzeptphase" (Interview AUFGABENTRÄGER 23).

Mögliche Ursachen für eine aktuelle Nichtnutzung des autonomen Fahrens konnten ebenfalls festgestellt werden. So ist die technische Entwicklung aktuell noch nicht auf einem Stand, der für die Aufgabenträger echte Mehrwerte für die Lösung der bestehenden Herausforderungen bieten könnte: „Wir haben so etwas nicht. In Bad Birnbach gibt es so einen ja. Aber bei uns fehlt da einfach der Anwendungsfall. Wir sind extrem ländlich, da liegen die Ortschaften fünf, sechs Kilometer voneinander entfernt. Wenn dann da ein autonomer Kleinbus mit 15 km/h entlangfährt, dann fährt da keiner mit" (Interview AUFGABENTRÄGER 8). Wären zukünftig beispielsweise höhere Geschwindigkeiten möglich, könnte ein Einsatz beispielsweise in Flächenlandkreisen interessant werden.

Ob das autonome Fahren im ÖPNV zukünftig wirklich Realität wird, ist aus Sicht eines Aufgabenträgers (Interview AUFGABENTRÄGER 10b) aber nicht (nur) von ihm selbst abhängig. So wird die Verantwortlichkeit für die Ermöglichung des Einsatzes beispielsweise im Bereich der technischen Entwicklung verortet: „Da bin ich der völlig falsche Ansprechpartner, das hat viel mit Technik zu tun. für einfache Strecken ist das bestimmt möglich, für Linienverkehr aber noch nicht ausgereift". Auch der politische Wille als initiales Momentum wird hervorgehoben: „Das kostet viel Geld und hat auch immer mit Investitionsvermögen zu tun. Das kann dann immer nur die Politik freischießen". Auch die Verkehrsunternehmen haben aus Sicht der interviewten Personen einen Anteil an der zukünftigen Gestaltung: „Als Aufgabenträger sind wir kein Konzessionsinhaber, daher können wir schlecht vorschreiben was für Fahrzeuge eingesetzt werden. Im Nahverkehrsplan können wir zwar Vorgaben machen, aber wenn nur ein Antrag reinkommt, und der Bewerber setzt 15 Jahre alte Busse ein obwohl wir das nicht wollen, dann setzt er 15 Jahre alte Busse ein (Interview AUFGABENTRÄGER 10b).

10.4 Kritische Einordnung der Ergebnisse

Die vorliegende Studie ermöglicht aufgrund der gewählten Methodik und des daraus folgenden Feldzugangs eine Vielzahl neuer Erkenntnisse. Im Rahmen einer kritischen Reflexion muss jedoch festgehalten werden, dass es bezüglich des beschriebenen Vorgehens bei der Erhebung in Abschnitt 10.2 verschiedene Vor- und Nachteile gibt. Die Vorteile liegen insbesondere bei der Generierung ungefilterter und unmittelbarer Aussagen, die so in den Nahverkehrsplänen nicht vorliegen. Damit kann ein deutlicher inhaltlicher Mehrwert erzielt werden. Es entsteht erstmals ein umfassendes, fachlich fundiertes Lagebild zur Situation der Daseinsvorsorge im ÖPNV von Niedersachsen. Allerdings sind die Ergebnisse eher als Tendenz zu betrachten, da jeweils nur einzelne Personen je Gebiet befragt wurden, während bei der Durchführung von konkreten Abwägungen und Planungen mindestens politische Gremien sowie oft auch weitere Stellen in der Verwaltung beteiligt sind. Ein weiterer Nachteil wurde für die Fälle der größeren Aufgabenträger ebenfalls in Abschnitt 10.2 beschrieben. Auch wenn durch die Wahl der Führungskraft für die Interviews die Problematik abgeschwächt wurde, so können durchaus konkurrierende fachliche Auffassungen innerhalb der Verwaltungsstrukturen bestehen. Dies wirkt sich insbesondere deutlich auf die bevölkerungsanteiligen quantitativen Auswertungen aus. Eine Einzelmeinung einer Führungskraft hat hier sehr große Auswirkungen auf das Ergebnis. Verstärkt wird dieser Effekt dadurch, dass einer qualitativen Aussage für die Durchführung einer quantitativen Auswertung ein Ja/Nein-Code durch den Autor dieser Arbeit zugeteilt werden musste. Auf Grundlage dieser Reflexion wurden daher in Zweifelsfällen weitere Codes wie „Nicht bewertbar“ verwendet. Die vorliegenden Ergebnisse sind als fachlich fundierte Tendenz also als einer von mehreren Bausteinen zu verstehen, die unzureichenden Aussagen der Nahverkehrspläne (vgl. Kap. 11) zu überbrücken. Erst in Kombination mit der durchgeführten Erhebung und Auswertung von Fahrplandaten (vgl. Kap. 12 & 13) und der Durchführung und Auswertung von Fokusgruppen in den vier Erhebungsgebieten dieser Arbeit (vgl. Kap. 15) kann ein stimmiges Gesamtbild zur Lage im ÖPNV erzeugt werden.

11 Studie 2A: Vertiefende Analyse von Nahverkehrsplänen in Niedersachsen

11.1 Ausgangslage

Wie das vorherige Kapitel aufzeigt, ist aus Sicht der ÖSPV-Aufgabenträger in Niedersachsen Handlungsbedarf bei der Sicherung der Daseinsvorsorge vorhanden. Dieser Handlungsbedarf wird durch eine vertiefende Analyse von Nahverkehrsplänen konkretisiert. In Abschnitt 8.1 wurde die Auswahl der Landkreise Emsland, Gifhorn und Goslar sowie der kreisfreien Stadt Wolfsburg als Untersuchungsgebiete bereits abgeleitet. Für diese vier Verwaltungsgebiete wird im Folgenden eine Analyse des jeweiligen Nahverkehrsplans vorgenommen. Während der Landkreis Emsland für das Kreisgebiet selbstständiger Aufgabenträger ist (vgl. Abb. 10.1 in Abschn. 10.2), ist für die drei anderen Untersuchungsregionen der Regionalverband Großraum Braunschweig als Aufgabenträger zuständig (ebd.). Dieser erstellt einen gemeinsamen Nahverkehrsplan für alle Verbandsglieder, also die Landkreise Gifhorn, Peine, Helmstedt, Wolfenbüttel und Goslar sowie die kreisfreien Städte Wolfsburg, Braunschweig und Salzgitter.

11.2 Nahverkehrsplan für den Landkreis Emsland

Wie Abschnitt 3.2.4 deutlich macht, sind die Aufgabenträger für die Definition und Sicherung der Daseinsvorsorge im öffentlichen Personennahverkehr zuständig und müssen diese Aspekte in einem Nahverkehrsplan veröffentlichen (s. auch § 8, Abs. 3 PBefG). Der Landkreis Emsland definiert im aktuellen Nahverkehrsplan unter anderem generelle Herausforderungen, in deren Kontext das Angebot im öffentlichen Personennahverkehr weiterentwickelt werden soll: „Als festes

J. Lamberg, *Beitragspotenziale eines autonomen ÖPNV zur Sicherung der Daseinsvorsorge*, https://doi.org/10.1007/978-3-658-50160-0_11

Leitziel gilt, dass es **gleichwertige Lebensverhältnisse im städtischen und ländlichen Raum** geben soll. Hierdurch kommt auch der **Daseinsvorsorge eine neue Bedeutung** zu. Gerade das Mobilitätsbedürfnis der älter werden [sic.] Bevölkerung muss befriedigt werden. Durch die **wachsende Bedeutung der Zielgruppe Senioren** erwachsen **neue Anforderungen an das System ÖPNV**. Durch den fortschreitenden **Mobilitätswandel** mitsamt den Veränderungen im multimodalen Verkehrsverhalten, wächst auch der **Bedarf an vernetzten, integrierten und flexiblen Bedienungsformen im ÖPNV**" (Landkreis Emsland 2020: 53). Jedoch sieht der Landkreis Emsland zumindest im Rufbus als flexible Bedienungsform auch ein Hindernis: Derartige Verbindungen können nicht spontan genutzt werden und der Anruf stellt ein Benutzungshemmnis dar" (LANDKREIS EMSLAND 2020: 67).

Darüber hinaus hat der Landkreis Emsland die konkrete ÖPNV-Versorgungssituation im Kontext der Daseinsvorsorge im Nahverkehrsplan überdurchschnittlich präzise definiert (vgl. folgende Kapitel) und messbare Gütekriterien zur Überprüfung der Sicherung der Daseinsvorsorge aufgestellt. So wurde im aktuellen Nahverkehrsplan die Verbindungsqualität analysiert, „um eine Aussage darüber erhalten zu können, ob die Daseinsvorsorge mit dem ÖPNV befriedigt wird [...]. [...] Damit soll überprüft werden, ob das Angebot für die allgemeine Versorgung überhaupt zur Verfügung steht und für die Bevölkerung ohne eigenen Führerschein und ohne verfügbares Auto nutzbar ist" (LANDKREIS EMSLAND 2020: 66). Untersucht wurde die ÖPNV-Erreichbarkeit aller Grundzentren von Montag bis Freitag in der Schul- sowie den Ferienzeiten (ebd.). Zudem wurden drei verschiedene Kategorien bezüglich der zeitlichen Aufenthaltsdauer im Grundzentrum entsprechend ihrer Nutzbarkeit für die Sicherung der Daseinsvorsorge gebildet (s. Abb. 11.1).

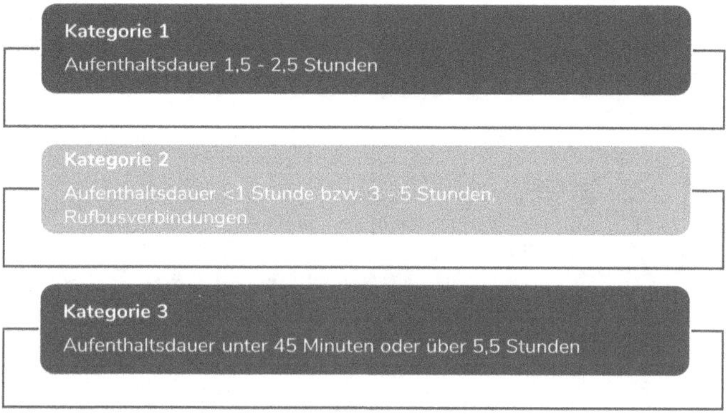

Abbildung 11.1 Kategorien bei der Analyse der ÖPNV-Erreichbarkeit der zentralen Orte im Landkreis Emsland auf Grundlage der Verweildauer im zentralen Ort. (Quelle: LANDKREIS EMSLAND 2020: 67)

Dabei wird eine Aufenthaltsdauer im Grundzentrum von 1,5 bis 2,5 Stunden als optimal erachtet: „Hier haben Bürgerinnen und Bürger oder mobilitätseingeschränkte Fahrgäste genügend Zeit für Alltagsbesorgungen, ohne sich dabei zu sehr beeilen zu müssen. So lassen sich Einkäufe erledigen, Fahrten beispielsweise zu Arzt oder Apotheke zurücklegen oder Behördengänge machen" (LANDKREIS EMSLAND 2020: 66). Nicht mehr optimal, aber für bestimmte Zwecke noch nutzbar wird ein Aufenthalt im Grundzentrum von weniger als einer Stunde oder zwischen drei bis fünf Stunden erachtet (s. Abb. 11.1). Hier wird argumentiert, dass „eine Stunde […] nur für eine kleine Gruppe der Bevölkerung eine akzeptable, stressfreie Besorgungsdauer [ist], 3–5 Stunden […] für normale Besorgungsfahrten [aber] zu viel [sind], […] [jedoch] bei größeren Einkaufstouren, [dem] Besuch von Freizeiteinrichtungen oder dem Besuch bei Fachärzten genutzt werden [können] (LANDKREIS EMSLAND 2020: 66). Ein Aufenthalt von weniger als 45 Minuten oder mehr als 5,5 Stunden wird als nicht mehr nutzbar erachtet (LANDKREIS EMSLAND 2020: 67 und Abb. 11.1).

Die Analyse ergab unterschiedliche Ergebnisse, welche ebenfalls vollumfänglich im Nahverkehrsplan aufgeführt sind. So variiert die Erreichbarkeit der Grundzentren aus der Peripherie unter Berücksichtigung der nutzbaren zeitlichen Aufenthaltsdauer sehr stark. Während Grundzentren wie Geeste eine fast optimale Versorgung des Umlandes ermöglichen (s. Abb. 11.2), ist insbesondere **um Haselünne großer Handlungsbedarf** (s. Abb. 11.3).

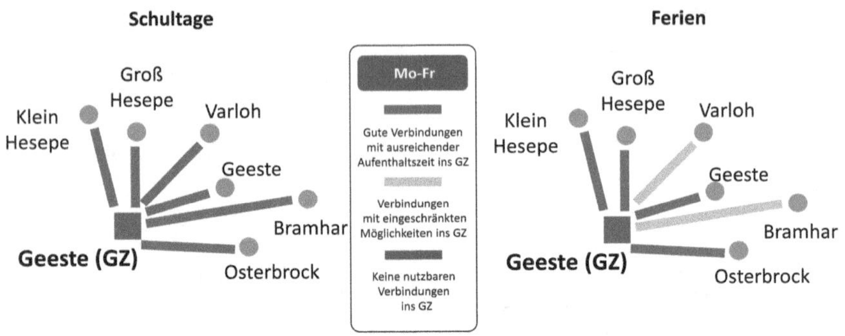

Abbildung 11.2 Analyse der Erreichbarkeit des Grundzentrums Geeste im Nahverkehrsplan des Landkreises Emsland. (Quelle: LANDKREIS EMSLAND 2020: 72)

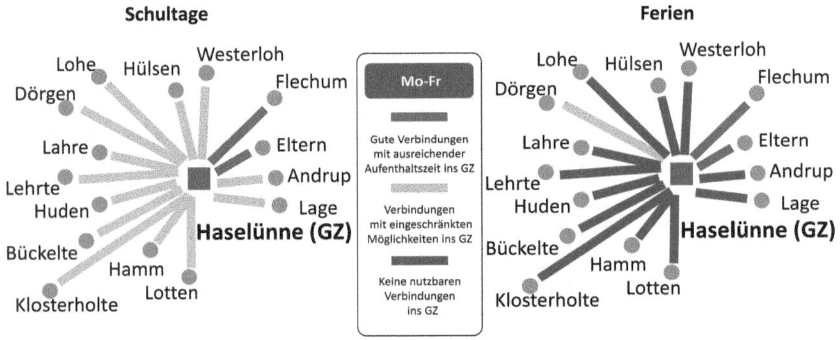

Abbildung 11.3 Analyse der Erreichbarkeit des Grundzentrums Haselünne im Nahverkehrsplan des Landkreises Emsland. (Quelle: LANDKREIS EMSLAND 2020: 73)

Hier ist der ÖPNV fast gar nicht für die Sicherung der Daseinsvorsorge nutzbar. Auch um das Grundzentrum **Salzbergen** ist der öffentliche Personennahverkehr nur teilweise oder sogar gar nicht nutzbar (s. Abb. 11.4).

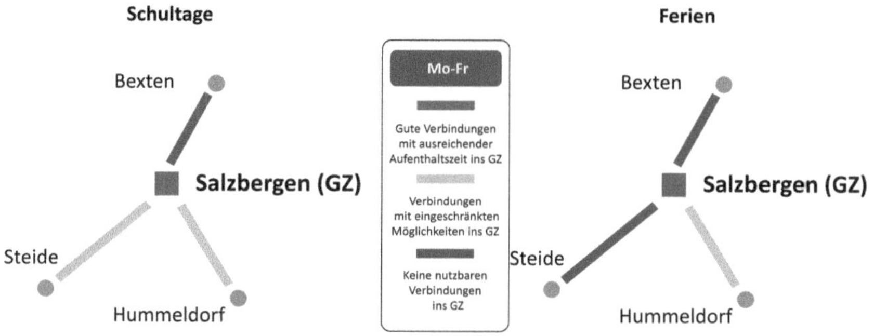

Abbildung 11.4 Analyse der Erreichbarkeit des Grundzentrums Salzbergen im Nahverkehrsplan des Landkreises Emsland. (Quelle: LANDKREIS EMSLAND 2020: 75)

Grundzentren wie Dörpen (s. Abb. 11.5) oder Twist (s. Abb. 11.6) bieten flächendeckend eine gleich mittelmäßige Erreichbarkeit aller zugeordneten Siedlungsbereiche, die sogar in Ferienzeiten konstant bleibt (s. ebd.).

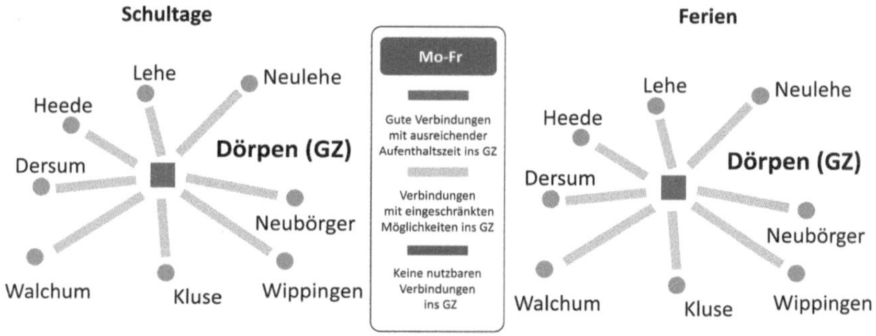

Abbildung 11.5 Analyse der Erreichbarkeit des Grundzentrums Dörpen im Nahverkehrsplan des Landkreises Emsland. (Quelle: LANDKREIS EMSLAND 2020: 69)

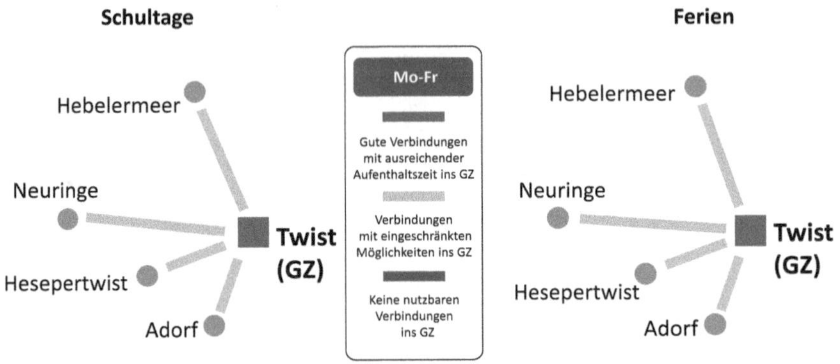

Abbildung 11.6 Analyse der Erreichbarkeit des Grundzentrums Twist im Nahverkehrsplan des Landkreises Emsland. (Quelle: LANDKREIS EMSLAND 2020: 72)

Die Verbindungsqualität wird jedoch bei fast allen anderen Orten während der Ferienzeiten deutlich schlechter, allerdings bestehen im Grad des Qualitätsverlustes deutliche Unterschiede. So ist in Herzlake das Angebot während der Schulzeit gut, in den Ferienzeiten aber gar nicht nutzbar (s. Abb. 11.7).

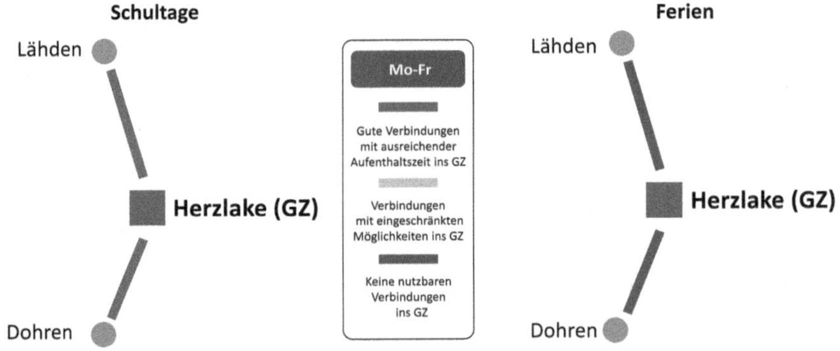

Abbildung 11.7 Analyse der Erreichbarkeit des Grundzentrums Herzlake im Nahverkehrsplan des Landkreises Emsland. (Quelle: LANDKREIS EMSLAND 2020: 71)

Die Versorgungslage im ÖPNV weist also im Vergleich der Grundzentren große Unterschiede auf. Auch die drei Mittelzentren des Landkreises Emsland wurden hinsichtlich ihrer Verbindungsqualität im ÖPNV analysiert. Die Verbindungen von und nach Papenburg sind nach der Definition des Nahverkehrsplans im guten oder mittleren Bereich und damit für die Sicherung der Daseinsvorsorge geeignet (s. Abb. 11.8).

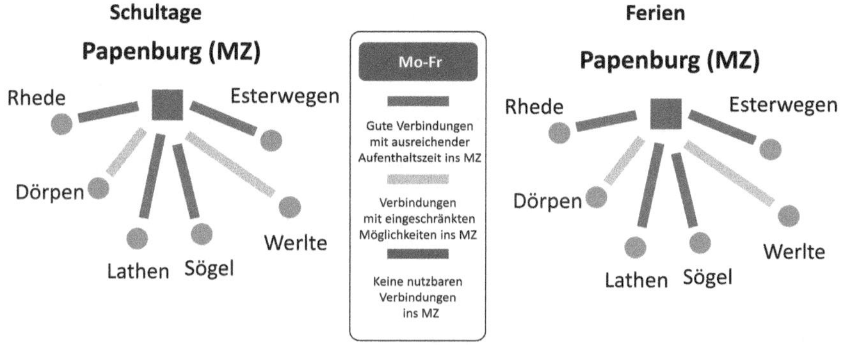

Abbildung 11.8 Analyse der Erreichbarkeit des Mittelzentrums Papenburg im Nahverkehrsplan des Landkreises Emsland. (Quelle: LANDKREIS EMSLAND 2020: 77)

Von und nach Meppen sind bis auf eine Verbindung alle öffentlichen Verkehrsbeziehungen optimal zur Sicherung der Daseinsvorsorge ausgestaltet (s. Abb. 11.9).

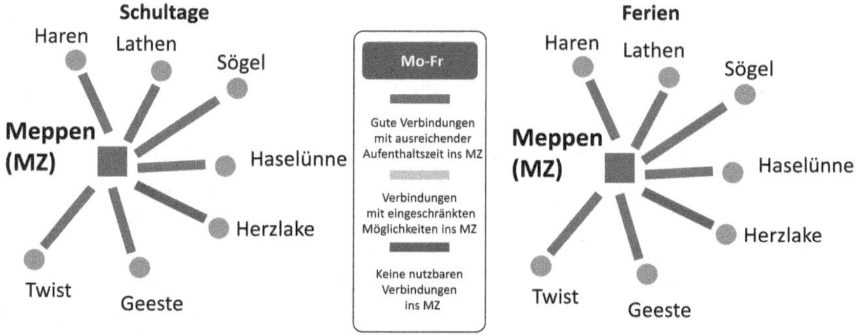

Abbildung 11.9 Analyse der Erreichbarkeit des Mittelzentrums Meppen im Nahverkehrsplan des Landkreises Emsland. (Quelle: LANDKREIS EMSLAND 2020: 77)

Die schlechteste Situation wurde beim Mittelzentrum Lingen festgestellt. Hier unterscheiden sich zudem als einziges Mittelzentrum die Werte in der Schulzeit und in den Ferien (s. Abb. 11.10).

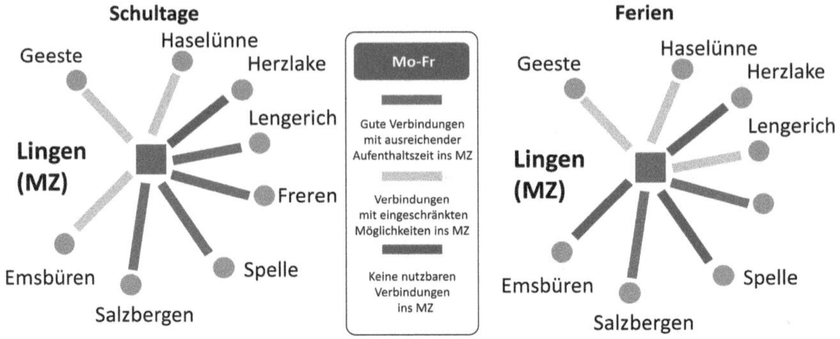

Abbildung 11.10 Analyse der Erreichbarkeit des Mittelzentrums Lingen im Nahverkehrsplan des Landkreises Emsland. (Quelle: LANDKREIS EMSLAND 2020: 78)

Auch im Vergleich der drei Mittelzentren gibt es also deutliche Unterschiede bei der gemessenen Verbindungsqualität und damit auch bei der Daseinsvorsorge.

Die Verbindungsanalyse ermöglich also fundierte Antworten auf die Frage, ob die Daseinsvorsorge im ÖPNV gesichert ist oder nicht. Allerdings gibt es bezüglich des Vorgehens der Autor*innen des Nahverkehrsplans einige Einschränkungen, die eine uneingeschränkte Übertragbarkeit des Ansatzes auf die anderen drei Untersuchungsregionen verhindern. Zum einen wurden nur umsteigefreie Direktverbindungen bei der Analyse berücksichtigt (LANDKREIS EMSLAND 2020: 66), da bisher kein einheitlicher Emslandtarif besteht (vgl. TRANSKRIPT FOKUSGRUPPE EMSLAND) und damit bei Umstiegen oft der Kauf eines zweiten Tickets notwendig ist. Dieses selektive Vorgehen ist zwar nachvollziehbar, erfasst damit aber nicht die gesamte Leistungsfähigkeit des Verkehrsnetzes. So ist nicht ausgeschlossen, dass auch Fahrtbeziehungen mit zwei verschiedenen Tickets in der Praxis tatsächlich stattfinden. Mit der Schaffung eines einheitlichen Tarifs wäre dieser Umstand zudem behebbar. Wenn Umstiege bei einer Analyse mitberücksichtigt werden, ist die Anzahl dieser natürlich mit zu erheben. Auch gibt das aktuelle Analysemodell keinen Aufschluss über das Fahrtzeitverhältnis zwischen MIV und ÖPNV und damit über die Angebotsqualität über die reine Sicherung der Daseinsvorsorge hinaus. Dies ist insbesondere relevant um abschätzen zu können, ob das Angebot für eine tatsächliche Nutzung auch wirklich attraktiv genug ist, oder ob andere individuelle Lösungen zur Sicherung der Daseinsvorsorge auf privater Ebene geschaffen werden.

11.3 Der Nahverkehrsplan des Regionalverbands Großraum Braunschweig

11.3.1 Überörtliche Inhalte

Im Nahverkehrsplan des Regionalverbands Großraum Braunschweig wird deutlich gemacht, dass „es wichtig [ist], dass es zum einen zu einer bedarfsgerechten Verdichtung der Angebote in den Orten kommt und zum anderen zu einer langfristigen Sicherung der Angebote in den ländlichen Regionen. Als Beispiel für die Sicherung des ländlichen Raumes sei die Einführung von flexiblen Bedienungsangeboten genannt. Diese sollen dafür sorgen, dass langfristig sowohl eine wirtschaftliche Nutzung als auch eine ausreichende Versorgung gewährleistet werden können“ (REGIONALVERBAND GROẞRAUM BRAUNSCHWEIG 2020: 5). In der Fläche außerhalb der Zentren „können je nach **Erfordernis** und **Wirtschaftlichkeit** weitere ergänzende Linienverkehre oder differenzierte Bedienungsweisen eingesetzt werden. Da in vielen dieser Räume das Verkehrsaufkommen rückläufig sein wird, sind hier Fahrgastzunahmen nur in Einzelfällen zu erwarten. Umso wichtiger wird es hier sein, durch sogenannte **flexible Bedienformen an den Bedürfnissen der Menschen ausgerichtete Angebote zu entwickeln**, die auch **Erfordernisse an die Wirtschaftlichkeit** berücksichtigen“ (Regionalverband Großraum Braunschweig 2020: 80). Darüber hinaus wird auch auf die gesetzliche Verpflichtung eingegangen, die Daseinsvorsorge im ÖPNV zu gewährleisten: „Der Regionalverband leitet aus den Grundsätzen des NNVG den Rahmen für die Festlegung des **„ausreichenden Bedienungsangebotes“** ab.

So sollen:

- zur Einhaltung der Vorgabe des ÖPNV als Daseinsvorsorge mindestens ein **Kernangebot** vorgehalten und
- zur Verlagerung vom MIV zum ÖPNV marktgerechte Angebote vorgesehen werden

Aus diesen beiden Feststellungen wird eine Differenzierung des ÖPNV-Angebotes nach verschiedenen Kriterien abgeleitet – mit Unterscheidung zwischen den verkehrlichen Funktionen „Verbinden" und „Erschließen" und wirtschaftlichen Kriterien [...]. Das Angebot soll sich auf die unterschiedlichen Bedürfnisse aktueller und potenzieller Nutzer ausrichten. So soll das ÖPNV-Angebot im Großraum Braunschweig (planerisch) in vier miteinander verknüpfte Bedienungsebenen unterschieden werden. [...] Die Bedienungsebenen 3 und 4 umfassen die Angebote auf der lokalen Ebene Stadtbahn, Stadt- und Regionalbusse sowie flexible Bedienformen. Alle vier Ebenen zusammen ergeben das ÖPNV-Angebot im Großraum Braunschweig." (REGIONALVERBAND GROẞRAUM BRAUNSCHWEIG 2020: 83f). In ländlichen Räumen ist für die Bedienungsebene 3 (Angebote im Linienverkehr) werktags ein durchgängiger 60- sowie am Wochenende ein 120-Minuten-Takt vorgesehen (s. Abb. 11.11).

Bedienungsebene 3, ländlicher Raum
Angestrebtes Mindestbedienungsangebot in der Kernzeit

	Verkehrstage		
	Mo–Fr	Sa	So
	60-Min-Takt	120-Min-Takt	120-Min-Takt
Früheste Fahrt	6–7 Uhr	8–9 Uhr	9–10 Uhr
Späteste Fahrt	20–21 Uhr	20–21 Uhr	20–21 Uhr

Abbildung 11.11 Angestrebtes Mindestbedienungsangebot in ländlichen Räumen des Regionalverbands Großraum Braunschweig in der Kernzeit. (Quelle: REGIONALVERBAND GROẞRAUM BRAUNSCHWEIG 2020: 103)

Dieses ist aus Sicht des Aufgabenträgers jedoch als Zielvision zu verstehen, da die Vorgaben bisher noch nicht flächendeckend eingehalten werden: „Das Ziel, das Mindestangebot in der Kernzeit anzubieten, wird aus organisatorischen, betrieblichen und finanziellen Gründen allerdings nicht kurzfristig zu erreichen sein. Daher soll stufenweise vorgegangen werden und in der ersten Stufe mindestens ein vertaktetes Angebot im 120-Min-Takt mit nachfrage-bedingten Ergänzungen, z. B. wegen des Schülerverkehrs, als Grundangebot zugrunde gelegt werden. In einem zweiten Schritt soll dort, wo die organisatorischen, betrieblichen und finanziellen Randbedingungen vorliegen, das Mindestangebot gemäß [...] [Abb. 11.11] umgesetzt werden" Regionalverband Großraum Braunschweig 2020: 103).

Bedienungsebene 4 besteht aus ausschließlich aus flexiblen Bedienformen. Diese können entweder als „Bedarfsangebote im Linienverkehr“ oder als „Bedarfsangebote im Flächenbetrieb“ betrieben werden, sind in jedem Fall aber als verknüpfter Teil des Gesamtangebots im ÖPNV gestaltet sein (Regionalverband Großraum Braunschweig 2020: 104). Die Bedarfsverkehre „sollen bei geringer Nachfrage in den Städten und Landkreisen in einem definierten Bereich die flächenhafte ÖPNV-Erschließung übernehmen. Neben den etablierten Angeboten der differenzierten Bedienungsweisen (z. B. Rufbus, ALT, AST), ist auch der Einsatz von Fahrtangeboten vorzusehen, die nicht an bestimmte Linienwege gebunden sind und an den definierten Verknüpfungs- und Umsteigepunkten mit dem regionalen ÖPNV-Angebot sowie mit den Bedienungsachsen des Linienverkehres, Bedienungsebene 3, vernetzt werden“ (REGIONALVERBAND GROẞRAUM BRAUNSCHWEIG 2020: 103).

Verkehre der Bedienungsebene 4 haben dabei verschiedene „räumliche“ und „verkehrliche Funktion[en]“ zu erfüllen:

- „Versorgungsfunktion von Ober-, Mittel und Grundzentren für verkehrlich zugeordnete Gemeinden oder Gemeindeteile als zwischengemeindliche Verbindung oder
- Versorgungsfunktion innergemeindlicher Zentralitäten (Haupt-, Stadtteil- oder Ortszentren, Ortsteilzentren) als innergemeindliche Verbindung
- Ggf. Austauschfunktion von Gemeinden oder Gemeindeteile [sic.] untereinander“
  (REGIONALVERBAND GROẞRAUM BRAUNSCHWEIG 2020: 104).

Darüber hinaus ist im Kontext dieser Arbeit zudem zu erwähnen, dass für die Verbesserung der Versorgung in Ebene 4 perspektivisch auch autonome Technologien eine Rolle spielen sollen: „Wenn diese Angebote [der Bedienungsebene 4] auch noch außerhalb von Taktstrukturen fahren, bilden sie so eine Alternative zum eigenen Pkw und können gerade im ländlichen Raum die Mobilität erhöhen. Diese Bedarfsangebote im Flächenbetrieb [...] sollen in Zukunft bei Durchdringung mit autonomen Fahrzeugen in Verbindung mit dem ÖPNV-Linienverkehr eine flächendeckende Mobilitätsalternative darstellen“ (Regionalverband Großraum Braunschweig 2020: 105, vgl. auch REGIONALVERBAND GROẞRAUM BRAUNSCHWEIG 2020: 84).

Für die Fragestellung von Beitragspotenzialen autonomer Verkehre in der Ebene 4 sind insbesondere die „Angebotsmerkmale“ für diese Stufe relevant, die ebenfalls im Nahverkehrs-plan definiert werden. So soll ein flächendeckendes

ÖPNV-Angebot zwischen den Achsen des Linienverkehrs sichergestellt werden – ein Umstieg soll insbesondere zu den Linienverkehren der Ebene 3 möglich sein (REGIONALVERBAND GROßRAUM BRAUNSCHWEIG 2020: 104). Auch sollen die Verkehre im Gegensatz zum Linienverkehr stärker „nachfrageorientiert" gestaltet sein (ebd.). Die Bedienung von Haltestellen ist dabei flexibel steuerbar. So können alle oder auch nur „ausgewählte Haltestellen" bedient werden, sowie dazu ergänzend neu einzurichtende „Halteorte" (REGIONALVERBAND GROßRAUM BRAUNSCHWEIG 2020: 104). Das entsprechende Modell soll möglichst von den Fahrgästen vorgegeben werden können: „Um den Bürgerinnen und Bürgern ein möglichst flexibles Angebot zu machen, soll in definierten Bedienungsräumen die linienhafte Bedienung aufgegeben werden und eine freie Haltestellenwahl bzw. die Wahl freier Halteorte (Flächenbetrieb) möglich werden. Daher wird für diesen Bedienungsraum vorgegeben: Halt an allen gewünschten Haltestellen bzw. Halteorten im Bedienungsraum" (REGIONALVERBAND GROßRAUM BRAUNSCHWEIG 2020: 104). Bei Bedarfsverkehren ist insbesondere die Klärung der Buchung relevant. Diese soll laut Nahverkehrsplan sowohl telefonisch als auch online möglich sein, wobei der zweite Punkt explizit die Nutzung von mobilen Applikationen auf Smartphones mit einschließt (REGIONALVERBAND GROßRAUM BRAUNSCHWEIG 2020: 104). Dabei soll, explizit abhängig von der „Gebietsstruktur" für die Buchungen ein maximaler zeitlicher Vorlauf von „möglichst nicht länger als 30 Minuten" erreicht werden (ebd.).

Wie der Abschnitt 11.1 aufzeigt, erstellt der Regionalverband Großraum Braunschweig einen gemeinsamen Nahverkehrsplan für alle Verbandsglieder, unter anderem also die Landkreise Gifhorn und Goslar sowie die Stadt Wolfsburg. Auf die Teilkapitel des Nahverkehrsplans zu den genannten Verbandsgliedern wird in den folgenden Kapiteln näher eingegangen.

11.3.2 Landkreis Gifhorn

Im Landesraumordnungsprogramm und im Regionalen Raumordnungsprogramm werden die zentralen Orte festgelegt, die auch bei der Aufstellung des Nahverkehrsplans Berücksichtigung finden (REGIONALVERBAND GROßRAUM BRAUNSCHWEIG 2020: 58). Im Landkreis Gifhorn sind die Städte Wittingen und Gifhorn Mittelzentren sowie Hankensbüttel, Wesendorf, Brome, Westerbeck, Meinersen, Weyhausen, Isenbüttel und Meine Grundzentren. Standorte mit grundzentralen Teilfunktionen sind Steinhorst, Groß Oesingen, Warenholz, Müden (Aller), Leiferde, Calberlah und Rühen (s. Abb. 11.12).

Abbildung 11.12 Darstellung der zentralen Orte im Landkreis Gifhorn im Nahverkehrsplan des Regionalverbands Großraum Braunschweig. ((Standorte mit grundzentralen Teilfunktionen, Grundzentren und Mittelzentren. Als Oberzentrum fungiert der oberzentrale Verbund Wolfsburg-Braunschweig-Salzgitter; Edemissen, Meine und Velpke gehören zu anderen Landkreisen), Quelle: REGIONALVERBAND GROßRAUM BRAUNSCHWEIG 2020: 60)

Im Vergleich der Samtgemeinden bezüglich der Bevölkerungsdichte entsteht ein sehr heterogenes Ergebnis. Die mit Abstand höchste Bevölkerungsdichte mit etwas über 400 Personen pro Quadratkilometer weist die Kreisstadt Gifhorn auf. Die Gemeinden zwischen der Kreisstadt und dem nächstgelegenen Oberzentrum Wolfsburg verzeichnen ebenfalls noch eine dreistellige Bevölkerungsdichte. Im Norden des Landkreises werden jedoch in Hankensbüttel (31) und Wittingen (51) nur sehr niedrige Werte erreicht (s. Abb. 11.13).

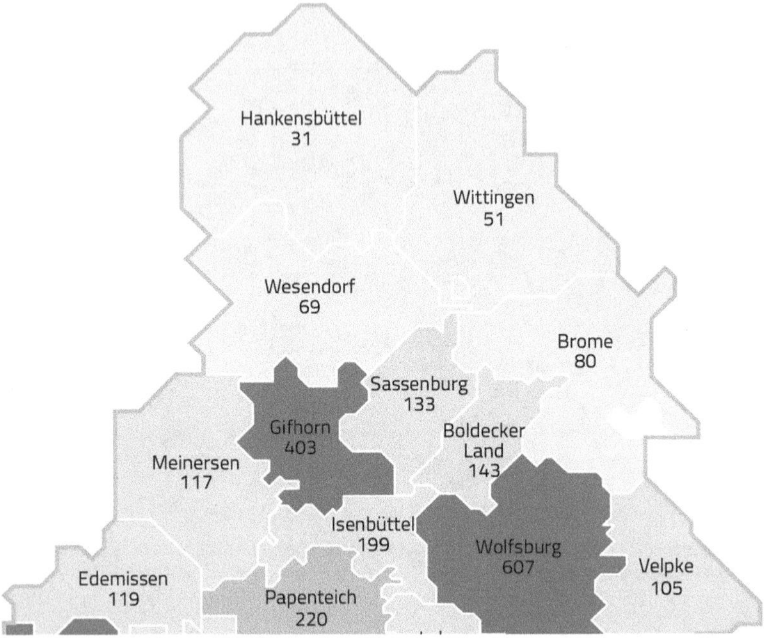

Abbildung 11.13 Bevölkerungsdichte in Personen pro Quadratkilometer nach Samtgemeinden im Landkreis Gifhorn. (Quelle: Regionalverband Großraum Braunschweig 2020: 61)

Die prognostizierte Bevölkerungsentwicklung im Landkreis Gifhorn ist bei Betrachtung der (Samt)Gemeindeebene heterogen. Eine Bevölkerungsprognose der CIMA aus dem Jahr 2017 rechnet mit einem leichten Bevölkerungsanstieg von 2,3 % in der Gemeinde Sassenburg und leichten Steigerungen im Nachkommabereich für drei weitere Gemeinden (s. Abb. 11.14). Für drei weitere Gemeinden wird ein leichter Rückgang prognostiziert. Ein stärkerer Bevölkerungsrückgang wird jedoch im Norden des Landkreises Gifhorn erwartet: knapp sieben Prozent Verlust in **Hankensbüttel** sowie achteinhalb Prozent Verlust in **Wittingen** (ebd.).

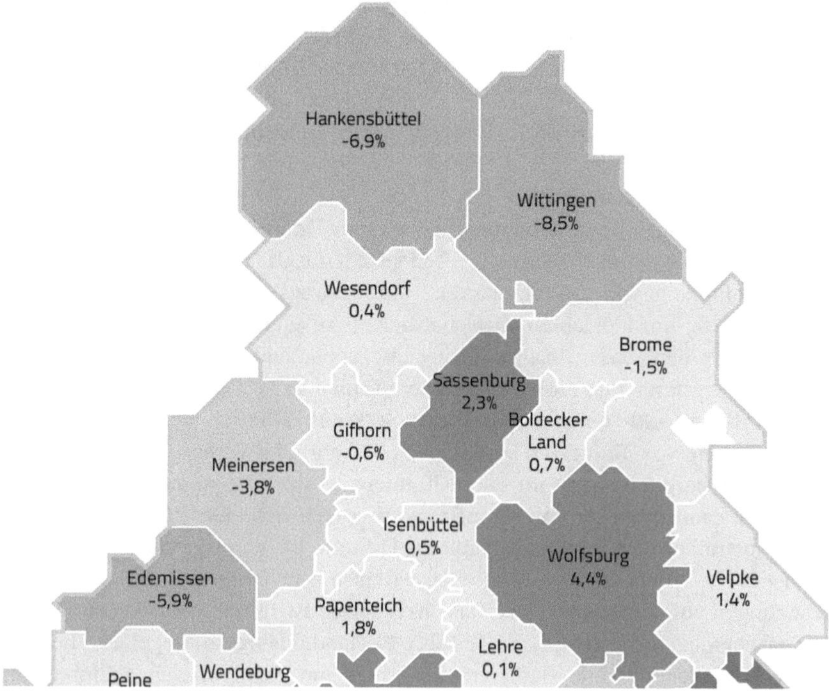

Abbildung 11.14 Bevölkerungsprognose für den Landkreis Goslar nach Samtgemeinden für den Zeitraum 2017–2030. (Quelle: Regionalverband Großraum Braunschweig 2020: 77)

Die Sicherung der Daseinsvorsorge durch den ÖPNV im Landkreis Gifhorn ist aus Sicht des Aufgabenträgers Regionalverband Großraum Braunschweig unterschiedlich gut gewährleistet. Insbesondere in den genannten nördlichen Gebieten des Landkreises wird im Nahverkehrsplan Verbesserungspotenzial aufgezeigt: „Um den Herausforderungen des demographischen Wandels zu begegnen, sollen neue Strategien für die Mobilität in ländlichen Gebieten entwickelt werden. Dabei stehen insbesondere flexible Bedienungsangebote mit barrierefreien Kleinbussen im Fokus. Sie sollen verstärkt Teil des ÖPNV-Angebotes in ausgewählten Bediengebieten werden. Die Gebiete der Samtgemeinden Hankenbüttel und Wesendorf wurden als solche Bediengebiete ausgewählt. Entsprechende neuartige Konzepte sollen probeweise eingeführt, ausgewertet und nach Bedarf ausgebaut werden. Insbesondere für den **strukturell schwachen Norden des Landkreises Gifhorn** besteht hier die Chance, die Lebensqualität auch im Hinblick der Daseinsvorsorge der Bewohner grundlegend durch flexible Bedienungsangebote zu verbessern." (Regionalverband Großraum Braunschweig 2020: 179). Auch ein autonomer flexibler ÖPNV wäre folglich eine Möglichkeit, die Zielsetzung des aktuell gültigen Nahverkehrsplans im Landkreis Gifhorn zu erfüllen.

Analyse des ÖPNV-Angebots

Der Aufgabenträger Regionalverband Großraum Braunschweig bildet innerhalb des eigenen Zuständigkeitsbereichs „Teilnetze" im ÖPNV. Zielsetzung ist eine Zusammenfassung von „ertragsstarken" und „ertragsschwächere[n]" Linien zu einem Teilnetz, um hier einen wirtschaftlichen Ausgleich zu erreichen: „Es soll verhindert werden, dass Unternehmen sich zunehmend auf ihre ertragsstarken Linien konzentrieren und ertragsschwächere Linien nicht mehr beantragt werden" (Regionalverband Großraum Braunschweig 2020: 171). Zudem werden bei der Bildung von Teilnetzen bestehende „verkehrliche Verflechtungen" berücksichtigt, um diese möglichst im selben Teilnetz abbilden zu können. Das gesamte Teilnetz ist dann entweder vollständig eigenwirtschaftlich, oder gemeinwirtschaftlich zu betreiben (ebd.). Der Landkreis Gifhorn ist in insgesamt 8 Teilnetze (Teilnetze Nr. 10 bis 17) unterteilt. Diese weisen sehr unterschiedliche Rahmenbedingungen auf. Im Kontext der Daseinsvorsorge ist für den Aufgabenträger im Nahverkehrsplan insbesondere im **Teilnetz 11** Handlungsbedarf gegeben. Hier sollen „insbesondere flexible Bedienungsangebote mit barrierefreien Kleinbussen" eingeführt werden, „um den Herausforderungen des demographischen Wandels zu begegnen" (Regionalverband Großraum Braunschweig 2020: 179). So werden mit der Einführung dieser Angebote Verbesserungen bei der Sicherung der Daseinsvorsorge für dieses Teilnetz angestrebt: „Die Gebiete der Samtgemeinden Hankensbüttel und Wesendorf wurden als solche Bediengebiete ausgewählt. Entsprechende neuartige Konzepte sollen probeweise eingeführt, ausgewertet und nach Bedarf ausgebaut werden. Insbesondere für den strukturell schwachen Norden des Landkreises Gifhorn besteht hier die Chance, die Lebensqualität auch im Hinblick der **Daseinsvorsorge** der Bewohner grundlegend durch flexible Bedienungsangebote zu verbessern" (Regionalverband Großraum Braunschweig 2020: 179). Die Einführung dieser flexiblen Angebote wird dann auch mit der Formulierung eines entsprechenden Prüfauftrags konkretisiert (s. Abb. 11.15). Darüber hinaus werden die Einwohnerzahlen in den einzelnen Teilnetzen dargestellt (ebd.).

Prüfaufträge Teilnetz 11

P11.1	Sicherstellung der Anschlüsse der RegioBus-Linie 100 und Linie 102 mit 137 und 135 in Wesendorf
P11.2	Verbesserung der Anschlüsse zwischen Hankensbüttel und dem Süden Wesendorfs mit den Linien 135, 100 und 102
P11.3	Entwicklung Neukonzept Bahnhof Wahrenholz
P11.4	Einrichtung flexibler Bedienungsangebote

Einwohnerzahlen Teilnetz 11
Samtgemeinde Wesendorf (Stand 31.01.2019)

Betzhorn	662	Wagenhoff	1.168
Groß Oesingen	1.914	Wahrenholz	3.694
Klein Oesingen	100	Weißen Berge	509
Mahrenholz	71	Weißes Moor	81
Pollhöfen	209	Wesendorf	5.323
Schönewörde	904	Westerholz	656
Teichgut	149	Zahrenholz	241
Ummern	1.570	**Gesamt**	**17.251**

Abbildung 11.15 Prüfaufträge und Einwohnerzahlen im Teilnetz 11. (Quelle: REGIONALVERBAND GROẞRAUM BRAUNSCHWEIG 2020: 179)

Auch die Verkehrsbeziehungen der einzelnen Teilnetze in angrenzende, Grund-Mittel- und Oberzentren sowie Landkreise außerhalb des Regionalverbands Großraum Braunschweig werden erhoben und dargestellt (s. Abb. 11.16). Unterschieden wird auch zwischen den Verkehrsarten öffentlicher Verkehr (ÖV), Fahrrad und dem individuellen Verkehr (IV), also insbesondere privaten Pkw (ebd.).

Verkehrsbeziehungen Teilnetz 11
Hauptmobilitätsströme in Richtung (WVI 2016) > 500 Personenfahrten/Werktag

nach Gemeinde/Stadt/Landkreis	ÖV	Rad	IV	Gesamt
Gifhorn	175	129	4.804	5.108
Wolfsburg	10	6	1.426	1.441
Hankensbüttel	17	19	1.306	1.342
Wittingen	66	21	1.216	1.302
LK Celle	1	3	609	613
Braunschweig	18	10	479	506

Abbildung 11.16 Verkehrsbeziehungen des Teilnetzes 11 mit dem Umland. (Quelle: REGIONALVERBAND GROßRAUM BRAUNSCHWEIG 2020: 179)

Auch für das **Teilnetz 12** wird Verbesserungspotenzial bei der Daseinsvorsorge ermittelt: „Um den Herausforderungen des demographischen Wandels zu begegnen, sollen neue Strategien für die Mobilität in ländlichen Gebieten entwickelt werden. Dabei stehen insbesondere flexible Bedienungsangebote mit barrierefreien Kleinbussen im Fokus. Sie sollen verstärkt Teil des ÖPNV-Angebotes in ausgewählten Bediengebieten werden. Die Gebiete der Samtgemeinden Hankensbüttel und Wesendorf wurden als solche Bediengebiete ausgewählt. Entsprechende neuartige Konzepte sollen probeweise eingeführt, ausgewertet und nach Bedarf ausgebaut werden. Insbesondere für den strukturell schwachen Norden des Landkreises Gifhorn besteht hier die Chance, die Lebensqualität auch im Hinblick der **Daseinsvorsorge** der Bewohner grundlegend durch flexible Bedienungsangebote zu verbessern“ (REGIONALVERBAND GROßRAUM BRAUNSCHWEIG 2020: 181f). Wie Abbildung 11.14 verdeutlicht, sind in diesem Teilnetz die größten demografischen Herausforderungen zu bewältigen. Die Analyse demografischer Entwicklungen und der Ableitung von Handlungsempfehlungen für den ÖPNV stellt so zumindest einen ersten Analyseansatz zur Bewertung des Niveaus der Daseinsvorsorge dar.

Auch für das Teilnetz 12 werden die Einführung flexibler Bedienformen mit einem Prüfauftrag festgeschrieben (s. Abb. 11.17) und die Einwohnerzahlen für die einzelnen Ortschaften aufgezeigt (s. Abb. 11.17 und 11.18).

Prüfaufträge Teilnetz 12

P12.1	Anschlussoptimierung der RegioBus-Linie 120 und der Linie RB47
P12.2	Anpassung der RegioBus-Linie 120 an den Stundentakt (RB47)
P12.3	Anschlusssicherung der Verbindung Wolfsburg – Wittingen
P12.4	Einrichtung eines flächendeckenden Anruf-Bussystems
P12.5	Verbesserung der Anbindung des Otterzentrums Hankensbüttel
P12.6	Einrichtung flexibler Bedienungsangebote

Einwohnerzahl Teilnetz 12

Stadt Wittingen (Stand 31.01.2019)

Boitzenhagen	238	Plastau	38
Darrigsdorf	230	Rade	161
Erpensen	161	Radenbeck	560
Eutzen	71	Schneflingen	144
Gannerwinkel	116	Stöcken	252
Glüsingen	213	Suderwittingen	132
Hagen	115	Teschendorf	109
Kakerbeck	126	Vorhop (einschl. Transvaal)	527
Knesebeck	2.684	Wittingen	4.684
Küstorf	60	Wollerstorf	25
Lüben	114	Wunderbüttel	98
Mahnburg	83	Zasenbeck	311
Ohrdorf	389	**Gesamt**	**11.641**

Abbildung 11.17 Prüfaufträge und Einwohnerzahlen im Teilnetz 12. (Quelle: REGIONALVERBAND GROẞRAUM BRAUNSCHWEIG 2020: 182)

Fortsetzung: Einwohnerzahl Teilnetz 12

Samtgemeinde Hankensbüttel (Stand 31.01.2019)

Allersehl	119	Masel	94
Alt-Isenhagen	50	Oerrel	431
Behren	149	Räderloh	118
Blickwedel	58	Repke	156
Bokel	346	Schweimke	218
Bottendorf	58	Sprakensehl	440
Dedelstorf	91	Steimke	218
Emmen	819	Steinhorst	1.013
Hagen	135	Weddersehl	83
Hankensbüttel	3.698	Wentorf	103
Langwedel	216	Wettendorf	155
Lingwedel	88	Wierstorf	104
Lüsche	99	**Gesamt**	9.059

Abbildung 11.18 Weitere Einwohnerzahlen im Teilnetz 12. (Quelle: REGIONALVERBAND GROẞRAUM BRAUNSCHWEIG 2020: 183)

Auch für das Teilnetz 12 werden die Verkehrsbeziehungen, untergliedert in verschiedene Verkehrsträger, analysiert und aufgezeigt (s. Abb. 11.19).

Verkehrsbeziehungen Teilnetz 12
Hauptmobilitätsströme in Richtung (WVI 2016) > 500 Personenfahrten/Werktag

Stadt Wittingen

nach Gemeinde/Stadt/Landkreis	ÖV	Rad	IV	Gesamt
Hankensbüttel	265	70	2.375	2.709
Wolfsburg	16	4	1.793	1.814
Wesendorf	66	21	1.217	1.303
LK Uelzen	41	2	897	939
Brome	28	23	766	818
Altmarkkreis Salzwedel	1	2	618	622
Gifhorn	50	3	562	615

Samtgemeinde Hankensbüttel

nach Gemeinde/Stadt/Landkreis	ÖV	Rad	IV	Gesamt
Wittingen	265	70	2.370	2.704
Wesendorf	17	19	1.309	1.345
LK Uelzen	3	6	865	874
LK Celle	2	6	625	632
Gifhorn	6	9	589	604
Wolfsburg	1	6	521	527

Abbildung 11.19 Verkehrsbeziehungen des Teilnetzes 12 mit dem Umland. (Quelle: REGIONALVERBAND GROßRAUM BRAUNSCHWEIG 2020: 183)

Im **Teilnetz 13** wird teilweise ebenfalls Verbesserungspotenzial erkannt, „vor allem [bei] peripher liegende[n] Orte[n], welche nur eine verhältnismäßig schwache ÖPNV-Anbindung besitzen“ (REGIONALVERBAND GROßRAUM BRAUNSCHWEIG 2020: 186). Hier verkehren seit dem Jahr 2017 jedoch zwei Bürgerbuslinien zur Aufwertung des Angebots (ebd.). Auf eine Darstellung der Prüfaufträge, Einwohnerzahlen und Verkehrsbeziehungen für das Teilnetz 13 wird an dieser Stelle verzichtet, da das Schema in der Beschreibung der Teilnetze 11 und 12 bereits deutlich geworden ist. In den anderen Teilnetzen des Landkreises Gifhorn sind keine Ansätze sichtbar, dass eine fehlende oder eingeschränkte Daseinsvorsorge seitens des Aufgabenträgers festgestellt wurde oder zukünftig verbessert werden soll.

11.3.3 Landkreis Goslar

Im Landkreis Goslar bilden Seesen, Goslar, Bad Harzburg und Clausthal-Zellerfeld einen „mittelzentrale[n] Verbund mit oberzentralen Teilfunktionen“ (s. Abb. 11.20). Lutter am Barenberge, Liebenburg, Schladen, Langelsheim, Vienenburg, Braunlage und Sankt Andreasberg sind Grundzentren. Standorte mit grundzentralen Teilfunktionen sind Rhüden und Othfresen/Posthof. Ein großer Teil des Gebietes innerhalb der Gemeindegrenze ist zudem gemeindefreies Gebiet des Nationalparks Harz (s. Abb. 11.20).

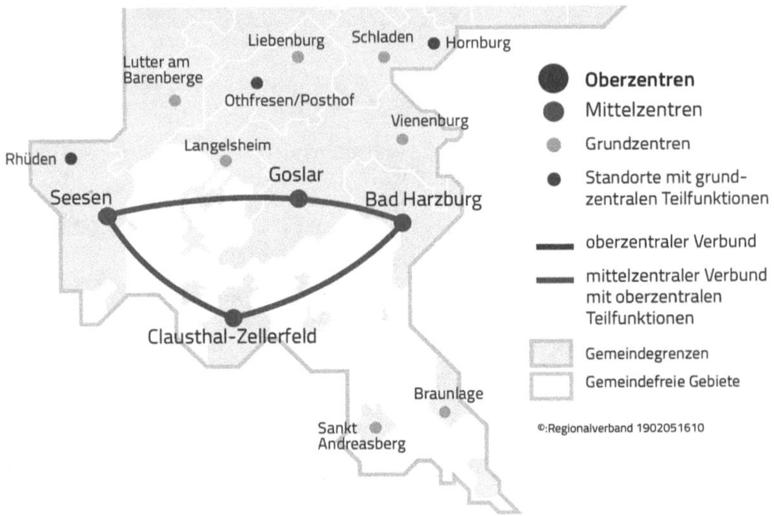

Abbildung 11.20 Darstellung der zentralen Orte im Landkreis Goslar im Nahverkehrsplans des Regionalverbands Großraum Braunschweig. ((Standorte mit grundzentralen Teilfunktionen, Grundzentren und Mittelzentren. Als Oberzentrum fungiert der oberzentrale Verbund Wolfsburg-Braunschweig-Salzgitter; Schladen und Hornburg gehören zu anderen Landkreisen), Quelle: REGIONALVERBAND GROßRAUM BRAUNSCHWEIG 2020: 60)

Die Bevölkerungsdichte im Landkreis Goslar liegt im verbandsweiten Vergleich im Mittelfeld. Insbesondere der Harzbereich weist im Vergleich der Landkreise eine hohe Bevölkerungsdichte auf, wobei die Gemeindegrenzen aufgrund des sie umschließenden gemeindefreien Gebietes enger gefasste Siedlungsräume aufweisen. Nur die Gemeinde Lutter am Barenberge hat eine Bevölkerungsdichte von unter 100 Personen pro Quadratkilometer und weist damit einen vergleichbaren Wert wie viele Gemeinden in den Landkreisen Wolfenbüttel, Helmstedt und Gifhorn auf (s. Abb. 11.21).

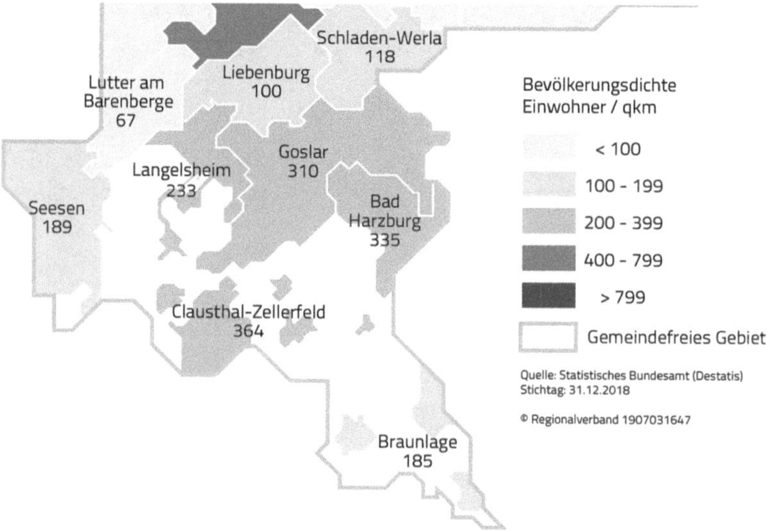

Abbildung 11.21 Darstellung der Bevölkerungsdichte im Landkreis Goslar im Nahverkehrsplans des Regionalverbands Großraum Braunschweig. (Quelle: REGIONALVERBAND GROẞRAUM BRAUNSCHWEIG 2020: 61)

Jedoch ist für den Landkreis Goslar der im Verbandsgebietsvergleich stärkste Bevölkerungsrückgang bis zum Jahr 2030 prognostiziert. Alle acht Gemeinden sind nach der CIMA-Prognose von 2017 von einem Bevölkerungsrückgang in diesem Zeitraum betroffen – für fünf davon wird ein prozentualer Rückgang im zweistelligen Bereich angenommen. Die Gemeinde der Kreishauptstadt Goslar liegt mit 9,4 % zudem nur knapp darunter (s. Abb. 11.22).

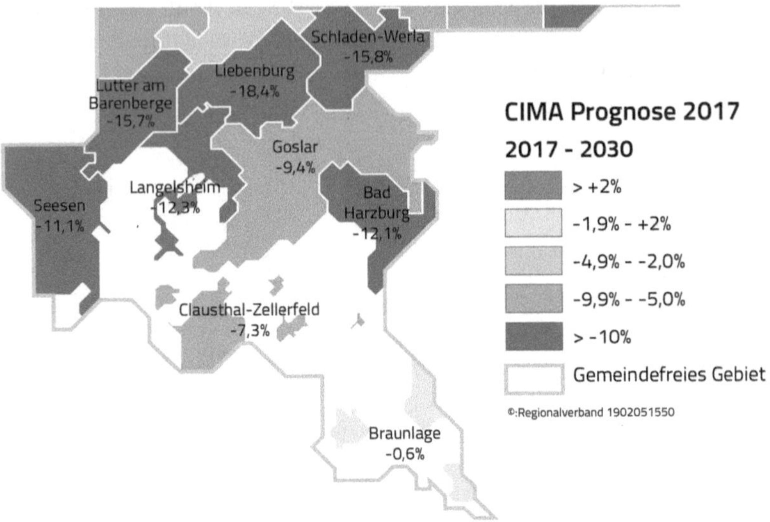

Abbildung 11.22 Darstellung einer Bevölkerungsprognose für den Landkreis Goslar nach Samtgemeinden für den Zeitraum 2017–2030. (Quelle: REGIONALVERBAND GROẞRAUM BRAUNSCHWEIG 2020: 77)

Angebot im ÖPNV

Das ÖPNV-Angebot im Landkreis Goslar wird vom Aufgabenträger, wie im Landkreis Gifhorn, in verschiedene Teilnetze eingeteilt. Diese sind im Vergleich sehr unterschiedlich. So werden beispielsweise für die Stadt Goslar (Teilnetz 80) höhere Qualitätsstandards zugrunde gelegt als für den restlichen Kreis (REGIONALVERBAND GROẞRAUM BRAUNSCHWEIG 2020: 328). Auch der Einsatz flexibler Bedienformen in den besonders ländlich geprägten Bereichen wird diskutiert: „Zeitgleich zur Aufstellung dieses Nahverkehrsplans wird von der Regionalbus Braunschweig und dem Regionalverband geprüft, das **ÖPNV-Angebot im Bereich zwischen Vienenburg und Goslar bedarfsorientiert zu gestalten**. Dies soll durch einen überwiegenden **Einsatz differenzierter Verkehre** erreicht werden, welche das Gebiet **flächenhaft** oder als **Anruf-Linienverkehr flexibel bedienen** sollen. Weitere Aufkommensschwerpunkte, wie beispielsweise Wöltingerode, könnten ggf. in das Bedienungsangebot mit aufgenommen werden. Die **Lebenshilfe** Goslar Probsteiburg soll weiterhin durch ein **festes Linienverkehrsangebot** von Vienenburg und Goslar aus angebunden werden. [...] Der **Schülerverkehr bleibt von**

der bedarfsgerechten Bedienung aufgrund des temporär hohen Fahrgastaufkommens unberührt, soll jedoch auf Optimierungsmöglichkeiten hin untersucht werden. Um die **Wirtschaftlichkeit** dieser Verkehre zu steigern, sollen auch Umstiege auf dem Schulweg in Betracht gezogen werden" (Regionalverband Großraum Braunschweig 2020: 329). Anders als in den Teilnetzen 11 und 12 wird im Nahverkehrsplan in Verbindung mit der Einführung flexibler Verkehre allerdings kein Bezug zum Thema der Sicherung der Daseinsvorsorge hergestellt (vgl. Abschn. 11.3.2). Wie auch im Landkreis Gifhorn werden für das Teilnetz 80 Prüfaufträge im Nahverkehrsplan formuliert (s. Abb. 11.23).

Prüfaufträge Teilnetz 80

P80.1	Verbesserungen bei den Verknüpfungsfunktionen aller Linien am Bahnhof Goslar
P80.2	Überprüfung des Bedienungsangebotes hinsichtlich der Zielvorgaben (Spätverkehr)
P80.3	Verbesserung der Wegeführung im Umfeld des Bahnhofs Goslar
P80.4	Umsetzung neues Angebotskonzept zwischen Goslar und Vienenburg
P80.5	Optimierung der Schülerbeförderung im Bereich Goslar/Vienenburg/Bad Harzburg

Abbildung 11.23 Prüfaufträge für das Teilnetz 80 Goslar im Nahverkehrsplan. (Quelle: REGIONALVERBAND GROSSRAUM BRAUNSCHWEIG 2020: 329)

Auch die Einwohnerzahlen der einzelnen Siedlungen und Ortschaften werden dargestellt (s. Abb. 11.24).

Einwohnerzahl Teilnetz 80
Stadt Goslar (Stand 31.01.2019)

Baßgeige	145	Lochtum	599
Georgenberg	4.535	Ohlhof	2.921
Goslar (Altstadt)	8.001	Oker	5.870
Grauhof	68	Rammelsberg	2.414
Hahndorf	1.463	Steinberg	1.436
Hahnenklee	1.223	Sudmerberg	1.790
Immenrode	1.522	Vienenburg	5.388
Jerstedt	1.969	Weddingen	590
Jürgenohl	8.331	Wiedelah	1.370
Lengde	581	**Gesamt**	50.214

Abbildung 11.24 Einwohnerzahlen im Teilnetz 80 Goslar. (Quelle: REGIONALVERBAND GROßRAUM BRAUNSCHWEIG 2020: 330)

Zudem werden, wie auch für alle anderen Teilnetze des Nahverkehrsplans, die Verkehrsbeziehungen zwischen dem Teilnetz 80 und dem Umland aufgezeigt (s. Abb. 11.25).

Verkehrsbeziehungen Teilnetz 80
Hauptmobilitätsströme in Richtung (WVI 2016) > 500 Personenfahrten/Werktag

Stadt Goslar

nach Gemeinde/Stadt/Landkreis	ÖV	Rad	IV	Gesamt
Bad Harzburg	831	274	11.319	12.424
Langelsheim	527	122	8.267	8.915
Liebenburg	149	35	5.012	5.196
Clausthal-Zellerfeld	450	16	4.600	5.066
Salzgitter	65	68	3.389	3.523
Schladen-Werla	59	35	3.287	3.381
LK Harz	23	4	3.335	3.361
Seesen	106	14	2.320	2.441
Braunschweig	90	27	1.012	1.129
Region Hannover	329	0	604	933
Braunlage	2	5	777	784
LK Göttingen	53	2	575	630
Lutter am Barenberge	10	4	609	623
LK Hildesheim	63	1	491	555

Abbildung 11.25 Verkehrsbeziehungen des Teilnetzes 80 mit dem Umland. (Quelle: REGIONALVERBAND GROẞRAUM BRAUNSCHWEIG 2020: 330)

Im **Teilnetz 81** ist neben einem noch zu schaffenden „Achsenkonzept“ als Ergänzung „in Bereichen geringerer Fahrgastnachfrage [...] verstärkt differenzierte Bedienungen“ eingeplant (REGIONALVERBAND GROẞRAUM BRAUNSCHWEIG 2020: 333). Diese sollen entweder im Sektorenbetrieb, als „flächenhafte Bedienung“ oder als „konventioneller Bedarfslinienverkehr“ realisiert werden (ebd.). Für den Sektorenverkehr werden folgende Räume vorgeschlagen: „Langelsheim – Lautenthal (Innerstetal)“, „Lautenthal – Wildemann – Clausthal-Zellerfeld“, „Clausthal-Zellerfeld – Schulenburg“ sowie „Altenau – Sankt Andreasberg“ (REGIONAL- VERBAND GROẞRAUM BRAUNSCHWEIG 2020: 335).

Folgende Achsen sollen zudem liniengebunden als Hauptverkehre gestärkt werden: „Goslar – Hahnenklee – Clausthal-Zellerfeld“, „Clausthal-Zellerfeld – Altenau und Goslar – Langelsheim – Lautenthal“ (REGIONALVERBAND GROẞRAUM BRAUNSCHWEIG 2020: 334).

Auch im **Teilnetz 82** sollen zukünftig ebenfalls „verstärkt differenzierte Bedienungen zur Anwendung kommen (REGIONALVERBAND GROẞRAUM BRAUNSCHWEIG 2020: 341). Hierbei ist „je nach örtlichen Gegebenheiten [...] entweder eine flächenhafte Bedienung vorgesehen oder auch konventioneller Bedarfslinienverkehr" (ebd.). Für diese sind folgende Sektoren vorgesehen: „Seesen – Lutter", „Seesen Stadtverkehr", „Lutter – Langelsheim", „Langelsheim – Bredelem – Ostharingen – Upen – Othfresen", „Döhren – Liebenburg – Neuenkirchen – Schladen", „Goslar – Vienenburg" sowie „Vienenburg – Bad Harzburg" (Regionalverband Großraum Braunschweig 2020: 345). Für diese Teilnetze liegen auch die Einwohnerzahlen, Prüfaufträge und Verkehrsbeziehungen vor (vgl. REGIONALVERBAND GROẞRAUM BRAUNSCHWEIG 2020 an den entsprechenden Stellen), die aber, wie schon bei der Analyse des Landkreises Gifhorn, an dieser Stelle nicht vorgestellt werden, da der Charakter der Analysen bereits vollumfänglich dargestellt ist.

11.3.4 Stadt Wolfsburg

Die kreisfreie Stadt Wolfsburg bildet zusammen mit den kreisfreien Städten Braunschweig und Salzgitter einen oberzentralen Verbund (s. Abb. 11.26).

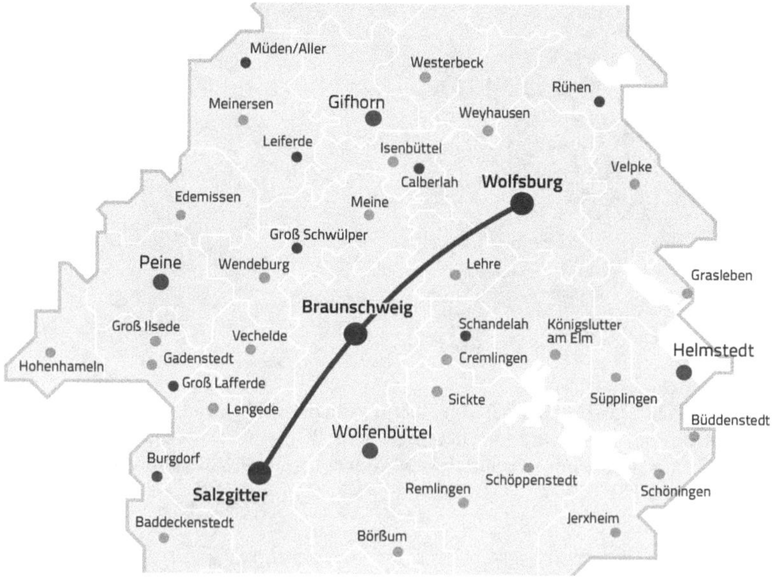

Abbildung 11.26 Darstellung der kreisfreien Stadt Wolfsburg als Teil des oberzentralen Verbunds Wolfsburg-Braunschweig-Salzgitter im regionalen Kontext der zentralen Orte im Nahverkehrsplan des Regionalverbands Großraum Braunschweig. (Quelle: REGIONALVERBAND GROẞRAUM BRAUNSCHWEIG 2020: 60)

Die Bevölkerungsdichte von 607 Personen pro Quadratkilometer (s. Abb. 11.27) ist höher als beispielsweise im Mittelzentrum Gifhorn oder dem Oberzentrum Salzgitter, aber nur weniger als halb so hoch wie im Oberzentrum Braunschweig (vgl. Regionalverband Großraum Braunschweig 2020: 61). Die CIMA-Bevölkerungsprognose rechnet für Wolfsburg mit einer Bevölkerungszunahme von 4,4 % bis zum Jahr 2030 (s. Abb. 11.27).

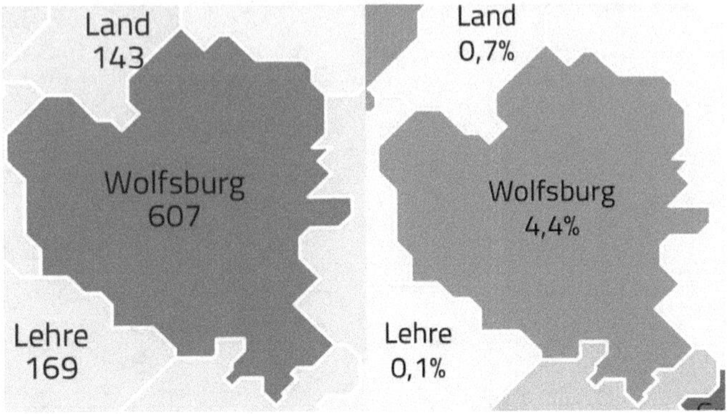

Abbildung 11.27 Darstellung der Bevölkerungsdichte (links) und -prognose (rechts) für die kreisfreie Stadt Wolfsburg für den Zeitraum 2017–2030 im Nahverkehrsplan des Regionalverbands Großraum Braunschweig. (Quelle: REGIONALVERBAND GROẞRAUM BRAUNSCHWEIG 2020: 61, 77)

Angebot im ÖPNV

Das gesamte Angebot des öffentlichen Nahverkehrs in der kreisfreien Stadt Wolfsburg bildet im Nahverkehrsplan des Aufgabenträgers das **Teilnetz 20**. Wie dieses Kapitel im Vergleich mit den Abschnitten 11.3.1 bis 11.3.3 aufzeigt, sind die Herausforderungen bei der Sicherung des ÖPNV in Wolfsburg im Vergleich zu den Landkreisen Gifhorn und Goslar geringer und zudem anders strukturiert. Die Prüfaufträge im Nahverkehrsplan unterscheiden sich folglich von denen der ländlicheren Teilnetze. Insbesondere steht eine Steigerung der Leistungsfähigkeit von nachfragestärkeren, liniengebundenen Angeboten im Vordergrund, wie eine Darstellung der Prüfaufträge aufzeigt (s. Abb. 11.28). Allerdings ist mit dem Prüfauftrag P20.24, also der „**Erprobung und Einrichtung flexibler Angebotsformen zur Weiterentwicklung des ÖPNV**“ auch ein sonst insbesondere in ländlichen Räumen eingesetzter Entwicklungsansatz vorgesehen. Zudem ist der Prüfauftrag zu „**Erprobung und Einsatz autonomer Bus- und Shuttleverkehre**“ für den Kontext dieser Arbeit relevant (vgl. REGIONALVERBAND GROẞRAUM BRAUNSCHWEIG 2020: 214).

Prüfaufträge Teilnetz 20

P20.1	Ausbau der Anbindung der Bereiche Bürozentrum Nord und IT-City, aufgrund voraussichtlich zunehmender Beschäftigungszahlen, durch die RegioBus-Linie 170 und die Linie 211
P20.2	Erweiterung des Bedienungsangebotes der RegioBus-Linie 230: Taktverdichtung Samstag, Bedienung sonntagmorgens, Nachtverkehrsangebot Freitag und Samstag vergleichbar zum Nachtverkehr in Braunschweig
P20.3	Prüfung der Änderung des Linienwegs der RegioBus-Linie 230 im Stadtgebiet Braunschweig, um Potenziale im Bereich der TU zu erschließen
P20.4	Untersuchung von Nachfrageverschiebungen nach Ausbau der Weddeler Schleife auf der RegioBus-Linie 230 und Linie RE50
P20.5	Beibehaltung des vorhandenen Fahrtenangebotes der RegioBus-Linie 230 im Bereich Wolfsburg-Heinenkamp montags bis samstags und Überprüfung des Angebotes am Sonntag
P20.6	Einrichtung neuer Haltestellen im Bereich Gewerbegebiet Heinenkamp Ost und im Gewerbegebiet Nikolaus-Otto-Straße
P20.7	Einrichtung einer neuen Haltestelle am Autohof Wendhausen
P20.8	Angebotsverdichtung zwischen Wolfsburg und Velpke auf der RegioBus-Linie 380
P20.9	Einführung einer landesbedeutsamen Buslinie zwischen Wolfsburg, Klötze und Salzwedel
P20.10	Einführung eines Halbstundentaktes auf den Linien RE50 und RE30
P20.11	Beobachtung und Weiterentwicklung des bestehenden Stadtverkehrsnetzes aufgrund steigender Mobilitätsbedürfnisse
P20.12	Berücksichtigung der ÖPNV-Erschließung beim Entstehen künftiger Wohn- und Arbeitsstandorte unter Erwägung des Einsatzes von weiteren Elektro- und Hybridbussen
P20.13	Erweiterung des Ausbaus von Haltestellen mit Kasseler Bord
P20.14	Einführung von Schnellbuslinien mit Integration in das regionale Netz und Harmonisierung mit den vorhandenen RegioBus-Linien
P20.15	Entwicklung der „Alternativen Grünen Route" (AGR) zur Beschleunigung des ÖPNV gegenüber dem MIV
P20.16	Weiterentwicklung des zentralen Omnibusbahnhofes (ZOB) im Rahmen der Masterplanung Nordhoffachse
P20.17	Anpassung der Ankunfts- und Abfahrtszeiten am ZOB bei Einführung eines Deutschland-Taktes im Schienenpersonenverkehr
P20.18	Stärkung des Hybrid- und Elektrobusverkehrs im Rahmen der Elektromobilitätsstrategie
P20.19	Stärkung der Multimodalität durch elektrische und neue Mobilitätsangebote mittels digitaler Lösungen sowie Erprobung und Einsatz autonomer Bus- und Shuttleverkehre
P20.20	Umsetzung von Maßnahmen zur Busbeschleunigung unter Nutzung neuer Möglichkeiten der Digitalisierung
P20.21	Herstellung zusätzlicher P+R- und B+R-Anlagen
P20.22	Schaffung eines zusätzlichen Haltepunktes zwischen Fallersleben und Wolfsburg Hbf
P20.23	Herstellung einer neuer Verbindung zum Volkswagenwerk im Rahmen der Masterplanung Nordhoffachse
P20.24	Erprobung und Einrichtung flexibler Angebotsformen zur Weiterentwicklung des ÖPNV

Abbildung 11.28 Prüfaufträge für das Teilnetz 20 Wolfsburg im Nahverkehrsplan. (Quelle: REGIONALVERBAND GROẞRAUM BRAUNSCHWEIG 2020: 214)

Die Einwohnerzahlen der Stadt- und Ortsteile werden im Nahverkehrsplan ebenfalls aufgeführt (s. Abb. 11.29).

Einwohnerzahl Teilnetz 20
Stadt Wolfsburg (Stand 31.12.2019)

Almke	723	Neindorf	3.787
Alt-Wolfsburg	482	Neuhaus	1.375
Barnstorf	1.297	Nordsteimke	1.584
Brackstedt	1.818	Rabenberg	2.698
Detmerode	7.441	Reislingen	2.415
Ehmen	5.756	Rothenfelde	5.919
Eichelkamp	1.872	Sandkamp	613
Fallersleben	10.924	Schillerteich	643
Hageberg	873	Stadtmitte	2.239
Hattorf	1.975	Steimker	5.583
Hehlingen	1.787	Berg	1.333
Heiligendorf	2.361	Sülfeld	2.910
Hellwinkel	3.967	Teichbreite	3.332
Heßlingen	483	Tiergartenbreite	3.998
Hohenstein	3.079	Velstove	1.244
Kästorf	1.339	Vorsfelde	12.624
Köhlerberg Klieversberg	1.107	Warmenau	484
Kreuzheide	1.553	Wendschott	3.653
Laagberg	1.928	Westhagen	9.206
Mörse	5.727	Wohltberg	3.279
		Gesamt	**125.408**

Abbildung 11.29 Darstellung der Einwohnerzahlen der Wolfsburger Stadt- und Ortsteile im Nahverkehrsplan des Regionalverbands Großraum Braunschweig. (Quelle: Regionalverband Großraum Braunschweig 2020: 215)

Im Vergleich zu den anderen, ländlichen Untersuchungsräumen in dieser Arbeit bestehen auf Grundlage des Nahverkehrsplans in der kreisfreien Stadt Wolfsburg insgesamt andere verkehrliche Herausforderungen. So liegt der Schwerpunkt der Entwicklung auf einer Begegnung des steigenden Verkehrsaufkommens, insbesondere im Berufsverkehr (vgl. Regionalverband Großraum Braunschweig 2020: 206).

Dieser führt laut Aufgabenträger teilweise „sowohl im MIV als auch im ÖPNV zu extremen Belastungen" (REGIONALVERBAND GROßRAUM BRAUNSCHWEIG 2020: 211). Dabei wird die Lösung dieser Lage als komplex bewertet: „Um mittel- bis langfristig wirksame Verbesserungen zu erreichen, bedarf es in Wolfsburg nach wie vor gesonderter und aufwendiger Lösungen, um den Modal-Split-Anteil des ÖPNV nachhaltig zu erhöhen" (ebd.). Eine der Maßnahmen ist die mögliche Einführung eines „Qualitätsbussystem[s]", welches „auf besonderen Trassen weitestgehend unabhängig vom IV geführt werden" soll (REGIONALVERBAND GROßRAUM BRAUNSCHWEIG 2020: 211). Hierzu ist im ersten Schritt die bauliche Erstellung einer „Alternativen Grünen Route" geplant (ebd.).

Autonomes Fahren soll nach Ansicht des Aufgabenträgers in Wolfsburg zudem zukünftig ebenfalls eine Rolle spielen. So ist bei der Verkehrsentwicklung die Berücksichtigung des „autonomen Fahren[s] im öffentlichen Verkehr mit unterschiedlichen Gefäßen" geplant (REGIONALVERBAND GROßRAUM BRAUNSCHWEIG 2020: 212). Eine wichtige Rolle soll auch der Einsatz „neuer flexibler Bedienungsangebote" spielen (REGIONALVERBAND GROßRAUM BRAUNSCHWEIG 2020: 213). Ziel ist die Schaffung von Tangentialverbindungen, um die innerstädtischen Mobilitätsmöglichkeiten im öffentlichen Personennahverkehr zu verbessern: „Um **Stadtteile**, die bisher nicht durch den Linienverkehr direkt miteinander verbunden sind, **zu verknüpfen**, und das bestehende ÖPNV-Angebot zu ergänzen und zu erweitern, ist vorgesehen, in einem oder mehreren Stadtgebieten flexible Bedienungsangebote mit barrierefreien Kleinbussen einzurichten. Dadurch kann deren Funktionalität auch in vorstädtischen/urbanen Bereichen getestet werden. Diese Angebote sollen entweder **mit dem vorhandenen ÖPNV-Angebot intelligent vernetzt** werden, sodass **attraktive Umsteigebeziehungen zum regionalen und lokalen Verkehr** möglich sind, **oder vollflexibel verkehren**. Dadurch können sich Linien- und Bedarfsverkehr gegenseitig beflügeln und Synergieeffekte geschaffen werden. Voraussetzung hierfür ist der Einsatz einer Dispositionssoftware, welche u. a. auch Parallelverkehre zwischen Linien- und Bedarfsverkehr ausschließt" (REGIONALVERBAND GROßRAUM BRAUNSCHWEIG 2020: 213). Hierzu wurden in einer Potenzialanalyse große Fahrtzeitdifferenzen zwischen ÖPNV und MIV lokalisiert (STADT WOLFSBURG 2020: 2).

11.4 Fazit der Analyse der Nahverkehrspläne

Die Ansätze der Nahverkehrspläne des Landkreises Emsland und des Regionalverbands Großraum Braunschweig sind sehr unterschiedlich. Während der erstgenannte Plan konkrete Analysen zur Verbindungssituation zwischen der Peripherie und den Grundzentren sowie auch zwischen den Grundzentren und Mittelzentren enthält, wurde beim zweitgenannten ein stark deskriptiver und generalisierender Ansatz gewählt. Eine Einschätzung zur Versorgungslage in Bezug auf die Daseinsvorsorge ist so nur begrenzt möglich. Anstatt das Potenzial einer fundierten räumlichen und verkehrlichen Analyse für die Entwicklung des ÖPNV zu nutzen, werden auf insgesamt 447 Seiten zentrale Orte vorgestellt, Einwohnerzahlen aufgelistet und Verkehrsnachfragen beschrieben. Dies ist aus raum- und verkehrsplanerischer Perspektive natürlich potenziell relevant und könnte als sehr fundierte Beschreibung die Grundlage für eine Analyse der Versorgungssituation im ÖPNV darstellen. Aus den meisten der im Nahverkehrsplan aufgeführten Rahmenbedingungen werden jedoch, bis auf die Formulierung von generellen Zielvisionen für die Zukunft im überörtlichen Teil des Nahverkehrsplans (vgl. Abschn. 11.3.1), keine weiteren Schlussfolgerungen oder Maßnahmen abgeleitet, sodass die umfangreiche räumliche Analyse als solches und in der Folge der Nahverkehrsplan des Regionalverbands Großraum Braunschweig insgesamt in weiten Teilen wesentliche Fragestellungen im Kontext der Sicherung der Daseinsvorsorge unbeantwortet lässt. Lediglich allgemein wird das Ziel formuliert, in Zukunft verstärkt flexible Angebotsformen im ÖPNV einzusetzen und das autonome Fahren im ÖPNV zu erproben. So ist nur begrenzt eine Ableitung von Beitragspotenzialen eines autonomen ÖPNV zur Sicherung der Daseinsvorsorge aus dem Nahverkehrs-plan möglich.

Eine weitreichende Neustrukturierung oder aber eine Weiterentwicklung des Nahverkehrsplans ist daher zur Verbesserung der Sicherung der Daseinsvorsorge zukünftig zu diskutieren. Konkret könnte ein kürzerer Nahverkehrsplan mit konkreteren Analysen und Festsetzungen ein viel größeres Potenzial für die Sicherung der Daseinsvorsorge entfalten als der Status quo, wie das Beispiel des Landkreises Emsland in Abschnitt 11.2 zeigt. Alternativ kann auch die Qualität der umfangreichen raumplanerischen Analysen bestehen bleiben, wenn der Transfer der Ergebnisse in eine fundierte ÖPNV-Fachplanung und -entwicklung gelingt.

Da eine Vergleichbarkeit der beiden Nahverkehrspläne des Landkreises Emsland und des Regionalverbands Großraum Braunschweig aufgrund dieser deutlichen Diskrepanzen kaum möglich ist, müssen für diese Arbeit andere Lösungen gefunden werden. Dies setzt die Wahl beziehungsweise Entwicklung eines einheitlichen Ansatzes für alle vier Untersuchungsregionen voraus, um diese anschließend vergleichen und auch Maßnahmen im Bereich des autonomen Fahrens ableiten zu können. Im folgenden Kapitel wird ein solcher Ansatz entwickelt und eingesetzt.

Studie 2B: Entwicklung eines Indikatorensystems zur Bewertung von ÖPNV-Verbindungen

12

12.1 Notwendigkeit der Entwicklung eines Indikatorensystems

Wie Abschnitt 3.2.4 aufzeigt, sind die ÖPNV-Aufgabenträger für „die Sicherstellung einer ausreichenden […] Bedienung der Bevölkerung mit Verkehrsleistungen im öffentlichen Personennahverkehr“ und in dessen Kontext auch für die Definition der „Anforderungen an Umfang und Qualität des Verkehrsangebotes“ (§ 8, Abs. 3 PBefG) zuständig. Damit sind die Aufgabenträger für die Gewährleistung der Daseinsvorsorge im ÖPNV verantwortlich. Das Personenbeförderungsgesetz sieht hierzu die Aufstellung eines Nahverkehrsplans vor (§ 8, Abs. 3 PBefG, vgl. auch Abschn. 3.2.4). Allerdings sind die Nahverkehrspläne bisher nicht [immer] in der Lage, durch konkrete Festlegungen und Ziele eine steuernde Funktion zu übernehmen und infolge dessen eine vollumfängliche Sicherung der Daseinsvorsorge im ÖPNV zu ermöglichen. Dies zeigt beispielhaft die Analyse von Nahverkehrsplänen in Kapitel 11. Gleichzeitig besteht im ÖPNV deutlicher Handlungsbedarf, wie die Befragung der Aufgabenträger in Kapitel 10 aufzeigt. Dieser Befund wird von HOLZ-RAU et al. konkretisiert: „Eine **flächendeckende ÖPNV-Erschließung** wird zwar bisweilen als **planerisches Ziel** formuliert, steht aber unter dem Vorbehalt einer jeweils definierten **ausreichenden Nachfrage**. Die Aufgabenträger nutzen damit den Gestaltungsrahmen und **entscheiden sich bewusst** dafür, Teile ihres Planungsraums **nicht mit einem ÖPNV-Angebot zu erschließen**“ (HOLZ-RAU et al. 2010: 499). Es entstehen also Lücken bei der ÖPNV-Versorgung, die nicht immer in den Nahverkehrsplänen entsprechend belegt und damit nachvollziehbar sind, wie der Vergleich der entsprechenden Dokumente für den Landkreis Emsland und den Regionalverband Großraum Braunschweig in Kapitel 11 zeigt. Dies ist problematisch,

J. Lamberg, *Beitragspotenziale eines autonomen ÖPNV zur Sicherung der Daseinsvorsorge*, https://doi.org/10.1007/978-3-658-50160-0_12

da offenbleibt, wie und in welchem Umfang der entsprechende Aufgabenträger Daseinsvorsorge definiert, und ob das Angebot auf Grundlage dieser Definition ausreichend ist.

Nicht nur in der Planungspraxis entstehen so Defizite. Darüber hinaus macht das Fehlen belastbarer und überprüfbarer Aussagen es auch für die Wissenschaft schwierig, sich mit diversen Fragestellungen im Kontext der Daseinsvorsorge zu befassen. Während Forschungsarbeiten wie von VON MÖRNER über „Sammelverkehr[e] mit autonomen Fahrzeugen im ländlichen Raum" (2018) die Dogmatik der Daseinsvorsorge umgehen, indem eine rein technische Betrachtung der Machbarkeit stattfindet (s. Abb. 12.1) versuchen SCHÄFER-SPARENBERG et al. [] in einer Studie mit dem Titel „Steuerung nachhaltiger Daseinsvorsorge im öffentlichen Verkehr" diese Lücke zu schließen. Letztendlich gelingt jedoch nur eine Ableitung allgemeiner Erfordernisse, ohne die eine nachhaltige Steuerung des ÖPNV nicht möglich ist. So wird bilanziert, „dass ein detaillierter Nahverkehrsplan mit strengen Angebotskriterien aufzustellen ist und sich die Entwicklung und Umsetzung des ÖPNV-Angebots eng an dem NVP-Rahmen orientieren [soll]. Hierzu ist es notwendig, dass Planungs- und Controllingkompetenzen bei der Kommune als Aufgabenträger aufgebaut, ausgebaut bzw. gehalten werden und ein entsprechendes Qualitätsmanagementsystem eingerichtet wird, um Planung und Umsetzung miteinander abzustimmen" (SCHÄFER-SPARENBERG et al. 2006: 64). Eine Schließung der [] Lücke, die durch die derzeitige Gestaltung der Nahverkehrspläne entsteht, gelingt so nicht, lediglich eine Präzisierung bereits bestehender Kritik. In LAMBERG 2022a werden die Beitragspotenziale eines autonomen und flexiblen ÖPNV zur Sicherung der Daseinsvorsorge untersucht. Allerdings geschieht dies insbesondere aus der Beforschung der Perspektive der Bevölkerung und nicht der Aufgabenträger, sodass die Limitierungen der Nahverkehrspläne kaum Einfluss auf die Forschungsarbeit haben. Um also belastbar Aussagen zur Daseinsvorsorge im ÖPNV treffen zu können, muss diese Informationslücke geschlossen werden (s. Abb. 12.1). Dies ist beispielsweise durch die Entwicklung eines Indikatorensystems möglich.

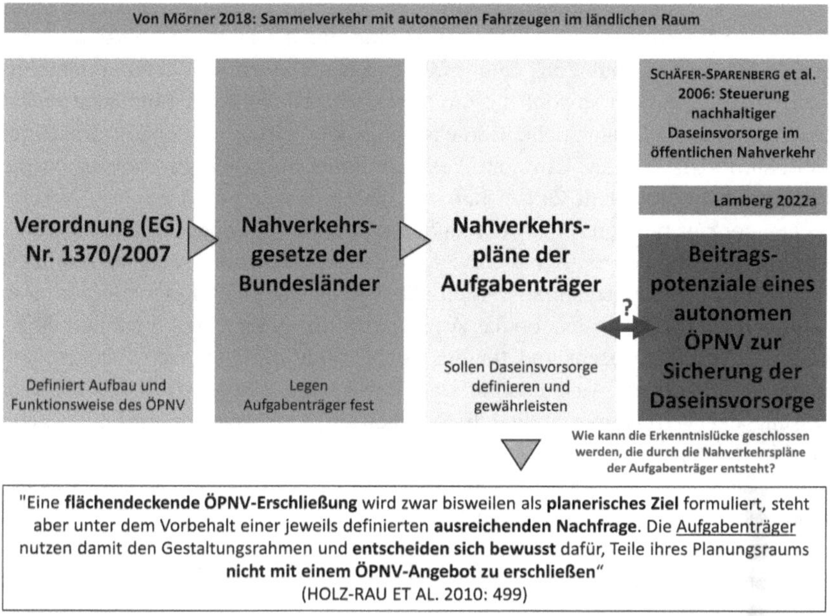

Abbildung 12.1 Struktureller Aufbau der ÖPNV-Planung in Deutschland und das Entstehen potenzieller Lücken im ÖPNV-Angebot sowie im Rahmen der Aufstellung von Nahverkehrsplänen. (Quelle: Eigene Darstellung auf Grundlage von Verordnung (EG) Nr. 1370/2007, dem Niedersächsischen Nahverkehrsgesetz (NNVG), SCHÄFER-SPARENBERG et al. 2006, VON MÖRNER 2018 & LAMBERG 2022a)

12.2 Vorgehensweise, Ableitung und Aufbau des Indikatorensystems

Wie die vorherigen Ausführungen aufzeigen, ist es bisher meist nicht vollumfänglich möglich, die Sicherung der Daseinsvorsorge im ÖPNV, insbesondere auf Grundlage der Nahverkehrspläne, das Niveau der Versorgungslage im Kontext der Daseinsvorsorge zu erfassen. Eine Ausnahme bildet hier der Nahverkehrsplan des Landkreises Emsland, der präzise die Verbindungsqualität im ÖPNV von der Fläche in die Grundzentren und von den Grundzentren in die Mittelzentren analysiert. Ausgangslage ist hierbei die tatsächliche Nutzbarkeit einer Verbindung, da die mit einer ÖPNV-Verbindung ermöglichte Aufenthaltsdauer im jeweiligen zentralen Ort im Zentrum der Analyse steht. Damit ist also nicht die reine Häufigkeit des Angebots relevant, sondern dessen Nutzbarkeit und Qualität für die Gewährleistung der Daseinsvorsorge: „Die Verbindungsqualität gibt Aufschluss über die Erreichbarkeit der Zentren aus dem jeweiligen Umland und der Zentren untereinander. Hierbei wurden sowohl die Grundzentren, als auch die Mittelzentren im Landkreis Emsland untersucht. Berücksichtigt wurden ausschließlich umsteigefreie Fahrtmöglichkeiten. Um eine Aussage darüber erhalten zu können, ob die Daseinsvorsorge mit dem ÖPNV befriedigt wird, wurden die einzelnen Verbindungen montags bis freitags sowohl an Schul-, als auch an Ferientagen betrachtet. Die Untersuchung konzentriert sich hier auf die Wochentage montags bis freitags. Im Kapitel Bedienungsqualität werden alle Wochentage und Tageszeiten erfasst. Damit soll überprüft werden, ob das Angebot für die allgemeine Versorgung überhaupt zur Verfügung steht und für die Bevölkerung ohne eigenen Führerschein und ohne verfügbares Auto nutzbar ist“ (LANDKREIS EMSLAND 2020: 66). Der Messung der Verbindungsqualität liegt dabei ein Ampelsystem zugrunde: „Um eine Vergleichbarkeit zwischen den einzelnen Zentren und Verbindungen vornehmen zu können, wurden die Qualität des ÖPNV-Angebotes für den Bereich montags bis freitags in drei Kategorien aufgeteilt:

- In der **ersten Kategorie** sind Verbindungen erfasst worden, die am Zielort eine **Aufenthaltsdauer von 1,5 – 2,5 Stunden** ermöglichen. Hier haben Bürgerinnen und Bürger oder mobilitätseingeschränkte Fahrgäste genügend Zeit für Alltagsbesorgungen, ohne sich dabei zu sehr beeilen zu müssen. So lassen sich Einkäufe erledigen, Fahrten beispielsweise zu Arzt oder Apotheke zurücklegen oder Behördengänge machen.
- Die **zweite Kategorie** umfasst einen **Aufenthalt von unter einer Stunde sowie die Dauer von 3 bis 5 Stunden**. Eine Stunde ist nur für eine kleine Gruppe der Bevölkerung eine akzeptable, stressfreie Besorgungsdauer, 3 – 5 Stunden sind für normale Besorgungsfahrten zu viel, können aber bei größeren Einkaufstouren, Besuch von Freizeiteinrichtungen oder dem Besuch bei Fachärzten genutzt werden. Zusätzlich werden Verbindungen, die zwar zeitlich optimal sind, aber über einen (anmeldepflichtigen) Rufbus organisiert werden, in die zweite Kategorie aufgenommen. Derartige Verbindungen können nicht spontan genutzt werden und der Anruf stellt ein Benutzungshemmnis dar.
- Verbindungen, die eine **Aufenthaltszeit am Zielort von unter 45 Minuten, über 5,5 Stunden oder gar kein nutzbares Angebot** haben, werden in die **dritte Kategorie** einsortiert“ (LANDKREIS EMSLAND 2020: 66f und Abb. 12.2).

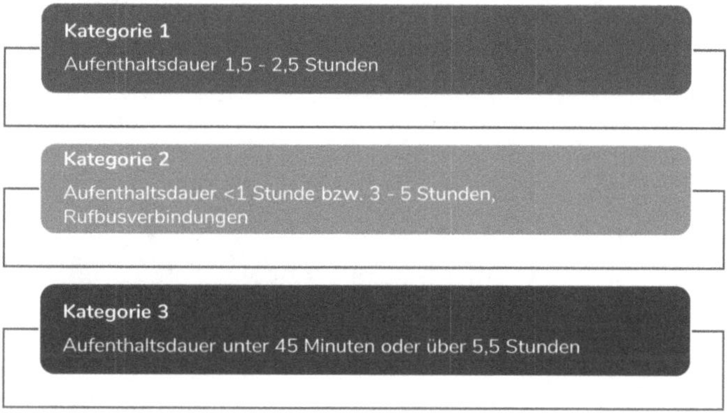

Abbildung 12.2 System zur Bewertung der ÖPNV-Anbindung im Kontext der Daseinsvorsorge im Nahverkehrsplan des Landkreises Emsland. (Quelle: LANDKREIS EMSLAND 2020: 67)

Die dargestellte Analysemethodik des Nahverkehrsplans des Landkreises Emsland stellt eine Besonderheit bei Nahverkehrsplänen in Deutschland dar, wie durch ein Austauschgespräch mit dem bearbeitenden Planungsbüro herausgearbeitet werden konnte. So wurde diese Analysemethodik bisher bei keinem weiteren Nahverkehrsplan angewendet, welche das Büro erarbeitet hat. Dem Büro sind auch keine weiteren Nahverkehrspläne in Deutschland bekannt, bei denen die Verbindungsqualität ähnlich oder ähnlich präzise erfasst wird. Die dargestellte Methodik für den Nahverkehrsplan beruht dabei auf logischen Abwägungen der beteiligten Planer*innen. Die Aufenthaltsdauern in den zentralen Orten für das Ampelsystem zur Verbindungsqualität im ÖPNV wurden auf Grundlage von Erfahrungswerten der Mitarbeitenden des Büros abgeleitet, wie lange einzelne daseinsvorsorgerelevanten Aktivitäten im Regelfall dauern (PROTOKOLL 1).

Der gewählte Ansatz ist auf der einen Seite sehr zielführend, weist jedoch auch Limitierungen auf. So wurden ausschließlich umsteigefreie Direkterhebungen berücksichtigt (LANDKREIS EMSLAND 2020: 66), da aufgrund der dispersen Tarifstruktur im Landkreis bei Umstiegen zum Teil der Erwerb mehrerer Tickets erforderlich ist (TRANSKRIPT FOKUSGRUPPE EMSLAND). Dies ist aufgrund der spezifischen Situation im Landkreis Emsland sinnvoll, lässt jedoch bei der eigentlichen Frage der Systemfähigkeit, die Daseinsvorsorge zu gewährleisten Potenzial ungenutzt, wie der Vergleich der folgenden zwei Abbildungen (Abb. 12.3 und Abb. 12.4) zeigt.

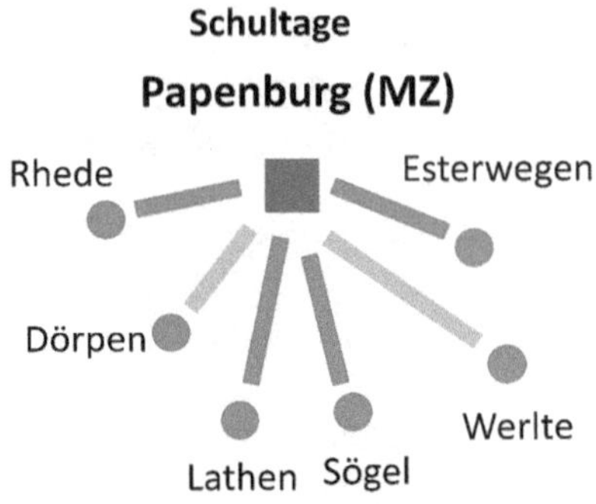

Abbildung 12.3 Bewertung der Verbindungsqualität zwischen dem Mittelzentrum Papenburg und den umliegenden Grundzentren im Nahverkehrsplan des Landkreises Emsland. (Quelle: LANDKREIS EMSLAND 2020: 77)

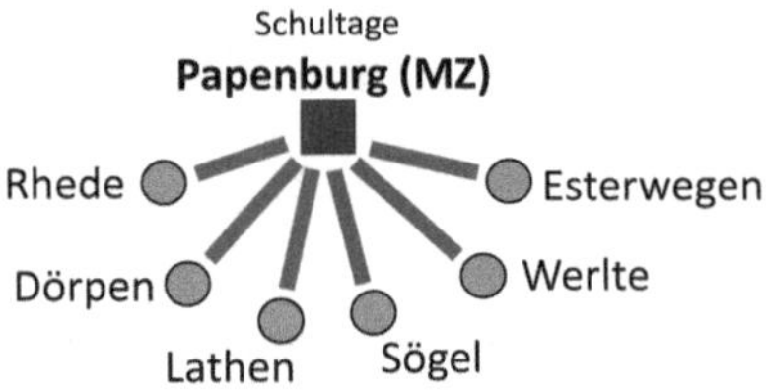

Abbildung 12.4 Bewertung der Verbindungsqualität zwischen dem Mittelzentrum Papenburg und den umliegenden Grundzentren unter Berücksichtigung von Verbindungen mit Umstiegen. (Quelle: Eigene Darstellung auf Grundlage eigener Messung und LANDKREIS EMSLAND 2020: 77)

Während bei der ausschließlich umsteigefreien Betrachtung im offiziellen Nahverkehrsplan noch teilweise eingeschränkte Verbindungen gemessen werden können, ist dies bei der Berücksichtigung aller Verbindungen, also unter **Berücksichtigung von Verbindungen mit Umstiegen**, nicht mehr der Fall. Alle Grundzentren sind mit optimalen Aufenthaltsdauern an das Mittelzentrum Papenburg angebunden (vgl. Abb. 12.3 und 12.4). Mit der Anpassung der Tarifstruktur, beispielsweise der Schaffung eines landkreisweiten Tarifverbunds, ließe sich also die Daseinsvorsorge im ÖPNV ohne eine Veränderung des Verkehrsangebots deutlich verbessern. Um die tatsächliche Leistungsfähigkeit der bestehenden ÖPNV-Systeme bewerten zu können, wird diese Einschränkung also bei der Entwicklung eines Indikatorensystems ausgeklammert, sodass vom Nahverkehrsplan abweichende Ergebnisse entstehen können. Dies ist insbesondere erforderlich, um eine Vergleichbarkeit mit den anderen gewählten Untersuchungsregionen, den Landkreisen Gifhorn und Goslar sowie der Stadt Wolfsburg gewährleisten zu können, da der Verkehrsverbund Großraum Braunschweig aus tariflicher Sicht keine Barrieren bei Umstiegen aufweist. Werden Verbindungen mit Umstiegen berücksichtigt, dann kann als weiteres Qualitäts- und Vergleichskriterium zudem auch die **Anzahl der Umstiege** mit erhoben werden. Diese ist ein relevantes Kriterium bei der Schaffung eines durch die Bevölkerung genutzten ÖPNV, wie eine Erhebung des ADAC zeigt (Abb. 12.5).

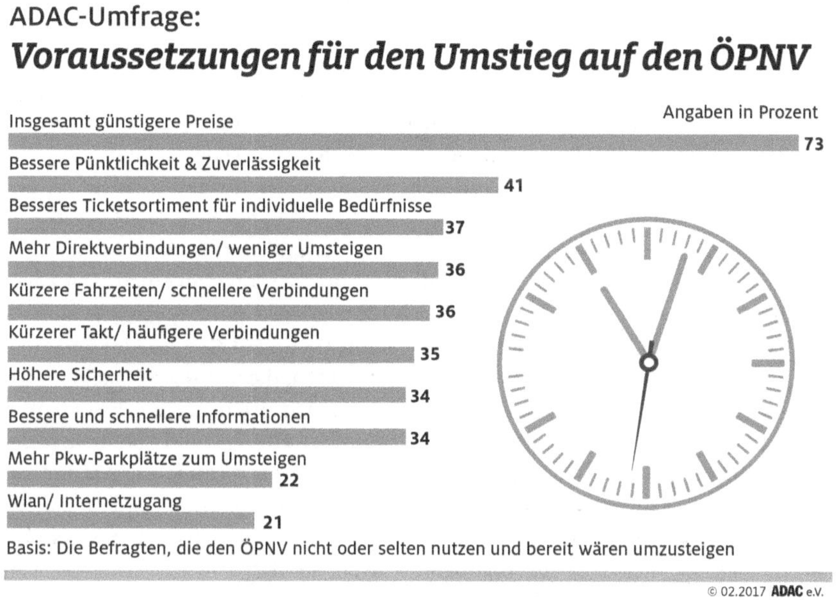

Abbildung 12.5 Ergebnisse einer Umfrage zu den Voraussetzungen für den Umstieg vom privaten Pkw auf den öffentlichen Personennahverkehr in Deutschland. (Quelle: ADAC 2017: 6)

Relevant für die Entwicklung eines Indikatorensystems sind insbesondere die Aspekte „mehr Direktverbindungen/weniger Umsteigen“, „kürzere Fahrtzeiten/schnellere Verbindungen“ und „kürzerer Takt/häufigere Verbindungen“. Dem ersten Punkt wird mit der Erhebung der notwendigen Umstiege bei einer Verbindung im neu entwickelten Indikatorensystem Rechnung getragen. Der zweite Punkt zu den Fahrtzeiten wird als Leitlinie bei der Auswahl der besten Verbindung berücksichtigt. Gibt es mehrere Verbindungen mit passender Aufenthaltsdauer im Grundzentrum, wird die schnellere Option gewählt, in Zweifelsfällen entscheidet der kleinere Mittelwert aus Hin- und Rückfahrt. Darüber hinaus wird das Fahrtzeitverhältnis zwischen ÖPNV und MIV berechnet, um weiteren Aufschluss über die Attraktivität der Verbindung zu erhalten.

Der Aspekt „kürzerer Takt/häufigere Verbindungen“ wird ebenfalls berücksichtigt. Bestehen Taktverbindungen mit optimaler Aufenthaltsdauer im zentralen Ort neben taktfreien Verbindungsoptionen mit ebenfalls optimaler Aufenthaltsdauer, dann wurde die Taktverbindung als die wahrscheinlichere Nutzungsoption ausgewählt (allerdings nur bei vergleichbar kurzen Fahrtzeiten und derselben Anzahl an Umstiegen).

Zur vollständigen Bewertung des Taktangebots und der Reisezeiten könnten weitere Kennzahlen wie die durchschnittliche Fahrtdauer aller an einem Tag angebotenen Verbindungen ebenfalls berücksichtigt werden. Allerdings zeigte sich im Rahmen der Anwendung des Indikatorensystems (s. Kap. 13), dass von den Auskunftssystemen auch Verbindungen angezeigt werden, die nur theoretisch nutzbar sind, da die Reisezeiten zu lang, oder die Anzahl der Umstiege zu hoch war. Da in der Literatur keine verlässlichen Ergebnisse zu den Grenzbereichen der Nutzbarkeit vorliegen, wurde dementsprechend auf die Erhebung einiger Indikatoren verzichtet. Die Unterscheidung zwischen Schulzeit und Ferien erwies sich bei verschiedenen Indikatoren hingegen auch beim neuen Indikatorensystem als sehr relevant, da hier teilweise deutlich abweichende Ergebnisse gemessen werden konnten. Daher wurde diese Differenzierung aus dem Nahverkehrsplan des Landkreises Emsland übernommen. Auf Grundlage der vorherigen Ausführungen ergibt sich folgendes, neues Messystem (s. Tab. 12.1).

Tabelle 12.1 Finales System zur Messung des Niveaus der Daseinsvorsorge im ÖPNV (mit Beispielwerten zur Veranschaulichung)

Nach	**Von**	**Schulzeit** Bester Aufenthalt GZ	Anzahl Umstiege beste Verbindung (& weitere)	Fahrtzeitfaktor im Vergleich zum MIV	**Ferien** Bester Aufenthalt GZ	Anzahl Umstiege beste Verbindung (& weitere)	Fahrtzeitfaktor im Vergleich zum MIV
GZ	Ort 1	01:34 h	0 (0–1)	3,13	03:05	1 (1–2)	6,17
	Ort 2	03:10 h	1 (1)	4,16	03:10 h	1 (1)	4,16
	Ort 3	02:20 h	0 (0–2)	2,53	02:50 h	0 (0–1)	3,14
	…						

Quelle: Eigene Darstellung auf Grundlage eigener Methodik, abgleitet aus Landkreis Emsland 2020

12.3 Kritische Reflexion

Auf Basis der im Nahverkehrsplan des Landkreises Emsland angewendeten Methodik für die Erfassung des Niveaus der Daseinsvorsorge im ÖPNV konnte in Abschnitt 12.2 ein deutlich differenzierterer Ansatz entwickelt werden. Dieser nimmt nun die tatsächliche Leistungsfähigkeit des Gesamtsystems ÖPNV in den Fokus und differenziert zudem zwischen verschiedenen Qualitätsindikatoren wie beispielsweise der notwendigen Anzahl an Umstiegen sowie dem Umwegefaktor des öffentlichen Personennahverkehrs im Vergleich zum motorisierten Individualverkehr. Auch der Vergleich von einer größeren Anzahl an Räumen ist durch die tabellarische Übersicht nun einfacher möglich.

Allerdings weist das neue System auch einige Limitierungen auf. So kommt eine manuelle Erhebung der Daten, wie sie im folgenden Kapitel dargestellt wird, aufgrund der Komplexität des neuen Modells an ihre Grenzen. Dies ist im Emsländer Ansatz einfacher möglich, da lediglich ein Indikator erhoben wird und zudem nur die Direktverbindungen ohne Umstiege berücksichtigt werden. Zudem geht durch die Wahl einer tabellarischen Ergebnisdarstellung im Vergleich zu den Abbildungen aus dem Nahverkehrsplan für den Landkreis Emsland der unmittelbare Raumbezug in den Abbildungen verloren. In Kombination mit der höheren Anzahl an Indikatoren erschwert dies die einfache Erfassung der Versorgungssituation im Bereich eines einzelnen zentralen Orts. Allerdings ermöglicht die neue tabellarische Darstellung einen einfacheren Vergleich mehrerer Untersuchungsräume untereinander, da nun statt mehrerer Grafiken eine einzige Tabelle die entsprechenden Informationen enthält. Hier ist bei einem erneuten Einsatz in der Zukunft abzuwägen, ob der Raumbezug in den Abbildungen oder eine erhöhte Vergleichbarkeit verschiedener Räume durch die neue tabellarische Darstellungsform priorisiert werden soll. Dies ist insbesondere bei einem möglichen Einsatz in zukünftigen Nahverkehrsplänen zu berücksichtigen, um den Anforderungen der unterschiedlichen Zielgruppen eines solchen Plans gerecht werden zu können.

Studie 2B: Anwendung des Indikatorensystems in den Untersuchungsgebieten

13

13.1 Vorgehensweise

Auf Grundlage der entwickelten Indikatoren in Kapitel 12 werden die in Kapitel 8 definierten Untersuchungsgebiete analysiert. Die Daten hierfür wurden zum einen über die Website www.bahn.de im Internet erhoben. Die Auskunftsseite ist, wie viele andere gängige auch (www.efa.de, Auskunftsseiten der Verkehrsverbünde, etc.) an die ÖPNV-Datendrehscheibe Niedersachsen/Bremen angeschlossen und enthält damit alle für Niedersachsen gemeldeten Fahrplandaten (VBN 2025b: www). Zum anderen wurden die weiteren benötigen Daten über Google Maps abgefragt, insbesondere die Fahrtzeiten für den MIV. Darüber hinaus wurde Google Maps zur Wahl der jeweiligen Referenzhaltestellen verwendet. Die geographische Definition des jeweiligen Start- und Zielpunktes war die Grundvoraussetzung für die Abfrage der Fahrplandaten, also die Festlegung. Ausgewählt wurden die Haltestellen in den nichtzentralen Orten sowie in den Grundzentren und den Mittelzentren nach verschiedenen Kriterien. Angestrebt wurde die Wahl einer Haltestelle, die möglichst zentral in der Ortschaft liegt, also insbesondere in den zentralen Orten möglichst nah an den für die Daseinsvorsorge relevanten Versorgungsbereichen. Bei Google Maps werden diese in der Kartensicht in einer anderen Schattierung als die umliegenden Gebiete angezeigt und bieten so eine erste Eingrenzung. Anschließend wurde ebenfalls bei Google Maps für infrage kommende Haltestellen geprüft, ob die Haltestelle wirklich durch den ÖPNV bedient wird. Auch diese Abfrage ist bei Google Maps möglich, da auch hier ÖPNV-Fahrplandaten eingespeist werden. Falls die Haltestelle nicht oder weniger oft als eine andere im zentralen Ortsbereich bedient wurde, konnte in allen Fällen eine geeignete Alternativhaltestelle in der näheren Umgebung ausgewählt werden. Die Auswahl fand also unter Anwendung der Attribute Ortsmitte,

J. Lamberg, *Beitragspotenziale eines autonomen ÖPNV zur Sicherung der Daseinsvorsorge*, https://doi.org/10.1007/978-3-658-50160-0_13

Geschäftszentrum (zentralörtlicher Bereich) und meistfrequentierte Haltestelle statt.

In einigen Sonderfällen waren während der Datenerhebung über www.bahn.de noch Feinjustierungen notwendig, beispielsweise in Clausthal-Zellerfeld. In diesem Fall hatten die Haltestellen je nach Richtung unterschiedliche Haltestellennamen, sodass in diesem Mittelzentrum zwei Zugangspunkte ausgewählt wurden, im konkreten Fall „Kronenplatz/ Adolph-Roemer-Straße“. Abweichend davon ist der Referenzpunkt „Bahnhof/ZOB“ in Lingen jedoch derselbe Haltestellenname für beide Straßenseiten. Folgende Referenzhaltestellen wurden in den Mittel- und Grundzentren auf Grundlage der beschriebenen Vorgehensweise festgelegt (s. Tab. 13.1).

Tabelle 13.1 Übersicht der ausgewählten Referenzhaltestellen in den Mittel- und Grundzentren sowie den dezentralen Siedlungsbereichen in den vier Untersuchungsgebieten

Ort	Haltestelle	Ort	Haltestelle
Landkreis Emsland			
Lingen *(Mittelzentrum)*	Bahnhof/ZOB	Salzbergen *(Grundzentrum)*	Bahnhof
Herzlake	Kirche	Bexten	Eschstraße
Lengerich	Busbahnhof	Hummeldorf	Devesstraße
Freren	Markt	Steide	DGH
Spelle	Rathaus		
Salzbergen	Bahnhof		
Emsbüren	Richthofstraße		
Geeste	Dalum (Geeste) ZOB		
Haselünne	Bahnhof		
Landkreis Gifhorn			
Wittingen *(Mittelzentrum)*	Nöhre	Steinhorst *(Grundzentrale Teilfunktion)*	Steinhorst Ortsmitte
Hankensbüttel	Ortsmitte	Räderloh	Räderloh Ort
Brome	Schule/Ortsmitte	Lüsche	Lüsche Ort
Rühen	Tulpenweg	Auermühle	Auermühle Ort
Wahrenholz	Bahnhof Wahrenholz		

(Fortsetzung)

Tabelle 13.1 (Fortsetzung)

Ort	Haltestelle	Ort	Haltestelle
Steinhorst	Ortsmitte		
Kreisfreie Stadt Wolfsburg			
Vorsfelde (B-*Zentrum)*	Petruskirche	Nordstadt *(C-Zentrum)*	Hansaplatz
Brackstedt	Brackstedt	Brackstedt	Brackstedt
Velstove	Alte Handelsstraße	Velstove	Alte Handelsstraße
Wendschott	Wendschott	Wendschott	Wendschott
Neuhaus	Burg	Kästorf	Holzkampe
Reislingen	Einkaufszentrum		
Nordsteimke	Nordsteimke		
Nordstadt	Hansaplatz		
Landkreis Goslar			
Clausthal-Zellerfeld *(Mittelzentrum)*	Kronenplatz/ Adolph-Roemer-Straße	Sankt Andreasberg *(Grundzentrum)*	Schulstraße
Oberschulenberg	Oberschulenberg	Sonnenberg	Sonnenberg
Schulenberg	Schulenberg Ort	Oderbrück	Oderbrück
Torfhaus	Torfhaus	Oderhaus	Oderhaus
Altenau	Altenau Markt	Odertaler Sägemühle	*Keine Haltestelle*
Wildemann	Kurverwaltung		
Sankt Andreasberg	Schulstraße		

Quelle: Eigene Abbildung auf Grundlage eigenen Vorgehens

Erhoben wurden als erste Priorität die Verbindungen mit der besten Aufenthaltsdauer im Grund- oder Mittelzentrum. Die beste Aufenthaltsdauer sollte analog zur Systematik des Nahverkehrsplans des Landkreises Emsland möglichst im Zeitrahmen zwischen 90 und 150 Minuten liegen (eineinhalb bis zweieinhalb Stunden) (vgl. Abschn. 12.2). Passende Verbindungen wurden zu Fahrtenpaaren verbunden. Dieser Arbeitsschritt fand händisch mittels zwei parallel geöffneter Abfragefenster statt, bei der die jeweilige Aufenthaltsdauer im Mittel- oder Grundzentrum berechnet wurde (Abb. 13.1).

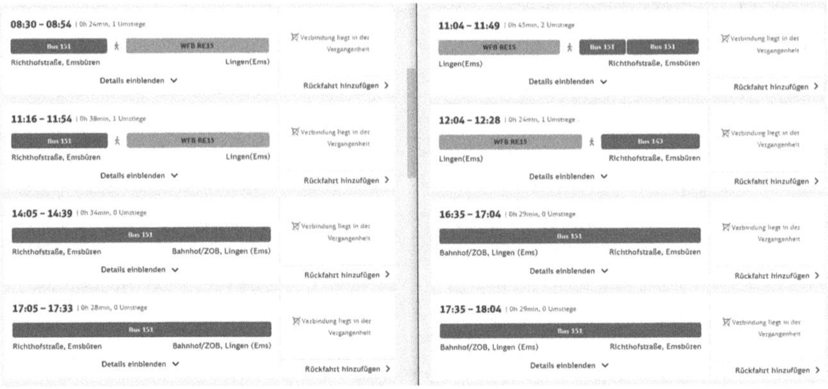

Abbildung 13.1 Verbindung von Fahrtenpaaren (Hin- und Rückfahrt) zur Analyse der besten ÖPNV-Verbindungskombination am Untersuchungstag. (Quelle: DEUTSCHE BAHN 2025: www)

Im Fall von Abbildung 13.1 wurde die Verbindung ausgewählt, die eine Ankunft um 14:39 Uhr im Mittelzentrum Lingen aufweist und eine Abfahrt zurück in Richtung Grundzentrum Emsbüren um 16:45 Uhr. Andere Verbindungen wären zwar auch möglich gewesen, bei mehreren Optionen wurden jedoch Verbindungen prioritär ohne Umstieg und darüber hinaus mit der kürzeren Reisedauer ausgewählt. Im konkreten Beispiel ergibt sich eine Aufenthaltsdauer von 02:06 Stunden, beziehungsweise 126 Minuten im Mittelzentrum, was optimal zur Vorgabe eines Aufenthalts zwischen 90 und 150 Minuten passt. Nach der Auswahl der geeignetsten Tagesverbindung wurde die Anzahl der Umstiege bei dieser Verbindung sowie die generelle Anzahl der Umstiege bei an diesem Tag angebotenen Verbindungen auf der entsprechenden Relation erfasst. Zudem wurde die ÖPNV-Fahrtzeit der besten ausgewählten Tagesverbindung für die Hin- und für die Rückfahrt gesondert erfasst. Anschließend wurde über Google Maps die Fahrtzeit für den MIV erhoben. Aus dem Mittelwert der ÖPNV-Hin- und Rückfahrt wurde in Kombination mit der Fahrtzeit im MIV ein Fahrtzeitverhältnisfaktor für die Verbindung im öffentlichen Personennahverkehr gebildet. Da insbesondere in ländlichen Räumen das ÖPNV-Angebot oft eine hohe Abhängigkeit vom Schülerverkehr aufweist, wurde hier, ebenfalls analog zur Methodik im Nahverkehrsplan des Landkreises Emsland, auch zwischen Schulzeit und Ferien unterschieden, sodass die doppelte Anzahl an Daten erhoben wurde. Referenztage waren der 14. September 2022 als Schultag und der 10. August 2022 als Ferientag in Niedersachsen. Im Landkreis Emsland wurden die Daten auch schon für das Jahr 2021 erhoben, um eine Grundlage für die dort durchgeführte Fokusgruppe zu generieren. Stichtage waren hier der 15. September 2021 für die Schulzeit und der 11. August 2021 für die Ferienzeit. Die Daten wurden für das Jahr 2022 zwecks Harmonisierung mit den anderen Fallstudien noch einmal überprüft. Die Datenlage war exakt gleich, sodass die Erhebungen im Landkreis Emsland nach Durchführung dieser Fokusgruppe ebenfalls auf das Jahr 2022 umdatiert wurden. Der zeitliche Suchraum war von 06:00 bis 20:00 Uhr definiert, wobei die Präferenz bei Verbindungen innerhalb der Kernzeit von 08:00 bis 18:00 Uhr lag, um zum einen die morgendlichen Sondereffekte durch den Schülerverkehr zu minimieren (Sonderfahrten von und zu den Bildungseinrichtungen, die außerhalb des Taktschemas angeboten werden), und abends mögliche frühere Ladenschließzeiten mit berücksichtigen zu können. Falls keine optimale Verbindung in diesem zeitlichen Korridor gefunden werden konnte, wurde auch der Zeitraum von 06:00 Uhr bis 08:00 Uhr und von 18:00 Uhr bis 20:00 Uhr betrachtet. Untersucht wurden zudem nur Tage unter der Woche, also unter Aussparung der Verkehrstage Samstag und Sonntag, da die Ergebnisse bereits so schon sehr heterogen ausfallen. Bei einer weiteren Zunahme von Unterschieden und Einzelfällen wäre die Ableitung klarer Ergebnisse erschwert. Zudem ist zu fraglich, inwieweit ein verlässliches Verkehrsangebot an Samstagen oder sogar Sonntagen einen Teil der staatlichen Gewährleistungspflicht im Rahmen der Daseinsvorsorge darstellt.

Nicht in allen Fällen war eine einzige Verbindung pro Tag als die passendste Verbindung auszumachen. Bei sehr vielen Verbindungen, die eine optimale Aufenthaltsdauer im höherwertigen zentralen Orten aufwiesen, wurde zufällig eine Verbindung für den Datensatz ausgewählt. Dies wurde dann mit dem Zusatz „z. B." kenntlich gemacht. Bei zwei oder mehreren sich ergänzenden Taktschemata (beispielsweise Ankunft immer zur Minute 39 und 54 jeder Stunde) wurden bei gleicher Qualität der Aufenthaltsdauer beide Werte statt des Zusatzes „z. B." erfasst. In Einzelfällen war das beste Verbindungspaar aber so nicht bestimmbar. So wiesen Verbindungen mit optimaler Aufenthaltsdauer im höherwertigen Zentrum drei Umstiege oder mehr auf, sodass die tatsächliche Nutzbarkeit der Verbindung damit in Frage gestellt ist. Hier wurde teilweise einzelfallbezogen eine Verbindung mit schlechterer Aufenthaltsdauer, aber maximal zwei Umstiegen ausgewählt, um weiterhin einen Praxisbezug der Untersuchung zu gewährleisten. Im Fall des Grundzentrums Brome im Landkreis Gifhorn wurde zudem die sehr strikte Definition des Korridors von 90 bis 150 Minuten leicht aufgeweicht. Abweichende Aufenthaltsdauern von 89 beziehungsweise 155 Minuten wurden noch als optimale Aufenthaltsdauer gewertet. Schließlich kann der Zeitraum der optimalen Aufenthaltsdauer ohnehin nur als Orientierung verstanden werden, da beispielsweise Wartezeiten bei Fachärzten sehr unterschiedlich und auch nicht immer im Vorfeld abschätzbar sind.

13.2 Ergebnisse

13.2.1 Übersicht

Die gemessenen bestmöglichen Aufenthaltsdauern in den zentralen Orten ermöglichen ganz überwiegend eine Sicherung der Daseinsvorsorge durch den ÖPNV. Auch wenn die Angebotsqualität in der Sommerferienzeit vielerorts leicht sinkt, was sich insbesondere in längeren Fahrtzeiten im ÖPNV niederschlägt (höherer Fahrtzeitfaktor; teilweise auch höhere Anzahl an Umstiegen) ist die Qualität der Daseinsvorsorge gemessen am Indikator der Aufenthaltsdauer nicht beeinträchtigt. Teilweise wird die Verbindungsqualität in den Ferien sogar besser. Lediglich im Grundzentrum Salzbergen ist die Daseinsvorsorge eingeschränkt, in den Sommerferien ist eine ÖPNV-Anbindung der untersuchten Peripherie an das Grundzentrum gänzlich eingestellt. Insbesondere in den drei Landkreisen konnten viele Verbindungen umsteigefrei gemessen werden. Im Vergleich hierzu überraschen die oft notwendigen Umstiege im ÖPNV der kreisfreien Stadt Wolfsburg. Dies ist jedoch lediglich nachteilig für die Servicequalität und hat keinen Einfluss auf die Gewährleistung der Daseinsvorsorge, wie die folgenden Einzelanalysen der Untersuchungsregionen zeigen. Allerdings weisen die untersuchten Verbindungen in der kreisfreien Stadt Wolfsburg oft auch ein deutlich schlechteres Fahrtzeitverhältnis zwischen ÖPNV und MIV auf, als in den untersuchten ländlichen Räumen.

Zu erwähnen ist zudem, dass fast überall in den vier Untersuchungsregionen Anpassungen des Angebots in den Sommerferien vorgenommen werden. Einzig im Landkreis Goslar waren mehrere Verbindungen im Vergleich zwischen Schul- und Ferienzeit identisch. Da in den Sommerferien oft die Sonderfahrten für den Schülerverkehr ausbleiben, ist das ÖPNV-Angebot in dieser Zeit stärker von Taktfahrplänen geprägt. Auch wenn die einzelnen Untersuchungsregionen teilweise sehr unterschiedliche Ergebnisse hervorbrachten, wird einführend die Bildung von Globalindikatoren dargelegt. Verbindungen mit dem ÖPNV dauerten im Durchschnitt aller acht untersuchten zentralen Orte **2,77-mal so lange** wie mit dem Pkw (Mittelwert aus 80 gemessenen Fahrtrelationen), im Schnitt waren bei der Wahl der besten Verbindung **0,36 Umstiege pro Reise mit dem ÖPNV** erforderlich.

Im Vergleich der Untersuchungsregionen sind bezüglich der ÖPNV-Fahrtzeitfaktoren, die angeben, wie viel länger eine Fahrt mit öffentlichen Verkehrsmitteln im Vergleich zum MIV dauert, insgesamt homogene Ergebnisse festzustellen (s. Abb. 13.2). Bis auf Ausnahmen sind in den drei untersuchten Landkreisen die Fahrtzeitfaktoren bei unter 2. Dies gilt sowohl für die Verbindungen zwischen den Grund- und Mittelzentren, als auch zwischen der Peripherie und den Grundzentren. Damit dauern viele Busverbindungen maximal doppelt so lange wie eine Fahrt mit dem privaten Pkw. Überraschend schlechte Werte weist dazu im Vergleich die kreisfreie Stadt Wolfsburg auf, bei der die meisten ÖPNV-Verbindungen eine mehr als doppelt so lange und teilweise sogar mehr als vier Mal so lange Fahrtzeit wie der MIV aufweisen. Allerdings sind bei den untersuchten städtischen Verbindungen die Ausschläge einzelner Verbindungen geringer, das Angebot ist bei insgesamt schlechteren Werten zumindest im Binnenverhältnis homogener gestaltet. Beispielhaft ist hier als Vergleich der Unterschied in der Verbindungsqualität von und nach Steinhorst (Siedlung mit grundzentraler Teilfunktion) anzuführen, die im Vergleich zwischen Schul- und Ferienzeit sehr deutliche Unterschiede aufweist. In Salzbergen ist in der Ferienzeit zudem gar kein ÖPNV-Angebot vorhanden (s. Abb. 13.2).

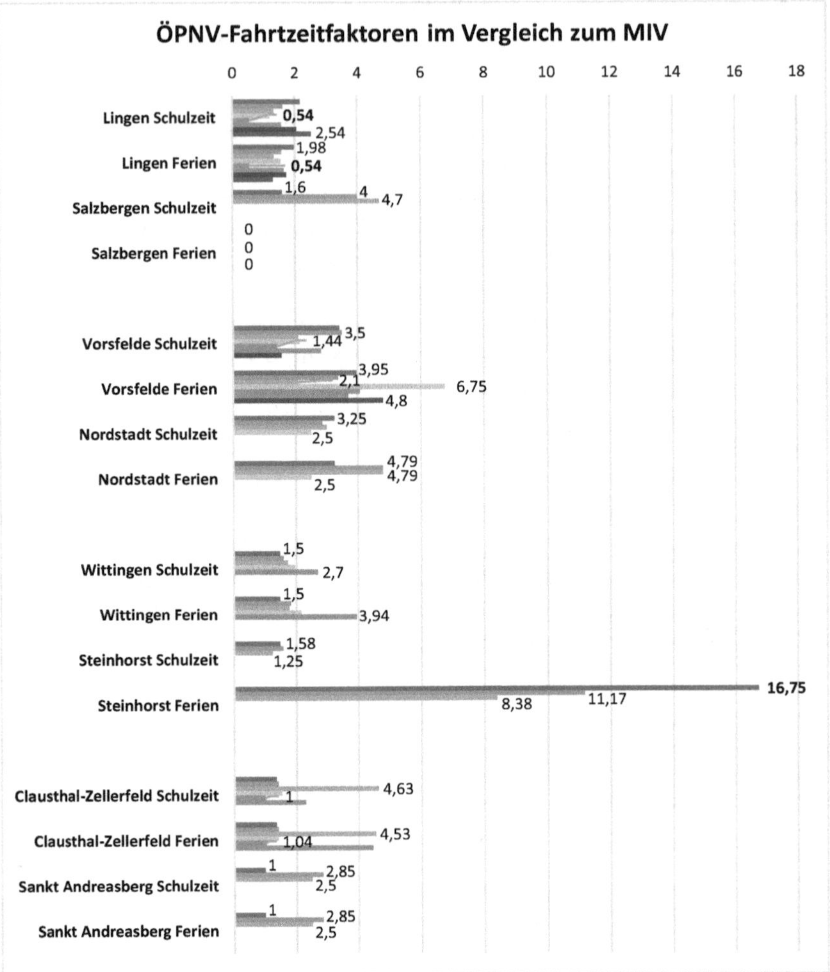

Abbildung 13.2 ÖPNV-Fahrtzeitfaktoren in den vier Untersuchungsregionen Landkreis Emsland, Stadt Wolfsburg, Landkreis Gifhorn und Landkreis Goslar (Mittelwerte aus Hin- und Rückfahrt im Verhältnis zum MIV). (Quelle: Eigene Darstellung auf Grundlage eigener Erhebung)

13.2.2 Landkreis Emsland

13.2.2.1 Mittelzentrum Lingen

Die Grundzentren Herzlake, Lengerich, Freren, Spelle, Salzbergen, Emsbüren, Geeste und Haselünne sind alle mit dem ÖPNV an das Mittelzentrum Lingen angebunden. Das bestehende ÖPNV-Angebot ermöglicht sowohl zur Schulzeit, als auch in der Ferienzeit fast vollständig optimale Aufenthaltsdauern im Mittelzentrum Lingen zwischen eineinhalb und zweieinhalb Stunden. Nur das Grundzentrum Lengerich ist in den Sommerferien nicht optimal angebunden. Allerdings sind die möglichen Aufenthaltsdauern von 02:53 Stunden oder 03:13 Stunden noch nah an den optimalen Werten. Die Daseinsvorsorge im ÖPNV ist damit für Verbindungen zwischen den Grund- und Mittelzentren gesichert. Oft bestehen für das Erreichen des Mittelzentrums Direktverbindungen, ein Umstieg ist so nicht notwendig. Einzig die Verbindung zwischen Herzlake und Lingen erfordert in der Schulzeit sowohl bei der Hin- und auch bei der Rückfahrt mindestens einen Umstieg und sogar zwei Umstiege in den Ferien. Zur Erreichung einer optimalen Aufenthaltsdauer im Mittelzentrum ist zudem in der Ferienzeit auf den Verbindungen von und nach Geeste und Haselünne entweder auf der Hin- oder auf der Rückfahrt ein Umstieg erforderlich, sodass hier die Angebotsqualität im Vergleich zur Schulzeit leicht verschlechtert ist. Die Fahrtzeitfaktoren des ÖPNV im Vergleich zum MIV liegen zwischen 0,54 und 2,18 (s. Abb. 13.3).

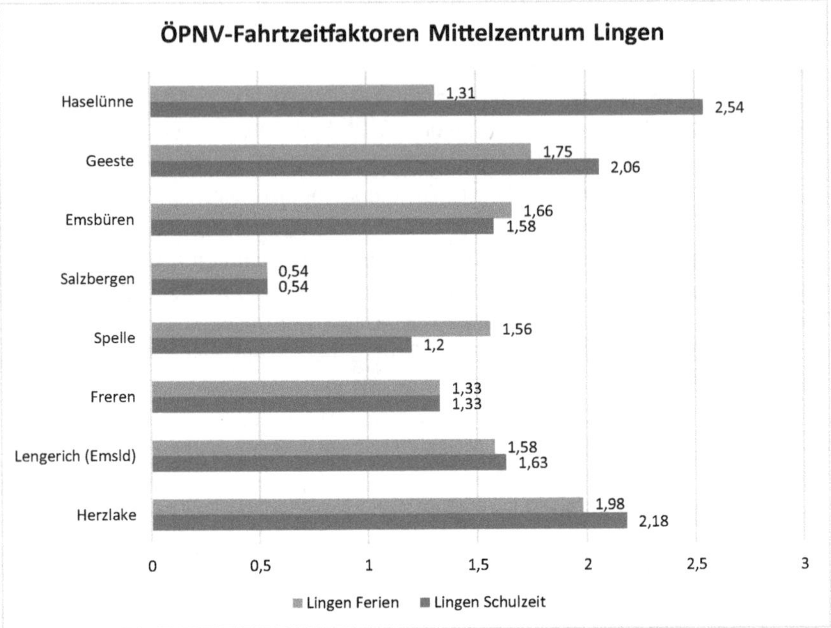

Abbildung 13.3 ÖPNV-Fahrtzeitfaktoren zwischen den Grundzentren und dem Mittelzentrum Lingen im Landkreis Emsland (Mittelwerte aus Hin- und Rückfahrt im Verhältnis zum MIV). (Quelle: Eigene Darstellung auf Grundlage eigener Erhebung)

Unterschiede bei den Fahrtzeitfaktoren zwischen Schul- und Ferienzeiten sind messbar, jedoch marginal. Zwischen Lingen und Herzlake, Lengerich, Geeste sowie Haselünne sind sogar leicht bessere Werte in den Ferien messbar. Gleiche Werte liegen in den Fällen von Freren und Salzbergen vor, nur in den Fällen von Spelle und Emsbüren werden die Werte schlechter. Die Umstiegssituationen werden in der Ferienzeit in einigen Fällen leicht schlechter, bleiben in vielen Fällen aber gleich. Die Verbindung zwischen Salzbergen und Lingen ist mit einem Fahrtzeitfaktor von 0,54 sogar doppelt so schnell wie mit dem privaten Pkw. Hier ist eine direkte Verbindung im SPNV vorhanden, so sind sehr konkurrenzfähige Angebote möglich. Das Vorhandensein von SPNV kann also attraktive Verbindungen im ÖPNV und damit eine exzellente Sicherung der Daseinsvorsorge ermöglichen. Zwischen Geeste und Lingen bestehen attraktive Direktverbindungen (s. Tab. 13.2 und 13.3), noch schneller sind jedoch die Verbindungen mit einem Umstieg auf den SPNV. Diese sind aber hier jedoch aufgrund der Priorisierung umsteigefreier Verbindungen (vgl. Abschn. 13.1) nicht angegeben. Im Folgenden sind alle für das Mittelzentrum Lingen erhobenen Ergebnisse sowohl für die Schulzeit (Tab. 13.2) als auf für die Ferienzeit (Tab. 13.3) dargestellt.

Tabelle 13.2 Beste Aufenthaltsdauern im Mittelzentrum Lingen bei Fahrt im ÖPNV aus den umliegenden Grundzentren, Anzahl der Umstiege bei bester Aufenthaltsdauer sowie generell, Fahrtzeiten der ÖPNV-Verbindungen mit bestem Aufenthalt, MIV-Fahrtzeit sowie der aus diesen Werten errechnete Fahrtzeitfaktor des ÖPNV im Vergleich zum MIV in der **Schulzeit** (Datenerhebung für den Stichtag 14.09.2022)

Grundzentrum	Bester Aufenthalt im Mittelzentrum Lingen	Anzahl der Umstiege bei bester Verbindung	Anzahl der Umstiege generell	Fahrtzeit ÖPNV hin/rück, Fahrtzeit MIV	Fahrtzeitfaktor des ÖPNV im Vergleich zum MIV
Herzlake	z. B. 02:30 h	1	1–2	71/73, 33	2,18
Lengerich	z. B. 02:01 h	0	0–1	29/33, 19	1,63
Freren	z. B. 02:12 h	0	0–1	28/28, 21	1,33
Spelle	z. B. 01:56 h	0	0–1	34/31, 27	1,2
Salzbergen	02:10 h	0	0	14/15, 27	0,54
Emsbüren	z. B. 01:56 h	0	0–1	34/29, 20	1,58
Geeste	z. B. 01:32 h	0	0–1	35/35, 17	2,06
Haselünne	z. B. 02:01 h	0	0–1	29/42, 28	2,54

Quelle: eigene Darstellung auf Grundlage eigener Erhebung

Tabelle 13.3 Beste Aufenthaltsdauern im Mittelzentrum Lingen bei Fahrt im ÖPNV aus den umliegenden Grundzentren, Anzahl der Umstiege bei bester Aufenthaltsdauer sowie generell, Fahrtzeiten der ÖPNV-Verbindungen mit bestem Aufenthalt, MIV-Fahrtzeit sowie der aus diesen Werten errechnete Fahrtzeitfaktor des ÖPNV im Vergleich zum MIV in den **Sommerferien** (Datenerhebung für den Stichtag 10.08.2022)

Grundzentrum	Bester Aufenthalt im Mittelzentrum Lingen	Anzahl der Umstiege bei bester Verbindung	Anzahl der Umstiege generell	Fahrtzeit ÖPNV hin/rück, Fahrtzeit MIV	Fahrtzeitfaktor des ÖPNV im Vergleich zum MIV
Herzlake	01:52 h	2	2	76/51, 32	1,98
Lengerich	03:13/02:53 h	0	0–1	24/33, 18	1,58
Freren	02:03 h	0	0–1	26/27, 20	1,33
Spelle	z. B. 01:47 h	0	0–1	41/34, 24	1,56
Salzbergen	02:10 h	0	0	14/15, 27	0,54
Emsbüren	01:56 h	0	0–1	34/29, 19	1,66
Geeste	z. B. 02:32 h	0,5	0–2	18/38, 16	1,75
Haselünne	z. B. 02:11 h	0,5	0–1	29/34, 24	1,31

Quelle: eigene Darstellung auf Grundlage eigener Erhebung

13.2.2.2 Grundzentrum Salzbergen

Während das ÖPNV-Angebot zwischen den Grund- und dem Mittelzentrum Lingen die Daseinsvorsorge sichert und attraktive Verbindungen im öffentlichen Verkehr ermöglicht, ist die Situation im Fall des Grundzentrums Salzbergen differenziert zu betrachten. So bestehen in der Schulzeit von den nichtzentralen Orten Bexten, Hummeldorf und Steide zwar umsteigefreie Verbindungen zum Grundzentrum Salzbergen, allerdings sind die Aufenthaltsdauern mit 04:28 Stunden (Hummeldorf und Steide) und 4:49 Stunden (Bexten) nicht optimal für die Sicherung der Daseinsvorsorge geeignet. Mit einem Fahrtzeitfaktor von 4 (Hummeldorf) und 4,7 (Steide) sind zudem trotz der Direktverbindungen lange Umwege in Kauf zu nehmen (s. Abb. 13.4).

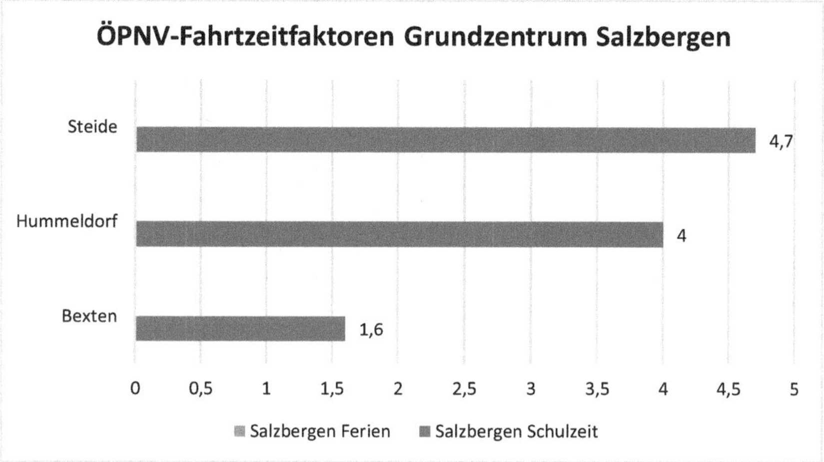

Abbildung 13.4 ÖPNV-Fahrtzeitfaktoren zwischen den umliegenden Ortschaften und dem Grundzentrum Salzbergen im Landkreis Emsland (im Verhältnis zum MIV, Ergebnisse sind jeweils die Mittelwerte aus Hin- und Rückfahrt). (Quelle: Eigene Darstellung auf Grundlage eigener Erhebung)

So dauert die Fahrt von Salzbergen nach Steide mit dem privaten Pkw fünf Minuten, mit dem Bus jedoch 25 Minuten. Im Fall der Verbindung zwischen Bexten und Salzbergen ist mit einem Fahrtzeitfaktor von 1,6 jedoch ein vergleichbarer Wert wie zwischen den Grund- und dem Mittelzentrum Lingen messbar. In der Schulzeit ist das Angebot also nicht optimal, eine Anbindung an das Grundzentrum ist jedoch gegeben, und das insbesondere als Qualitätsmerkmal auch umstiegsfrei vorhanden. In den Schulferien ist jedoch eine abweichende Situation festzustellen. So besteht in der Sommerzeit in einem Zeitraum von sechs Wochen gar kein ÖPNV-Angebot. Dieser Umstand wurde auf mehreren Beauskunftungsseiten verglichen und produzierte immer das gleiche Ergebnis (s. Abb. 13.5).

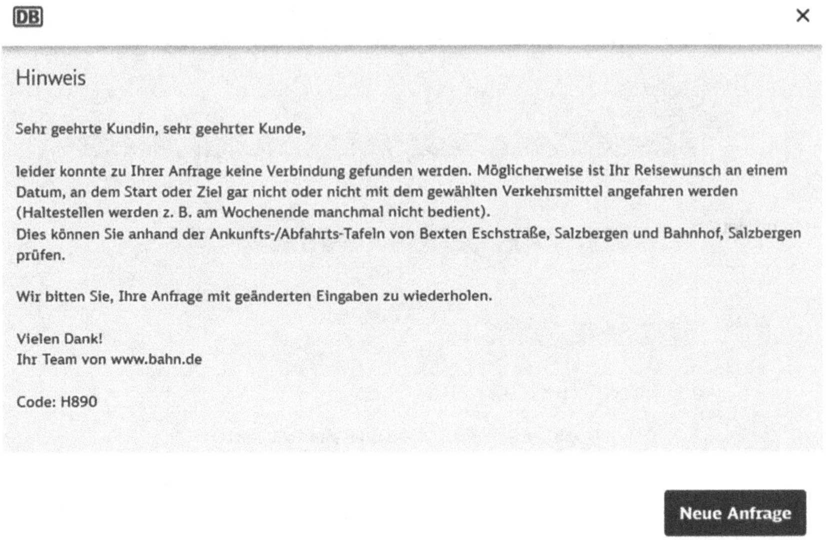

Abbildung 13.5 Fehlender ÖPNV in Salzbergen in den Schulferien. (Quelle: Bahn 2023: www)

Damit ist die Daseinsvorsorge im Umland des Grundzentrums Salzbergen in der Ferienzeit nicht gesichert. Eine Diskussion um den Einsatz autonomer Angebote ist hier sinnvoll und wird in den folgenden Kapiteln durchgeführt. Im Folgenden sind alle für das Grundzentrum Salzbergen erhobenen Ergebnisse sowohl für die Schulzeit (Tab. 13.4) als auf für die Ferienzeit (Tab. 13.5) dargestellt.

Tabelle 13.4 Beste Aufenthaltsdauern im Grundzentrum Salzbergen bei Fahrt im ÖPNV aus den umliegenden Orten, Anzahl der Umstiege bei bester Aufenthaltsdauer sowie generell, Fahrtzeiten der ÖPNV-Verbindungen mit bestem Aufenthalt, MIV-Fahrtzeit sowie der aus diesen Werten errechnete Fahrtzeitfaktor des ÖPNV im Vergleich zum MIV in der **Schulzeit** (Datenerhebung für den Stichtag 14.09.2022)

Ort	Bester Aufenthalt im Grundzentrum Salzbergen	Anzahl der Umstiege bei bester Verbindung	Anzahl der Umstiege generell	Fahrtzeit ÖPNV hin/rück, Fahrtzeit MIV	Fahrtzeitfaktor des ÖPNV im Vergleich zum MIV
Bexten	04:49 h	0	0	9/7, 5	1,6
Hummeldorf	04:28 h	0	0	16/16, 4	4
Steide	04:28 h	0	0	22/25, 5	4,7

Quelle: eigene Darstellung auf Grundlage eigener Erhebung

Tabelle 13.5 Beste Aufenthaltsdauern im Grundzentrum Salzbergen bei Fahrt im ÖPNV aus den umliegenden Orten, Anzahl der Umstiege bei bester Aufenthaltsdauer sowie generell, Fahrtzeiten der ÖPNV-Verbindungen mit bestem Aufenthalt, MIV-Fahrtzeit sowie der aus diesen Werten errechnete Fahrtzeitfaktor des ÖPNV im Vergleich zum MIV in den **Sommerferien** (Datenerhebung für den Stichtag 10.08.2022)

Ort	Bester Aufenthalt im Grundzentrum Salzbergen	Anzahl der Umstiege bei bester Verbindung	Anzahl der Umstiege generell	Fahrtzeit ÖPNV hin/rück, Fahrtzeit MIV	Fahrtzeitfaktor des ÖPNV im Vergleich zum MIV
Bexten	Kein ÖPNV	Kein ÖPNV	Kein ÖPNV	Kein ÖPNV	Kein ÖPNV
Hummeldorf	Kein ÖPNV	Kein ÖPNV	Kein ÖPNV	Kein ÖPNV	Kein ÖPNV
Steide	Kein ÖPNV	Kein ÖPNV	Kein ÖPNV	Kein ÖPNV	Kein ÖPNV

Quelle: eigene Darstellung auf Grundlage eigener Erhebung

13.2.3 Landkreis Gifhorn

13.2.3.1 Mittelzentrum Wittingen

Bei der Analyse der Verbindung zwischen den Grundzentren und dem Mittelzentrum Wittingen sind, wie auch im Fall des Mittelzentrums Lingen im Emsland, in allen Fällen optimale Aufenthaltszeiten zu ermitteln. Dies gilt auch vollständig für die Ferienzeit. Allerdings ist bei drei von fünf Verbindungen mindestens ein Umstieg erforderlich: aus den Grundzentren Rühen, Wahrenholz und Steinhorst ist mindestens ein Wechsel des Fahrzeuges notwendig, um Wittingen zu erreichen. Lediglich Hankensbüttel und Brome bieten umsteigefreie Verbindungen. Während die Verbindungsqualität zwischen Hankensbüttel und Wittingen auch in den Sommerferien gleichbleibt und mit einem Fahrtzeitfaktor von 1,5 ein sehr konkurrenzfähiges Angebot aufweist, werden in den anderen Fällen die Fahrtzeitfaktoren im Sommer leicht schlechter, weisen mit Werten zwischen 1,83 und 2,17 aber ein immer noch nutzbares Angebot auf. Die deutlichste Verschlechterung ist im Fall von Steinhorst messbar. Schon in der Schulzeit ist mit einem Umwegefaktor von 2,7 der höchste Wert messbar, dieser steigert sich in den Sommerferien auf einen Wert von 3,94 (s. Abb. 13.6).

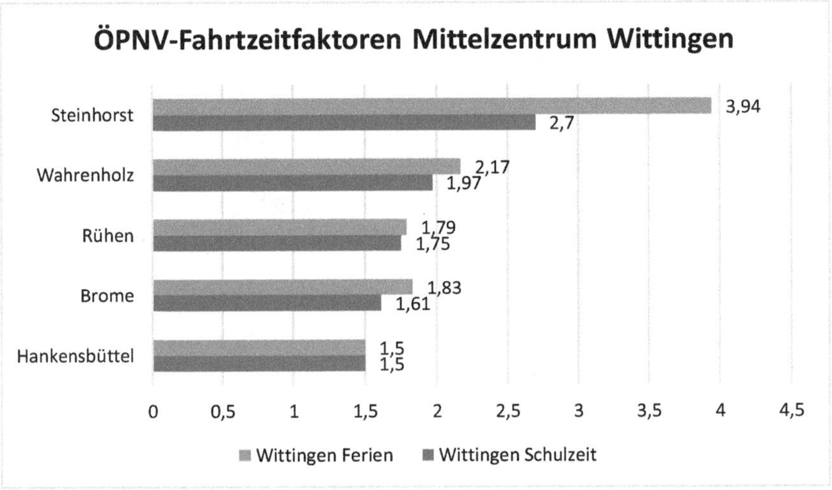

Abbildung 13.6 ÖPNV-Fahrtzeitfaktoren zwischen den Grundzentren und dem Mittelzentrum Wittingen im Landkreis Gifhorn (im Verhältnis zum MIV, Ergebnisse sind jeweils die Mittelwerte aus Hin- und Rückfahrt). (Quelle: Eigene Darstellung auf Grundlage eigener Erhebung)

Zudem sind auch schon in der Schulzeit viele Verbindungen von Steinhorst nach Wittingen mindestens teilweise mit einem Anruf-Sammeltaxi abgedeckt, was einen gewissen Vorlauf bei der Planung einer Fahrt und natürlich die vorherige Anmeldung erfordert. In den Sommerferien kann das Mittelzentrum Wittingen von Steinhorst nur unter Nutzung von Anruf-Sammeltaxis erreicht werden. Im Fall von Rühen war die Festlegung der geeignetsten Haltestelle schwierig, da es unterschiedliche Zustiegspunkte gab, die pro Tag einige wenige nutzbare Verbindungen bereithielten, jedoch meistens komplizierte und lange Verbindungen mit vielen Umstiegen. Im Vergleich der Haltestellen bot sich so eine unübersichtliche Situation. Unter der Prämisse „optimaler Aufenthalt im Mittelzentrum vor umstiegsfreier Direktverbindung“ wurde hier die Referenzhaltestelle „Tulpenweg“ ausgewählt. Dadurch entsteht mindestens ein Umstieg bei der Verbindung mit der geeignetsten Aufenthaltsdauer im Mittelzentrum. Ab der Haltestelle „Hauptstraße“ werden Direktverbindungen mit 50 Minuten Fahrzeit angeboten, allerdings nur wenige am Tag, sodass die Aufenthaltsdauer nicht optimal ist. Potenziell sind diese Verbindungen aber durch die Bevölkerung nutzbar. Möglich wäre in der Praxis auch eine Kombination verschiedener Haltestellen für die Hin- und Rückfahrt durch ortskundige Personen. Für die Messung wurde aber zur Wahrung der Systematik keine Kombination der Haltestellen gewählt. Im Folgenden sind alle für das Mittelzentrum Wittingen erhobenen Ergebnisse sowohl für die Schulzeit (Tab. 13.6) als auf für die Ferienzeit (Tab. 13.7) dargestellt.

Tabelle 13.6 Beste Aufenthaltsdauern im Mittelzentrum Wittingen bei Fahrt im ÖPNV aus den umliegenden Grundzentren, Anzahl der Umstiege bei bester Aufenthaltsdauer sowie generell, Fahrtzeiten der ÖPNV-Verbindungen mit bestem Aufenthalt, MIV-Fahrtzeit sowie der aus diesen Werten errechnete Fahrtzeitfaktor des ÖPNV im Vergleich zum MIV in der **Schulzeit** (Datenerhebung für den Stichtag 14.09.2022)

Grundzentrum	Bester Aufenthalt im Mittelzentrum Wittingen	Anzahl der Umstiege bei bester Verbindung	Anzahl der Umstiege generell	Fahrtzeit ÖPNV hin/rück, Fahrtzeit MIV	Fahrtzeitfaktor des ÖPNV im Vergleich zum MIV
Hankensbüttel	z. B. 01:48h	0	0	15/15, 10	1,5
Brome	01:29/02:35h	0	0	42/32, 23	1,61
Rühen	z. B. 01:43h	1	1–2	67/59, 36	1,75
Wahrenholz	01:48h	1	1	36/35, 18	1,97
Steinhorst	z. B. 02:08	1,5	1–2, viel AST	43/81, 23	2,7

Quelle: eigene Darstellung auf Grundlage eigener Erhebung

Tabelle 13.7 Beste Aufenthaltsdauern im Mittelzentrum Wittingen bei Fahrt im ÖPNV aus den umliegenden Grundzentren, Anzahl der Umstiege bei bester Aufenthaltsdauer sowie generell, Fahrtzeiten der ÖPNV-Verbindungen mit bestem Aufenthalt, MIV-Fahrtzeit sowie der aus diesen Werten errechnete Fahrtzeitfaktor des ÖPNV im Vergleich zum MIV in den **Sommerferien** (Datenerhebung für den Stichtag 10.08.2022)

Grundzentrum	Bester Aufenthalt im Mittelzentrum Wittingen	Anzahl der Umstiege bei bester Verbindung	Anzahl der Umstiege generell	Fahrtzeit ÖPNV hin/rück, Fahrtzeit MIV	Fahrtzeitfaktor des ÖPNV im Vergleich zum MIV
Hankensbüttel	z. B. 01:48h	0	0	15/15, 10	1,5
Brome	01:20/02:32/ 02:40h	0	0	47/37, 23	1,83
Rühen	01:20/02:40	1	1	67/62, 36	1,79
Wahrenholz	01:41h	1	1	36/42, 18	2,17
Steinhorst	02:24h	1	1–2	92/89, 23	3,94

Quelle: Eigene Darstellung auf Grundlage eigener Erhebung

13.2.3.2 Zentraler Ort mit grundzentraler Teilfunktion Steinhorst

Steinhorst als zentraler Ort mit grundzentraler Teilfunktion ist von Räderloh, Lüsche und Auermühle mit optimalen Aufenthaltsdauern mit dem ÖPNV erreichbar, auch in den Sommerferien. In der Schulzeit sind sowohl für die Hin- als auch für die Rückfahrt umsteigefreie Direktverbindungen verfügbar. Die Fahrtzeitfaktoren sind mit 1,5 bei Räderloh, 1,58 bei Lüsche und sogar 1,25 bei Auermühle sehr konkurrenzfähig zum privaten Pkw (s. Abb. 13.7).

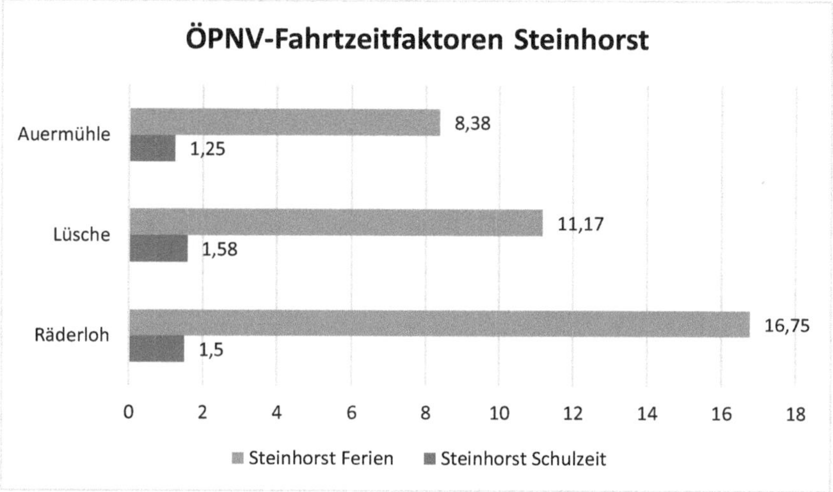

Abbildung 13.7 ÖPNV-Fahrtzeitfaktoren zwischen den umliegenden Siedlungsbereichen und der Ortschaft mit grundzentraler Teilfunktion Steinhorst im Landkreis Gifhorn (im Verhältnis zum MIV, Ergebnisse sind jeweils die Mittelwerte aus Hin- und Rückfahrt). (Quelle: Eigene Darstellung auf Grundlage eigener Erhebung)

Dies ändert sich jedoch in den Sommerferien, da faktisch nur die Hinfahrt nach Steinhorst durch den ÖPNV abgedeckt ist. Auf der Rückfahrt wären ein Umstieg und auch ein Umweg erforderlich, sodass die Rückfahrt über zwei Stunden länger dauern würde als die Hinfahrt, die mit vier, fünf, beziehungsweise sechs Minuten sehr kurz ist. 130 Minuten Fahrtzeit sind für den Rückweg natürlich nur auf theoretischer Basis nutzbar, da der Fußweg deutlich kürzer ist. Die Fahrtzeitfaktoren als Mittelwert zwischen Hin- und Rückfahrt sind mit 8,38 für Auermühle, 11,17 für Lüsche und sogar 16,75 für Räderloh aufgrund der deutlichen Diskrepanz zwischen der Hin- und Rückfahrt natürlich nur bedingt aussagekräftig. Auch wenn die Aufenthaltsdauern in den Sommerferien passen, ist der ÖPNV praktisch nicht nutzbar. Dies ist ein gutes Beispiel dafür, dass eine differenziertere Messung zur Erfassung der Gesamtsituation erforderlich ist, als im aktuell gültigen Nahverkehrsplans des Landkreises Emsland dargestellt ist. In einem Fall wie dem von Steinhorst lohnt sich ein Blick auf differenzierende Indikatoren, um die konkrete Situation im ÖPNV erfassen zu können. Im Folgenden sind alle für den Ort Steinhorst erhobenen Ergebnisse sowohl für die Schulzeit (Tab. 13.8) als auf für die Ferienzeit (Tab. 13.9) dargestellt.

Tabelle 13.8 Beste Aufenthaltsdauern im Ort Steinhorst bei Fahrt im ÖPNV aus den umliegenden Orten, Anzahl der Umstiege bei bester Aufenthaltsdauer sowie generell, Fahrtzeiten der ÖPNV-Verbindungen mit bestem Aufenthalt, MIV-Fahrtzeit sowie der aus diesen Werten errechnete Fahrtzeitfaktor des ÖPNV im Vergleich zum MIV in der **Schulzeit** (Datenerhebung für den Stichtag 14.09.2022)

Ort	Bester Aufenthalt im Ort Steinhorst	Anzahl der Umstiege bei bester Verbindung	Anzahl der Umstiege generell	Fahrtzeit ÖPNV hin/rück, Fahrtzeit MIV	Fahrtzeitfaktor des ÖPNV im Vergleich zum MIV
Räderloh	z. B. 02:19h	0	0	6/6, 4	1,5
Lüsche	z. B. 02:13h	0	0	9/10, 6	1,58
Auermühle	z. B. 01:35h	0	0	11/9, 8	1,25

Quelle: Eigene Darstellung auf Grundlage eigener Erhebung

Tabelle 13.9 Beste Aufenthaltsdauern im Ort Steinhorst bei Fahrt im ÖPNV aus den umliegenden Orten, Anzahl der Umstiege bei bester Aufenthaltsdauer sowie generell, Fahrtzeiten der ÖPNV-Verbindungen mit bestem Aufenthalt, MIV-Fahrtzeit sowie der aus diesen Werten errechnete Fahrtzeitfaktor des ÖPNV im Vergleich zum MIV in den **Sommerferien** (Datenerhebung für den Stichtag 10.08.2022)

Ort	Bester Aufenthalt im Ort Steinhorst	Anzahl der Umstiege bei bester Verbindung	Anzahl der Umstiege generell	Fahrtzeit ÖPNV hin/rück, Fahrtzeit MIV	Fahrtzeitfaktor des ÖPNV im Vergleich zum MIV
Räderloh	02:00 h	0,5	1 (0&2)	4/130, 4	16,75
Lüsche	02:00 h	0,5	1 (0&2)	5/129, 6	11,17
Auermühle	02:00 h	0,5	1 (0&2)	6/128, 8	8,38

Quelle: Eigene Darstellung auf Grundlage eigener Erhebung

13.2.4 Landkreis Goslar

13.2.4.1 Mittelzentrum Clausthal-Zellerfeld

Auch im Fall des Mittelzentrums Clausthal-Zellerfeld im Landkreis Goslar sind von allen Siedlungsbereichen aus mit dem ÖPNV optimale Aufenthaltsdauern erreichbar. In den meisten Fällen ist dies sogar umsteigefrei möglich. Einzig die Verbindung zwischen Torfhaus und Clausthal-Zellerfeld erfordert mindestens zwei Umstiege pro Richtung, oft jedoch mehr. Allerdings ist die Analyse hier hypothetisch-dogmatischer Natur, da von Torfhaus ein direkter stündlicher Bus nach Bad Harzburg (ebenfalls Mittelzentrum) angeboten wird und die Daseinsvorsorge so gesichert ist. Damit haben auch die Fahrtzeitfaktoren von 4,63 in der Schulzeit und 4,53 in der Ferienzeit keine praktische Relevanz für die Sicherung der Daseinsvorsorge. Fast alle anderen Ortschaften weisen hier Werte mit einer eins vor dem Komma auf, exklusive Sankt Andreasberg liegt das Spektrum zwischen 1,04 und 1,54 (s. Abb. 13.8).

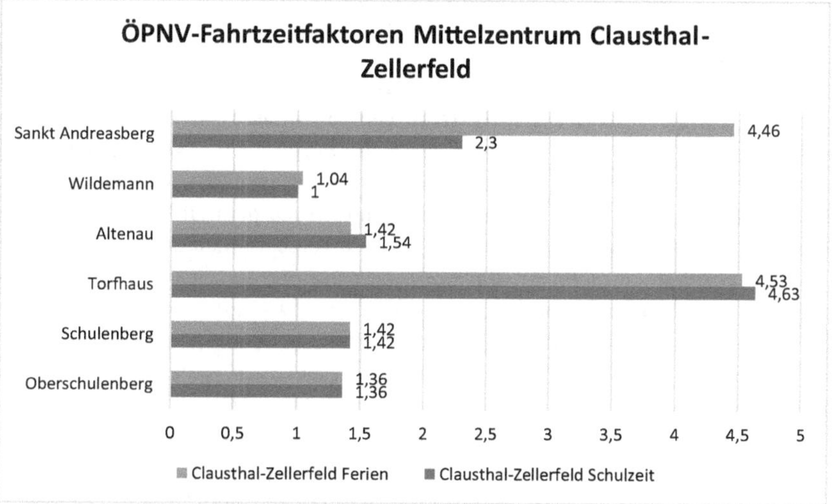

Abbildung 13.8 ÖPNV-Fahrtzeitfaktoren zwischen den dezentralen Ortsteilen sowie dem Grundzentrum Sankt Andreasberg und dem Mittelzentrum Clausthal-Zellerfeld im Landkreis Goslar (im Verhältnis zum MIV, Ergebnisse sind jeweils die Mittelwerte aus Hin- und Rückfahrt). (Quelle: Eigene Darstellung auf Grundlage eigener Erhebung)

Bis auf Sankt Andreasberg sind auch alle analysierten Orte keine Grundzentren, sondern periphere Ortsteile von Clausthal-Zellerfeld. Aufbauend auf dem System der zentralen Orte gibt es also nur ein richtiges Grundzentrum. Zwischen diesem, Sankt Andreasberg, und Clausthal-Zellerfeld ist in der Schulzeit in eine Richtung ein Umstieg erforderlich, in die andere ist die Nutzung einer

Direktverbindung zur Erzielung einer optimalen Aufenthaltsdauer im Grundzentrum nutzbar. Der Fahrzeitfaktor liegt hier bei 2,3. Allerdings erhöht sich dieser in den Sommerferien auf 4,46, da in jede Richtung ein Umstieg erforderlich ist und die Fahrtzeiten im ÖPNV mit 103 Minuten auf der Hinfahrt und 102 Minuten auf der Rückfahrt im Vergleich zu 23 Minuten Autofahrt nicht attraktiv sind. Umsteigefreie Verbindungen zwischen Sankt Andreasberg und Clausthal-Zellerfeld existieren ausschließlich im Rahmen des Schülerverkehrs. Die Verbindungen von Schulenberg und Oberschulenberg nach Clausthal-Zellerfeld werden in der Schulzeit als klassische Linienverkehre angeboten, in der Ferienzeit jedoch überwiegend als Rufbus. Von Oberschulenberg werden ausschließlich Rufbusse angeboten, von Schulenberg aus sind nur die Verbindungen mit Rufbus sinnvoll nutzbar. Diese vermeintliche Einschränkung ermöglicht jedoch eine umsteigefreie und optimale Sicherung der Daseinsvorsorge.

In der Gesamtbetrachtung der Verbindungen von den Ortschaften ins Mittelzentrum und zurück ist hervorzuheben, dass hervorragende Fahrtzeitvergleiche zum MIV vorliegen. So ist eine Busfahrt wenige Minuten langsamer als die mit einem privaten Pkw. Diese Ergebnisse können aufgrund der gebündelten Siedlungsstruktur in den Tälern entlang der Verkehrsachsen erzielt werden, da diese konkurrenzfähige und schnelle Direktverbindungen mit dem ÖPNV ermöglichen. Hieraus wären beispielsweise auch neue, ÖPNV-gerechte Siedlungsstrukturen für andere Topographien ableitbar, um die Sicherung der Daseinsvorsorge zukünftig bereits bei der Raum- und Siedlungsentwicklung zu berücksichtigen. Konkret wären die Siedlungsstrukturen im Harz als Leitbild auch auf flache Gebiete übertragbar, in denen keine topographischen Einschränkungen bestehen. Dies würde die Ausgestaltung eines attraktiven und leistungsfähigen ÖPNV im Rahmen der Sicherung der Daseinsvorsorge fördern. Im Folgenden sind alle für das Mittelzentrum Clausthal-Zellerfeld erhobenen Ergebnisse sowohl für die Schulzeit (Tab. 13.10) als auf für die Ferienzeit (Tab. 13.11) dargestellt.

Tabelle 13.10 Beste Aufenthaltsdauern im Mittelzentrum Clausthal-Zellerfeld bei Fahrt im ÖPNV aus den umliegenden Grundzentren, Anzahl der Umstiege bei bester Aufenthaltsdauer sowie generell, Fahrtzeiten der ÖPNV-Verbindungen mit bestem Aufenthalt, MIV-Fahrtzeit sowie der aus diesen Werten errechnete Fahrtzeitfaktor des ÖPNV im Vergleich zum MIV in der **Schulzeit** (Datenerhebung für den Stichtag 14.09.2022)

Grundzentrum	Bester Aufenthalt im Mittelzentrum Clausthal-Zellerfeld	Anzahl der Umstiege bei bester Verbindung	Anzahl der Umstiege generell	Fahrtzeit ÖPNV hin/ rück, Fahrtzeit MIV	Fahrtzeitfaktor des ÖPNV im Vergleich zum MIV
Oberschulenberg	z. B. 02:19h	0	0	11/11, 8	1,36
Schulenberg	z. B. 02:19h	0	0	17/17,12	1,42
Torfhaus	z. B. 02:26h	2	2–4	95/81, 19	4,63
Altenau	z. B. 02:25h	0	0–1	20/17, 12	1,54
Wildemann	z. B. 01:47h	0	0–1	12/12, 12	1
St Andreasberg	z. B. 01:46h	0,5	0–2	29/77, 23	2,3

Quelle: eigene Darstellung auf Grundlage eigener Erhebung

Tabelle 13.11 Beste Aufenthaltsdauern im Mittelzentrum Clausthal-Zellerfeld bei Fahrt im ÖPNV aus den umliegenden Grundzentren, Anzahl der Umstiege bei bester Aufenthaltsdauer sowie generell, Fahrtzeiten der ÖPNV-Verbindungen mit bestem Aufenthalt, MIV-Fahrtzeit sowie der aus diesen Werten errechnete Fahrtzeitfaktor des ÖPNV im Vergleich zum MIV in den **Sommerferien** (Datenerhebung für den Stichtag 10.08.2022)

Grundzentrum	Bester Aufenthalt im Mittelzentrum Clausthal-Zellerfeld	Anzahl der Umstiege bei bester Verbindung	Anzahl der Umstiege generell	Fahrtzeit ÖPNV hin/ rück, Fahrtzeit MIV	Fahrtzeitfaktor des ÖPNV im Vergleich zum MIV
Oberschulenberg	02:24h, ausschließlich RUFBUS	0	0	11/11, 8	1,36

(Fortsetzung)

Tabelle 13.11 (Fortsetzung)

Grundzentrum	Bester Aufenthalt im Mittelzentrum Clausthal-Zellerfeld	Anzahl der Umstiege bei bester Verbindung	Anzahl der Umstiege generell	Fahrtzeit ÖPNV hin/rück, Fahrtzeit MIV	Fahrtzeitfaktor des ÖPNV im Vergleich zum MIV
Schulenberg	02:24, sinnvoll nutzbar nur RUFBUS	0	0–1	17/17, 12	1,42
Torfhaus	02:26h	2	2	91/81, 19	4,53
Altenau	01:32h/02:32h	0	0	17/17, 12	1,42
Wildemann	02:05h	0	0–2	13/12, 12	1,04
St Andreasberg	01:32h/02:32h	1	1–2	103/102, 23	4,46

Quelle: eigene Darstellung auf Grundlage eigener Erhebung

13.2.4.2 Grundzentrum Sankt Andreasberg

Das Grundzentrum Sankt Andreasberg ist in drei von vier gemessenen Fällen optimal mit dem Umland verbunden. So ist von den nichtzentralen Orten Sonnenberg, Oderbrück und Oderhaus das Grundzentrum sowohl in der Schulzeit, als auch in den Ferien optimal mit dem ÖPNV erreichbar. Die bestmöglichen Aufenthaltsdauern liegen hier zwischen eineinhalb und zweieinhalb Stunden. Umstiege sind zwischen den beiden erstgenannten Ortschaften und dem zentralörtlichen Bereich nicht erforderlich, die Verbindung von und nach Oderhaus weist in eine Richtung einen Umstieg auf. Umsteigefreie Hin- und Rückfahrt sind in Kombination nur außerhalb einer optimalen Aufenthaltsdauer möglich. Fraglich ist hier allerdings, ob in der Praxis wirklich Verbindungen mit Umstieg nachgefragt werden, da die umsteigefreien Verbindungen gleich schnell sind wie der MIV, Verbindungen mit Umstieg mit 35 Minuten Fahrtzeit im Gegensatz zu einer direkten Verbindung mit 10 Minuten Fahrtzeit jedoch deutlich länger dauern. Von Sonnenberg nach Sankt Andreasberg ist der Fahrtzeitfaktor des ÖPNV mit genau 1,0 exzellent. Die Busfahrt ist hier genau gleich schnell wie die Fahrt im Pkw.

Schlechter sind hingegen die Werte bei Oderbrück (2,85) und Oderhaus (2,5). Allerdings bleibt auf allen drei Relationen das Angebot auch in den Sommerferien unverändert – ein im Vergleich zu den anderen Untersuchungsräumen im Datensatz ansonsten nicht gemessenes Qualitätsmerkmal (s. Abb. 13.9).

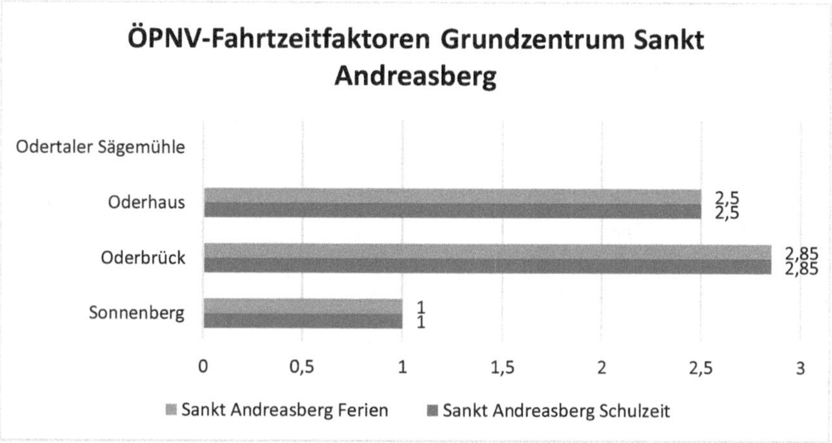

Abbildung 13.9 ÖPNV-Fahrtzeitfaktoren zwischen den dezentralen Siedlungsbereichen und dem Grundzentrum Sankt Andreasberg im Landkreis Goslar (im Verhältnis zum MIV, Ergebnisse sind jeweils die Mittelwerte aus Hin- und Rückfahrt). (Quelle: Eigene Darstellung auf Grundlage eigener Erhebung)

Problematisch ist die Verbindung zwischen der Odertaler Sägemühle und Sankt Andreasberg. Hier gibt es weder in der Schulzeit, noch in den Sommerferien ein ÖPNV-Angebot. Auch fehlt am dezentralen Ort eine Haltestelle, die zukünftig bedient werden könnte. Dieser Ort ist also, bis auf Salzbergen in den Sommerferien, der einzige dezentrale Ort ohne ÖPNV-Anschluss an das nächste Grundzentrum. Im Folgenden sind alle für das Grundzentrum Sankt Andreasberg erhobenen Ergebnisse sowohl für die Schulzeit (Tab. 13.12) als auf für die Ferienzeit (Tab. 13.13) dargestellt.

Tabelle 13.12 Beste Aufenthaltsdauern im Grundzentrum Sankt Andreasberg bei Fahrt im ÖPNV aus den umliegenden Orten, Anzahl der Umstiege bei bester Aufenthaltsdauer sowie generell, Fahrtzeiten der ÖPNV-Verbindungen mit bestem Aufenthalt, MIV-Fahrtzeit sowie der aus diesen Werten errechnete Fahrtzeitfaktor des ÖPNV im Vergleich zum MIV in der **Schulzeit** (Datenerhebung für den Stichtag 14.09.2022)

Ort	Bester Aufenthalt im Grundzentrum Sankt Andreasberg	Anzahl der Umstiege bei bester Verbindung	Anzahl der Umstiege generell	Fahrtzeit ÖPNV hin/rück, Fahrtzeit MIV	Fahrtzeitfaktor des ÖPNV im Vergleich zum MIV
Sonnenberg	z. B. 02:16h	0	0	6/8, 7	1
Oderbrück	z. B. 02:15h	0	0–1	36/38, 13	2,85
Oderhaus	z. B. 02:15h	0,5	0–1	35/10, 9	2,5
Odertaler Sägemühle	Kein ÖPNV	Kein ÖPNV	Kein ÖPNV	Kein ÖPNV	Kein ÖPNV

Quelle: eigene Darstellung auf Grundlage eigener Erhebung

Tabelle 13.13 Beste Aufenthaltsdauern im Grundzentrum Sankt Andreasberg bei Fahrt im ÖPNV aus den umliegenden Orten, Anzahl der Umstiege bei bester Aufenthaltsdauer sowie generell, Fahrtzeiten der ÖPNV-Verbindungen mit bestem Aufenthalt, MIV-Fahrtzeit sowie der aus diesen Werten errechnete Fahrtzeitfaktor des ÖPNV im Vergleich zum MIV in den **Sommerferien** (Datenerhebung für den Stichtag 10.08.2022)

Ort	Bester Aufenthalt im Grundzentrum Sankt Andreasberg	Anzahl der Umstiege bei bester Verbindung	Anzahl der Umstiege generell	Fahrtzeit ÖPNV hin/rück, Fahrtzeit MIV	Fahrtzeitfaktor des ÖPNV im Vergleich zum MIV
Sonnenberg	z. B. 02:16h	0	0	6/8, 7	1
Oderbrück	z. B. 02:15h	0	0–1	36/38, 13	2,85
Oderhaus	z. B. 02:15h	0,5	0–1	35/10, 9	2,5
Odertaler Sägemühle	Kein ÖPNV	Kein ÖPNV	Kein ÖPNV	Kein ÖPNV	Kein ÖPNV

Quelle: eigene Darstellung auf Grundlage eigener Erhebung

13.2.5 Kreisfreie Stadt Wolfsburg

13.2.5.1 B-Zentrum Vorsfelde

Das B-Zentrum Vorsfelde ist aus den umliegenden Ortsteilen sowie C– und C+-Zentren mit optimalen Aufenthaltsdauern erreichbar. Die einzige Ausnahme bildet Velstove in den Sommerferien. Hier sind nur Aufenthaltsdauern von 55 Minuten oder 2:55 Stunden möglich. Auch wenn die Aufenthaltsdauern in den meisten Fällen optimal passen, ist die Umsteigesituation in Summe schlechter als in den untersuchten ländlichen Räumen. In der Schulzeit sind nur drei der sieben untersuchten Verbindungen umstiegsfrei, in den Sommerferien sogar nur zwei von fünf. Dies ist auch ein Grund für die vergleichsweise langen Fahrtdauern im Vergleich zum MIV. Viele Verbindungen dauern mindestens zwei, drei oder sogar vier Mal so lange wie mit dem privaten Pkw. Auch werden diese Werte in den Sommerferien deutlich schlechter, teilweise dauern Verbindungen im Ferienfahrplan bis zu drei Mal so lange wie in der Schulzeit, wie das Beispiel Neuhaus eindrücklich aufzeigt (s. Abb. 13.10).

Die Ergebnisse zeigen jedoch keine Einschränkung oder sogar schlechtere Versorgungslage im Vergleich zu den anderen ländlichen Untersuchungsräumen im Sinne der Daseinsvorsorge auf. Da das A-Zentrum Stadtmitte von allen Orts- und Stadtteilen umsteigefrei erreichbar ist, ist die Analyse der Erreichbarkeit niedrigerer Zentren innerhalb der kreisfreien Stadt Wolfsburg im Kontext der Daseinsvorsorge hypothetischer Natur. Nichtsdestotrotz zeigen die Ergebnisse eine schlechtere ÖPNV-Angebotsqualität in einer kreisfreien Großstadt auf, als in drei ländlichen Vergleichsräumen, was ein überraschendes Ergebnis darstellt. In Wolfsburg kann also durchaus Potenzial bei der Verbesserung des vorhandenen Angebots im Sinne der Servicequalität abgeleitet werden. Im Folgenden sind alle für das B-Zentrum Vorsfelde erhobenen Ergebnisse sowohl für die Schulzeit (Tab. 13.14) als auf für die Ferienzeit (Tab. 13.15) dargestellt.

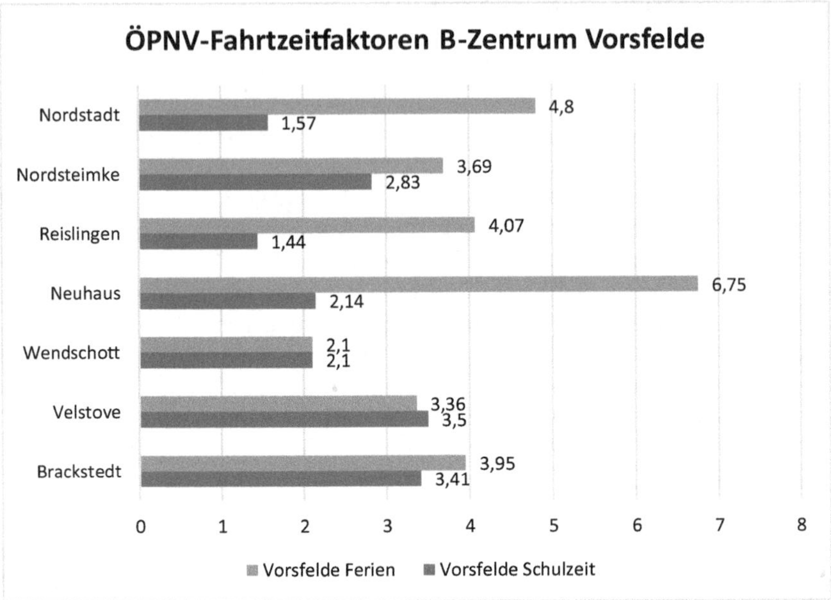

Abbildung 13.10 ÖPNV-Fahrtzeitfaktoren zwischen den umliegenden Ortsteilen, C– und C+-Zentren und dem B-Zentrum Vorsfelde in der kreisfreien Stadt Wolfsburg (im Verhältnis zum MIV, Ergebnisse sind jeweils die Mittelwerte aus Hin- und Rückfahrt). (Quelle: Eigene Darstellung auf Grundlage eigener Erhebung)

Tabelle 13.14 Beste Aufenthaltsdauern im B-Zentrum Vorsfelde bei Fahrt im ÖPNV aus den umliegenden Stadt- und Ortsteilen, Anzahl der Umstiege bei bester Aufenthaltsdauer sowie generell, Fahrtzeiten der ÖPNV-Verbindungen mit bestem Aufenthalt, MIV-Fahrtzeit sowie der aus diesen Werten errechnete Fahrtzeitfaktor des ÖPNV im Vergleich zum MIV in der **Schulzeit** (Datenerhebung für den Stichtag 14.09.2022)

Stadt- und Ortsteile	Bester Aufenthalt im B-Zentrum Vorsfelde	Anzahl der Umstiege bei bester Verbindung	Anzahl der Umstiege generell	Fahrtzeit ÖPNV hin/rück, Fahrtzeit MIV	Fahrtzeitfaktor des ÖPNV im Vergleich zum MIV
Brackstedt	2:06h/1:36	1	1	30/45, 11	3,41
Velstove	2:03h/1:33	0	0	25/24, 7	3,5

(Fortsetzung)

Tabelle 13.14 (Fortsetzung)

Stadt- und Ortsteile	Bester Aufenthalt im B-Zentrum Vorsfelde	Anzahl der Umstiege bei bester Verbindung	Anzahl der Umstiege generell	Fahrtzeit ÖPNV hin/rück, Fahrtzeit MIV	Fahrtzeitfaktor des ÖPNV im Vergleich zum MIV
Wendschott	z. B. 1:54h	0	0	11/10, 5	2,1
Neuhaus	1:35/02:05	1	1	11/19, 7	2,14
Reislingen	1:35/02:05	0	0	12/11, 8	1,44
Nordsteimke	z. B. 1:32/ 02:02	1	1	29/22, 9	2,83
Nordstadt	z. B. 01:36/ 02:06	1	1	10/12, 7	1,57

Quelle: Eigene Darstellung auf Grundlage eigener Erhebung

Tabelle 13.15 Beste Aufenthaltsdauern im B-Zentrum Vorsfelde bei Fahrt im ÖPNV aus den umliegenden Stadt- und Ortsteilen, Anzahl der Umstiege bei bester Aufenthaltsdauer sowie generell, Fahrtzeiten der ÖPNV-Verbindungen mit bestem Aufenthalt, MIV-Fahrtzeit sowie der aus diesen Werten errechnete Fahrtzeitfaktor des ÖPNV im Vergleich zum MIV in den **Sommerferien** (Datenerhebung für den Stichtag 10.08.2022)

Stadt- und Ortsteile	Bester Aufenthalt im B-Zentrum Vorsfelde	Anzahl der Umstiege bei bester Verbindung	Anzahl der Umstiege generell	Fahrtzeit ÖPNV hin/rück, Fahrtzeit MIV	Fahrtzeitfaktor des ÖPNV im Vergleich zum MIV
Brackstedt	2:25h	1	1	45/42, 11	3,95
Velstove	2:55h/0:55	0	0	23/24, 7	3,36
Wendschott	z. B. 1:55h	0	0	11/10, 5	2,1
Neuhaus	2:25h	1	1	41/40, 6	6,75
Reislingen	2:05h	1	1	25/32, 7	4,07
Nordsteimke	1:45h	1	1	24/35, 8	3,69
Nordstadt	2:25h	1	1	25/23, 5	4,8

Quelle: Eigene Darstellung auf Grundlage eigener Erhebung

13.2.5.2 C-Zentrum Nordstadt

Auch aus dem Einzugsbereich des C-Zentrums Nordstadt ist der zentralörtliche Bereich flächendeckend mit optimalen Aufenthaltszeiten erreichbar. Dies gilt uneingeschränkt ebenfalls für die Zeit der Sommerferien. Die Umstiegssituation ist besser als im Fall des B-Zentrums Vorsfelde, drei von vier Verbindungen sind vollständig umstiegsfrei, oder zumindest in eine Fahrtrichtung umstiegsfrei. Lediglich von und nach Wendschott ist immer ein Umstieg erforderlich. Da alle Verbindungen durch das B-Zentrum Vorsfelde führen, ist die Analyse im Kontext der Daseinsvorsorge aber hypothetischer Natur. Allerdings ist die Attraktivität von innerstädtischer Mobilität mit dem Bus aufgrund von Fahrtzeitfaktoren zwischen 2,5 und 4,79 nicht besonders hoch (s. Abb. 13.11) und insbesondere im Vergleich mit den drei ländlichen Untersuchungsregionen sogar deutlich schlechter.

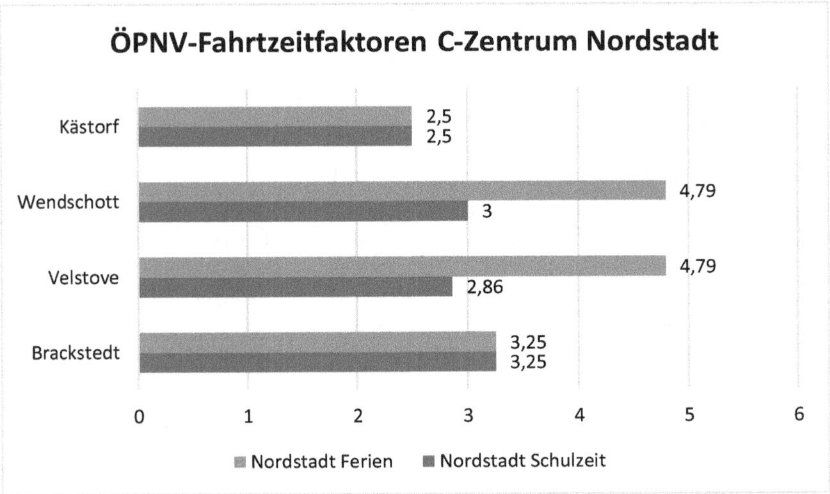

Abbildung 13.11 ÖPNV-Fahrtzeitfaktoren zwischen den umliegenden Stadt- und Ortsteilen sowie dem C-Zentrum Nordstadt in der kreisfreien Stadt Wolfsburg (im Verhältnis zum MIV, Ergebnisse sind jeweils die Mittelwerte aus Hin- und Rückfahrt). (Quelle: Eigene Darstellung auf Grundlage eigener Erhebung)

Insbesondere zwischen Velstove und der Nordstadt sowie Wendschott und der Nordstadt ist das Angebot ausbaufähig. Doch auch die Verbindungen von und nach Brackstedt sind mit einem Faktor von 3,25 nicht attraktiv. Immerhin bleibt die Servicequalität im Vergleich von Schulzeit und Sommerferien gleich (ebd.).

Die Ergebnisse sind jedoch ebenfalls, wie beim B-Zentrum Vorsfelde, kein Beleg für eine Einschränkung der Versorgungslage, da auch hier das A-Zentrum Stadtmitte von allen Orts- und Stadtteilen umsteigefrei erreichbar ist. Damit ist die Analyse der Erreichbarkeit niedrigerer Zentren innerhalb der kreisfreien Stadt Wolfsburg auch hier im Kontext der Daseinsvorsorge hypothetischer Natur. Eine Verbesserung der ÖPNV-Angebotsqualität ist aber durchaus möglich. Im Folgenden sind alle für das C-Zentrum Nordstadt erhobenen Indikatoren sowohl für die Schulzeit (Tab. 13.16) als auf für die Ferienzeit (Tab. 13.17) dargestellt.

Tabelle 13.16 Beste Aufenthaltsdauern im C-Zentrum Nordstadt bei Fahrt im ÖPNV aus den umliegenden Stadt- und Ortsteilen, Anzahl der Umstiege bei bester Aufenthaltsdauer sowie generell, Fahrtzeiten der ÖPNV-Verbindungen mit bestem Aufenthalt, MIV-Fahrtzeit sowie der aus diesen Werten errechnete Fahrtzeitfaktor des ÖPNV im Vergleich zum MIV in der **Schulzeit** (Datenerhebung für den Stichtag 14.09.2022)

Stadt- und Ortsteilen	Bester Aufenthalt im C-Zentrum Nordstadt	Anzahl der Umstiege bei bester Verbindung	Anzahl der Umstiege generell	Fahrtzeit ÖPNV hin/rück, Fahrtzeit MIV	Fahrtzeitfaktor des ÖPNV im Vergleich zum MIV
Brackstedt	z. B. 01:43h	0	0	20/19, 6	3,25
Velstove	z. B. 01:58h	0	0–1	19/21, 7	2,86
Wendschott	z. B. 02:02h	1	1	22/20, 7	3
Kästorf	z. B. 01:43h	0	0–1	13/12, 5	2,5

Quelle: Eigene Darstellung auf Grundlage eigener Erhebung

Tabelle 13.17 Beste Aufenthaltsdauern im C-Zentrum Nordstadt bei Fahrt im ÖPNV aus den umliegenden Stadt- und Ortsteilen, Anzahl der Umstiege bei bester Aufenthaltsdauer sowie generell, Fahrtzeiten der ÖPNV-Verbindungen mit bestem Aufenthalt, MIV-Fahrtzeit sowie der aus diesen Werten errechnete Fahrtzeitfaktor des ÖPNV im Vergleich zum MIV in den **Sommerferien** (Datenerhebung für den Stichtag 10.08.2022)

Stadt- und Ortsteile	Bester Aufenthalt im C-Zentrum Nordstadt	Anzahl der Umstiege bei bester Verbindung	Anzahl der Umstiege generell	Fahrtzeit ÖPNV hin/rück, Fahrtzeit MIV	Fahrtzeitfaktor des ÖPNV im Vergleich zum MIV
Brackstedt	z. B.02:13h	0	0	20/19, 6	3,25
Velstove	z. B. 01:36h	0,5	0–1	46/21, 7	4,79

(Fortsetzung)

Tabelle 13.17 (Fortsetzung)

Stadt- und Ortsteile	Bester Aufenthalt im C-Zentrum Nordstadt	Anzahl der Umstiege bei bester Verbindung	Anzahl der Umstiege generell	Fahrtzeit ÖPNV hin/rück, Fahrtzeit MIV	Fahrtzeitfaktor des ÖPNV im Vergleich zum MIV
Wendschott	z. B. 01:47h	1	1	32/35, 7	4,79
Kästorf	z.B 02:13h	0	0–1	13/12, 5	2,5

Quelle: Eigene Darstellung auf Grundlage eigener Erhebung

Die Ergebnisse für die kreisfreie Stadt Wolfsburg zeigen auf, dass neue Technologien wie das autonome Fahren hier zwar keine Beitragspotenziale zur Sicherung der Daseinsvorsorge leisten können, durchaus aber einen Beitrag zur Verbesserung der Versorgungslage im ÖPNV. Dies ist insbesondere dann der Fall, wenn bei einer hohen Fahrtzeitdifferenz zwischen MIV und ÖPNV eine Reduzierung der Reisezeit im öffentlichen Verkehr möglich ist (z. B. durch direkte Fahrtwege oder wegfallende Umstiege). Auch bei Umsteigeverbindungen mit konkurrenzfähigen Fahrtzeiten können grundsätzlich Komfort- und Barrierefreiheitsverbesserungen durch neue Direktverbindungen erreicht werden. Zudem kann eine mögliche Haustürbedienung und der damit wegfallende Weg zur Haltestelle weitere zeitlichen Potenziale heben. Daher werden auch in diesem Fall im weiteren Verlauf der Arbeit Beitragspotenziale eines autonomen ÖPNV diskutiert.

13.2.6 Kritische Reflexion

Die in Abschnitt 13.1 klar definierten Regeln für die Auswahl des geeignetsten Verbindungspaares ermöglichen eine standardisierte sowie wiederhol- und damit nachvollziehbare Analyse der Ist-Versorgungssituation im ÖPNV. Allerdings besteht eine Limitierung in der Priorisierung von umsteigefreien Direktverbindungen im Vergleich zu Verbindungen mit einem Umstieg, auch wenn diese teilweise längere Fahrtzeiten aufweisen. Da insbesondere bei einem komplexeren Verkehrsangebot (viele verschiedene Linien und Haltestellen, keine oder wenige Taktmuster in den Fahrplänen) die Wahl der passenden Verbindung abhängig von persönlichen Einschätzungen und Präferenzen der Fahrgäste ist, können hier zur weiteren Validierung des Vorgehens zukünftige Datenabfragen durch qualitative Interviews in den Untersuchungsräumen ergänzt werden. So ist einzelfallbezogen zu untersuchen, bis zu welcher Fahrtzeitverlängerung sich Nutzende wirklich für die umsteigefreie Direktverbindung entscheiden und ab wann sie einen Umstieg zur Verkürzung der Fahrtzeit in Kauf nehmen. Da diese Entscheidung von vielen Faktoren, wie beispielsweise der Verlässlichkeit des Umstiegs, der Barrierefreiheit oder weiteren Faktoren abhängig sein kann, war eine Generalisierung für die vorliegende Untersuchung nicht möglich. Es sind also Abweichungen zwischen den hier dargestellten Ergebnissen und dem tatsächlichen Mobilitätsverhalten der Bevölkerung in den Untersuchungsräumen möglich. Zukünftig ist daher der einzelfallbezogene und ergänzende Einsatz qualitativer Forschungsmethoden in den jeweiligen Untersuchungsgebieten zu empfehlen, um dies auszuschließen.

Studie 2C: Entwicklung autonomer ÖPNV-Konzepte zur Sicherung der Daseinsvorsorge

14

14.1 Ausgangslage

In Kapitel 12 wurde die Notwendigkeit zur Entwicklung eines Messsystems für ÖPNV-Verbindungen abgeleitet und dieses anschließend erarbeitet. Darin enthaltene Indikatoren sind insbesondere die mögliche Verweildauer im zentralen Ort sowie wie die Anzahl der notwendigen Umstiege um diesen zu erreichen. Auch das Qualitätskriterium des Fahrtzeitvergleichs zwischen MIV und ÖPNV wird berücksichtigt. Die so entstehende Systematik wurde anschließend in Kapitel 13 in ausgewählten Grund- und Mittelzentren in den Untersuchungsgebieten des Landkreises Emsland, des Landkreises Gifhorn, der kreisfreien Stadt Wolfsburg und des Landkreises Goslar angewendet. Es konnten umfangreiche ÖPNV-Verbindungsanalysen zwischen nichtzentralen Orten und Grundzentren sowie zwischen Grundzentren und Mittelzentren durchgeführt werden. Die dabei ermittelte Datenlage ermöglicht eine qualifizierte Bewertung der ÖPNV-Verbindungsqualität im Kontext der Daseinsvorsorge. Die hierbei identifizierten Lücken in der ÖPNV-Versorgung dienen nun als Grundlage für die Entwicklung geeigneter autonomer Angebote in diesem Kapitel, welche bei einer zukünftigen Einführung die zuvor identifizierten Lücken schließen können und damit die Daseinsvorsorge sichern. Zusätzlich kann eine Vielzahl geeigneter Angebote die Daseinsvorsorge verbessern. Mögliche Konzepte reichen von klassischen Linienverkehren über Bedarfslinienverkehre bis hin zu vollständigen On-Demand-Lösungen. Der Abschnitt 14.3 zeigt auf, dass eine Vielzahl an Potenzialen identifiziert werden konnte. Dort werden die einzelnen Möglichkeiten nach Untersuchungsgebieten und zentralen Orten sortiert im Einzelnen vorgestellt.

J. Lamberg, *Beitragspotenziale eines autonomen ÖPNV zur Sicherung der Daseinsvorsorge*, https://doi.org/10.1007/978-3-658-50160-0_14

14.2 Methodik

Die Entwicklung der autonomen ÖPNV-Konzepte erfolgt auf Grundlage eines dreistufigen Verfahrens. Der erste Schritt ist die Definition der Untersuchungsgebiete, welcher für die vorliegende Arbeit in Abschnitt 8.2 dargestellt ist. Der räumliche Zuschnitt der Gebiete, für welchen autonome Betriebskonzepte entwickelt werden, ist also bereits vorgegeben. In den vier Untersuchungsgebieten steht jeweils ein Grundzentrum mit allen umliegenden Siedlungen sowie ein Mittelzentrum mit allen umliegenden Grundzentren im Fokus der Analyse.

Die Datenerhebung und -auswertung der bestmöglichen Aufenthaltsdauer im jeweiligen zentralen Ort sowie weiterer Qualitätsindikatoren (s. Abschn. 12.2) schafft in Schritt zwei den Rahmen für die Entwicklung autonomer ÖPNV-Angebote. Sind beispielsweise keine Verbindungen zwischen einem Ort und dem nächsthöheren zentralen Ort im Datensatz vorhanden, so kommen grundsätzlich alle möglichen Bedienformen (vgl. hierzu Kap. 5) für das entsprechende Gebiet in Frage. Ist eine ÖPNV-Verbindung vorhanden, der nächsthöhere zentrale Ort aber nur mit einem Umstieg erreichbar, sind alle Betriebskonzepte auszuarbeiten, die bei Einführung zukünftig ohne Umstieg verkehren. Für die vorliegende Arbeit werden die Datenerhebung und auch deren Auswertung in Kapitel 13 dargelegt.

In einem dritten Schritt werden auf Basis der jeweils in den Untersuchungsgebieten vorliegenden Raumstruktur die autonomen ÖPNV-Konzepte finalisiert. Die im „Handbuch zur Planung flexibler Bedienungsformen im ÖPNV“ gezeigten Varianten der räumlichen Flexibilisierung öffentlicher Verkehre dienen hierbei als Grundlage (s. BMVBS & BBSR 2009a: 26). Besteht der zu entwickelnde Verkehrsraum beispielsweise nur aus einer einzigen Straße ohne Nebenstraßen, sind folglich nur autonome Linienverkehre und autonome Bedarfslinienverkehre möglich, da andere Angebotskonzepte siedlungs- und raumstrukturell nicht implementierbar sind. Lässt die Raumstruktur mehrere Angebotskonzepte zu, werden alle auf dieser Grundlage möglichen Varianten erarbeitet. In der folgenden Abbildung 14.1 ist das hier beschriebene dreistufige Verfahren zur Entwicklung autonomer ÖPNV-Angebotskonzepte grafisch dargestellt.

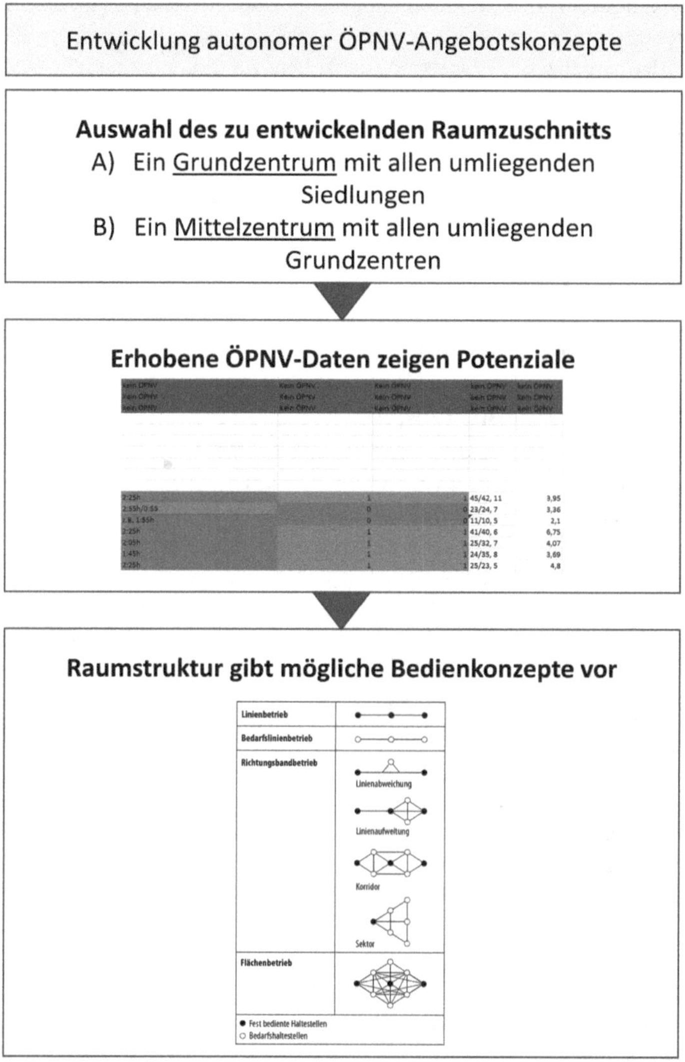

Abbildung 14.1 Dreistufiges Verfahren zur Entwicklung autonomer ÖPNV-Angebotskonzepte. (Quelle: Eigene Darstellung auf Grundlage eigener Methodik unter Berücksichtigung von BMVBS & BBSR 2009a: 26)

Da der Abschnitt 13.2 das Potenzial des Schienenverkehrs für eine Erreichbarkeit zentraler Orte in konkurrenzfähiger Fahrtzeit zum privaten Pkw aufzeigt, werden ergänzend Einsatzmöglichkeiten für autonome ÖPNV-Angebote im Einzugsbereich um bestehende SPNV-Haltepunkte entwickelt. Darüber hinaus werden, ebenfalls ergänzend, für alle in den Untersuchungsgebieten stillgelegte Bahnstrecken Reaktivierungsmöglichkeiten mittels autonomer Betriebsszenarien skizziert. Diese liegen in den Landkreisen Emsland und Gifhorn vor.

14.3 Ergebnisse

14.3.1 Landkreis Emsland

14.3.1.1 Mittelzentrum Lingen

Wie die Analyse des derzeitigen Verkehrsangebots im Bereich des Mittelzentrums Lingen in Abschnitt 13.2.2 zeigt, ist die Daseinsvorsorge hier vollumfänglich gesichert. Lediglich mit den Fahrten zwischen Lengerich und Lingen werden in den Sommerferien nicht ganz optimale Aufenthaltsdauern im Mittelzentrum erreicht. Allerdings liegen diese dennoch nah an den optimalen Werten und sind damit für die Daseinsvorsorge nutzbar. Daher kann die Versorgungssituation hier durch autonome ÖPNV-Angebote lediglich verbessert werden. Die Raumstruktur lässt aufgrund des großen Einzugsbereichs die Entwicklung unterschiedlicher Varianten zu. Folgende Konzepte mit Beitragspotenzialen zur Verbesserung der Daseinsvorsorge sind so ableitbar:

- Ein Netz aus autonomen Linienverkehren, welches die umliegenden Grundzentren mit dem Mittelzentrum Lingen und dem dortigen Bahnhof verbindet (s. Abb. 14.2)
- Ein Netz aus autonomen Bedarfslinienverkehren, welches die umliegenden Grundzentren mit dem Mittelzentrum Lingen und dem dortigen Bahnhof verbindet (s. Abb. 14.3)
- Ein autonomer Flächenverkehr im Einzugsbereich des Mittelzentrums Lingen, der sämtliche möglichen Verkehrsbeziehungen innerhalb der definierten Fläche bedienen kann (s. Abb. 14.4)
- Ein autonomer Flächenverkehr im Einzugsbereich des Mittelzentrums Lingen, der sämtliche möglichen Verkehrsbeziehungen innerhalb der definierten Fläche bedienen kann und mit der Stadt Meppen ein zweites Mittelzentrum anbindet (s. Abb. 14.5)

Abbildung 14.2 Autonome Linienverkehre im Einzugsbereich des Mittelzentrums Lingen. (Quelle: Eigene Darstellung auf Grundlage eigener Erhebung unter Einbeziehung von OpenStreetMap-Daten und BMVBS & BBSR 2009a: 26)

Autonome Bedarfslinienverkehre Lingen

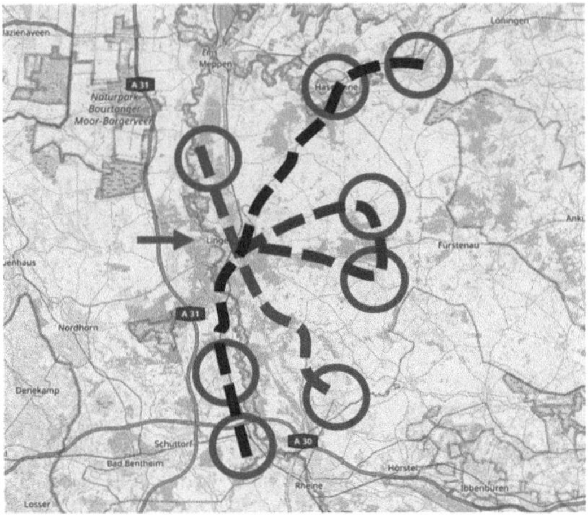

Fahrzeug

Betriebsform

Bedarfslinienbetrieb
(On Demand)

Anbindung der Grundzentren (rote Kreise) an das Mittelzentrum Lingen mittels autonomer Bedarfslinienverkehre im ÖPNV, welche On Demand verkehren.

Abbildung 14.3 Autonome Bedarfslinienverkehre im Einzugsbereich des Mittelzentrums Lingen. (Quelle: Eigene Darstellung auf Grundlage eigener Erhebung unter Einbeziehung von OpenStreetMap-Daten und BMVBS & BBSR 2009a: 26)

Autonomer Flächenverkehr Lingen

Fahrzeug

Betriebsform

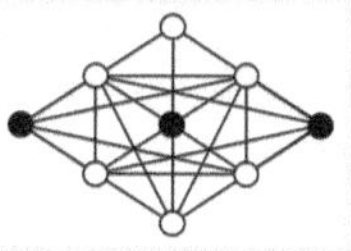

Flächenbetrieb
(On Demand)

Anbindung der Grundzentren (rote Kreise) an das Mittelzentrum Lingen mittels eines autonomen Flächenbetriebs im ÖPNV, welcher On Demand verkehrt.

Abbildung 14.4 Autonomer Flächenverkehr im Einzugsbereich des Mittelzentrums Lingen. (Quelle: Eigene Darstellung auf Grundlage eigener Erhebung unter Einbeziehung von OpenStreetMap-Daten und BMVBS & BBSR 2009a: 26)

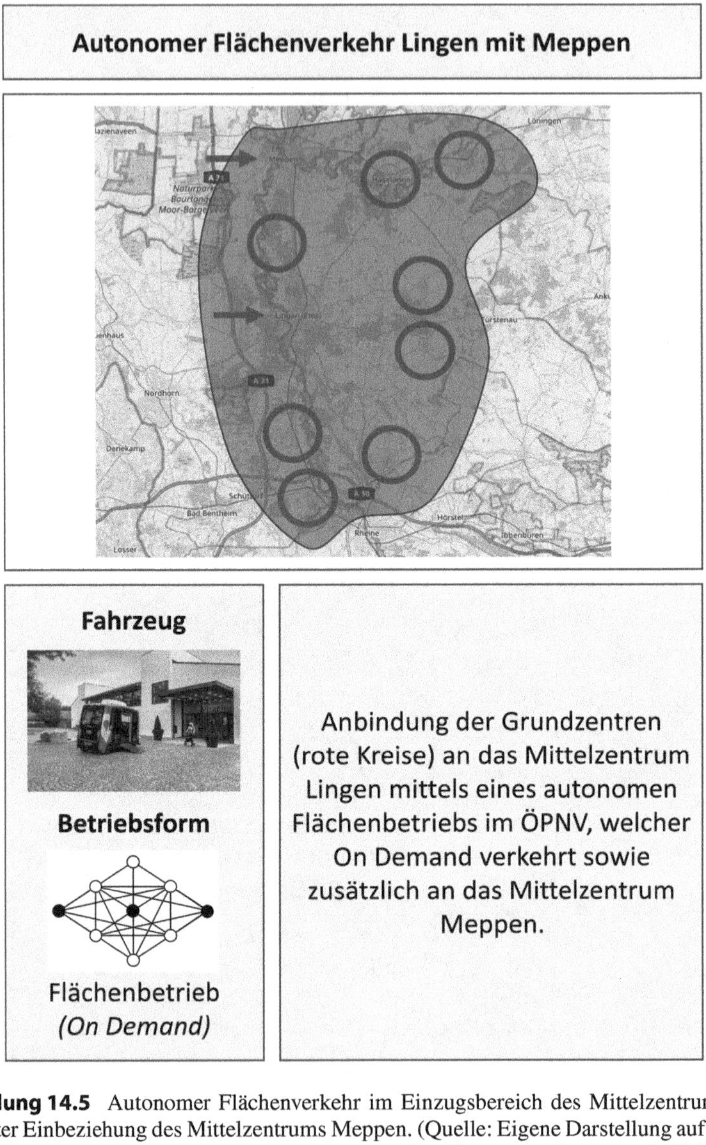

Abbildung 14.5 Autonomer Flächenverkehr im Einzugsbereich des Mittelzentrums Lingen unter Einbeziehung des Mittelzentrums Meppen. (Quelle: Eigene Darstellung auf Grundlage eigener Erhebung unter Einbeziehung von OpenStreetMap-Daten und BMVBS & BBSR 2009a: 26)

Wie die Verbindungsanalyse zwischen Salzbergen und Lingen in Abschnitt 13.2.2 zeigt, ist insbesondere der SPNV in der Lage, zum MIV konkurrenzfähige Reisezeiten im öffentlichen Personennahverkehr zu ermöglichen. Im Untersuchungsgebiet besteht bei zwei Grundzentren das Potenzial, diese mittels autonomer Verkehrsangebote auf der ersten und letzten Meile an den SPNV und damit an das Mittelzentrum Lingen anzubinden. Folgende Konzepte mit Beitragspotenzialen zur Verbesserung der Daseinsvorsorge sind hier ableitbar:

- Ein autonomes Verkehrsangebot, welches das Grundzentrum Emsbüren mit dem Bahnhof Leschede verbindet und so den Anschluss an das Mittelzentrum Lingen herstellt (s. Abb. 14.6)
- Ein autonomes Verkehrsangebot, welches das Grundzentrum Geeste mit dem gleichnamigen Bahnhof verbindet und so den Anschluss an das Mittelzentrum Lingen herstellt (s. Abb. 14.7)

14.3.1.2 Grundzentrum Salzbergen

Die Analyse des ÖPNV-Angebots im Umfeld des Grundzentrums Salzbergen in Abschnitt 13.2.2 zeigt auf, dass dessen Weiterentwicklung für eine zukünftige Sicherung der Daseinsvorsorge erforderlich ist. So sind mit dem vorhandenen Verkehrsangebot in der Schulzeit die Aufenthaltsdauern im Grundzentrum nicht optimal, in den Sommerferien fehlt eine Anbindung der umliegenden Ortschaften an den zentralen Ort gänzlich. Das derzeitige Angebot kann die Daseinsvorsorge also nicht sichern. Die Raumstruktur lässt zudem vielfältige Bedienungsformen (vgl. Kap. 5) zu. Daher können für diesen Untersuchungsraum verschiedenste ganzheitliche autonome ÖPNV-Konzepte entwickelt werden. Auf Basis der in Abschnitt 14.2 dargelegten Methodik lassen sich folgende Konzepte mit Beitragspotenzialen zur Sicherung der Daseinsvorsorge ableiten:

Abbildung 14.6 Autonomer Shuttleverkehr zwischen dem Grundzentrum Emsbüren und dem Bahnhof Leschede. (Quelle: Eigene Darstellung auf Grundlage eigener Erhebung unter Einbeziehung von OpenStreetMap-Daten und BMVBS & BBSR 2009a: 26)

Autonomes Shuttle Geeste ←→ Bahnhof Geeste

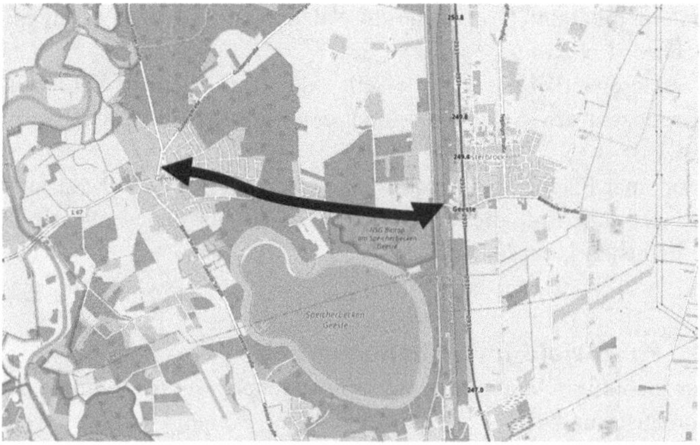

Streckenlänge 3,0 km

Fahrzeug

Betriebsform

Linienbetrieb oder Bedarfslinienbetrieb

Herstellung einer Verbindung zwischen dem Grundzentrum Geeste und dem gleichnamigen Bahnhof mittels eines autonomen (Bedarfs)Linienverkehrs. Über den SPNV sind die Mittelzentren Meppen und Lingen erreichbar.

Abbildung 14.7 Autonomer Shuttleverkehr zwischen dem Grundzentrum Geeste und dem Bahnhof. (Quelle: Eigene Darstellung auf Grundlage eigener Erhebung unter Einbeziehung von OpenStreetMap-Daten und BMVBS & BBSR 2009a: 26)

- Ein Netz aus autonomen Linienverkehren, welches die umliegenden Ortschaften mit dem Grundzentrum Salzbergen und dem dortigen Bahnhof verbindet (s. Abb. 14.8)
- Ein Netz aus autonomen Bedarfslinienverkehren, welches die umliegenden Ortschaften mit dem Grundzentrum Salzbergen und dem dortigen Bahnhof verbindet (s. Abb. 14.9)
- Drei Sektorenverkehre, die jeweils die umliegenden Ortschaften mit dem Grundzentrum Salzbergen und dem dortigen Bahnhof verbinden (s. Abb. 14.10)
- Ein autonomer Flächenverkehr im Einzugsbereich des Grundzentrums Salzbergen, der sämtliche möglichen Verkehrsbeziehungen innerhalb der definierten Fläche bedienen kann (s. Abb. 14.11)

14.3.1.3 Potenziale im Schienenverkehr

Neben der Schaffung autonomer ÖPNV-Angebote auf der Straße kann auch eine Automatisierung des Schienenverkehrs in Betracht gezogen werden, wie Kapitel 6 verdeutlicht. Neben klassischen Bahnen, die autonom verkehren, ist auch der Einsatz von Einschienenbahnen, sogenannten Monocabs, möglich (vgl. Abschn. 6.2.4). Auf dieser Basis sind folgende weitere Anwendungsfälle für bisher stillgelegte Bahnstrecken möglich:

- Autonome Bahnverkehre auf der Strecke zwischen dem Mittelzentrum Meppen und dem Grundzentrum Essen (Oldenburg) (s. Abb. 14.12)
- Autonome Monocabs auf der Strecke zwischen dem Mittelzentrum Meppen und dem Grundzentrum Essen (Oldenburg) (s. Abb. 14.13)
- Autonome Bahnverkehre auf der Strecke zwischen Lathen und Werlte (Oldenburg) (s. Abb. 14.14)
- Autonome Monocabs auf der Strecke zwischen Lathen und Werlte (Oldenburg) (s. Abb. 14.15)

Abbildung 14.8 Autonome Linienverkehre im Einzugsbereich des Grundzentrums Salzbergen. (Quelle: Eigene Darstellung auf Grundlage eigener Erhebung unter Einbeziehung von OpenStreetMap-Daten und BMVBS & BBSR 2009a: 26)

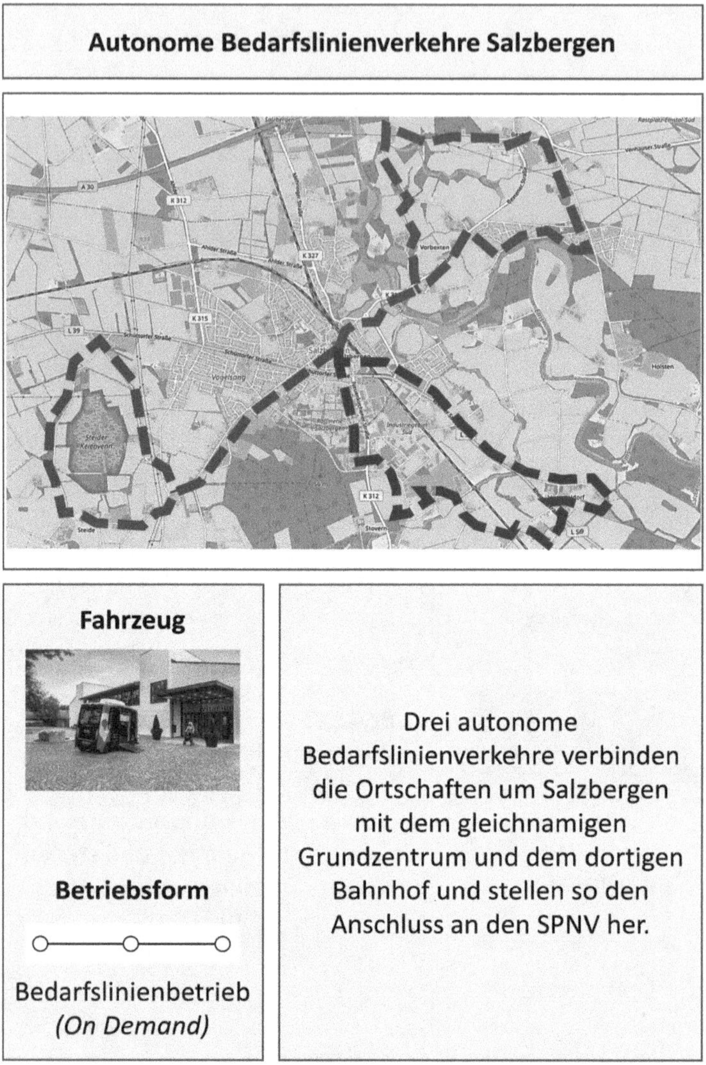

Abbildung 14.9 Autonome Bedarfslinienverkehre im Einzugsbereich des Grundzentrums Salzbergen. (Quelle: Eigene Darstellung auf Grundlage eigener Erhebung unter Einbeziehung von OpenStreetMap-Daten und BMVBS & BBSR 2009a: 26)

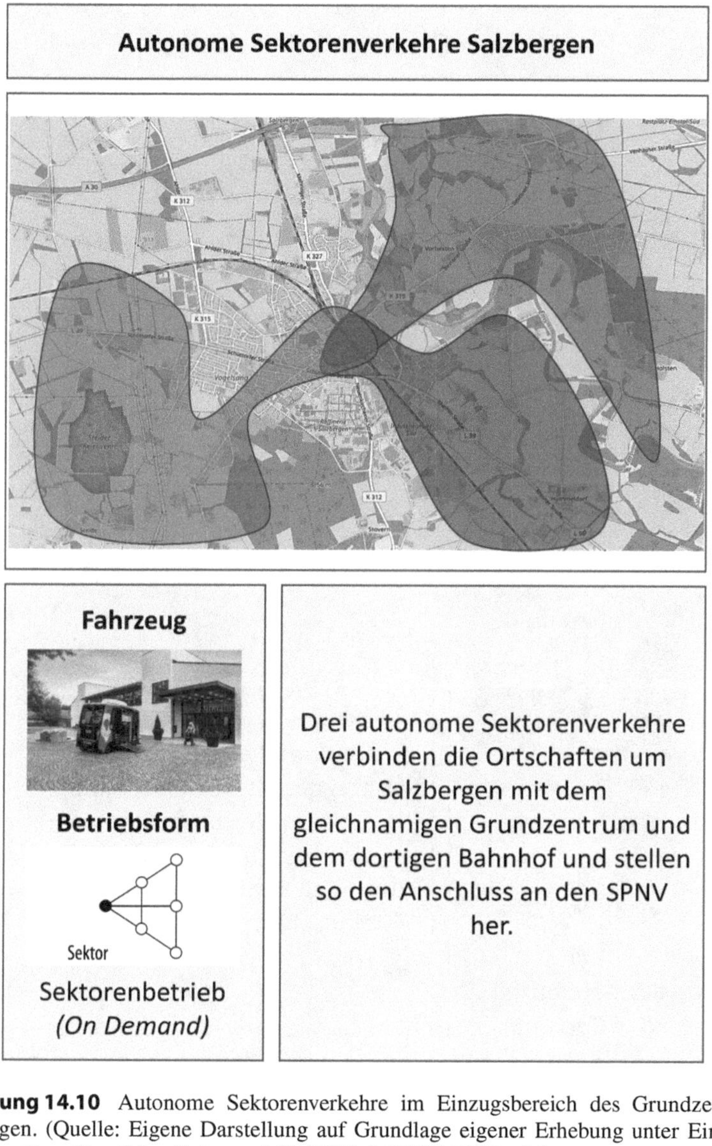

Abbildung 14.10 Autonome Sektorenverkehre im Einzugsbereich des Grundzentrums Salzbergen. (Quelle: Eigene Darstellung auf Grundlage eigener Erhebung unter Einbeziehung von OpenStreetMap-Daten und BMVBS & BBSR 2009a: 26)

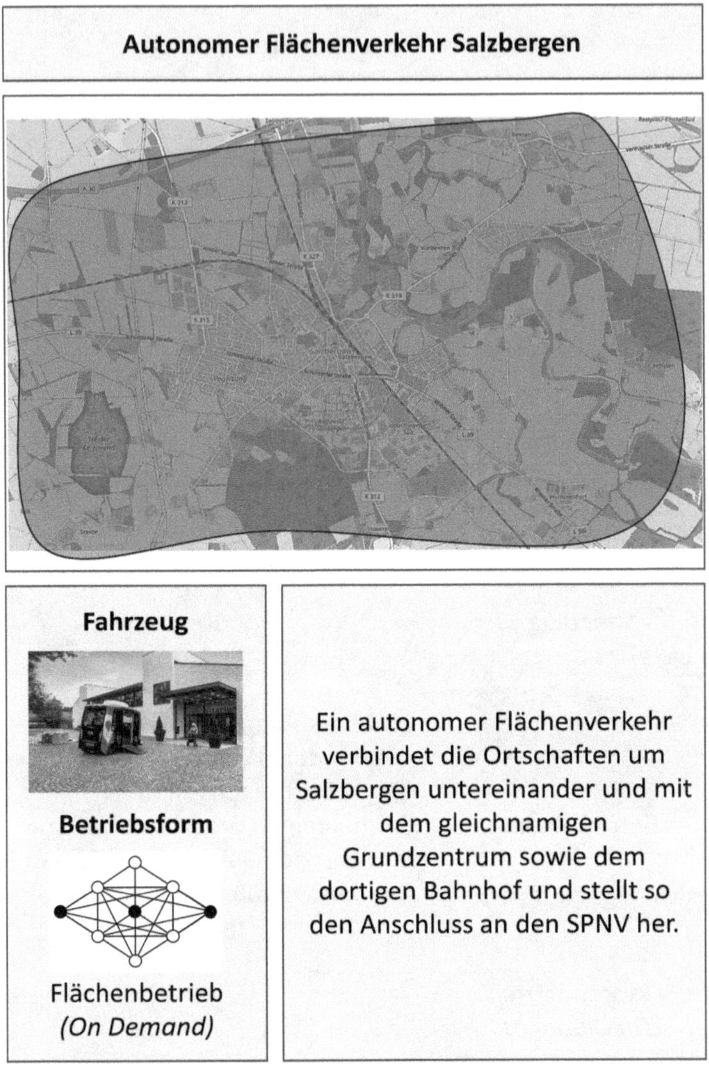

Abbildung 14.11 Autonomer Flächenverkehr im Einzugsbereich des Grundzentrums Salzbergen. (Quelle: Eigene Darstellung auf Grundlage eigener Erhebung unter Einbeziehung von OpenStreetMap-Daten und BMVBS & BBSR 2009a: 26)

Abbildung 14.12 Autonome Eisenbahnverkehre zwischen Meppen und Essen (Oldenburg). (Quelle: Eigene Darstellung auf Grundlage eigener Erhebung unter Einbeziehung von OpenRailwayMap-Daten, BMVBS & BBSR 2009a: 26 und lizenzfreiem Bildmaterial von pixabay.com)

Abbildung 14.13 Autonome Monocab-Verkehre zwischen Meppen und Essen (Oldenburg). (Quelle: Eigene Darstellung auf Grundlage eigener Erhebung unter Einbeziehung von OpenRailwayMap-Daten, BMVBS & BBSR 2009a: 26 und MONOCAB OWL 2025: www)

Abbildung 14.14 Autonome Eisenbahnverkehre zwischen Lathen und Werlte. (Quelle: Eigene Darstellung auf Grundlage eigener Erhebung unter Einbeziehung von OpenRailwayMap-Daten, BMVBS & BBSR 2009a: 26 und lizenzfreiem Bildmaterial von pixabay.com)

Abbildung 14.15 Autonome Monocab-Verkehre zwischen Lathen und Werlte. (Quelle: Eigene Darstellung auf Grundlage eigener Erhebung unter Einbeziehung von OpenRailwayMap-Daten, BMVBS & BBSR 2009a: 26 und MONOCAB OWL 2025: www)

14.3.2 Landkreis Gifhorn

14.3.2.1 Mittelzentrum Wittingen

Der Abschnitt 13.2.3 zeigt auf, dass im Fall des Mittelzentrums Wittingen die Daseinsvorsorge im ÖPNV vollumfänglich gewährleistet ist. Allerdings schränken teilweise Umstiege die Verbindungsqualität ein. Folgende Konzepte mit Beitragspotenzialen zur Verbesserung der Daseinsvorsorge können daher abgeleitet werden:

- Ein Netz aus autonomen Linienverkehren, welches die umliegenden Grundzentren mit dem Mittelzentrum Wittingen und dem dortigen Bahnhof verbindet (s. Abb. 14.16)
- Ein Netz aus autonomen Bedarfslinienverkehren, welches die umliegenden Grundzentren mit dem Mittelzentrum Wittingen und dem dortigen Bahnhof verbindet (s. Abb. 14.17)
- Zwei autonome Sektorenverkehre im Einzugsbereich des Mittelzentrums Wittingen, welche die umliegenden Grundzentren mit dem Mittelzentrum Wittingen und dem dortigen Bahnhof verbinden (s. Abb. 14.18)
- Ein autonomer Flächenverkehr im Einzugsbereich des Mittelzentrums Wittingen, der sämtliche möglichen Verkehrsbeziehungen innerhalb der definierten Fläche bedienen kann (s. Abb. 14.19)

Wie die Verbindungsanalyse zwischen Salzbergen und Lingen im Landkreis Emsland (Abschn. 13.2.2) zeigt, ist insbesondere der SPNV in der Lage, zum MIV konkurrenzfähige Reisezeiten im öffentlichen Personennahverkehr zu ermöglichen. Auch im Landkreis Gifhorn besteht das Potenzial, mittels autonomer Verkehrsangebote auf der ersten und letzten Meile Anschlüsse an den SPNV und damit an das Mittelzentrum Wittingen zu ermöglichen. Folgende Konzepte mit Beitragspotenzialen zur Verbesserung der Daseinsvorsorge sind hier ableitbar:

Abbildung 14.16 Autonome Linienverkehre im Einzugsbereich des Mittelzentrums Wittingen. (Quelle: Eigene Darstellung auf Grundlage eigener Erhebung unter Einbeziehung von OpenStreetMap-Daten und BMVBS & BBSR 2009a: 26)

Abbildung 14.17 Autonome Bedarfslinienverkehre im Einzugsbereich des Mittelzentrums Wittingen. (Quelle: Eigene Darstellung auf Grundlage eigener Erhebung unter Einbeziehung von OpenStreetMap-Daten und BMVBS & BBSR 2009a: 26)

Abbildung 14.18 Autonome Sektorenverkehre im Einzugsbereich des Mittelzentrums Wittingen. (Quelle: Eigene Darstellung auf Grundlage eigener Erhebung unter Einbeziehung von OpenStreetMap-Daten und BMVBS & BBSR 2009a: 26)

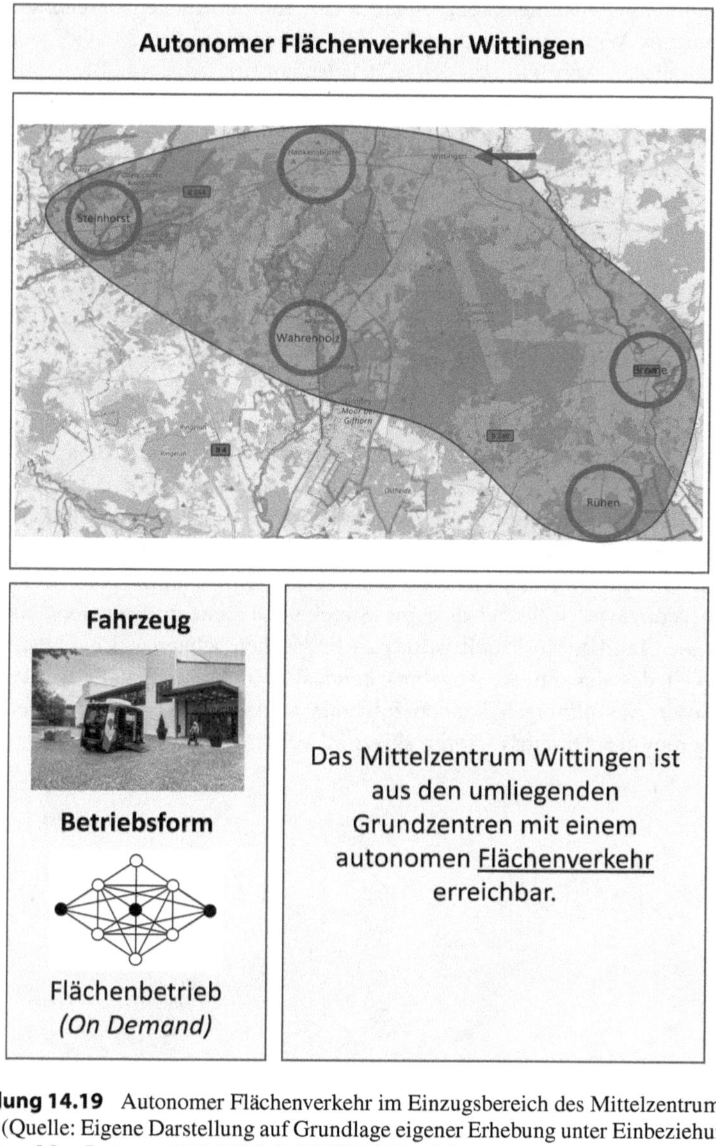

Abbildung 14.19 Autonomer Flächenverkehr im Einzugsbereich des Mittelzentrums Wittingen. (Quelle: Eigene Darstellung auf Grundlage eigener Erhebung unter Einbeziehung von OpenStreetMap-Daten und BMVBS & BBSR 2009a: 26)

- Ein autonomer Shuttleverkehr, welches den zentralörtlichen Bereich des Mittelzentrums Wittingen mit dem 1,3 Kilometer entfernten Bahnhof verbindet und damit den Anschluss an den SPNV herstellt (s. Abb. 14.20)
- Beispielhaft für die Orte an der Bahnstrecke zwischen Gifhorn und Uelzen: Ein autonomer Shuttleverkehr, welcher den Ortskern der Ortschaft Knesebeck an den einen Kilometer entfernten Bahnhof und damit an das Mittelzentrum Wittingen anbindet (s. Abb. 14.21)
- Beispielhaft für die Orte an der Bahnstrecke zwischen Gifhorn und Uelzen: Ein autonomer Flächenverkehr, welcher die gesamte Ortschaft Knesebeck mit dem einen Kilometer entfernten Bahnhof verbindet und damit einen Anschluss an das Mittelzentrum Wittingen herstellt und zudem alle möglichen Verkehrsbeziehungen innerhalb von Knesebeck abdeckt (s. Abb. 14.22)

14.3.2.2 Ort mit grundzentraler Teilfunktion Steinhorst

Abschnitt 13.2.3 analysiert die Versorgungslage im Bereich der Ortschaft mit grundzentraler Teilfunktion Steinhorst. Diese ist auf Basis des gewählten Ansatzes gesichert. Allerdings ist in den Sommerferien bei der Rückfahrt aus dem zentralen Ort ein Umstieg erforderlich, welcher eine Fahrtzeit von über zwei Stunden verursacht, während dieselbe Strecke mit dem privaten Pkw in wenigen Minuten fahrbar ist. Damit ist das zu Fuß gehen schneller. Eine tatsächliche Nutzbarkeit des derzeitigen Angebots kann also in Frage gestellt werden. Auf Basis dieser Ausführungen können folgende Konzepte mit Beitragspotenzialen zur Sicherung der Daseinsvorsorge skizziert werden:

Autonomes Shuttle Wittingen ←→ Bahnhof Wittingen

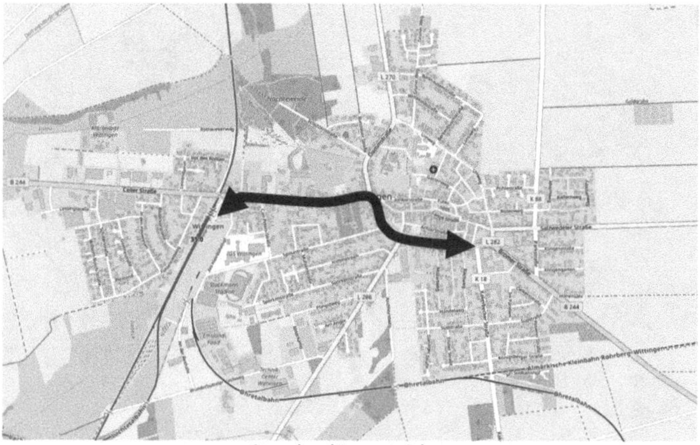

Streckenlänge 1,3 km

Fahrzeug

Betriebsform

●——●——●

○——○——○

Linienbetrieb oder Bedarfslinienbetrieb

Das Geschäftszentrum des Mittelzentrums Wittingen wird durch einen 1,3 Kilometer langen autonomen Shuttle an den Bahnhof Wittingen und damit an den SPNV angeschlossen.

Abbildung 14.20 Autonomer Shuttleverkehr zwischen dem Mittelzentrum Wittingen und dem Bahnhof. (Quelle: Eigene Darstellung auf Grundlage eigener Erhebung unter Einbeziehung von OpenStreetMap-Daten und BMVBS & BBSR 2009a: 26)

Abbildung 14.21 Autonomer Shuttleverkehr zwischen dem Ort Knesebeck und dem Bahnhof. (Quelle: Eigene Darstellung auf Grundlage eigener Erhebung unter Einbeziehung von OpenStreetMap-Daten und BMVBS & BBSR 2009a: 26)

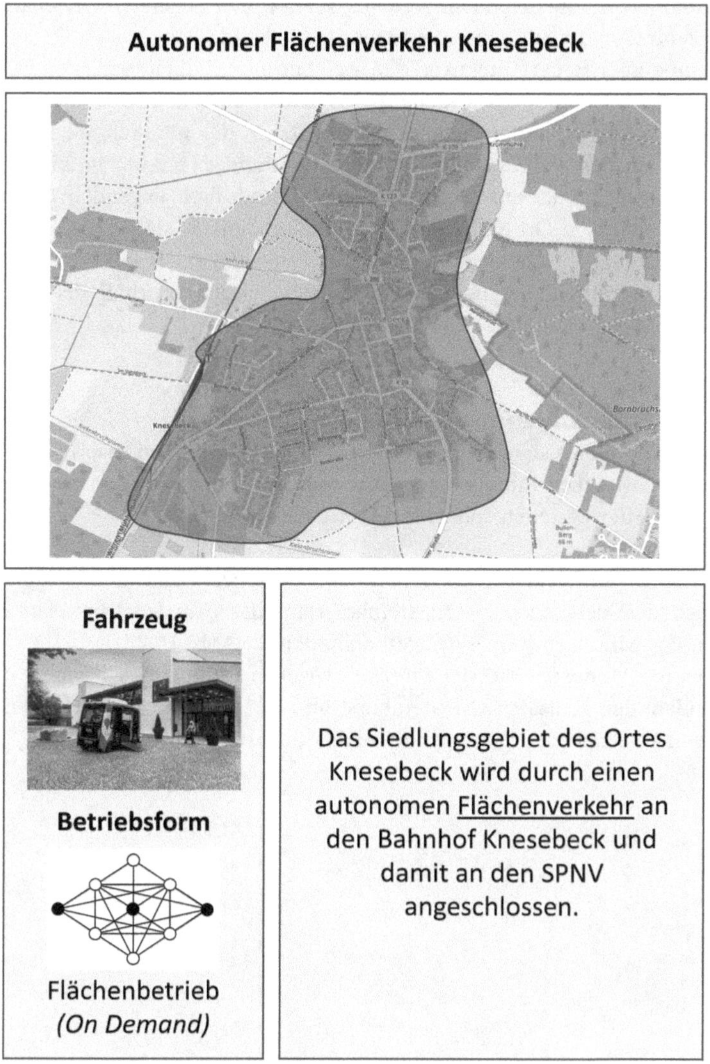

Abbildung 14.22 Autonomer Flächenverkehr im Einzugsbereich des Bahnhofs Knesebeck. (Quelle: Eigene Darstellung auf Grundlage eigener Erhebung unter Einbeziehung von OpenStreetMap-Daten und BMVBS & BBSR 2009a: 26)

- Ein autonomer Linienverkehr, welcher die nördlich liegenden Ortschaften mit dem zentralen Ort Steinhorst verbindet (s. Abb. 14.23)
- Ein autonomer Bedarfslinienverkehr, welcher die nördlich liegenden Ortschaften mit dem zentralen Ort Steinhorst verbindet (s. Abb. 14.24)
- Ein autonomer Richtungsbandverkehr, welcher die nördlich liegenden Ortschaften mit dem zentralen Ort Steinhorst verbindet (s. Abb. 14.25)
- Ein autonomer Sektorenverkehr, welcher die nördlich liegenden Ortschaften mit dem zentralen Ort Steinhorst verbindet (s. Abb. 14.26)
- Ein autonomer Flächenverkehr, der im Einzugsbereich des zentralen Orts Steinhorst sämtliche möglichen Verkehrsbeziehungen innerhalb der definierten Fläche bedienen kann (s. Abb. 14.27)

14.3.2.3 Potenziale im Schienenverkehr

Wie im Landkreis Emsland (vgl. Abschn. 14.3.1) ist die Reaktivierung von stillgelegten Bahnstrecken mittels autonomer Fahrzeuge auch im Landkreis Gifhorn eine Option. Hier bestehen folgende Möglichkeiten:

- Autonome Bahnverkehre auf der Strecke zwischen Celle und Wittingen, die insbesondere den zentralen Ort Steinhorst und das Grundzentrum Hankensbüttel an das Mittelzentrum Wittingen anbinden (s. Abb. 14.28)
- Autonome Monocabs auf der Strecke zwischen Celle und Wittingen, die insbesondere den zentralen Ort Steinhorst und das Grundzentrum Hankensbüttel an das Mittelzentrum Wittingen anbinden (s. Abb. 14.29)

Abbildung 14.23 Autonomer Linienverkehr im Einzugsbereich des Orts mit grundzentraler Teilfunktion Steinhorst. (Quelle: Eigene Darstellung auf Grundlage eigener Erhebung unter Einbeziehung von OpenStreetMap-Daten und BMVBS & BBSR 2009a: 26)

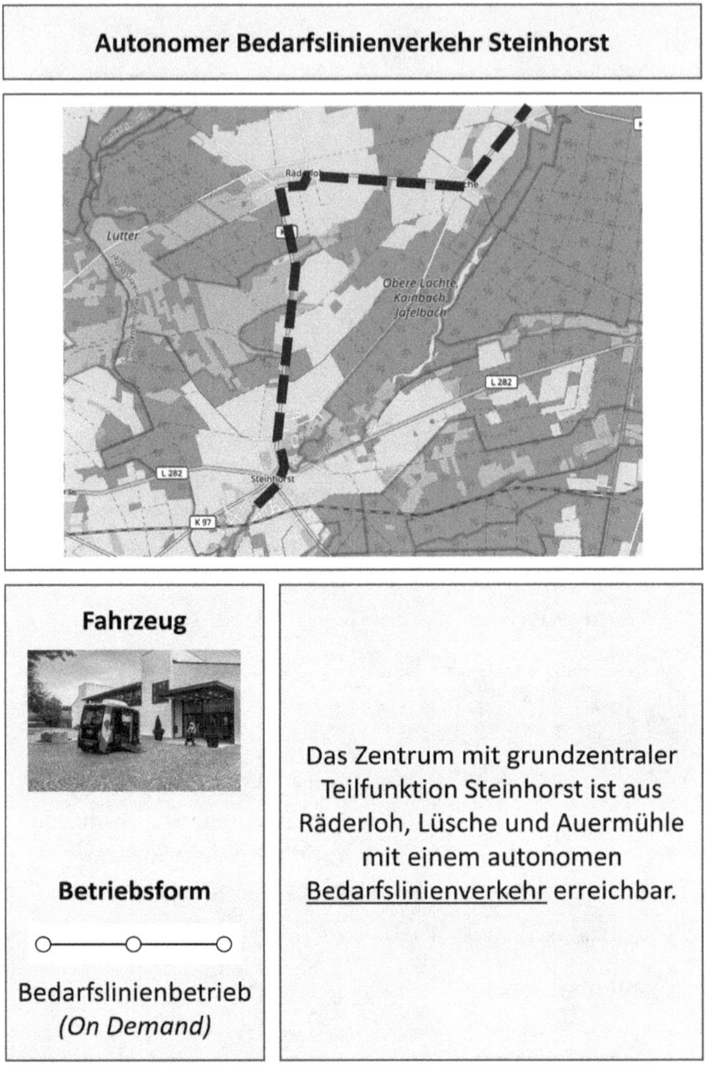

Abbildung 14.24 Autonomer Bedarfslinienverkehr im Einzugsbereich des Orts mit grundzentraler Teilfunktion Steinhorst. (Quelle: Eigene Darstellung auf Grundlage eigener Erhebung unter Einbeziehung von OpenStreetMap-Daten und BMVBS & BBSR 2009a: 26)

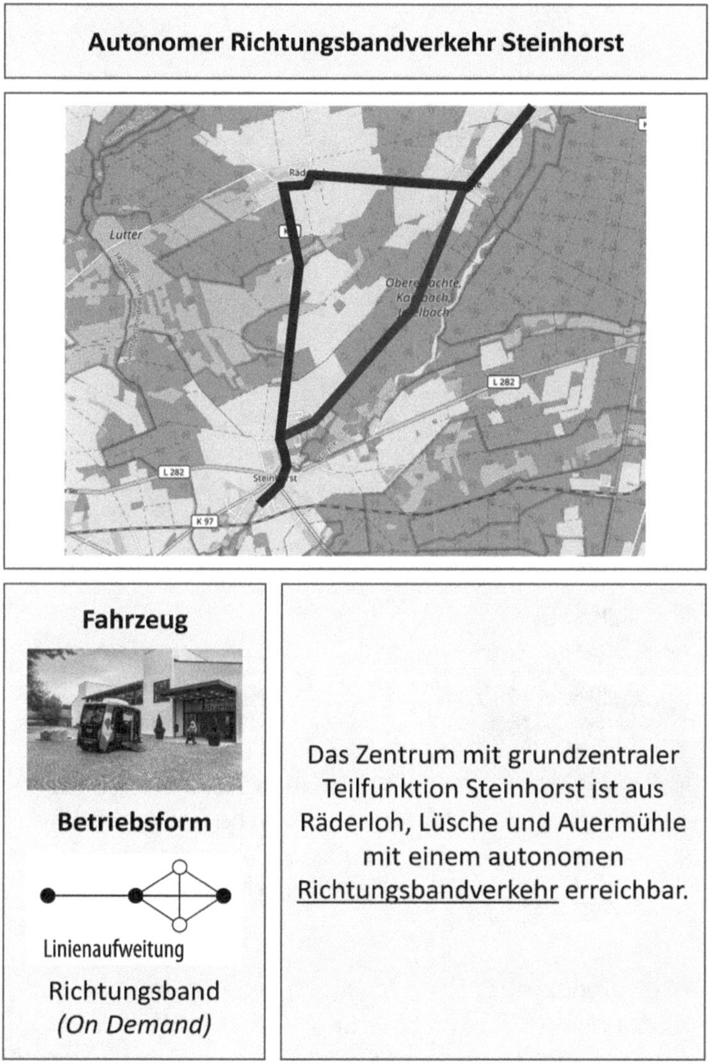

Abbildung 14.25 Autonomer Richtungsbandverkehr im Einzugsbereich des Orts mit grundzentraler Teilfunktion Steinhorst. (Quelle: Eigene Darstellung auf Grundlage eigener Erhebung unter Einbeziehung von OpenStreetMap-Daten und BMVBS & BBSR 2009a: 26)

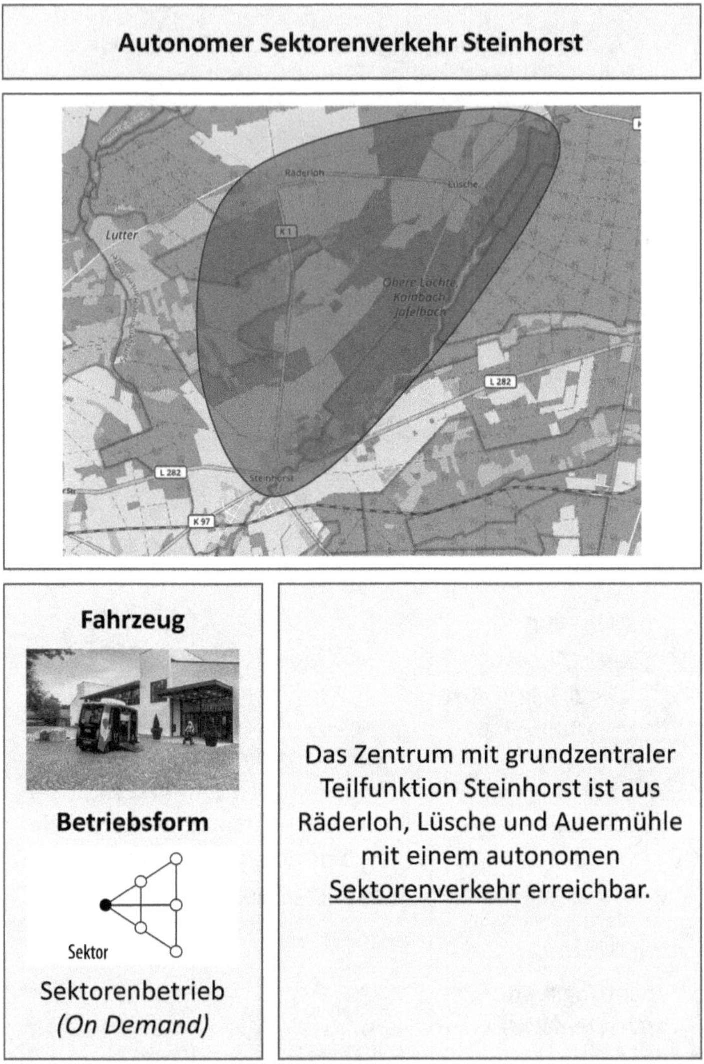

Abbildung 14.26 Autonomer Sektorenverkehr im Einzugsbereich des Orts mit grundzentraler Teilfunktion Steinhorst. (Quelle: Eigene Darstellung auf Grundlage eigener Erhebung unter Einbeziehung von OpenStreetMap-Daten und BMVBS & BBSR 2009a: 26)

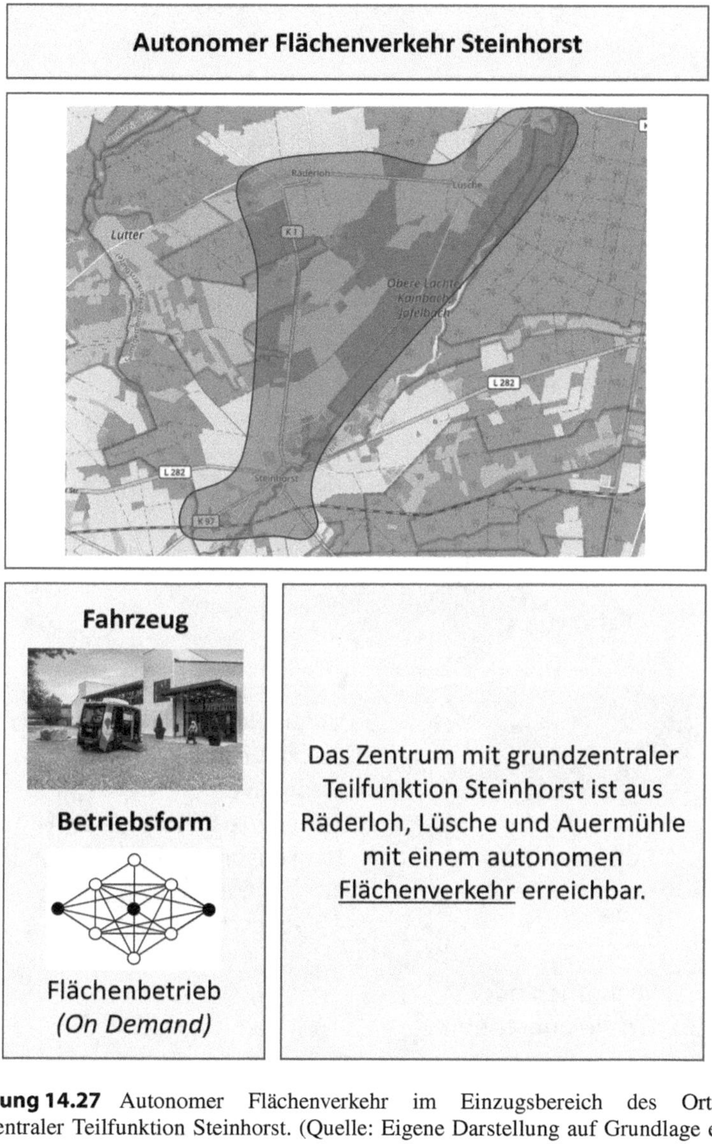

Abbildung 14.27 Autonomer Flächenverkehr im Einzugsbereich des Orts mit grundzentraler Teilfunktion Steinhorst. (Quelle: Eigene Darstellung auf Grundlage eigener Erhebung unter Einbeziehung von OpenStreetMap-Daten und BMVBS & BBSR 2009a: 26)

Abbildung 14.28 Autonome Eisenbahnverkehre zwischen Celle und Wittingen. (Quelle: Eigene Darstellung auf Grundlage eigener Erhebung unter Einbeziehung von OpenRailwayMap-Daten, BMVBS & BBSR 2009a: 26 und lizenzfreiem Bildmaterial von pixabay.com)

Abbildung 14.29 Autonome Monocab-Verkehre zwischen Celle und Wittingen. (Quelle: Eigene Darstellung auf Grundlage eigener Erhebung unter Einbeziehung von OpenRailwayMap-Daten, BMVBS & BBSR 2009a: 26 und MONOCAB OWL 2025: www)

14.3.3 Landkreis Goslar

14.3.3.1 Mittelzentrum Clausthal-Zellerfeld

Abschnitt 13.2.4 analysiert die Erreichbarkeit des Mittelzentrums Clausthal-Zellerfeld. Auf Basis dieser Ergebnisse ist die Daseinsvorsorge im ÖPNV vollumfänglich gewährleistet. Allerdings bestehen teilweise nur Verbindungen mit Umstiegen und infolge dessen insbesondere bei diesen deutlich längere Fahrtzeiten im Vergleich zum privaten Pkw. Folgende Konzepte mit Beitragspotenzialen zur Verbesserung der Daseinsvorsorge sind in Kombination dieser Analyse mit den vor Ort gegebenen Raumstrukturen möglich:

- Ein Netz aus autonomen Linienverkehren, welches die umliegenden Ortsteile und Grundzentren an das Mittelzentrum Clausthal-Zellerfeld anbindet (s. Abb. 14.30)
- Ein Netz aus autonomen Bedarfslinienverkehren, welches die umliegenden Ortsteile und Grundzentren an das Mittelzentrum Clausthal-Zellerfeld anbindet (s. Abb. 14.31)
- Ein autonomer Flächenverkehr im Einzugsbereich des Mittelzentrums Clausthal-Zellerfeld, der sämtliche möglichen Verkehrsbeziehungen innerhalb der definierten Fläche bedienen kann (s. Abb. 14.32)
- Eine autonomer Shuttleverkehr zwischen Altenau und Torfhaus als Lückenschluss im Busnetz des Landkreises Goslar (s. Abb. 14.33)

14.3.3.2 Grundzentrum Sankt Andreasberg

Abschnitt 13.2.4 analysiert die ÖPNV-Anbindung an das Grundzentrum Sankt Andreasberg. Hier ist bis auf eine Ausnahme die Sicherung der Daseinsvorsorge gewährleistet. Allerdings ist die Odertaler Sägemühle bisher weder in der Schulzeit, noch in den Ferien an den ÖPNV angeschlossen. Daher können verschiedene Konzepte mit Beitragspotenzialen zur Sicherung der Daseinsvorsorge skizziert werden:

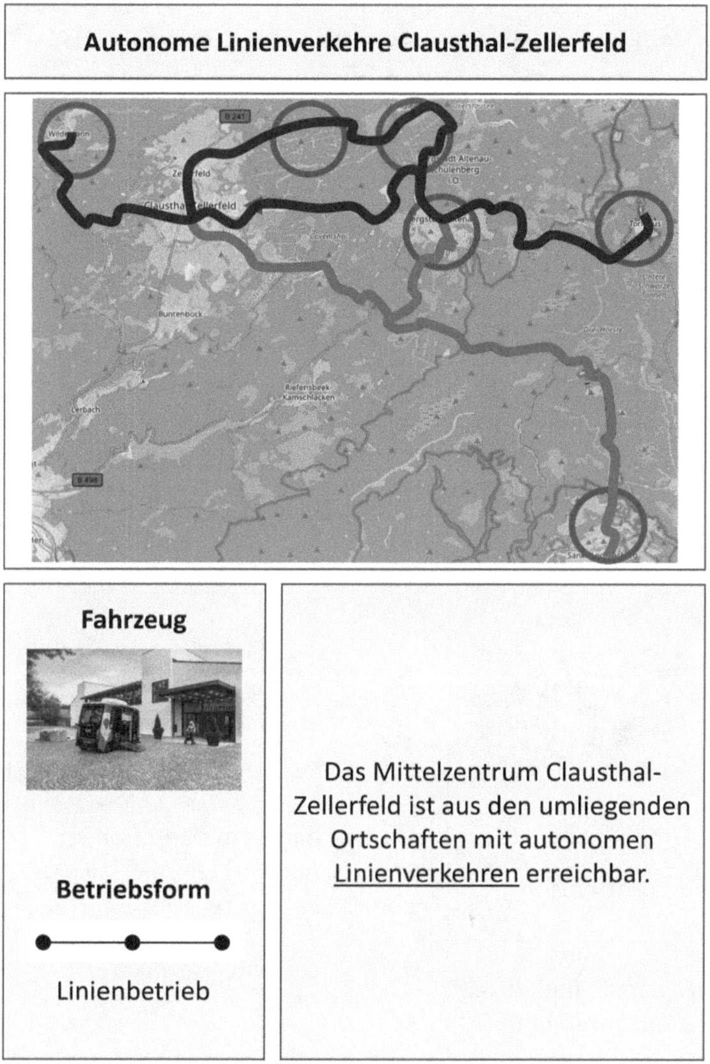

Abbildung 14.30 Autonome Linienverkehre im Einzugsbereich des Mittelzentrums Clausthal-Zellerfeld. (Quelle: Eigene Darstellung auf Grundlage eigener Erhebung unter Einbeziehung von OpenStreetMap-Daten und BMVBS & BBSR 2009a: 26)

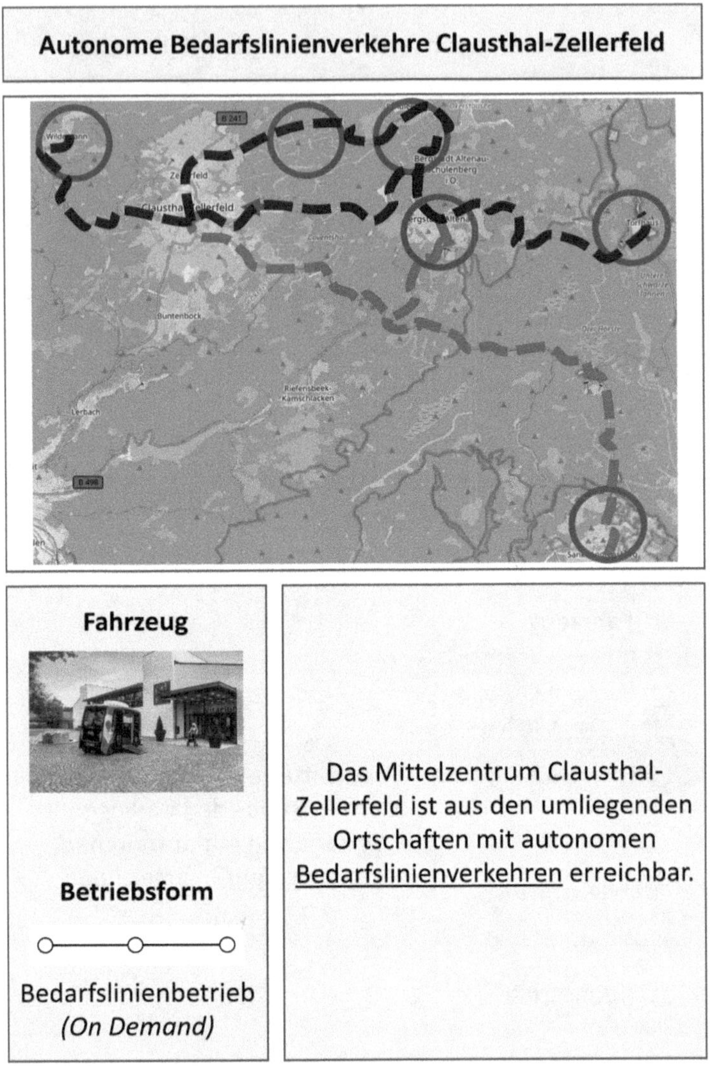

Abbildung 14.31 Autonome Bedarfslinienverkehre im Einzugsbereich des Mittelzentrums Clausthal-Zellerfeld. (Quelle: Eigene Darstellung auf Grundlage eigener Erhebung unter Einbeziehung von OpenStreetMap-Daten und BMVBS & BBSR 2009a: 26)

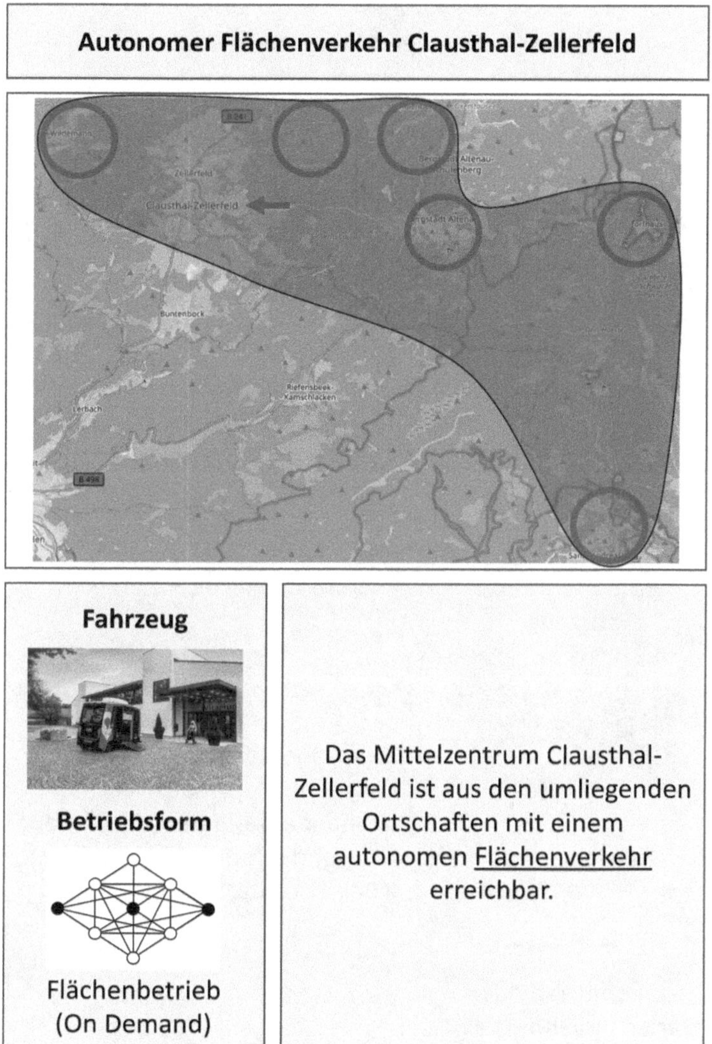

Abbildung 14.32 Autonomer Flächenverkehr im Einzugsbereich des Mittelzentrums Clausthal-Zellerfeld. (Quelle: Eigene Darstellung auf Grundlage eigener Erhebung unter Einbeziehung von OpenStreetMap-Daten und BMVBS & BBSR 2009a: 26)

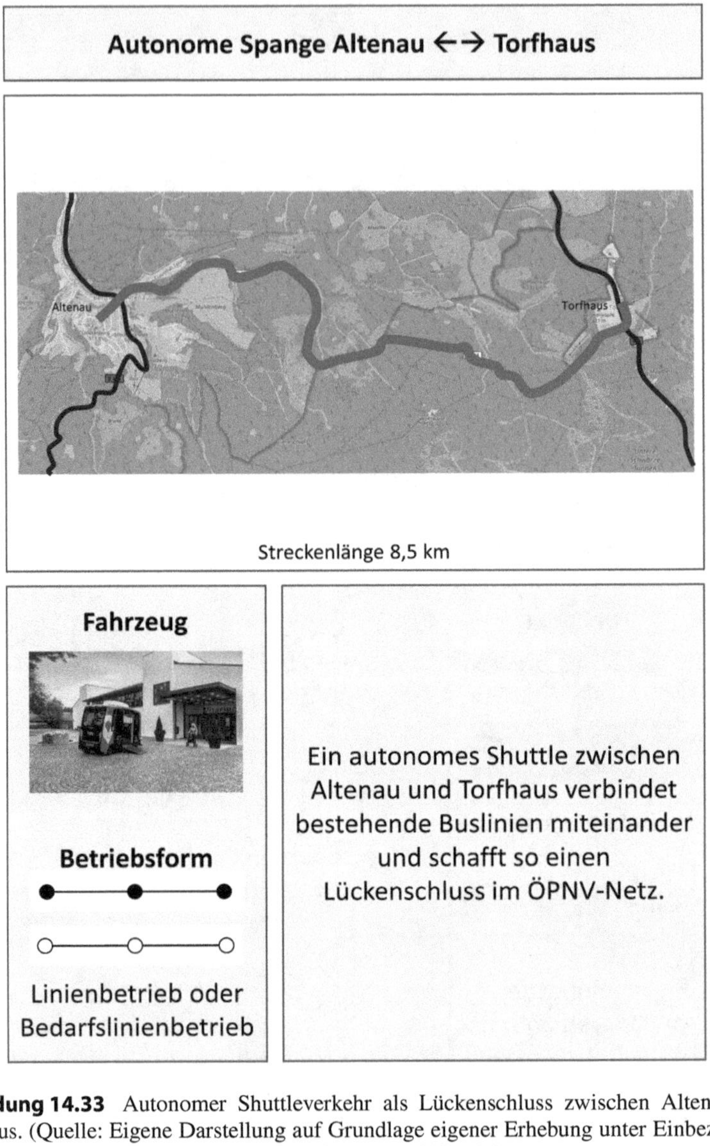

Abbildung 14.33 Autonomer Shuttleverkehr als Lückenschluss zwischen Altenau und Torfhaus. (Quelle: Eigene Darstellung auf Grundlage eigener Erhebung unter Einbeziehung von OpenStreetMap-Daten und BMVBS & BBSR 2009a: 26)

- Ein Netz aus autonomen Linienverkehren, welches die umliegenden Ortschaften mit dem Grundzentrum Sankt Andreasberg verbindet (s. Abb. 14.34)
- Ein Netz aus autonomen Bedarfslinienverkehren, welches die umliegenden Ortschaften mit dem Grundzentrum Sankt Andreasberg verbindet (s. Abb. 14.35)
- Ein autonomer Flächenverkehr im Einzugsbereich des Grundzentrums Sankt Andreasberg, welcher sämtliche möglichen Verkehrsbeziehungen innerhalb der definierten Fläche bedienen kann (s. Abb. 14.36)
- Ein autonomer Linienverkehr zwischen der Odertaler Sägemühle und Oderhaus, der in Oderhaus den Anschluss an die bestehende Buslinie ins Grundzentrum Sankt Andreasberg herstellt (s. Abb. 14.37)
- Ein autonomer Bedarfslinienverkehr zwischen der Odertaler Sägemühle und Oderhaus, der in Oderhaus den Anschluss an die bestehende Buslinie ins Grundzentrum Sankt Andreasberg herstellt (s. Abb. 14.38)
- Ein autonomer Linienverkehr zwischen der Odertaler Sägemühle und dem Grundzentrum Sankt Andreasberg (s. Abb. 14.39)
- Ein autonomer Bedarfslinienverkehr zwischen der Odertaler Sägemühle und dem Grundzentrum Sankt Andreasberg (s. Abb. 14.40)

14.3.4 Kreisfreie Stadt Wolfsburg

14.3.4.1 B-Zentrum Wolfsburg-Vorsfelde (mittelzentrumsäquivalent)

Im Fall des Wolfsburger Stadtteils Vorsfelde ist die Daseinsvorsorge im ÖPNV vollumfänglich gesichert, wie die Datenauswertung in Abschnitt 13.2.5 zeigt. Allerdings bestehen bei Verbindungen notwendige Umstiege. Zwar ist das Stadtzentrum Wolfsburgs von allen Stadt- und Ortsteilen aus umstiegsfrei erreichbar, allerdings kann die Nahversorgung durch eine Reduzierung oder Vermeidung von Umstiegen von und nach Vorsfelde verbessert werden. Folgende Konzepte mit Beitragspotenzialen zur Verbesserung der Daseinsvorsorge können also skizziert werden:

Abbildung 14.34 Autonome Linienverkehre im Einzugsbereich des Grundzentrums Sankt Andreasberg. (Quelle: Eigene Darstellung auf Grundlage eigener Erhebung unter Einbeziehung von OpenStreetMap-Daten und BMVBS & BBSR 2009a: 26)

Abbildung 14.35 Autonome Bedarfslinienverkehre im Einzugsbereich des Grundzentrums Sankt Andreasberg. (Quelle: Eigene Darstellung auf Grundlage eigener Erhebung unter Einbeziehung von OpenStreetMap-Daten und BMVBS & BBSR 2009a: 26)

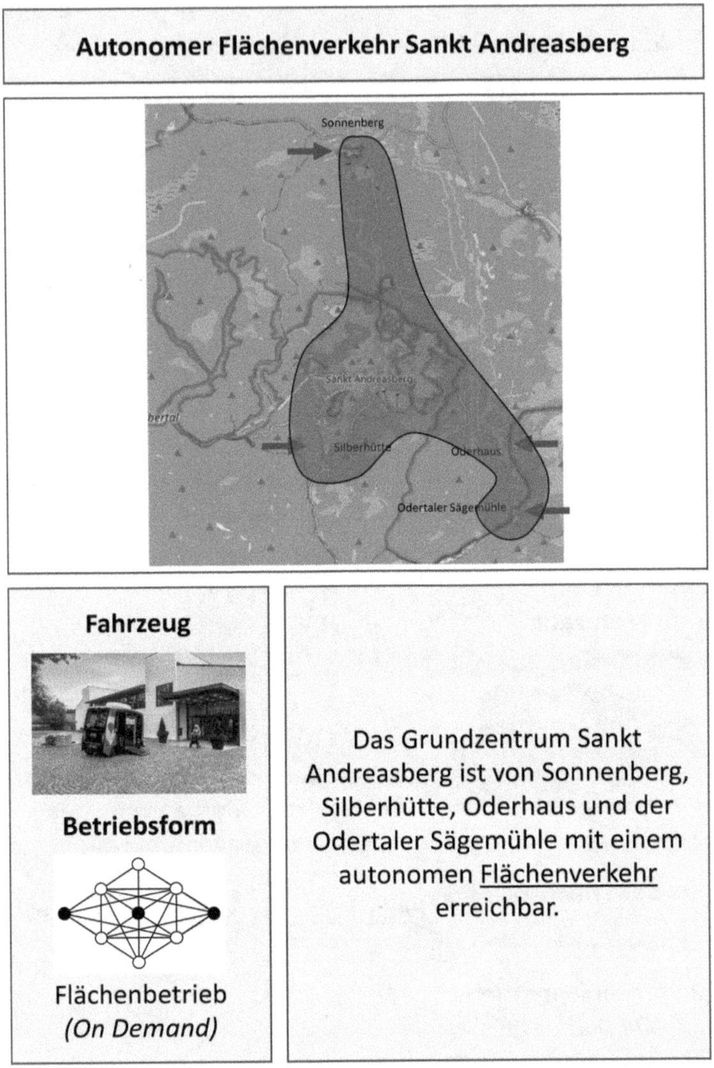

Abbildung 14.36 Autonomer Flächenverkehr im Einzugsbereich des Grundzentrums Sankt Andreasberg. (Quelle: Eigene Darstellung auf Grundlage eigener Erhebung unter Einbeziehung von OpenStreetMap-Daten und BMVBS & BBSR 2009a: 26)

Autonomer Linienverkehr
Oderhaus <-> Odertaler Sägemühle

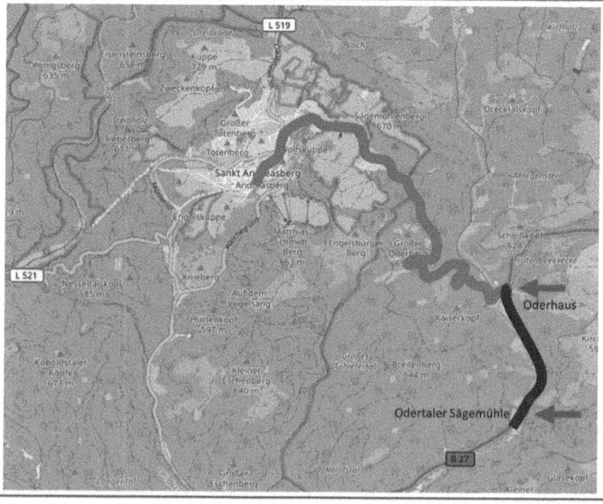

Fahrzeug

Betriebsform

Linienbetrieb

Ein autonomer <u>Linienbetrieb</u> bindet die Odertaler Sägemühle an die bestehende konventionelle Buslinie von Oderhaus zum Grundzentrum Sankt Andreasberg an.

Abbildung 14.37 Autonomer Linienverkehr zwischen der Odertaler Sägemühle und Oderhaus. (Quelle: Eigene Darstellung auf Grundlage eigener Erhebung unter Einbeziehung von OpenStreetMap-Daten und BMVBS & BBSR 2009a: 26)

Autonomer Bedarfslinienverkehr
Oderhaus ←→ Odertaler Sägemühle

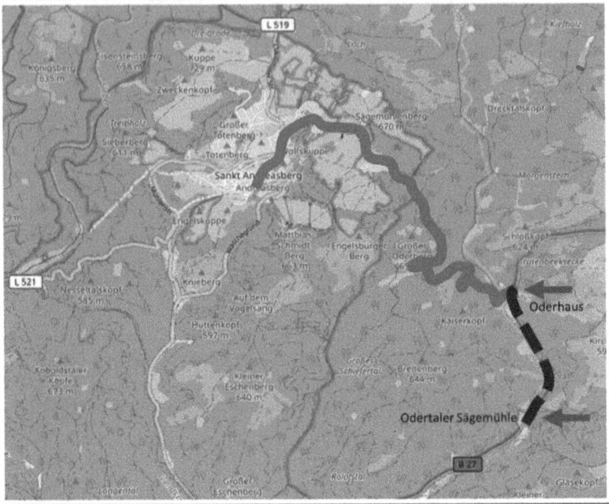

Fahrzeug

Betriebsform

Bedarfslinienbetrieb
(On Demand)

Ein autonomer Bedarfslinienbetrieb bindet die Odertaler Sägemühle an die bestehende konventionelle Buslinie von Oderhaus zum Grundzentrum Sankt Andreasberg an.

Abbildung 14.38 Autonomer Bedarfslinienverkehr zwischen der Odertaler Sägemühle und Oderhaus. (Quelle: Eigene Darstellung auf Grundlage eigener Erhebung unter Einbeziehung von OpenStreetMap-Daten und BMVBS & BBSR 2009a: 26)

Abbildung 14.39 Autonomer Linienverkehr zwischen der Odertaler Sägemühle und dem Grundzentrum Sankt Andreasberg. (Quelle: Eigene Darstellung auf Grundlage eigener Erhebung unter Einbeziehung von OpenStreetMap-Daten und BMVBS & BBSR 2009a: 26)

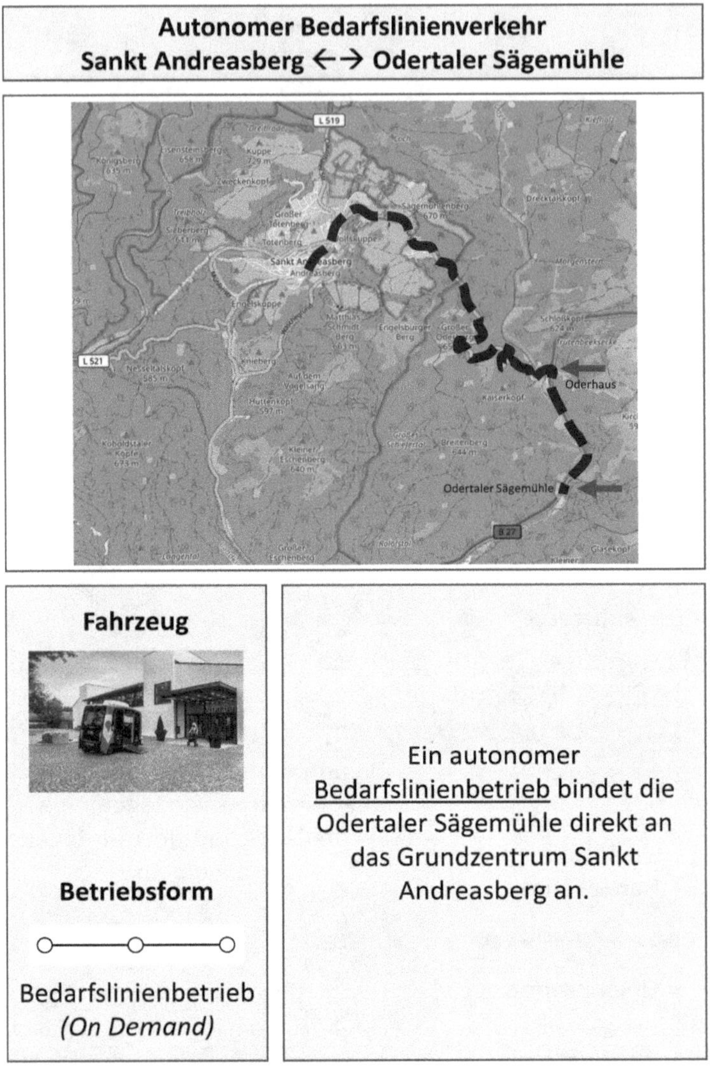

Abbildung 14.40 Autonomer Bedarfslinienverkehr zwischen der Odertaler Sägemühle und dem Grundzentrum Sankt Andreasberg. (Quelle: Eigene Darstellung auf Grundlage eigener Erhebung unter Einbeziehung von OpenStreetMap-Daten und BMVBS & BBSR 2009a: 26)

- Ein Netz aus autonomen Linienverkehren, welches die umliegenden Stadt- und Ortsteile mit dem B-Zentrum Vorsfelde verbindet (s. Abb. 14.41)
- Ein Netz aus autonomen Bedarfslinienverkehren, welches die umliegenden Stadt- und Ortsteile mit dem B-Zentrum Vorsfelde verbindet (s. Abb. 14.42)
- Ein autonomer Flächenverkehr im Einzugsbereich des B-Zentrums Vorsfelde, welcher sämtliche möglichen Verkehrsbeziehungen innerhalb der definierten Fläche bedienen kann (s. Abb. 14.43)
- Ein autonomer Shuttleverkehr zwischen den Haltestellen „Nordsteimke“ und „Reislingen Hauptstraße“ welcher als Lückenschluss fungiert und so den Anschluss an die bestehende Busverbindung ins B-Zentrum Vorsfelde herstellt (s. Abb. 14.44)

14.3.4.2 C-Zentrum Wolfsburg-Nordstadt (grundzentrumsäquivalent)

Wie der Abschnitt 13.2.5 aufzeigt, ist in Wolfsburg im Fall des Stadtteils Nordstadt die Daseinsvorsorge im ÖPNV vollumfänglich gesichert. Allerdings bestehen bei vielen erhobenen Fahrtrelationen Umstiege. Zwar ist das Stadtzentrum von allen Stadt- und Ortsteilen aus umstiegsfrei erreichbar, allerdings kann die Nahversorgung durch eine Reduzierung oder Vermeidung von Umstiegen verbessert werden. Folgende Konzepte mit Beitragspotenzialen zur Verbesserung der Daseinsvorsorge sind daher möglich:

- Ein autonomer Shuttleverkehr zwischen dem Ortsteil Velstove und dem C-Zentrum Wolfsburg-Nordstadt (s. Abb. 14.45)
- Ein Netz aus autonomen Linienverkehren, welches die umliegenden Ortsteile mit dem C-Zentrum Wolfsburg-Nordstadt verbindet (s. Abb. 14.46)
- Ein Netz aus autonomen Bedarfslinienverkehren, welches die umliegenden Ortsteile mit dem C-Zentrum Wolfsburg-Nordstadt verbindet (s. Abb. 14.47)
- Ein autonomer Flächenverkehr im Einzugsbereich des C-Zentrums Wolfsburg-Nordstadt, welcher sämtliche möglichen Verkehrsbeziehungen innerhalb der definierten Fläche bedienen kann (s. Abb. 14.48)

Autonome Linienverkehre Wolfsburg-Vorsfelde

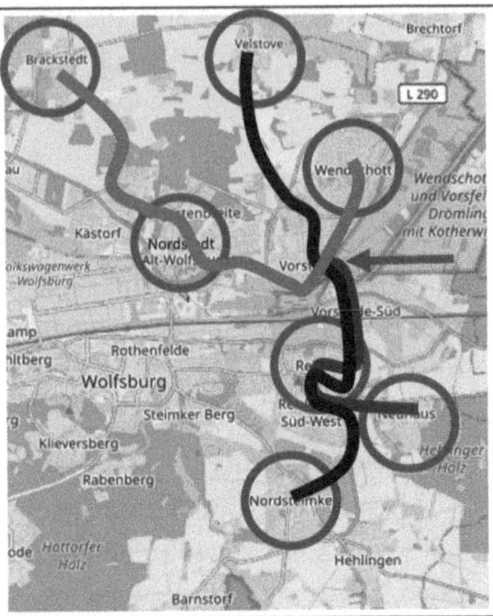

Fahrzeug

Betriebsform

Linienbetrieb

Von den umliegenden Stadt- und Ortsteilen aus ist das B-Zentrum Vorsfelde mit autonomen Linienverkehren erreichbar.

Abbildung 14.41 Autonome Linienverkehre im Einzugsbereich des B-Zentrums Vorsfelde. (Quelle: Eigene Darstellung auf Grundlage eigener Erhebung unter Einbeziehung von OpenStreetMap-Daten und BMVBS & BBSR 2009a: 26)

Autonome Bedarfslinienverkehre Wolfsburg-Vorsfelde

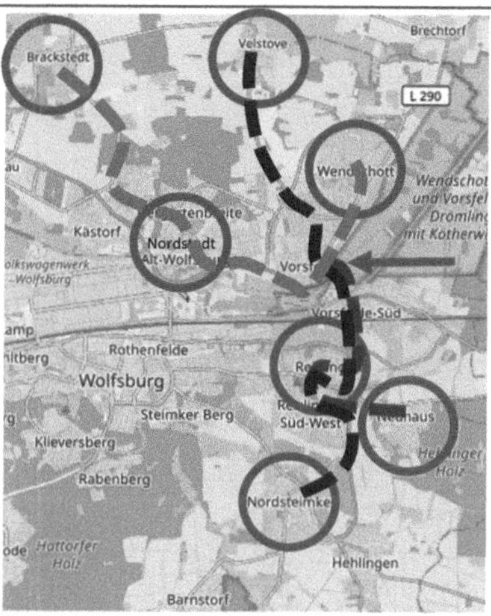

Fahrzeug

Betriebsform

o———o———o

Bedarfslinienbetrieb
(On Demand)

Von den umliegenden Stadt- und Ortsteilen aus ist das B-Zentrum Vorsfelde mit autonomen Bedarfslinienverkehren erreichbar.

Abbildung 14.42 Autonome Bedarfslinienverkehre im Einzugsbereich des B-Zentrums Vorsfelde. (Quelle: Eigene Darstellung auf Grundlage eigener Erhebung unter Einbeziehung von OpenStreetMap-Daten und BMVBS & BBSR 2009a: 26)

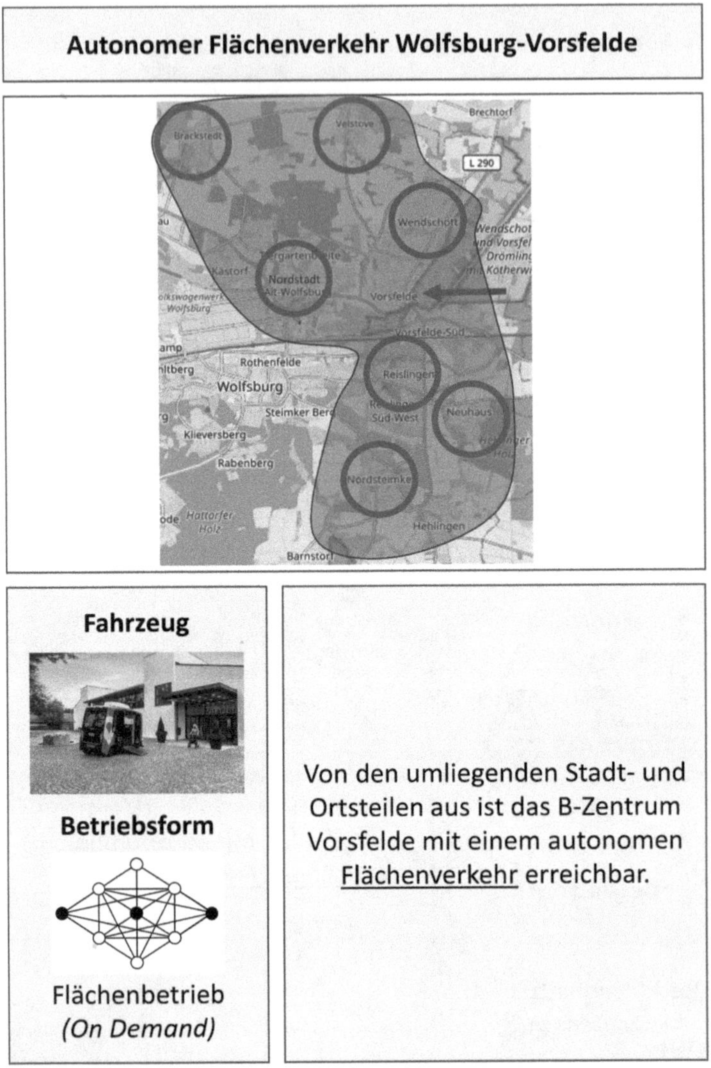

Abbildung 14.43 Autonomer Flächenverkehr im Einzugsbereich des B-Zentrums Vorsfelde. (Quelle: Eigene Darstellung auf Grundlage eigener Erhebung unter Einbeziehung von OpenStreetMap-Daten und BMVBS & BBSR 2009a: 26)

Abbildung 14.44 Autonomer Shuttleverkehr als Lückenschluss zwischen Reislingen und Vorsfelde. (Quelle: Eigene Darstellung auf Grundlage eigener Erhebung unter Einbeziehung von Regionalverband Großraum Braunschweig 2020: 204 und BMVBS & BBSR 2009a: 26)

Abbildung 14.45 Autonomer Shuttleverkehr zwischen Velstove und dem C-Zentrum Nordstadt. (Quelle: Eigene Darstellung auf Grundlage eigener Erhebung unter Einbeziehung von OpenStreetMap-Daten und BMVBS & BBSR 2009a: 26)

Autonome Linienverkehre Wolfsburg-Nordstadt

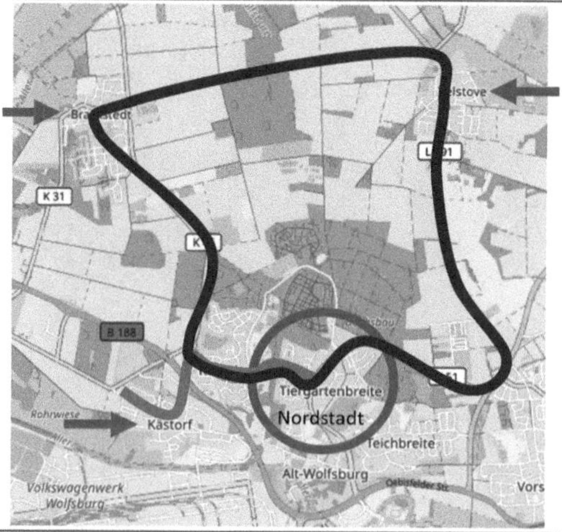

Fahrzeug

Betriebsform

Linienbetrieb

Von Brackstedt, Velstove und Kästorf aus ist das C-Zentrum Nordstadt mit autonomen Linienverkehren erreichbar.

Abbildung 14.46 Autonome Linienverkehre im Einzugsbereich des C-Zentrums Nordstadt. (Quelle: Eigene Darstellung auf Grundlage eigener Erhebung unter Einbeziehung von OpenStreetMap-Daten und BMVBS & BBSR 2009a: 26)

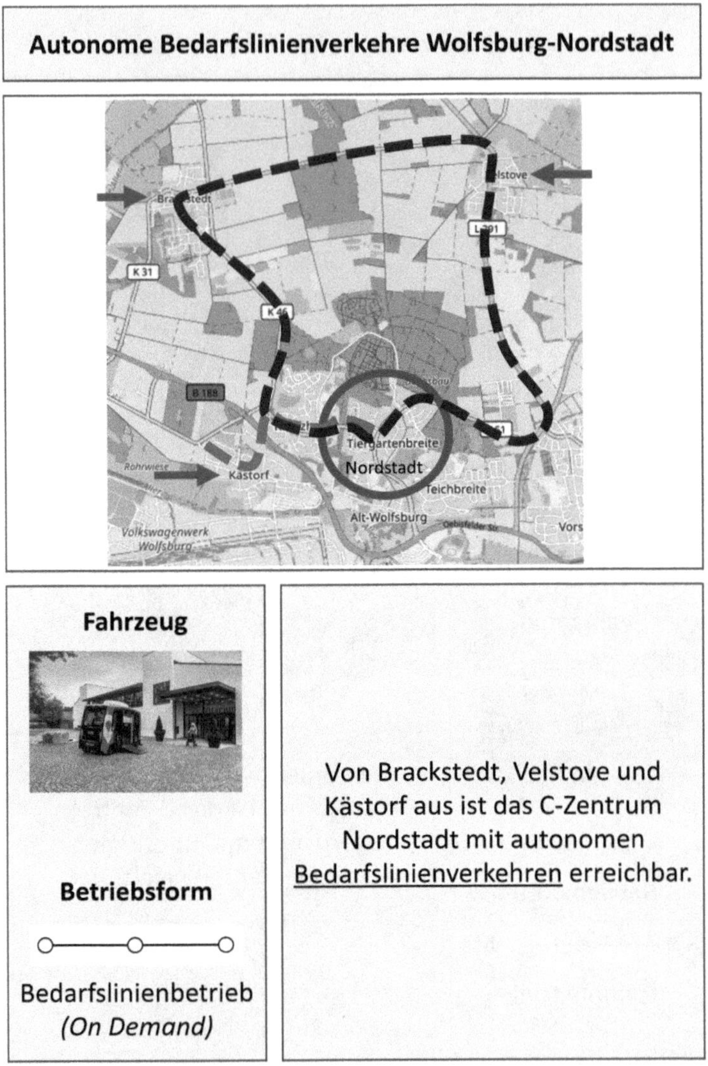

Abbildung 14.47 Autonome Bedarfslinienverkehre im Einzugsbereich des C-Zentrums Nordstadt. (Quelle: Eigene Darstellung auf Grundlage eigener Erhebung unter Einbeziehung von OpenStreetMap-Daten und BMVBS & BBSR 2009a: 26)

Abbildung 14.48 Autonomer Flächenverkehr im Einzugsbereich des C-Zentrums Nordstadt. (Quelle: Eigene Darstellung auf Grundlage eigener Erhebung unter Einbeziehung von OpenStreetMap-Daten und BMVBS & BBSR 2009a: 26)

14.4 Fazit der Konzeptentwicklung und sich anschließende Arbeitsschritte

Die in Abschnitt 14.3 grafisch dargestellten Ergebnisse bilden die bereits durch die Fahrplandaten gewonnene Aussage ab, dass Beitragspotenziale zur Sicherung der Daseinsvorsorge ausschließlich im Fall von Verbindungen zwischen Grundzentren und den umliegenden Gebieten festgestellt werden konnten. Dies betrifft im Landkreis Gifhorn den Ort mit grundzentraler Teilfunktion Steinhorst sowie im Landkreis Goslar das Grundzentrum Sankt Andreasberg. In Steinhorst ist die Daseinsvorsorge im ÖPNV bis auf die Sommerferien gesichert. Im genannten Zeitraum jedoch ist der zentrale Ort aufgrund eines Umstieges und der daraus resultierenden deutlichen Fahrtzeitverlängerung faktisch nicht erreichbar. Hier können autonome ÖPNV-Konzepte wie ein autonomer Linienbetrieb oder ein auch ein autonomer Richtungsbandbetrieb Beitragspotenziale zur Sicherung der Daseinsvorsorge entfalten. Im Einzugsbereich von Sankt Andreasberg ist die Odertaler Sägemühle ganzjährig nicht an den ÖPNV angeschlossen. Hier können insbesondere autonome Linienverkehre sowie autonome Bedarfslinienverkehre Beitragspotenziale zur Sicherung der Daseinsvorsorge entfalten.

Im Fall der Mittelzentren sind mit autonomen Verkehren ausschließlich Verbesserungen der bereits gesicherten Versorgungssituation möglich, da das bestehende Angebot hier bereits vollumfänglich die Daseinsvorsorge sichert. Dies ist ein relevantes Ergebnis, da in den gewählten Untersuchungsgebieten die Distanzen zwischen den Grundzentren und den Mittelzentren im Regelfall deutlich weiter sind als zwischen der Peripherie und den Grundzentren und bestehende autonome Fahrzeuge bisher nur mit geringen Geschwindigkeiten betrieben werden können. Da die Fahrtstrecken zwischen der Peripherie und den Grundzentren eine überschaubare Länge haben, können auch bei geringeren Geschwindigkeiten perspektivisch Beitragspotenziale des autonomen Fahrens zur Sicherung der Daseinsvorsorge entfaltet werden.

Bei einer Umsetzung der in diesem Kapitel erarbeiteten Konzepte ergeben sich weitere Planungsbedarfe. So sind bei einer zukünftigen Implementierung autonomer Angebote in Abstimmung mit den zuständigen Stellen noch diverse Aspekte zu konkretisieren, beispielsweise die Anzahl von Linien und Richtungsbändern, die Wahl der passenden Zugangspunkte (Haltestelle oder Haustür) sowie die Betriebszeiten und weitere Regeln zur Organisation der Flexibilisierung (s. Abb. 14.49).

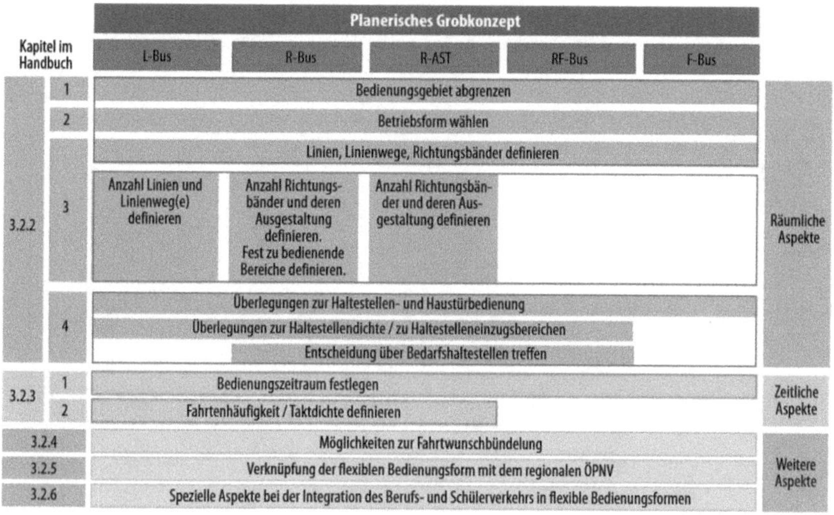

Abbildung 14.49 Ablauf der Entwicklung konkreter Angebotskonzepte im Arbeitsfeld der flexiblen ÖPNV-Angebotsformen. (Quelle: BMVBS & BBSR 2009a: 44)

Ein erster Schritt in diese Richtung ist die Diskussion der in diesem Kapitel erarbeiteten Konzepte mit den zuständigen planenden Stellen, insbesondere der ÖPNV-Aufgabenträger. Daher werden im folgenden Kapitel Fokusgruppen durchgeführt, die den Transfer in die Praxis ermöglichen und weitere wichtige Erkenntnisse für die Ausgestaltung autonomer ÖPNV-Angebote generieren.

Studie 2D: Durchführung von Fokusgruppen zur Validierung der entwickelten autonomen ÖPNV-Angebotskonzepte

15

15.1 Methodik

Wie in Kapitel 9 einführend beschrieben wurde, stellen qualitative Methoden einen wichtigen Teil der vorliegenden Arbeit dar. Auch bei der Durchführung von Fokusgruppen bilden diese die methodische Grundlage, wie die folgenden Ausführungen zeigen. Zuerst wird auf die Erstellung von Interviewleitfäden und Arbeitsmaterial sowie die Durchführung der Fokusgruppen und die Erhebung der Audioaufzeichnungen eingegangen. Anschließend wird die Transkription der Tonspuren und die Auswertung der Transkripte erläutert. Schließlich werden Anpassungen im Verlauf des Arbeitsprozesses dargelegt und eine Methodenkritik durchgeführt.

Erstellung von Interviewleitfäden und Arbeitsmaterial

Der erste Teil der Fokusgruppen wurde auf Grundlage von Interviewleitfäden durchgeführt, wodurch leitfadengestützte Expert*inneninterviews (vgl. HELFFERICH 2011: 162f) in einer Gruppensituation entstanden. Die Leitfäden waren bis auf die jeweils anderen Ortsbezeichnungen in allen Fokusgruppen identisch, um eine Vergleichbarkeit der vier durchgeführten Diskussionsrunden gewährleisten zu können. Der zweite Teil der jeweiligen Arbeitsgruppe bestand aus einer offeneren Diskussionsphase, in der zuerst anhand von Gebietskarten ohne Konzepteinzeichnung um Ideen für autonome Verkehre in diesem Bereich gebeten wurde. Anschließend wurden jeweils die in Kapitel 14 entwickelten autonomen Betriebskonzepte diskutiert.

J. Lamberg, *Beitragspotenziale eines autonomen ÖPNV zur Sicherung der Daseinsvorsorge*, https://doi.org/10.1007/978-3-658-50160-0_15

Durchführung der Fokusgruppen und Erhebung der Tonspur

Die Fokusgruppen wurden online mit dem Konferenztool „Webex“ durchgeführt. Dies ermöglichte die Arbeit an einem neutralen Ort, der keinem der an der jeweiligen Gruppe beteiligten Personen zuzuordnen war. Durch den Vorzug eines Online-Formats konnte der Aufwand für die Teilnahme im Gegensatz zu einer Präsenzveranstaltung an einem physischen Ort für die Teilnehmenden deutlich reduziert werden. Zudem wurde die erste Fokusgruppe noch im Kontext von Maßnahmen zur Eindämmung der Corona-Pandemie durchgeführt. Nur mit einer Online-Durchführung der anderen Fokusgruppen war eine vollständige Harmonisierung des Arbeitskontextes zwecks Vergleichbarkeit möglich. Mit zwei Diktiergeräten wurde anschließend die Tonspur des jeweiligen Gesprächs aufgezeichnet und anschließend transkribiert. Dies erwies sich als hilfreich, da ein eingesetztes Diktiergerät zeitweise kurze Lücken bei der Aufnahme produzierte, sodass im Zusammenspiel beider Tonspuren ein möglichst exaktes Transkriptionsergebnis erzielt werden konnte.

Es wurde bewusst nicht an die Gruppen kommuniziert, dass die zu diskutierenden autonomen Betriebskonzepte aus der Analyse der ÖPNV-Fahrplandaten hervorgegangen sind. Da die Fokusgruppen exakt die jeweiligen Planungsrunden für das derzeitige Angebot darstellen, sollte ein Rechtfertigungsmodus der Teilnehmenden, zwecks vollständiger Offenheit für die zu diskutierenden autonomen Konzepte, vermieden werden. Wäre bekannt gewesen, dass die autonomen Konzepte auf Grundlage eines noch zu verbessernden bestehenden Angebots entstanden sind, hätte man die Arbeit in der Fokusgruppe als Mängelanalyse und damit Kritik an der eigenen Arbeit missverstehen können.

Transkription der Tonspuren

Im Anschluss an die Aufnahme wurde die jeweilige Tonspur transkribiert, also die Audiodatei in Text umgewandelt. Dies wurde möglichst noch am selben Tag, je nach Aufwand aber zumindest in den unmittelbar folgenden Tagen durchgeführt, um möglicherweise schwer verständliche Stellen unter Einbeziehung der persönlichen Erinnerung besser erfassen zu können.

KUCKARTZ wirft in seiner Publikation „Qualitative Inhaltsanalyse. Methoden, Praxis, Computerunterstützung“ (2012) insbesondere die Frage nach dem Feinheitslevel von Transkriptionen auf: „Ob man all dies wirklich transkribiert, hängt nicht zuletzt von finanziellen Gesichtspunkten ab, denn Texte zu transkribieren ist zeitaufwändig und verursacht erhebliche Kosten, selbst für einfache Transkriptionen benötigt man etwa das fünf- bis zehnfache der Interviewzeit“ (KUCKARTZ 2012: 135). Da keine finanziellen Mittel für Transkriptionsleistungen vorhanden waren, wurden die Transkriptionen selbstständig durchgeführt.

Dies erforderte zwar einen hohen Zeiteinsatz, dafür konnten detaillierte Ergebnisse erzielt werden. Durch die Teilnahme an den Fokusgruppen konnte eine Transkription besonders nah an den entstandenen Gesprächssituationen durchgeführt werden. Wie bei KUCKARTZ beschrieben, wurden auch weitere Aspekte im unmittelbaren Gesprächszusammenhang hinzugefügt (2012: 135), um die Verständlichkeit der Transkripte insbesondere für Außenstehende zu erhöhen. Dazu gehörte beispielsweise auch die exakt so von Kuckartz beschriebene Situation, „dass ein Telefon klingelt“ (2012: 135), aber auch Lachen als Anzeichen für die Stimmungslage, in der eine Aussage getroffen wurde, oder die Anzeige von Zustimmung einer Person zur Aussage einer anderen im Fall des Lauts „Hmh“. Diese zusätzlichen Informationen wurden in eckigen Klammern dem Transkript hinzugefügt.

Die Anonymisierung erfolgte, wo möglich, durch die Nutzung von Pseudonymen. Entweder wurde dabei auf die auch sonst im Transkript verwendeten Bezeichnungen „Sprecher 1“, „Sprecher 2“, usw. zurückgegriffen, alternativ wurden Namen mit dem Begriff „NAME“ anonymisiert, Verkehrsunternehmen beispielsweise mit dem Begriff „FIRMA“. Wo dies nicht möglich war, wurden alle Textstellen, die möglicherweise einen persönlichen Bezug zulassen, geschwärzt. Die so generierten Transkripte konnten anschließend im Rahmen einer qualitativen Inhaltsanalyse analysiert und ausgewertet werden.

Auswertung der Transkripte

Die Auswertung der transkribierten Fokusgruppen erfolgte mittels qualitativer Inhaltsanalyse nach KUCKARTZ (2012: 50). Diese folgt dem Ablauf „Forschungsfrage → Daten → Datenanalyse [welche] […] im Grunde für alle Formen empirischer Forschung charakteristisch“ ist (KUCKARTZ 2012: 50). Allerdings ist für die qualitative Inhaltsanalyse im Vergleich zur klassischen Inhaltsanalyse ein interaktiveres und weniger starres Vorgehen charakteristisch (ebd.), wie auch die folgende Abbildung 15.1 zeigt.

Im Ablaufschema qualitativer Inhaltsanalysen steht die jeweilige Forschungsfrage im Zentrum der Auswertung (Abb. 15.1). In Abschnitt 7.3 wurden die Forschungsfragen für die vorliegende Arbeit abgeleitet. Forschungsfrage 4 („Welche Einsatzpotenziale für autonome ÖPNV-Angebote bestehen aus Perspektive der Aufgabenträger und weiteren Akteuren des ÖPNV?“) stand im Zentrum der durchgeführten Fokusgruppen.

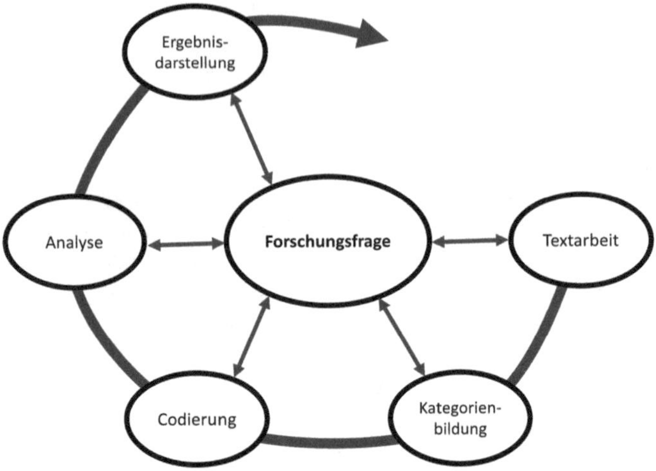

Abbildung 15.1 Ablaufschema qualitativer Inhaltsanalysen nach KUCKARTZ (2012). (Quelle: Eigene Darstellung auf Grundlage von KUCKARTZ 2012: 50)

Für dessen Bearbeitung wurden verschiedene Leitfragen entwickelt und angewendet:

- Welche Herausforderungen und Handlungsbedarfe bestehen im ÖPNV?
- Welche Ziele der ÖPNV-Entwicklung werden im Untersuchungsgebiet angestrebt?
- Wie wird Daseinsvorsorge definiert?
- Welche Beitragspotenziale werden einem autonomen ÖPNV zugeschrieben? / Welche Erwartungen hat die Fokusgruppe an das autonome Fahren (Was muss klappen, damit autonomes Fahren einen Beitrag leisten kann?)
- Welches autonome Betriebskonzept/welche Betriebsform wird von den Fokusgruppen priorisiert?
- Welche Zielgruppen werden für die ÖPNV-Angebotsplanung genannt?

Anhand des in Abbildung 15.1 gezeigten Ablaufschemas wurden im Rahmen der initiierenden Textarbeit die Transkripte zu Beginn im Kontext der Leitfragen gelesen (KUCKARTZ 2012: 54). Anschließend wurden in einem zweiten Schritt verschiedene Kategorien induktiv „am Material“ entwickelt (KUCKARTZ 2012:

63) und in einer selbstorganisierten Forschungswerkstatt kommunikativ mit anderen Promotionsstipendiaten aus dem Niedersächsischen Promotionsprogramm „Digitalisierung in Dörfern" validiert. Folgende Kategorien wurden schließlich für die Auswertung der Fokusgruppen gebildet und angewendet:

- Herausforderungen bei der ÖPNV-Planung
- Ziele der ÖPNV-Entwicklung
- Definition von Daseinsvorsorge
- Erwartung der Fokusgruppe an das autonome Fahren
- Betriebsform
- Zielgruppen bei der Planung
- Gründe für Abweichung von Zielstellungen für konventionell und autonome Verkehre *(im Fall des Landkreises Emsland im späteren Verlauf des Prozesses zusätzlich entwickelt)*

Anschließend wurde das Material anhand der gebildeten Kategorien ausgewertet (vgl. hierzu auch KUCKARTZ 2012: 74). Der Computerunterstützung kommt bei der Analyse und Auswertung der Transkripte große Bedeutung zu (vgl. KUCKARTZ 2012: 132f und MAYRING 2010: 115f). Verwendet wurde für die Analyse und Auswertung der Fokusgruppen die an der Universität Klagenfurt entwickelte Software QCAmap (MAYRING 2010: 120f; vgl. zum Einsatz von QDA-Software auch KUCKARTZ 2012: 144f). Das Programm erinnert nach etwa zehn Prozent des Codiervolumens daran, die gewählten Kategorien noch einmal zu überprüfen. Im Programm wurden die genannten Kategorien auf die Transkripte angewendet. Anschließend generierte QCAmap Excel-Tabellen für den Export. In diesen Tabellen wurden die übernommenen Aussagen geordnet und durch Zusammenfassung auf ein generelleres Abstraktionslevel transformiert. Die Ergebnisdarstellung wurde auf Basis dieser Ergebnisse dann klassisch in einem Word-Dokument textlich durchgeführt, wodurch die folgenden Abschnitt 15.2 bis 15.5 generiert werden konnten.

Anpassung der Fokusgruppendurchführung nach der ersten von vier Sitzungen

Nach der Durchführung der ersten Fokusgruppe wurde diese evaluiert, um für die darauffolgenden Fokusgruppen mögliche Anpassungen bezüglich der Durchführung zu prüfen. Im Rahmen der nach der ersten Fokusgruppe folgenden Evaluationsphase wurden als Ergebnis Anpassungen beim Erhebungsdesign für die Fokusgruppen zwei bis vier vorgenommen. Zuallererst wurde auf die vorherige Versendung des Interviewleitfadens an die Teilnehmenden verzichtet, da dies einen Einfluss auf das Antwortverhalten hatte: „Ja also ähm, im ländlichen Raum hat man in den meisten Fällen halt eine sehr große Fläche, weiträumige Siedlungsgebiete, **ich habe mir vorab schon ein paar Notizen dazu gemacht**, also weiträumige Siedlungsgebiete, die da im ÖPNV bedient werden müssen bei den meisten Fällen geringen Fahrgastzahlen, geringen Nutzerzahlen“ (Sprecher 1, FOKUSGRUPPE 1).

Im Rahmen der Durchführung der ersten Fokusgruppe ließen sich im Rahmen der Auswertung im Transkript zudem Verständnisprobleme und inhaltliche Herausforderung in Bezug auf das Thema autonomes Fahren im ÖPNV erkennen. So wurden als Reaktion in Bezug auf die erbetene Bewertung des Sektorenverkehrs Salzbergen Rückfragen gestellt: „Und das hat man sich wie vorzustellen, also würde ein autonomes Fahrzeug sage ich mal die einzelnen Flächen denn entsprechend abfahren über App buchbar und dann würde sich das alles automatisch entsprechend, ja, wie soll ich sagen als Route dann ausarbeiten [...] sodass man jetzt nicht noch groß, ne Leitstelle oder irgendwas haben müsste“ (Sprecher 1, FOKUSGRUPPE 1). Ähnlich zu bewerten ist in diesem Zusammenhang die Reaktion in Bezug auf die erbetene Bewertung des Flächenbetriebs Salzbergen: „Ich kann mir ehrlich gesagt auch noch, also sie, ist das autonome Fahren dann so weit, dass es das dann schon leisten kann, also?“ (Sprecher 1, FOKUSGRUPPE 1).

Zwei Maßnahmen wurden für die FOKUSGRUPPEN 2 bis 4 eingeführt, um die Verständlichkeit der gezeigten Konzepte zu erhöhen. Zum einen wurde die Reihenfolge der gezeigten Konzepte geändert, um die Anschlussfähigkeit des gezeigten Materials an die aktuelle Arbeitsrealität der Planenden zu erhöhen. So wurde in den folgenden Fokusgruppen nicht mehr mit dem flexibelsten autonomen Betriebskonzept, dem Flächenverkehr, begonnen, sondern mit einem klassischen Liniennetz nach Fahrplan. Die Reihenfolge für die Fokusgruppen 2 bis 4 gestaltete sich daher wie folgt (hier vereinfacht beschrieben): „autonomer Linienbetrieb“ → „autonomer Bedarfslinienbetrieb“ → „autonomer Sektorenbetrieb“ → „autonomer Flächenbetrieb“. Wichtigste Änderung war jedoch der **Einsatz von Sedcards**, die mehr Informationen zum jeweiligen Betriebskonzept enthalten (Abb. 15.2).

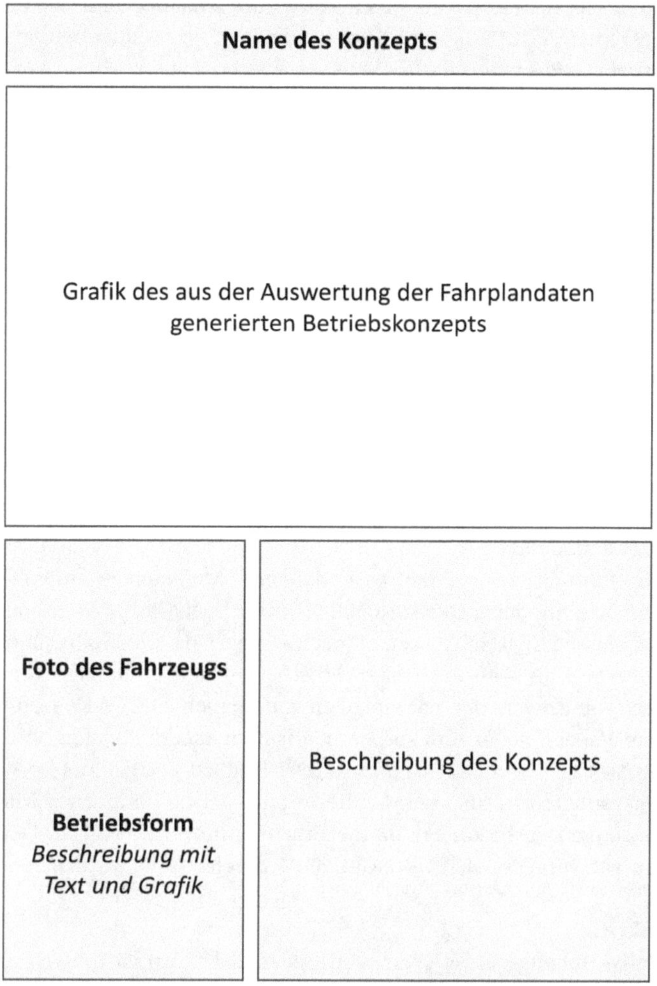

Abbildung 15.2 Grundaufbau der in den Fokusgruppen 2 bis 4 verwendeten Sedcards. (Quelle: Eigene Darstellung auf Grundlage eigener Entwicklung)

So werden in diesen neben einer Karte des entsprechenden Betriebskonzeptes (welche in FOKUSGRUPPE 1 ausschließlich verwendet wurden) zudem weitere visuelle und graphische Elemente sowie erstmals auch ein kurzer erklärender Text eingesetzt, um das jeweils gezeigte Konzept in den Fokusgruppen besser verständlich zu machen. So wurde beispielsweise ein standardisiert verwendetes Foto von einem autonomen Kleinbus beigefügt, um deutlich zu machen, dass die gezeigten Verkehre auf Grundlage des autonomen Fahrens erbracht werden. Darüber hinaus wurde die jeweilige Betriebsform (Linienbetrieb, Bedarfslinienbetrieb, Sektorenbetrieb, etc.) graphisch dargestellt und zudem schriftlich beschrieben. Weitere schriftliche Elemente bestanden insbesondere aus einer nun hinzugefügten Überschrift des jeweiligen Betriebskonzeptes sowie aus Erklärungstexten, die mit einem Fokus auf die untersuchten Grund- und Mittelzentren insbesondere den Daseinsvorsorgebezug deutlich machen. Die vielen im vorherigen Kapitel 14 gezeigten Anwendungsfälle verdeutlichen dieses ab FOKUSGRUPPE 2 gewählte Vorgehen. Um eine einheitliche und vergleichbare graphische Ergebnisgrundlage zu haben, wurden die Konzepte und Ergebnisse aus der FOKUSGRUPPE 1 für die Ergebnispräsentation im Nachgang ebenfalls in Sedcardform aufbereitet.

Nach Einführung der beiden beschriebenen Maßnahmen traten Verständnisprobleme wie in der FOKUSGRUPPE 1 nicht mehr auf. Allerdings ist die Wirkung schlussendlich nicht genau nachweisbar, da die Teilnehmenden der FOKUSGRUPPEN 2 bis 4 in der freien Arbeitsphase auf Grundlage von Gebietskarten, also vor Zeigen der entwickelten autonomen ÖPNV-Konzepte, bereits detailliertere Vorstellungen zum autonomen Fahren äußern konnten, während dies in der FOKUSGRUPPE 1 nicht der Fall war. Der Einfluss des Faktors Vorwissen auf das Antwortverhalten ist also bei der Bewertung der beschriebenen Maßnahmen zu berücksichtigen, insbesondere da die FOKUSGRUPPEN 2 bis 4 im Gebiet eines anderen Aufgabenträgers als FOKUSGRUPPE 1 durchgeführt wurden.

Methodenkritik

Die qualitative Inhaltsanalyse (vgl. KUCKARTZ 2012: 50) ist in der Lage, große Mengen qualitativer Daten zusammenfassen. Dies ist insbesondere für eine stringente Auswertung und Darlegung der Ergebnisse wichtig. Allerdings gehen dadurch auch viele spezifische Aussagen der Fokusgruppen verloren. Auch ist ein direkter Nachweis am Material so nicht mehr möglich. Das Ziel der qualitativen Inhaltsanalyse, ein wissenschaftlich nachweisbareres Arbeiten mit Text, kann so in Frage gestellt werden. Auch besteht die Gefahr, dass Inhalte durch die verschiedenen Schritte der Zusammenfassung über Codes und Kategorien verfremdet werden. Diese Aspekte machten es notwendig, die über die qualitative Inhaltsanalyse entstehenden Ergebnissen mit unmittelbarer Textarbeit, vor allem durch direkte Zitate, anzureichern und zu belegen. Dadurch wurde die qualitative Inhaltsanalyse nicht in Reinform durchgeführt.

15.2 Auswertung der Fokusgruppe „Emsland"

15.2.1 Landkreisweite Ergebnisse

Definition von Daseinsvorsorge im ÖPNV

Der Nahverkehrsplan dient der Fokusgruppe als das zentrale Element für die Planung des ÖPNV und auch für die Definition von Daseinsvorsorge. So wurde ausgehend von der Versorgung der Bevölkerung mit Waren und Dienstleistungen eine Verbesserung der Erreichbarkeit mit dem ÖPNV festgeschrieben. Zentral dabei sind die durch die ÖPNV ermöglichten Aufenthaltsdauern im zentralen Ort: „wir [haben] gesagt [...,] das[s] [...] [es] eine bessere Anbindung an die Grundzentren geben muss für die umliegenden Gemeinden, dass man eine Möglichkeit hat Dinge des täglichen Bedarfs einzukaufen, dass man Arztbesuche entsprechend durchführen kann und dass man Behördengänge irgendwo vornehmen kann und das wurde dann in bestimmten Kategorien eingeteilt und festgemacht an Aufenthaltsdauern, wo man jetzt gesagt hat okay, wenn ich irgendwo eine Aufenthaltsdauer zwischen eineinhalb, zwei, zweieinhalb Stunden habe und die Möglichkeit habe mit dem ÖPNV das nächste Grundzentrum anzufahren und dann in eineinhalb, zwei, zweieinhalb Stunden irgendwo wieder weg zu kommen mit dem ÖPNV, dann ist das für uns eine gewisse Kategorie also in dem Fall Kategorie 1 und würde dann schon sehr gut irgendwo dem entsprechen, dass eine Daseinsvorsorge da ist und man die ich sag mal Dinge, die man halt erledigen muss, dann auch mit dem ÖPNV bewältigen kann. Da gibt es zwei weitere Kategorien, wo es dann entweder kürzer oder längere Aufenthaltsdauern gibt, die dann, ja, diese Erledigungen mit dem ÖPNV erschweren, so möchte ich das mal sagen. Und da hat man sich die ganzen Gebiete im Kreis angeschaut und die Lücken sozusagen identifiziert, die man dann peu a peu angehen muss. Und vor dem Hintergrund hat man sich das Thema Daseinsvorsorge oder hat man sich mit dem Thema Daseinsvorsorge schon beschäftigt, es ist aber jetzt nicht genau definiert worden, dass man sich das Ziel gesetzt hat, bis dann und dann muss, ich sag mal, das Thema in aller Gänze behoben werden, sondern man nähert sich über Pilotprojekte dem ganzen Thema" (Sprecher 2, FOKUSGRUPPE 1). Auf die hier beschriebene Systematik wird zum einen in Abschnitt 11.2 näher eingegangen. Darüber hinaus diente diese auch als Grundlage bei der Entwicklung eines Indikatorensystems zur Messung von Daseinsvorsorge in Kapitel 12.

Herausforderungen und Handlungsbedarf im ÖPNV

Die Fokusgruppe hob hervor, dass der Landkreis Emsland ein „Flächenlandkreis" ist und aus dieser Raumstruktur in Kombination mit einer geringen Bevölkerungsdichte Herausforderungen bei der Gestaltung des ÖPNV hervorgehen. Auch die begrenzten finanziellen Mittel sowie die begrenzten Planungsressourcen im Verhältnis zu einem sehr großen Bediengebiet wurden als schwierig erachtet (Sprecher 2, FOKUSGRUPPE 1). Das Fehlen eines starken Oberzentrums im Landkreis wurde jedoch positiv bewertet, da die Verkehre sich auf die Quell- und Zielbeziehungen zu den drei Mittelzentren Papenburg, Meppen und Lingen verteilen. In Summe wurden die Herausforderungen und Handlungsbedarfe im Planungsgebiet als durchschnittlich oder typisch für das Land betrachtet: „der Landkreis Emsland ist klassisch so ein ländlicher Raum" (Sprecher 2, FOKUSGRUPPE 1).

Ziele der ÖPNV-Entwicklung im Landkreis

Es lassen sich mehrere grundlegende Ziele der ÖPNV-Entwicklung aus der Auswertung der Fokusgruppe ableiten. So soll insbesondere das bestehende ÖPNV-Angebot gesichert und ausgebaut werden. Dies soll unter anderem durch eine Vereinheitlichung des Angebots geschehen. Aber auch Zubringer sollen zur Stärkung des Hauptliniennetzes beitragen. Die zwei wichtigsten Aspekte sind die Erschließung der Fläche des Landkreises sowie eine Vertaktung und Vernetzung der verschiedenen Angebote (insbesondere Bus und Bahn). Ein weiteres wesentliches Ziel ist auch die Schaffung eines einheitlichen Tarifs für den Landkreis Emsland im Rahmen einer Tarifreform, oder sogar eines einheitlichen Verkehrsverbunds. Auch eine höhere Flexibilität für die Fahrgäste steht auf der Agenda. Ein ebenfalls wichtiger Aspekt der Verkehrsentwicklung besteht in der Reaktivierung von Bahnstrecken für den Personenverkehr. Hier sind mindestens zwei Strecken im Landkreis Emsland in der näheren Betrachtung. Allerdings werden dafür aktuell erst einmal nur für die erfolgversprechendste Strecke Gutachten und Planungen in Auftrag gegeben, um die Umsetzungswahrscheinlichkeit zu erhöhen. Für beide Strecken wurden bereits autonome Angebotskonzepte in

Kapitel 14 entwickelt. Diese wurden im Rahmen der Fokusgruppe ebenfalls besprochen, wie aus diesem Kapitel hervorgeht. Im Rahmen der Fokusgruppe genannte Nutzendengruppen für den ÖPNV waren insbesondere Personen im Rahmen der Schülerbeförderung sowie pendelnde Fahrgäste.

Beitragspotenziale eines autonomen ÖPNV zur Sicherung der Daseinsvorsorge im Landkreis Emsland

Die an der Fokusgruppe beteiligten Akteure konnten autonomes Fahren im Rahmen der konkreten präsentierten Anwendungsfälle anfangs noch nicht richtig bewerten und anwenden (Sprecher 1: „Wie würden sie dieses Beispiel bewerten? Sprecher 2: [...] Und das hat man sich wie vorzustellen (...)?“ / Sprecher 1: „Wie schätzen Sie das [Konzept zur Bedienung mit autonomen Fahrzeugen] ein im Vergleich zum Ersten? Sprecher 2: [...] Ähm. Ich kann mir ehrlich gesagt auch noch, also sie, ist das autonome Fahren dann so weit, dass es das dann schon leisten kann, also?“). Zudem wurden oft Fragen gestellt, anstatt Antworten auf die gestellte Fragestellung zu geben. Grundsätzlich hatten sich die Akteur*innen jedoch schon mit dem autonomen Fahren auseinandergesetzt und waren auch in der Lage, potenzielle mögliche Beitragspotenziale zu formulieren: „Wir haben uns das angeschaut und es wäre ja ein, eine Möglichkeit auch gerade im ländlichen Bereich diese letzte Meile diese Lücke zu schließen die wir jetzt im Moment über einen On-Demand-Verkehr aufschließen wollen“ (Sprecher 2, FOKUSGRUPPE 1). Die Aussage zeigt auch auf, dass Entwicklungen von der Verkehrsplanung her gesteuert werden (also beispielsweise die grundsätzliche Frage, ob eine Linienbedienung oder ein On-Demand eingeführt wird, etc.), und nicht der Aspekt des autonomen Fahrens an sich im Vordergrund steht. Autonomes Fahren ist damit in der Planungsrealität der Fokusgruppe eine Technologie zur Erreichung von Zielstellungen. Planerische Belange zur Erfüllung der eigentlichen Verkehrsleistung stehen bei der Arbeit im Vordergrund, Innovation wird nicht als Selbstzweck angesehen. Die Frage ist also aus Sicht der Fokusgruppe nicht, ob autonomes Fahren eingesetzt wird oder nicht, sondern die Frage nach der passenden planerischen Lösung steht im Vordergrund. Dies wird auch bei der Erwartung der Fokusgruppe an das autonome Fahren deutlich: Die Technik muss in Serienreife als „Baukasten“ verfügbar sein, da man sich nicht mit der technischen Entwicklung beschäftigen kann und möchte. Auch wird erwartet, dass der Betrieb der Verkehre dann ebenfalls automatisiert abläuft, und man sich nicht darum kümmern muss. Zudem wird Klarheit über die Kostenstruktur erwartet, um die finanziellen Folgen des Einsatzes autonomen Fahrens betriebswirtschaftlich abschätzen und planen zu können. Allerdings werden diese Aspekte aktuell als noch nicht erfüllt angesehen: „aber wie gesagt also da sind noch viele Parameter die halt im Moment zumindest nicht bei einer Umsetzung oder für eine Umsetzung hier im Landkreis Emsland sprechen und wie gesagt ich glaub die Entwicklung ist auch noch nicht so weit fortgeschritten, dass man sich das als Baukasten irgendwo aus dem Regal greift und sagt, [...] das möchte ich jetzt bei uns haben“ (Sprecher 2, FOKUSGRUPPE 1). Aus dieser Haltung heraus wurden die im Folgenden präsentierten Anwendungsfälle durch die Fokusgruppe bewertet. Im Folgenden werden aus Gründen der Übersichtlichkeit nur solche Diskussionsvarianten mit Abbildung gezeigt, die von der Fokusgruppe als sinnvoll und erstrebenswert bewertet wurden. In allen weiteren Fällen wird eine schriftliche Erörterung durchgeführt.

15.2.2 Einführung autonomer ÖPNV-Verkehre zur Anbindung der Grundzentren an das Mittelzentrum Lingen

Für die Verbindungen zwischen den Grundzentren und dem Mittelzentrum Lingen standen verschiedene Varianten (s. Abschn. 14.3.1) zur Diskussion. Ein Flächenbetrieb wurde aktuell als unrealistisch betrachtet: „Ja also, wie gerade auch schon gesagt, würde ich jetzt zum ersten Schritt das als zu große Fläche ansehen, die zu viele Variablen in sich trägt, um das überhaupt planbar gestalten zu können“/ „Also da komme ich wieder auf den Punkt zurück, dass man da erstmal überschaubare Korridore oder Linien haben muss, um das sowohl für den Fahrgast nachvollziehbar hinzukriegen als auch gerade in der Planung und in der Umsetzung überhaupt realistisch, ja, umsetzen zu können“ (Sprecher 2, FOKUSGRUPPE 1). Insbesondere die deutlich größere Fläche um das Mittelzentrum Lingen im Vergleich zum vorgeschlagenen Flächenverkehr im Einzugsbereich von Salzbergen machte eine Einführung von Linienverkehren aus Sicht der Fokusgruppe notwendig: „Wenn da autonome Fahrzeuge unterwegs sind und man sich trotzdem auch die Fläche angucken müsste in der Organisation dieser Fahrzeuge, da[nn müsste da] trotzdem [eine] interne Zuordnung sein, wobei ich sage, ich hab das Fahrzeug X, was dann irgendwo den Bereich abfährt, ansonsten würde man im Extremfall, grad mit den Geschwindigkeiten, ja wirklich stundenlang unterwegs sein und [...] [könnte] eine größere Nachfrage [...] gar nicht bedienen

[...]" (Sprecher 2, FOKUSGRUPPE 1). Dementsprechend wurden autonome Buslinien von den Grundzentren zum Mittelzentrum Lingen von den Teilnehmenden als die realistischste Variante erachtet (vgl. FOKUSGRUPPE 1). Die im vorherigen Zitat genannten niedrigen Geschwindigkeiten der aktuell eingesetzten Fahrzeuge, machen einen Einsatz im Vergleich zu Verbindungen von der Peripherie zum Grundzentrum Salzbergen aber unwahrscheinlicher.

15.2.3 Einführung autonomer ÖPNV-Verkehre zur Anbindung der Fläche an das Grundzentrum Salzbergen

Herausgehoben wurde im Rahmen der Fokusgruppe sehr oft die flächenhafte Siedlungsstruktur des Landkreises Emsland und die damit einhergehende Zielstellung, zukünftig auch flächenhaftere Angebote im ÖPNV entwickeln zu können. Aktuell werden Bedarfe außerhalb des von offizieller Seite geplanten Angebots, teilweise privat organisiert, durch Bürgerbusse und Mitfahrbänke abgedeckt. Im Zuge einer dem Raumtypus entsprechenden Bedienform war das Thema der On-Demand-Verkehre ein oft genanntes Thema. Ziel ist es, perspektivisch bedarfsgerechtere Verkehre einzuführen. Interessanterweise wird trotz dieser Zielstellung für die zukünftige Ausrichtung des ÖPNV bei der Einführung autonomer Angebote eine linienhafte Ausprägung des ÖPNV-Angebots bevorzugt, da dies als deutlich leichter umsetzbar angesehen wird. Es werden also autonome Buslinien (On-Demand und nach Fahrplan) als erster Schritt der Technologieimplementierung favorisiert. Die liniengebundene Lösung wurde präferiert, mit der Option, diese perspektivisch in einen Bedarfslinienbetrieb umzuwandeln: „[...] das glaube ich ist in der ersten Umsetzungsphase doch das realistische Konstrukt, ähm, was es jetzt auch im ersten Moment etwas übersichtlicher, planbarer macht. Bei dem Anderen glaube ich, gibt es zu viele Variablen, die man gar nicht so absehen kann und die es dann wirklich [...] schwierig machen, das dann auch in der Praxis für den Nutzer dann irgendwie vernünftig hinzukriegen. Ohne dass es einem dann gleich um die Ohren fliegt sag ich mal platt. Wo man sagt, OK, ich würde jetzt ausloten". (Sprecher 2, FOKUSGRUPPE 1, s. auch Abb. 15.3).

Abbildung 15.3 Autonome Linienverkehre in Salzbergen wurden als präferierte Einstiegsvariante erachtet, um autonome ÖPNV-Angebote zur Sicherung der Daseinsvorsorge einzuführen. (Quelle: Eigene Darstellung auf Grundlage eigener Erhebung, bewertet auf Grundlage von FOKUSGRUPPE 1)

Dieser Linienbetrieb kann anschließend im Rahmen einer Modifikation in einen Bedarfslinienbetrieb umgewandelt werden (s. Abb. 15.4). Dieser wurde dann von der Fokusgruppe auch als Grundlage angesehen, in einem weiteren Schritt eine Ausweitung in die Fläche vorzunehmen: „[…] ich glaube, dass man als Einstieg auf jeden Fall so in Sachen Linien- oder Korridorbedienung denn gehen soll und das machen wir nämlich auch mit dem On-Demand-Verkehr und das dann auch im ersten Schritt halbwegs, ja, überschaubar zu gestalten. Und dann natürlich auch vor dem Hintergrund, dass man bei der Linienbedienung zum Beispiel auch mehrere Haltestellen dann ausknipsen kann, wenn sie halt nicht nachgefragt sind" (Sprecher 2, FOKUSGRUPPE 1). Hier spielt insbesondere auch die Kalkulierbarkeit eine Rolle: „irgendwie kann man denn [bei einem Bedarfslinienverkehr] besser abschätzen [als bei einem Flächenbetrieb] was an, oder was an Fahrzeugkilometern zusammenkommt, oder maximal zusammenkommt, und dann rechnen wir mit Abrufquoten" (Sprecher 3, FOKUSGRUPPE 1).

Eine weitere Flexibilisierung ist nach Ansicht der Fokusgruppe insbesondere durch autonome Sektorenverkehre zu realisieren (Abb. 15.5), da diese mehr Strukturierungen als ein Vollflächenbetrieb aufweisen.

Eine Vollflächenbedienung von Salzbergen und Umland wurde als am unrealistischsten angesehen: „Ich weiß nicht, ob das dann nicht zu groß gefasst ist"/ „[…] wenn man jetzt diese beiden Beispiele aus Salzbergen vergleicht [Sektorenverkehr und Flächenbedienung], dieses zweite Beispiel würde wahrscheinlich nur mit deutlich mehr Fahrzeuge[n] auch funktionieren"/" (Sprecher 2, FOKUSGRUPPE 1 & s. auch Abb. 15.6). Insbesondere der derzeitige Stand der Technologieentwicklung spielt für diese Einschätzung eine Rolle: „was für ein Angebot kann man denn überhaupt darstellen, wenn man so ein großes Gebiet langsam abfährt, also, dann äh, hat man dann doch recht hohe Wartezeiten beziehungsweise kann bestimmte Anforderungen oder Vorgaben dann ja gar nicht erfüllen in der Praxis" (Sprecher 2, FOKUSGRUPPE 1).

Autonome Bedarfslinienverkehre Salzbergen

Fahrzeug

Betriebsform

o———o———o

Bedarfslinienbetrieb

(On Demand)

Drei autonome Bedarfslinienverkehre verbinden die Ortschaften um Salzbergen mit dem gleichnamigen Grundzentrum und dem dortigen Bahnhof und stellen so den Anschluss an den SPNV her.

Abbildung 15.4 Autonome Bedarfslinienverkehre in Salzbergen wurden als Weiterentwicklung der präferierten Einstiegsvariante als die passende Möglichkeit erachtet, ÖPNV-Angebote in Richtung einer flexibilisierten Bedienung weiterzuentwickeln. (Quelle: Eigene Darstellung auf Grundlage eigener Erhebung, bewertet auf Grundlage von FOKUSGRUPPE 1)

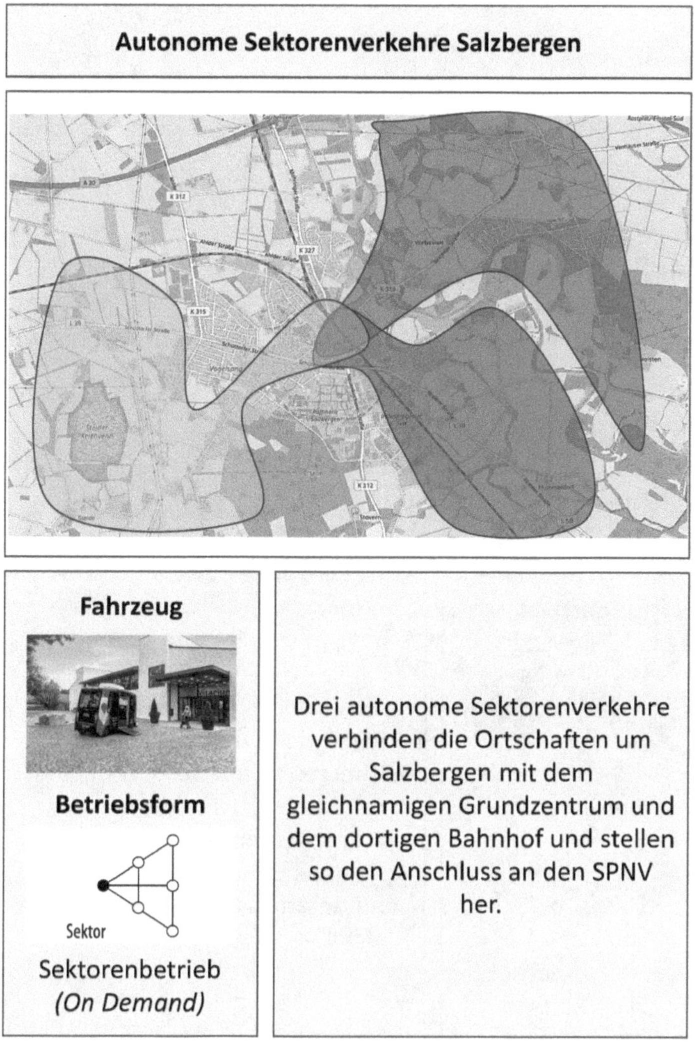

Abbildung 15.5 Möglicherweise als Weiterentwicklung autonomer Bedarfslinienverkehre zukünftig eine Option: autonome Sektorenverkehre in Salzbergen. (Quelle: Eigene Darstellung auf Grundlage eigener Erhebung, bewertet auf Grundlage von FOKUSGRUPPE 1)

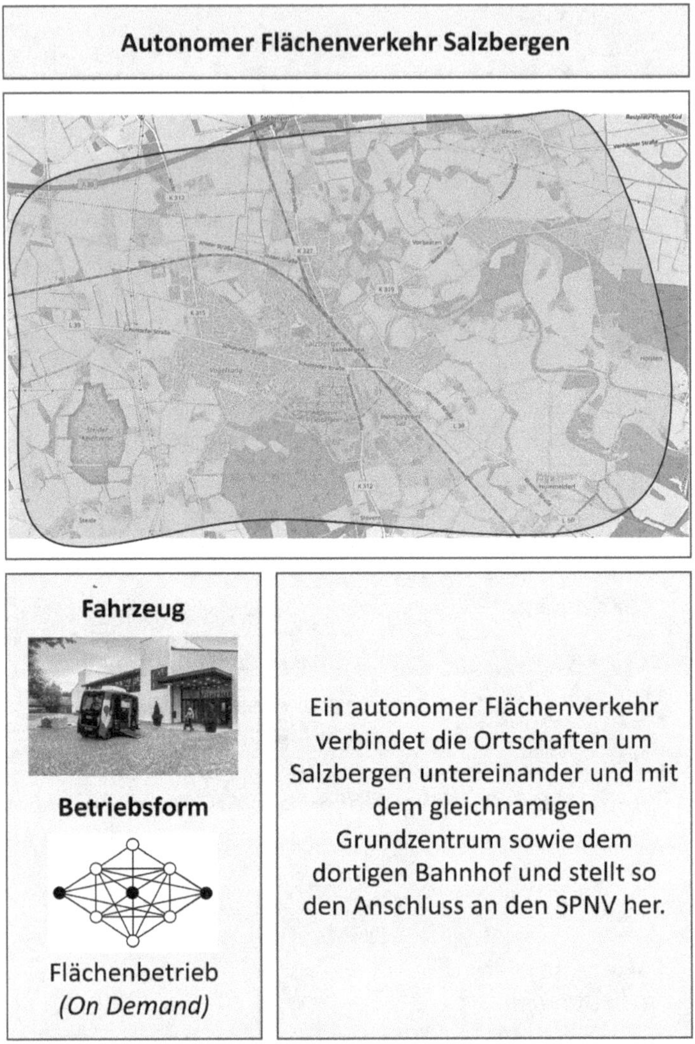

Abbildung 15.6 Als Weiterentwicklung autonomer Bedarfslinienverkehre zukünftig eine Option: autonomer Flächenverkehr in Salzbergen. (Quelle: Eigene Darstellung auf Grundlage eigener Erhebung, bewertet auf Grundlage von FOKUSGRUPPE 1)

15.2.4 Einführung autonomer ÖPNV-Verkehre zur Anbindung von Grundzentren an den SPNV

Auch wenn die Grundzentren Emsbüren und Geeste bereits heute optimal an das Mittelzentrum Lingen angebunden sind, wurde aufgrund der räumlichen Nähe zur bestehenden Bahnlinie ein autonomer Shuttleverkehr von den Siedlungskernen zum nächstgelegenen Bahnhof in der Fokusgruppe diskutiert, um Beiträge zur Diskussion um den Einsatz autonomer Shuttle auf der ersten und letzten Meile generieren zu können. Während die Entfernung zwischen Emsbüren und dem gleichnamigen Bahnhof als zu kurz für ein autonomes Shuttle angesehen wurde („über 1,3 Kilometern [sic.] weiß ich nicht, da würde der eine oder andere mit dem Fahrrad fahren“; Sprecher 2, FOKUSGRUPPE 1), ist die Entfernung von drei Kilometern zwischen Geeste und dem gleichnamigen Bahnhof aus Sicht der Fokusgruppe realistischer und wird sogar im Rahmen eines konventionellen On-Demand-Verkehrs bereits geplant: „[Bei dieser Entfernung] wird es langsam anders werden, ja. Und wir haben tatsächlich in Geeste, da über den On-Demand-Verkehr die bessere Anbindung da auch geplant, des Bahnverkehrs. Das ist ein Pilotprojekt und das wird sicher kommen, weil das ist einer der wenigen Bereiche wo auch die politische Forderung da ist. Geeste hat eigentlich eine sehr gute Anbindung an den SPNV, bloß die ÖPNV-Anbindung zum SPNV die passt nicht und ist auch schwer über den normalen Linienverkehr aus verschiedensten Gründen herzustellen und da wollen wir diese Lücken mit dem On-Demand-Verkehr schließen“ (Sprecher 2, FOKUSGRUPPE 1).

15.2.5 Gründe für die Abweichung von Zielstellungen konventioneller und autonomer Verkehre

Auffällig beim Vergleich der Zielstellungen für die Entwicklung des ÖPNV im Landkreis und den präferierten autonomen Anwendungsfälle ist eine deutliche inhaltliche Diskrepanz. Während perspektivisch mit konventionellen Verkehren eine deutlich stärkere Bedienung der Fläche angestrebt wird, insbesondere mit bedarfsorientierten Angeboten (On-Demand), werden im Fall des autonomen Fahrens liniengebundene Angebote präferiert. Das Transkript der Fokusgruppe bietet jedoch Anhaltspunkte zur Auflösung dieser Diskrepanz.

Wichtigster Grund ist die Einschätzung der Fokusgruppe, dass die Technik des autonomen Fahrens noch nicht für einen verlässlichen Einsatz geeignet ist. Hier werden insbesondere die aktuell noch sehr niedrigen Geschwindigkeiten in einem Planungsgebiet mit weiten Wegstrecken als Hindernis bewertet. Darüber hinaus wird die Verlässlichkeit von autonomen On-Demand-Verkehren in Frage gestellt. Daher werden mit Priorität konventionelle On-Demand-Verkehre entwickelt, anstatt die Einführung autonomer Angebote anzustreben. Darüber hinaus wurde auch deutlich, dass der Fokusgruppe aktuell noch weitere Informationen fehlen und sie nicht ausreichend in das Thema eingearbeitet ist, um mögliche Beitragspotenziale klar zu skizzieren. Auch die Planbarkeit solcher autonomen Angebote wird angezweifelt. Zudem wird die fehlende Übersichtlichkeit für die Fahrgäste bemängelt, wobei aus dem Transkript nicht hervorgeht, weshalb ein autonomer On-Demand-Verkehr als unübersichtlicher angesehen wird als ein konventioneller. Als weiterer einschränkender Faktor wurde die nur geringe Kapazität autonomer Fahrzeuge für den ÖPNV genannt. Im Falle möglicher autonomer Verkehrsangebote auf der Schiene wurde der Zielkonflikt mit dem Güterverkehr als größtes Hemmnis für eine Einführung bewertet. Dies galt im Besonderen für den Einsatz sogenannter Monocabs (Einschienenbahn), wie das folgende Kapitel zeigt.

15.2.6 Einführung autonomer SPNV-Verkehre auf noch nicht durch den Personenverkehr genutzten Strecken

Auch die Einführung autonomer Schienenverkehrsangebote auf bisher nicht durch den Personenverkehr genutzten Strecken im Landkreis Emsland wurde diskutiert. Die erste besprochene Variante waren autonome Züge auf der zu reaktivierenden Bahnstrecke zwischen Meppen und Essen in Oldenburg. Hier ist eine (Wieder-) Aufnahme des Personenverkehrs geplant, wie in der FOKUSGRUPPE 1 von den Teilnehmenden ausgeführt wurde. Die zweite Strecke war die Bahnverbindung von Lathen nach Werlte. Diese ist laut Fokusgruppe ebenfalls „im Fokus" für eine Reaktivierung, allerdings mit nachgelagerter Priorität. Geplant ist für die Aufnahme des Personenverkehrs ein konventioneller Betrieb mit Fahrpersonal. Ein autonomer Betrieb ist für die FOKUSGRUPPE 1 aktuell nicht realistisch: „ich sag mal für uns ist das Thema so weit weg, dass wir überhaupt in eine Umsetzung [einer Streckenreaktivierung/ grundsätzlichen Aufnahme des Personenverkehrs auf der Schiene] kommen, dass wir jetzt noch gar nicht irgendwie neue Technologien angehen, sondern erst mal froh sind, oder froh wären, wenn wir so eine Umsetzung bekommen, weil das wäre für uns schon ein Quantensprung" (Sprecher 2, FOKUSGRUPPE 1). Auch hier wird, ähnlich wie bei den vorher diskutierten straßengebundenen Betriebsvarianten, die Erreichung des Planungsziels einer Streckenreaktivierung priorisiert: „Man geht da so ein bisschen, ich sage mal, Schritt bei Schritt, und schaut erst einmal, kriegen wir das konventionelle hin, und natürlich sind, die Themen kamen schon auf, kann man diese Strecken dann nicht auch zumindest mit alternativen Antriebsformen oder so, wasserstoffbetrieben, oder was auch immer, denn gestalten, aber man hat dann erst mal gesagt wir machen es erst einmal konventionell und wenn das alles soweit passt, dann kann man sich natürlich auch ein anderes System noch und Möglichkeiten entwickeln. Aber es ist jetzt erstmal konventionell geplant" (Sprecher 2, FOKUSGRUPPE 1).

Als zweite Variante wurde neben der Einführung autonomer Zugverkehre auch die Nutzung von Monocabs diskutiert. Monocabs sind aktuell durch die Hochschule Lemgo und weitere Projektpartner*innen entwickelte Einschienenbahnen, die auf einer eingleisigen Strecke einen Zweirichtungsbetrieb (und auch durch kleine Fahrzeuggrößen On-Demand-Verkehre) ermöglichen (s. Abschn. 6.2.4). Die Technologie der Monocabs war den Teilnehmenden der Fokusgruppe nicht bekannt (vgl. FOKUSGRUPPE 1). Dennoch wurde nach einer Erklärung der Technologie eine ablehnende Haltung entwickelt. So wurde zum einen infrage gestellt, ob die Kapazitäten des Transportmittels für Anwendungsfälle im Landkreis Emsland ausreichend sind (vgl. FOKUSGRUPPE 1). Hauptkritikpunkt war aber die dann nicht mehr mögliche Nutzung der Strecke durch den Güterverkehr: „Ja also, wir müssten uns, also, wir in dem konkreten Fall, deswegen schwebt mir das auch so konkret vor Augen, haben wir mit der Strecke Essen–Oldenburg auch eine, die dann im Güterverkehr täglich in Anspruch genommen wird, und wir wollen natürlich gerne den SPNV voranbringen, sind uns aber dann im Klaren, dass wir den Güterverkehr dann damit auch stark einschränken. Also dann können wir nur in den Zwischen-zeiten, also der Personenverkehr hat Vorrang, und in den Zwischenzeiten können wir dann nur fahren, oder spät abends, [...] und wenn wir dieses denn schon machen, das hat ja auch alles Konsequenzen, die dann auch der Empfänger dann irgendwo tragen muss, also sprich der Kunde, der den Güterverkehr in Anspruch nimmt. Es muss sage ich mal ein Grund dafür da sein, dass es sich lohnt und das würde sich dann, und ich sag mal ordentlich dimensionierter ÖPNV, SPNV der auf der Schiene dann auch läuft und ich, ohne da irgendeine Wertung einzubringen, nicht nur so ein paar Gondeln fahren über den Tag verteilt und 10 Personen von A nach B gebracht werden. Da einen Güterzug zum Beispiel nicht fahren zu können, das wäre dann schon ja, ich sage mal nicht angemessen [...]" (Sprecher 2, FOKUSGRUPPE 1). Zusammenfassend ist also festzuhalten, dass Beitragspotenziale eines autonomen SPNV zur Sicherung der Daseinsvorsorge im Landkreis Emsland weder durch die Analyse von ÖPNV-Daten, noch durch die Diskussion von Betriebskonzepten in der FOKUSGRUPPE 1 festgestellt werden können.

15.3 Auswertung der Fokusgruppe „Gifhorn"

15.3.1 Landkreisweite Ergebnisse

Definition von Daseinsvorsorge im ÖPNV
Im Rahmen der Durchführung der Fokusgruppe wurde deutlich, dass die Teilnehmenden Daseinsvorsorge im ÖPNV definieren können und auch wollen. Sprecher 2 machte deutlich, dass für ihn tagsüber ein flächendeckendes und regelmäßiges ÖPNV-Angebot Teil der Daseinsvorsorge ist: „so mindestens stündliche Anbindung, jede, jedes Ortes- das, egal ob das jetzt über bedarfsorientierte Systeme oder ein Bus ist, aber es muss erreichbar sein. Und der Stundentakt passt ja auch ganz gut zur Bahn, zur Schiene, zu den Umsteigepunkten. Das gibt es schon auf bestimmten Linien, aber eben noch nicht überall. Aber das wäre so für mich schon eine für den ländlichen Teil des Landkreises Gifhorn angemessene Daseinsvorsorge. Ich sage immer, dass muss kein 20 Minuten Takt sein. Ich weiß nicht, ob man so was bieten kann, aber zumindest so das, was ich eben skizziert habe, das würde ich darunter verstehen" (FOKUSGRUPPE 2). Sprecher 3 hält dem entgegen, dass dies „in der Theorie" einfach festlegbar sei, dass „wir [...] jetzt jedes Dorf stündlich bedienen" wollen, dies aber in der „Praxis" nicht immer machbar sei (Sprecher 3, FOKUSGRUPPE 2). Es gehe um gleichwertige und nicht um gleiche Lebensverhältnisse und dies sei „im Nahverkehrsplan [entsprechend] beschrieben" (Sprecher 3, FOKUSGRUPPE 2). Allerdings sei der Erfolg der schlussendlichen praktischen Umsetzung des Fahrplanangebots von diesen Festlegungen im Nahverkehrsplan getrennt zu bewerten (ebd.).

Herausforderungen und Handlungsbedarf im ÖPNV
Als Herausforderungen in ländlichen Räumen wurden weite Wege in die Ober- und Mittelzentren, vergleichsweise wenig Angebot im ÖPNV und eine hohe Affinität zum privaten Pkw genannt (Sprecher 2 und Sprecher 3, FOKUSGRUPPE 2). Die geringe Bevölkerungsdichte ist aus Sicht von Sprecher 2 eine der Hauptgründe für einen unterausgelasteten ÖPNV auf dem Land. Im Fall des Landkreises Gifhorn wurde spezifisch noch die große Fläche als Herausforderung für die ÖPNV-Angebotsplanung angeführt (Sprecher 2, FOKUSGRUPPE 2). Zudem sei die vergleichsweise vielfältige Schullandschaft in Verbindung mit der freien Schulwahl bei gleichzeitiger Verpflichtung des Landkreises zur Schülerbeförderung problematisch: „Es gibt nicht eine Schule, dass man sagen kann, die müssen alle nach Gifhorn, und dann kann man auch einigermaßen günstige Angebote schaffen, sondern es gibt [verschiedenste] Schulformen: IGS, Gymnasien, Realschule plus, Oberschule, also ganz viele Schultypen, die dann nur in

bestimmten Orten angebunden werden und die es letztendlich erfordern- Ja, man muss, ja fast von jedem zu jedem Ort kommen können, um das optimal erfüllen zu können. Und das ist, das ist fast ein Ding der Unmöglichkeit, das dann auch noch in vernünftigen Reisezeiten fahren zu können. […] Also mit diesen vielen Schultypen, die kreuz und quer über den Landkreis verteilt sind und dann auch noch Vorgaben, wie lange der Schüler aufgrund einer Schulsatzungsrichtlinie unterwegs sein darf" (Sprecher 2, FOKUSGRUPPE 2). Auch der aus dem Landkreis aus- und einfahrende Berufsverkehr von und zu Volkswagen in Wolfsburg mit hohen Mobilitätsaufkommen im Rahmen des Schierfür hichtbetriebs, aber auch der Normalschicht für Büromitarbeitende, seien herausfordernd (Sprecher 2 und Sprecher 3, FOKUSGRUPPE 2). Räumlich wurde insbesondere im Norden (und Westen) des Landkreises Gifhorn Handlungsbedarf bei der Sicherung der Daseinsvorsorge im ÖPNV angemerkt (Sprecher 2, FOKUSGRUPPE 2). Dies deckt sich mit der Auswahl der Untersuchungsgebiete im Landkreis Gifhorn (vgl. Abschn. 8.2) und auch mit den dort erhobenen Fahrplandaten (Abschn. 13.2.3). Insbesondere in diesen Bereichen würden „Verkehr[e] vorwiegend nach wirtschaftlichen Gesichtspunkten betrieben", sodass dort „Nachholbedarf" bestehe führt Sprecher 2 aus (FOKUSGRUPPE 2). In Bezug auf eine mögliche Reaktivierung von Bahnstrecken im Landkreis werden die nur geringe Nachfrage entlang der stillgelegten Strecken sowie die weiten Wege von den Ortszentren zu potenziellen neuen Haltepunkten des SPNV als Herausforderungen angesehen (Sprecher 2 und 3, FOKUSGRUPPE 2).

Ziele der ÖPNV-Entwicklung im Landkreis Gifhorn

Generell wird der Pkw bei verschiedenen Indikatoren als der Vergleichswert angesehen, an dem sich der ÖPNV messen lassen muss. Um dem nur geringen Besetzungsgrad der großen Busse zu begegnen, ist aus Sicht von Sprecher 2 eine stärkere Bedarfsorientierung und Flexibilisierung der ÖPNV-Angebote erforderlich und ist auch Ziel der ÖPNV-Entwicklung im Landkreis. Doch dies erfordert eine entsprechende langfristig gesicherte Finanzierung und auch den Willen auf der Seite der Planenden (ebd.). Ein Beispiel für die begonnene Flexibilisierung ist das Kleinbussystem Flexo, welches inzwischen an einigen Stellen im Landkreis Gifhorn eingesetzt wird (Sprecher 2 und Sprecher 3, FOKUSGRUPPE 2).

Grundsätzlich sollen mit der ÖPNV-Planung alle Menschen im Landkreis Gifhorn erreicht werden, wie die qualitative Inhaltsanalyse deutlich macht. Spezifisch genannte Zielgruppen sind Schülerinnen und Schüler (Sprecher 2), der Volkswagen-Werksverkehr von und nach Wolfsburg (Sprecher 2), sowie Menschen, die mit der Bahn fahren und die Bahnhöfe als Zugangspunkte erreichen müssen (Sprecher 3).

Beitragspotenziale eines autonomen ÖPNV zur Sicherung der Daseinsvorsorge im Landkreis Gifhorn

In Summe soll das ÖPNV-Angebot im Landkreis Gifhorn flexibler und bedarfsorientierter gestaltet werden. Auf Relationen mit ausreichend hoher Nachfrage soll der klassische Linienverkehr jedoch erhalten werden, auch im Falle potenzieller autonomer Fahrzeuge. Bei der flexibleren und bedarfsorientierteren Gestaltung müssen Elemente des ÖPNV erhalten bleiben, um dessen Charakter in Abgrenzung zu Taxiverkehren zu wahren. Ziel sollte ein gleichwertiges Mobilitätsangebot wie in der Stadt sein. Auch eine verstärkte Anschlusssicherung, insbesondere in Bezug auf den SPNV ist anzustreben. Allerdings wurde auch deutlich: Wer einen besseren ÖPNV möchte, muss entsprechend investieren.

Wichtig ist insbesondere Zusammenhang mit flexiblen Angeboten die Einsparungsmöglichkeit von Personal nicht nur im Fahrzeug, sondern auch bei der Disposition: „das Ideale wäre, wenn, wenn ein ausreichend funktionierender Algorithmus vorhanden wäre, in dem bestimmte Parameter eingestellt sind, [...] wenn der Fahrgast über seine Anforderung das System automatisch bedient, also dass überhaupt kein Disponent mehr eingreifen muss. Parameter müssen natürlich gesetzt sein, aber dann wäre das aus meiner Sicht die Idealvorstellung, weil dann spart man natürlich selbst den Disponenten. Man muss ja nur einen Störungsgreifer haben oder so was“ (Sprecher 2, FOKUSGRUPPE 2).

Aus Sicht der Fokusgruppe ist das autonome Fahren dann für den ÖPNV nutzbar, wenn die Geschwindigkeiten der Fahrzeuge entsprechend hoch sind, durch eine Vollautomatisierung der Fahrzeuge und auch der Disposition der Personaleinsatz geringer wird und verschiedene autonome Fahrzeuggrößen verfügbar sind. Die Verfügbarkeit größerer Fahrzeuggrößen wird als essenziell angesehen, um in Zukunft die Hauptlinien autonom fahren lassen zu können. Kleinere Einheiten sind für eine stärkere Flexibilisierung und Bedarfsorientierung notwendig, aber auch um stärker nachgefragte Verkehre „in kleinere Einheiten aufteilen“ zu können, also um eine Differenzierung vorzunehmen (Sprecher 2).

Generell wird dem autonomen Fahren zukünftig eine hohe Wichtigkeit beigemessen. Eine wichtige Frage bei der Erwartung an das autonome Fahren ist für die Teilnehmenden der FOKUSGRUPPE 2 der zeitliche Horizont, in dem eine Einführung technisch machbar ist. Dieser wird als noch in der Zukunft liegend erachtet (Sprecher 2 und Sprecher 3). Hier geht die Fokusgruppe davon aus, dass noch mindestens ein Jahrzehnt für die Entwicklung notwendig ist. Sprecher 3 geht davon aus, dass autonomes Fahren im ÖPNV zuerst in der Stadt und erst später auf dem Land implementiert werden wird.

15.3.2 Einführung autonomer ÖPNV-Verkehre zur Anbindung der Grundzentren an das Mittelzentrum Wittingen

Aufgrund der Größe des Bediengebiets, der hohen Nachfrage auf den gezeigten Linien und um an verschiedenen Stellen Anschlüsse an andere Buslinien und den SPNV gewährleisten zu können, werden autonome Linienverkehre nach einem festen Fahrplan für den Raum um das Mittelzentrum Wittingen präferiert (s. Abb. 15.7).

Insbesondere sei die Strecke von Wolfsburg über Wittingen nach Celle auch eine ehemalige Eisenbahnstrecke gewesen. Aufgrund der Nachfrage sei eine autonome Linie von Wittingen über Rühen auf jeden Fall bis nach Wolfsburg [Oberzentrum] zu verlängern (Sprecher 2, FOKUSGRUPPE 2). Dies ist in Abbildung 15.7 im südlichen Teil bereits angedeutet, auch wenn die Stadt Wolfsburg nicht auf der Karte abgebildet ist. Mögliche Linienführungen wären bei einer konkreten Umsetzung für dieses Konzept noch zu überarbeiten, wie im Rahmen der Arbeit von FOKUSGRUPPE 2 deutlich wurde. Allerdings ist das gezeigte Liniennetz auch nur als exemplarisches Beispiel zu verstehen. Aufgrund der hohen Nachfrage wurde der Bedarfslinienverkehr als eher ungeeignet betrachtet. Allerdings erschien Sprecher 2 eine räumliche Aufweitung als Flexibilisierung des autonomen Linienbetriebs mittels eines Richtungsbandbetriebs als Möglichkeit, um weitere Ortschaften in der Nähe der Linienkorridore direkt mit anbinden zu können.

Abbildung 15.7 Präferierte Variante zur Bedienung des Raums um das Mittelzentrum Wittingen: autonome Linienverkehre. (Quelle: Eigene Darstellung auf Grundlage eigener Erhebung)

In Ergänzung zu den autonomen Linienverkehren erschien den Teilnehmenden der Fokusgruppe „für Spätverkehre, Wochenendverkehre oder [...] Zeiten komplett außerhalb des Schülerverkehrs, also nicht Montag bis Freitag von 06:00 bis 18:00 Uhr" (Sprecher 2, FOKUSGRUPPE 2) ein flexibleres Verkehrsmodell mit autonomen Fahrzeugen als möglich. Allerdings wurde hier keine Festlegung bezüglich des präferierten Bedienungsmodells getroffen. Die Teilnehmenden machten deutlich, dass zwar für die Planung und Durchführung der Verkehre von Betriebsseite die in der Fokusgruppe gezeigten Sektorenverkehre geeigneter seien, allerdings insbesondere aus Gründen der Übersichtlichkeit und der sonst gegebenenfalls notwendigen Umstiege zwischen den Sektoren aus Fahrgastsicht ein Vollflächenbetrieb geeigneter sei. Eine endgültige Entscheidung in dieser Frage erfordert weitere Sondierungsmaßnahmen: „Also man muss das durchrechnen, aber tendenziell würde ich sagen, wirtschaftlich günstiger ist wahrscheinlich der Sektorenverkehr. Für den Fahrgast ist wahrscheinlich dieser Flächenverkehr, wie Herr NAME sagt, so die die optimalere Variante. Würde ich jetzt mal so vermuten, aber man müsste das durchrechnen" (Sprecher 2, FOKUSGRUPPE 2).

Im Bereich der ersten und letzten Meilen wurde ein autonomes Shuttle zwischen dem Bahnhof und dem Geschäftszentrum des Mittelzentrums Wittingen als sehr sinnvolle Variante angesehen (Abb. 15.8).

Diese Variante wurde im Kontext aller vorher diskutierten Varianten mit größeren Bediengebieten von Sprecher 3 als „am realistischsten, was in den nächsten Jahren vielleicht kommen würde" bezeichnet. So gebe es diese Anwendungsfälle bereits an verschiedenen Stellen im Test in Deutschland. Auch deshalb habe dieses Konzept „das meiste Potenzial" (Sprecher 3, FOKUSGRUPPE 2). Sprecher 2 zeigte sich von diesen Anwendungsfall ebenfalls sehr angetan: „Ich fände das auch super so was, weil ich glaube, da kommt man mit wenigen Fahrzeugen, da würde man wahrscheinlich mit einem Fahrzeug [...] hinkommen und man würde vor allen Dingen eine Verbindung schaffen, die es heute gar nicht gibt. Also [...] über [...] die Regio- oder die Überlandlinien gibt es das natürlich, aber in keinerlei Takt. Also die meisten Leute, die in Wittingen mit dem Zug ankommen, würde ich mal behaupten, laufen dann ins Zentrum, weil das einfach dann für zwei Haltestellen [...] unattraktiv ist. Nee, also ich fände so was [...] echt super. Einen Zubringerverkehr zu einem Bahnhof, der vielleicht nicht so zentral liegt" (Sprecher 2, FOKUSGRUPPE 2). So etwas fehle „definitiv" in Wittingen (ebd.). Insbesondere eine Verkehrsführung auf eigener Trasse wurde von beiden Teilnehmenden der Fokusgruppe als wünschenswert angesehen. Ein autonomer ÖPNV

Abbildung 15.8 Wurde von den Teilnehmenden als sinnvolle Einsatzmöglichkeit des autonomen Fahrens im ÖPNV angesehen: ein autonomer Shuttleverkehr zwischen dem Bahnhof und dem Geschäftszentrum des Mittelzentrums Wittingen. (Quelle: Eigene Darstellung auf Grundlage eigener Erhebung)

zur Anbindung des Ortes Knesebeck an den dortigen Bahnhof, beispielhaft für die Orte an der Bahnstrecke zwischen Gifhorn und Uelzen, wurde grundsätzlich auch als möglich erachtet, allerdings nur als Flächenverkehr, welcher den ganzen Ort bedienen kann und Anschlüsse im ÖPNV verlässlich bedienen kann.

15.3.3 Einführung autonomer ÖPNV-Verkehre zur Anbindung der Fläche an Steinhorst, zentraler Ort mit grundzentraler Teilfunktion

Zu Beginn der Workshopphase wurden von den Teilnehmenden Bedenken geäußert, ob das ausgewählte Bediengebiet nicht zu klein und damit die Nachfrage, insbesondere für liniengebundene Angebote, zu klein sei. Bei der Anbindung der umliegenden Ortschaften an den zentralen Ort wurden dennoch grundsätzlich verschiedene Varianten als möglich erachtet.

Der Disposition kommt bei der Durchführung flexibler Angebote eine besondere Bedeutung zu. Ob das ÖPNV-Angebot flexibel oder liniengebunden sein sollte, wird von der Bevölkerungsdichte abhängig gemacht: „je dichter besiedelt, desto mehr […] sollte man linienorientiert fahren, weil dann einfach immer eine gewisse Nachfrage da sein wird. Und je dünner besiedelt, desto bedarfsorientierter" (Sprecher 2, FOKUSGRUPPE 2). Allerdings wurde als Zielvision die größtmögliche Flexibilität der Verkehre als Präferenz erachtet: „also die Vollflexibilität, […] wäre aus meiner Sicht dann so, […] das Anzustrebende" (Sprecher 2, FOKUSGRUPPE 2). Dies sei bei bereits eingeführten „Flexo-Verkehren" [mit Kleinbussen] an anderer Stelle im Landkreis bereits ebenfalls der Fall (ebd.). Auch Sprecher 3 sprach sich für diese Lösung aus („besser geht es eigentlich gar nicht aus Fahrgastsicht"). Damit ist der autonome Flächenverkehr die von der Fokusgruppe präferierte Variante für den Ort mit grundzentraler Teilfunktion Steinhorst (Abb. 15.9).

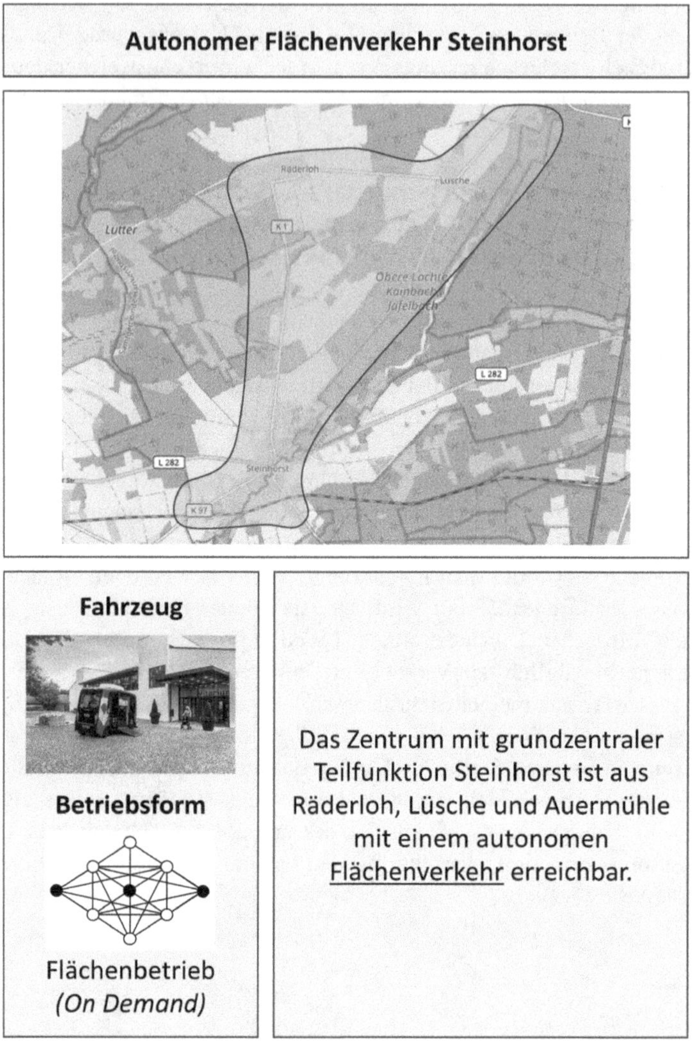

Abbildung 15.9 Mit Einschränkungen die von der Fokusgruppe präferierte Variante: Autonomer Flächenverkehr Steinhorst. (Quelle: Eigene Darstellung auf Grundlage eigener Erhebung)

Bei der Definition von dessen Ausstattungsmerkmalen wurden unterschiedliche fachliche Positionen deutlich. So wurde diskutiert, ob bei diesem Konzept eine Bedienung von Haustür zu Haustür enthalten sein sollte. Während Sprecher 3 dies präferierte („Also aus Fahrgastsicht ist diese Variante schon die attraktivste. Also wenn ich wirklich- das ist ja am nächsten am Auto dran eigentlich, wenn man einfach sagt wir haben eine Fläche und man kann von der Haustür abgeholt werden und fahren, wenn man will, wenn das Auto verfügbar ist. Also besser geht es eigentlich gar nicht aus Fahrgastsicht" (Sprecher 3, FOKUSGRUPPE 2)), wurde dies vom anderen Teilnehmer kritisch betrachtet. So sei er kein Befürworter von einem Haus-zu-Haus-Transport im ÖPNV. Zum einen, da Konkurrenzsituationen zum Taxigewerbe entstehen könnten, aber zum anderen auch, weil das Angebot dann im Vergleich zu dichter besiedelten Bereichen zu attraktiv werden könnte: „wir haben ja innerhalb eines, eines Gebietes, also Landkreises oder einer Stadt, immer auch noch die feste Linienverkehrsform. Die wird ja weiterhin bestehen, es sei denn, das wäre nicht der Fall. Und das kann im Zweifelsfall dazu führen, wenn man Haus-Haus-Verkehre einführt, dass ein solch dünn besiedelter Verkehrsraum [...] trotz dünner Besiedlung und geringer Nachfrage ein besseres Verkehrsangebot hat als dort, wo dichte Verkehre mit Linienverkehr gefahren werden. Weil das heißt, beim Linienverkehr hat man Takte, auf die man achten muss und muss zur Haltestelle gehen. Und ich bin immer der Meinung, diese dünn besiedelten Räume, die sollten gleichwertig bedient werden, aber sie sollten nicht besser bedient werden [...] als starre große Verkehrsachsen. So, das Extrem wäre jetzt die U-Bahn irgendwo, da muss man 300 Meter bis zur Haltestelle laufen und obwohl ein riesiges Verkehrsaufkommen vorhanden ist. Ich finde immer, [...] da sollten keine Unterschiede gemacht werden. Deswegen bin ich nicht so, so sehr für diese Haus-Haus-Bedienung, sondern es soll dichte Haltestellenabstände [geben] auf jeden Fall. Beim Flexo sind das ja diese zusätzlichen virtuellen Haltestellen die es gibt [...] aber nicht Haus-Haus-Bedienung." (Sprecher 2, FOKUSGRUPPE 2). So müsse mit der Wahrung der Haltestellen als Zugangspunkte zum System ein Qualitätsunterschied zum Taxi und auch zum Privatverkehr in jedem Fall gewahrt bleiben, damit man noch von ÖPNV sprechen könne (ebd.). Die beiden Teilnehmer einigten sich zudem darauf, dass die noch bestehende „Poolingfunktion" [Möglichkeit der Mitnahme anderer Fahrgäste durch Zusammenlegung ähnlicher Fahrtwege] (Sprecher 3, FOKUSGRUPPE 2) ein wesentlicher Unterschied zum Taxibetrieb sei, sodass man auch beim autonomen Flächenverkehr noch von ÖPNV sprechen könne. Ziel ist also eine Art **Gleichwertigkeit der Bedienqualität in Stadt und Land unter Wahrung des spezifischen Charakters des ÖPNV.**

15.3.4 Einführung autonomer SPNV-Verkehre auf noch nicht durch den Personenverkehr genutzten Strecken

Autonome Schienenverkehre

Autonome Schienenverkehre auf einer damit für den Personenverkehr reaktivierten Strecke zwischen Wittingen und Celle erschienen der Fokusgruppe, zumindest bei einem mittelfristigen Zeithorizont von bis zu 10 Jahren, unrealistisch. Zum einen sei die Strecke im vergangenen Jahrhundert schon vergleichsweise früh stillgelegt worden und „frühe Stilllegung heißt für mich immer das sehr früh [...] das Aufkommen wahrscheinlich schon grenzwertig war" (Sprecher 2, FOKUSGRUPPE 2). Sprecher 2 und 3 äußerten zudem diverse technische Bedenken, machten aber auch deutlich, dass viele Annahmen davon Vermutungen sind. Auch autonome Monocabs erschienen der Fokusgruppe nicht sinnvoll einsetzbar zu sein. In Summe wurden Schienenverkehre mit einem gewissen Fahrgastaufkommen assoziiert, welches dann auch immer einen konventionellen Betrieb mit Fahrpersonal möglich macht: „Schiene ist in meinen Augen immer so ein bisschen verbunden mit mehr Aufkommen und deshalb gibt es überhaupt die Schiene. Und wenn dann wieder mehr Aufkommen ist, sage ich, dann bin ich wieder eher der Meinung, dann ist [...] der klassische Verkehr, also der Fahrplan, dann eher so [...] das richtige Konzept, weil man dann eben gleichzeitig mehr Personen transportiert und [...] dieser bedarfsorientierte Verkehr auf [der] Schiene, das sind alles mögliche Zukunftskonzepte, ja. Aber [...] ich würde das dann eher fahrplanorientiert sehen, [...] Schiene ist in meinen Augen in der Unterhaltung teuer, eigener Fahrweg und [...] wenn eigener Fahrweg, dann muss auch ein Aufkommen da sein. Und wenn das Aufkommen da ist, dann klassisch ist. Ist so meine Meinung. Natürlich bin ich nicht dagegen, dass man hier Experimente mit solchen Monocabs und das- so was mal, mal testet wo möglich" (Sprecher 2, FOKUSGRUPPE 2).

Sprecher 2 machte aber deutlich, dass er „vom Grundsatz immer für Reaktivierung Schiene" sei, da dies „ein[en] andere[n] Qualitätsfaktor" darstelle. Allerdings müsse man im konkret diskutierten Fall die Problematik lösen, dass die Ortszentren weit weg von den Haltepunkten und der Strecke liegen. Zudem müsse man viel Geld investieren, um ein solches Projekt am Ende auch wirklich erfolgreich zu gestalten: „dann muss man aber auch bereit sein, die Gelder in die Hand zu nehmen und nicht so Halbherziges machen, weil ich glaube, so was Halbherziges, [...] das hat dann keine Zukunft. Also dann muss man wirklich so ein bisschen wie Stadtbahn Karlsruhe, auch wenn das mit Sicherheit nicht vergleichbar ist mit der mit der Bevölkerungsdichte, aber da muss man wirklich [...]

kurze Züge, kleine Züge, [...] zusätzliche Haltestellen, bedarfsorientierte Linienführung [umsetzen]. Ich glaube, da muss man wirklich mehr machen, als einfach zu sagen, ich nehme die klassische Schiene einfach wieder auf und [...] fahr da Züge" (Sprecher 2, FOKUSGRUPPE 2).

15.4 Auswertung der Fokusgruppe „Goslar"

15.4.1 Landreisweite Ergebnisse

Definition von Daseinsvorsorge im ÖPNV

Die Definition von Daseinsvorsorge durch die Fokusgruppe bleibt vage. Es wird ergebnisoffen formuliert, dass die inhaltliche Konkretisierung von Daseinsvorsorge eine Definitionsfrage ist. Genannt wird zumindest als gesetzliche Grundlage das Grundgesetz: „Letztendlich in der Daseinsvorsorge würde ich fast sagen Artikel 72 glaube ich, im Grundgesetz, die Schaffung der- ja eigentlich die gleichwertigen Lebensverhältnisse zu schaffen. Das ist eigentlich der Maßstab, an dem wir uns messen müssen. Und das ist natürlich immer eine Definitionsfrage. Was ist der gleiche Maßstab, wenn man natürlich überlegt, in den ländlichen Raum zu ziehen? Muss man sich natürlich bewusst sein, dass man nicht [...] so einen hohen Versorgungsgrad hat wie in einer Agglomeration. Und ich glaube- aber, wenn [...] die Bundespolitik das Ziel dann ausgibt und das war ja jahrelang so und es ist ja auch so, dass in der Regionalplanung das immer noch ein hehres Ziel ist, dem man nachkommen möchte, dann muss man eigentlich auch die Finanzausstattung in diese Richtung liefern. Dass der ländliche Raum überhaupt die Chance hat, so eine ÖPNV [...] Daseinsvorsorge dann zu generieren" (Sprecher 3, FOKUSGRUPPE 3).

Herausforderungen und Handlungsbedarf im ÖPNV

Herausforderungen bestehen insbesondere bei der Organisation des ÖPNV. Hier spielen verschiedene Faktoren eine Rolle. Einer der wichtigsten Punkte ist die Finanzierung. Die finanzielle Ausstattung wird als ein Grund angesehen, wieso der ÖPNV in ländlichen Räumen nicht das gleiche Qualitätsniveau wie in einem städtischen Kontext aufweist: „Wir sehen es derzeit in dieser problematischen Lage, auch wenn Krisen hinzukommen, ist es sehr schwer, diesen [ÖPNV] zu organisieren und auch zu finanzieren. Das heißt, wir werden nie ein, sag ich jetzt mal ÖPNV hinbekommen, wie er in Ballungsräumen gang und gebe ist mit Taktzeiten und dergleichen, sondern einen von Schülerverkehren geprägten ÖPNV, den man versucht natürlich so gut es geht mit dem SPNV, also der straßengebundene ÖPNV mit der Schiene zu vernetzen, um dann auch die Anbindung an größere Zentren herzustellen. Aber wir werden natürlich immer Schwächen haben, auch in der Vertaktung und in den Taktzeiten“ (Sprecher 3, FOKUSGRUPPE 3). Hierbei spielen insbesondere auch die siedlungsstrukturellen Gegebenheiten eine Rolle: „Dabei müssen wir natürlich [...] betrachten „Wie sind die Siedlungskörper in einem Landkreis?“ Wenn man das auf den Landkreis beziehen möchte, hat man kompakte Siedlungsstrukturen, so wie wir es hier haben im Landkreis Goslar. Da haben wir Glück, dass wir kompaktere Strukturen haben und auch nicht so weitverzweigte Straßen [...]. Aber wir werden natürlich nie so einen ÖPNV bekommen wie in so einem Agglomerationsraum“ (Sprecher 3, FOKUSGRUPPE 3). Auch die naturräumlichen Gegebenheiten haben einen erheblichen Einfluss auf die ÖPNV-Gestaltung. Im Landkreis Goslar sind Verkehre durch die Tallagen der Siedlungen im Harz zwar gut bündelbar, allerdings sind lange Wege zurückzulegen. Eine stärkere Flexibilisierung von Verkehren ist gewünscht, aber schwierig umzusetzen. Ein Grund ist die schwierige Finanzierung, die beispielsweise auch durch die Einführung des Deutschland-Tickets weiter verstärkt wird. Zudem fehlt geeignetes Fahrpersonal. Dieses ist auf dem Arbeitsmarkt oft nicht verfügbar und bestehende Personale weisen eine hohe Ausfallrate auf.

Auch die fehlende Variabilität des bisher auf den Schülerverkehr ausgerichteten Fuhrparks wird als große Herausforderung angesehen: „Es ist natürlich auch schwierig, im ländlichen Raum die optimale Fahrzeuggröße einzusetzen. Bei den Schwierigkeiten, die gerade schon genannt wurden. Meistens ist die ja bestimmt durch [...] [die] Fahrzeuggröße aus dem Schülerverkehr und dementsprechend fahren wir eigentlich den lieben langen Tag mit größeren Fahrzeugen durch die Gegend, wo sie gar nicht zwingend benötigt werden. Und bei allen anderen Varianten oder zusätzlichen Angeboten hält man ja noch einen zweiten Fuhrpark vor, wenn man das möchte. Was [...] auch die Kosten wieder explodieren lässt und immer noch mehr Personale benötigt werden, was es dann auch ein bisschen schwieriger macht“ (Sprecher 4, FOKUSGRUPPE 3).

Eine spezifische Einflussgröße ist im Harz darüber hinaus das Wetter, welches einen stabilen Betrieb erschwert. Zudem sorgen aktuell Baumaßnahmen auf den Straßen für weiträumige, unattraktive Umleitungen des Busverkehrs. Auch der stark ausgeprägte Tourismus mit kaum vorhersagbaren Nachfrageschwankungen schränkt die Gestaltungsmöglichkeiten ein. Die touristische Dimension ist insbesondere bei der Weiterentwicklung des ÖPNV durch Flexibilisierung und Digitalisierung zu berücksichtigen. So müssen digitale Buchungssysteme bekannt, einfach zugänglich und leicht verständlich sein.

Ziele der ÖPNV-Entwicklung im Landkreis Goslar

In der Zukunft sollen für den ÖPNV neue Konzepte entwickelt werden. Ziel ist insbesondere eine verbesserte Erreichbarkeit der Zentren, also die Sicherung der Daseinsvorsorge. Angestrebt wird zukünftig zudem eine stärkere Vernetzung der verschiedenen Angebote. Ausgehend von einem starken Kernnetz mit Regionalbuslinien als Grundlage wird eine stärkere Flächenerschließung mittels Flexibilisierung, auch mit On-Demand-Elementen, angestrebt. Die flexiblen Elemente des Angebots könnten zukünftig auch automatisiert werden. Angestrebt wird ein insgesamt häufigeres und auch Mobilitätsangebot. Die Digitalisierung des ÖPNV soll dabei eine Rolle spielen. Doch auch Marketing wird von der Fokusgruppe als wichtiges Element angesehen. Lückenschlüsse im Netz werden als Einsatzgebiet für autonomes Fahren erachtet. Eine Differenzierung des Angebots hinsichtlich der Bedarfsorientierung wird als erstrebenswert betrachtet. Allerdings lassen die Rahmenbedingungen aktuell nur eine Sicherung des derzeitigen Versorgungslevels und keinen Ausbau des Angebots zu. Eine Verbesserung der Tarifstruktur wird als notwendig erachtet, gleichzeitig entstehen beispielsweise durch die Einführung des Deutschland-Tickets neue Unsicherheiten bei der Finanzierung. Die Teilnehmenden sind sich bewusst, dass der ÖPNV attraktiv gestaltet werden sollte, auch um Menschen für einen Umstieg vom MIV zum ÖPNV zu begeistern. Die wesentlichen Zielgruppen bei der Planung des ÖPNV-Angebots sind der Schülerverkehr und der Tourismusverkehr. Darüber hinaus werden Berufstätige, bisherige Autonutzende und generell die bestehenden Fahrgäste als Zielgruppen angesehen.

Beitragspotenziale eines autonomen ÖPNV zur Sicherung der Daseinsvorsorge im Landkreis Goslar

Das autonome Fahren wird aus Sicht der Fokusgruppe zukünftig eine große Rolle spielen. Entscheidend hierbei ist insbesondere der Faktor Personal. Zum einen besteht aktuell ein Fahrpersonalmangel. Zudem ist das Personal einer der wesentlichen betriebswirtschaftlichen Einflussfaktoren (Sprecher 2, FOKUSGRUPPE 3). Allerdings wird in Frage gestellt, wann die Technik entsprechend ausgereift ist, um sicher eingesetzt zu werden. Dabei spielt nicht nur die technische Verfügbarkeit der Lösungen eine Rolle, sondern auch das Vertrauen der Fahrgäste in diese (Sprecher 2, FOKUSGRUPPE 3). Angestrebt wird eine hohe Anzahl kleiner autonomer Fahrzeuge, um andere Betriebskonzepte implementieren zu können.

Bezüglich des zeitlichen Horizonts werden verschiedene Aspekte identifiziert, die einen Einfluss auf die Umsetzungsperspektive haben: „Also ich glaube, das hängt auch noch mal vom technischen Fortschritt ab und wie schnell sich diese Technik entwickelt, dass sie zum Beispiel nicht, sage ich mal, internetabhängig ist, sondern das System aus sich heraus fahren kann, autonom. Weil ich glaube, gerade im ländlichen Raum ist es, wird es noch ein paar Jahre dauern, bis man die Abdeckung, sei es Mobilfunk oder auch Breitbandversorgung, an sich so sicherstellen kann, dass da ganz geringe Latenzzeiten sind. Die, die dann abgedeckt werden müssen. Wenn das System aus sich heraus das abdecken kann, dann wird es vielleicht auch eher umgesetzt werden. Und das, was Sprecher 2 ansprach, die Sicherheit gegeben ist und auch das Vertrauen in diese Systeme, dann kann das ein großes Thema werden. Aber bevor das nicht alles sichergestellt ist, wird es glaube ich nur erst mal ein Randthema sein und vielleicht auf einzelnen Strecken, vielleicht auch mal in einem Mittelzentrum, sei es in Goslar oder so, zum Test kommen" (Sprecher 3, FOKUSGRUPPE 3).

15.4.2 Einführung autonomer ÖPNV-Verkehre zur Anbindung der Ortsteile und umliegenden Ortschaften an das Mittelzentrum Clausthal-Zellerfeld

In der zweiten Phase der Fokusgruppe wurden die in Kapitel 14 entwickelten Angebotskonzepte diskutiert. Im Fall von Clausthal-Zellerfeld wurde direkt eine Punkt-zu-Punkt-Verbindung zwischen Altenau und Torfhaus genannt: „aus touristischer Sicht wäre das natürlich wünschenswert. Und da wäre, das wäre natürlich eine ideale Strecke, die dann auch bei Bedarf gefahren werden kann, weil das aus dem touristischen Bereich uns immer widergespiegelt wird, dass das unbedingt eine Verbindung ist, die nachgefragt wird, weil auf Torfhaus natürlich jetzt touristisch sehr viel passiert und die Menschen dann auch, die in Altenau zum Beispiel übernachten, ganz gern hinfahren würden und das Harzticket dann auch nutzen. Und das ist im Moment ja schwer möglich, sodass das natürlich glaube ich, eine ganz gute Strecke, wo man das auch vielleicht mal testen könnte" (Sprecher 3, FOKUSGRUPPE 3). Ein solches Konzept war als Sedcard für die anschließende Diskussion bereits vorbereitet, da die ÖPNV-Datenauswertung (in Abschn. 13.2.4) hier eine Lücke im bestehenden ÖPNV-Netz aufzeigte. Auf Anregung von Sprecher 3 wurde die Diskussion dieses Konzepts daher vorgezogen. Die Teilnehmenden der Fokusgruppe taten einstimmig die aus ihrer Sicht vorliegenden Beitragspotenziale kund. Eine autonome Spange zwischen Altenau und Torfhaus ist also ein präferierter Anwendungsfall für den ÖPNV (s. Abb. 15.10).

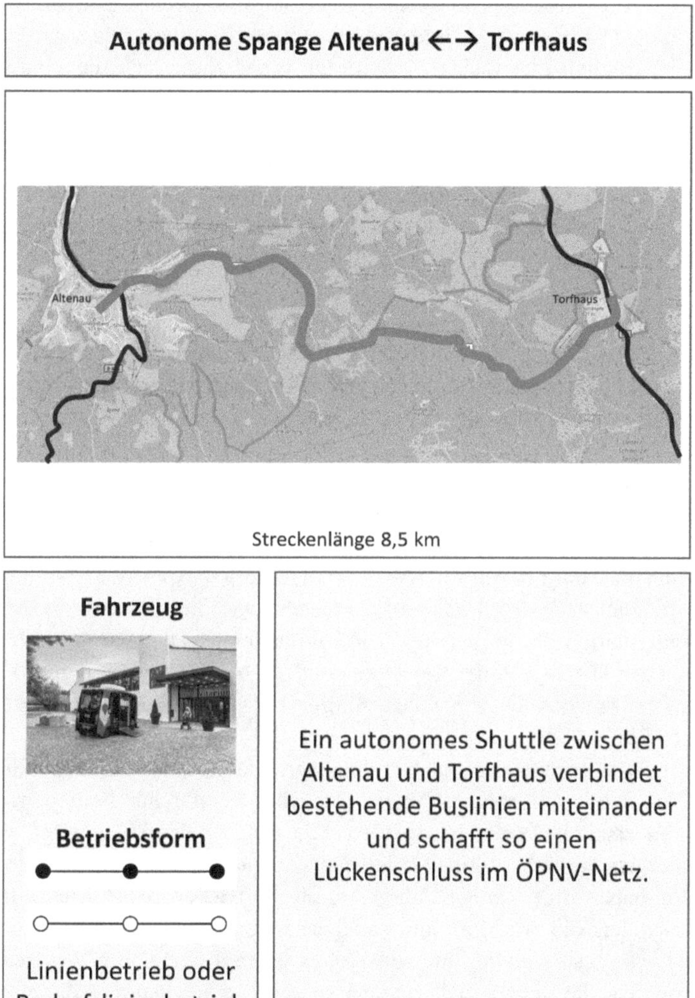

Abbildung 15.10 War als Sedcard für die Diskussion vorbereitet, wurde von der Fokusgruppe aber bereits in der offenen Workshopphase skizziert: Autonome Spange Altenau–Torfhaus. (Quelle: Eigene Darstellung auf Grundlage eigener Erhebung)

Anschließend wurde für den Gesamtraum Clausthal-Zellerfeld die Möglichkeit eines autonomen Linien- oder Bedarfsliniennetzes diskutiert. Dies wurde grundsätzlich als Möglichkeit erachtet. Allerdings verständigte sich die Fokusgruppe darauf, abweichend von den gezeigten, starren Konzepten in jeweiliger Reinform, je nach Nachfrage eine Differenzierung im Netz zwischen autonomen Linien und autonomen Bedarfslinien vorzunehmen. Präferierte Variante war jedoch der autonome Flächenbetrieb im Einzugsbereich von Clausthal-Zellerfeld (s. Abb. 15.11), allerdings ausschließlich als Ergänzung für die dann weiter verkehrenden Regionalbuslinien sowie den zusätzlich organisierten Schülerverkehr.

15.4.3 Einführung autonomer ÖPNV-Verkehre zur Anbindung der Fläche an das Grundzentrum Sankt Andreasberg

Die offene Workshophase zum Grundzentrum Sankt Andreasberg sollte analog zum Mittelzentrum Clausthal-Zellerfeld Ideen generieren, bevor konkrete Konzepte zur Diskussion standen. So wurde auch die Einführung autonomer ÖPNV-Verkehre an das Grundzentrum Sankt Andreasberg besprochen. Grundsätzlich wird ein möglichst flexibles System gewünscht, wie die offene Workshopphase vor der Präsentation der vorbereiteten Konzepte zeigte. Dies wurde auch bei der anschließenden Diskussion der Konzepte deutlich, bei der ein autonomer Flächenbetrieb im Einzugsbereich von Sankt Andreasberg als Variante präferiert wurde (s. Abb. 15.12).

Allerdings müssen aus Sicht der Fokusgruppe einige Rahmenbedingungen erfüllt sein, damit ein solches Verkehrsangebot erfolgreich betrieben werden kann: „grundsätzlich ist das ganze Gebiet ja sehr touristisch geprägt, was wir auch immer wieder sehen anhand der Kapazität und Auslastung unserer Fahrzeuge. Wir haben dort wenige Fahrgäste, die dort leben. Also Ausnahme jetzt mal die Schüler, die wir dort hin und herfahren. Dazu kommen auch immer noch ein[] zwei feste Pendler und sonst ist es geprägt [...] durch Touristen [und] Wandergruppen, die immer mal wieder irgendwo auftauchen und die auch nicht planbar sind unbedingt. Das macht die Sache schon ein bisschen schwieriger dort vor Ort, insbesondere bei einem Einsatz der Fahrzeugkapazität, die man benötigt“ (Sprecher 4, FOKUSGRUPPE 3). Daher ist eine hohe Anzahl eingesetzter Fahrzeuge erforderlich: „Da würde natürlich ein flexibles System mit autonomen Fahrzeugen, die dann ja, möglichst in hoher Anzahl vorhanden sind, natürlich hilfreich sein. Wenn man sagt, man hat eine gewisse Fahrzeugkapazität durch ganz viele autonome Kleinfahrzeuge, dass man dann flexibel reagieren kann auf

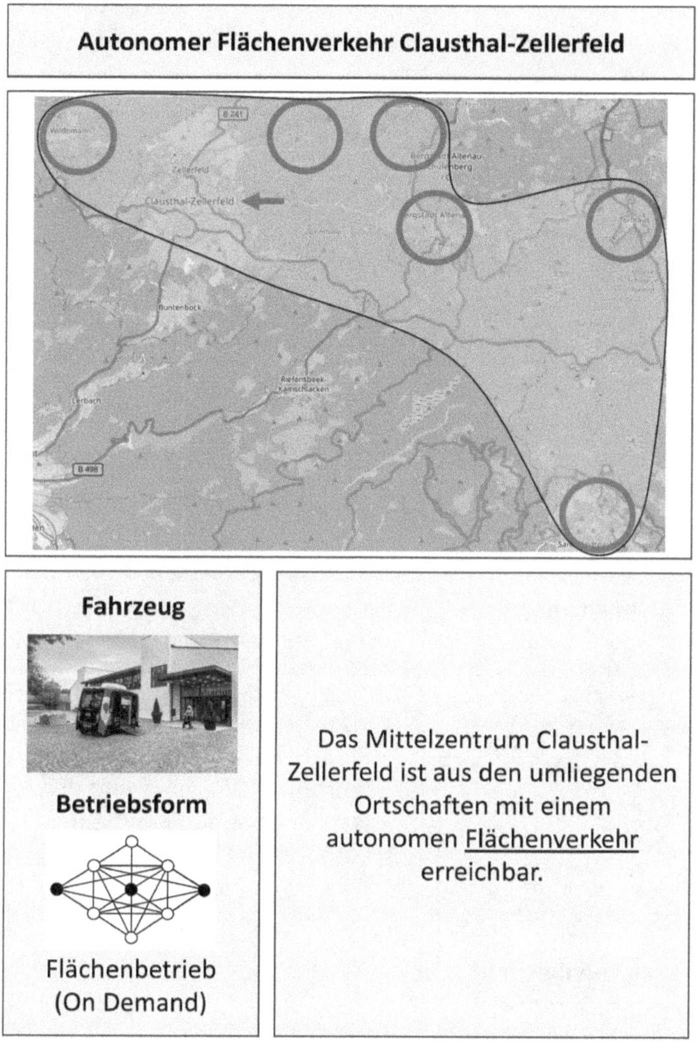

Abbildung 15.11 Präferierte Variante für das Mittelzentrum Clausthal-Zellerfeld: Autonomer Flächenbetrieb als Ergänzung zu den weiter verkehrenden Regionalbuslinien und Schülerverkehren. (Quelle: Eigene Darstellung auf Grundlage eigener Erhebung)

Abbildung 15.12 Präferierte Variante bei der Sicherung der Daseinsvorsorge: Autonomer Flächenbetrieb im Einzugsbereich des Grundzentrums Sankt Andreasberg. (Quelle: Eigene Darstellung auf Grundlage eigener Erhebung)

hohe Nachfragen, wenn Wandergruppen unterwegs sind und dergleichen“ (Sprecher 2, FOKUSGRUPPE 3). Nur dann kann ein solches System dauerhaft erfolgreich angenommen werden: „da kann es wirklich schnell zu den Fahrzeugproblemen kommen, wenn die nicht ausreichend dimensioniert sind die Gefäße, dann wird es ja auch schwierig. Also es gibt glaube ich nichts Schlimmeres, wenn- so ein System wird schnell, sage ich jetzt mal- gerät ins Negative, wenn Fahrgäste stehen bleiben müssen, weil einfach die Kapazitäten nicht ausreichen. Das haben wir schon an einigen Stellen, da erleben wir das ja. Und das ist nie so gut“ (Sprecher 3, FOKUSGRUPPE 3).

Auch die Systemzugänglichkeit ist aus Sicht der Fokusgruppe ein wichtiger Aspekt, insbesondere bezüglich der Gestaltung digitaler Varianten: „es muss dann technisch auch so weit irgendwie entwickelt sein, dass es für alle möglichen Kundengruppen dann halt auch die Touristen einfach zu bedienen ist über eine App. Man [...] muss sich dann erst mal damit beschäftigen, wo [...] fährt der? Und das muss dann natürlich so einfach wie möglich gestaltet sein, dass das meinetwegen auch gleich über die Fahrplanauskunft zu steuern ist, oder wie auch immer. Da muss sich technisch auf jeden Fall auch noch einiges weiter entwickeln, dass das halt auch wirklich dann nutzbar ist und vor allen Dingen einfach nutzbar ist“ (Sprecher 2, FOKUSGRUPPE 3).

Im diskutierten Sonderfall der Anbindung der Odertaler Sägemühle wird ein Einsatz des autonomen Fahrens von allen Teilnehmenden der Fokusgruppe insbesondere aufgrund der kaum vorhandenen Nachfrage und den daraus resultierenden überdurchschnittlich hohen Kosten pro Personenkilometer klar abgelehnt.

15.5 Auswertung der Fokusgruppe „Wolfsburg"

15.5.1 Stadtweite Ergebnisse

Definition von Daseinsvorsorge im ÖPNV

Es wurde hervorgehoben, dass Daseinsvorsorge auf dem Land anders definiert werden muss als in der Stadt. So wurden grundsätzlich unterschiedliche „Ansprüche“ in ländlichen und städtischen Gebieten betont (Sprecher 4, FOKUSGRUPPE 4). In der Stadt sieht die Fokusgruppe die Daseinsvorsorge erfüllt, wenn die Nutzenden mit dem Angebot zufrieden sind und ihre Ansprüche an den ÖPNV erfüllt werden. So sei das Thema der Daseinsvorsorge im städtischen Kontext eher im Sinne von Komfort zu verstehen (ebd.). Dadurch entstehe eine Diskrepanz zwischen Stadt und Land: „ich glaube, da geht die Schere ein Stück weit auseinander.

Ich denke, mit einer Bedienung, wie wir sie haben, wäre man teilweise in ländlichen Gebieten sehr, sehr zufrieden. Bei uns ist es natürlich schon auch so, dass da die Meinungen auseinandergehen" (Sprecher 4, FOKUSGRUPPE 4). So sei in Wolfsburg „in der rechtlichen Bewertung" die Daseinsvorsorge vollumfänglich erfüllt, allerdings genüge dieses trotz allem nicht immer um eine hohe „Kundenzufriedenheit" zu erreichen und der „Anspruchshaltung der Nutzer, oder der potenziellen Nutzer" gerecht zu werden (Sprecher 4, FOKUSGRUPPE 4). So hob Sprecher 4 hervor, „dass wir es nicht schaffen, mit dem, was wir machen, so attraktiv zu sein, wie man es eigentlich sein wollte oder vielleicht auch könnte" (FOKUSGRUPPE 4). Die Verantwortung für die Definition eines zufriedenstellenden Angebots wird allerdings klar außerhalb der Fokusgruppe verortet. So wurde unterstrichen, dass ein wesentlicher limitierender Faktor für die Sicherung der Daseinsvorsorge und auch die Kundenzufriedenheit die Finanzausstattung sei (Sprecher 4, FOKUSGRUPPE 4). Dafür wurden „Politik und Bürgerschaft" in die Verantwortung genommen (ebd.) sowie in der Ausgestaltung dieser Verantwortung der Nahverkehrsplan als das zentrale Instrument bei der ÖPNV-Planung und damit der Sicherung der Daseinsvorsorge (Sprecher 3, FOKUSGRUPPE 4).

Herausforderungen und Handlungsbedarf im ÖPNV

Von den Teilnehmenden der Fokusgruppe wurden verschiedene Herausforderungen für den ÖPNV in Wolfsburg genannt. Die durch den Standort von Volkswagen starke Ausrichtung auf den Pkw erschwert die Schaffung eines attraktiven ÖPNV-Angebots (Sprecher 4, FOKUSGRUPPE 4). Ein wesentlicher Punkt ist hier das Planungsparadigma der autogerechten Stadt, „dass eben auch an vielen Stellen [...] überproportional zugunsten des Individualverkehrs geplant wurde. Das heißt, das Thema PKW fahren ist nicht nur angenehmer, sondern teilweise auch günstiger als ÖPNV fahren, [das] ist glaube ich in Wolfsburg sehr, sehr ausgeprägt" (Sprecher 4, FOKUSGRUPPE 4). Auch das Werksgelände von Volkswagen an sich schafft weitere spezifische Rahmenbedingungen am Standort, die bei der Angebotsplanung berücksichtigt werden müssen, beispielsweise bei der Organisation der Berufsverkehre (Sprecher 4, FOKUSGRUPPE 4).

Darüber hinaus ist die „sehr ländliche Struktur" (Sprecher 3, FOKUSGRUPPE 4) der Stadt Wolfsburg eine Herausforderung, da diese mit dem „Anspruch [einer] Großstadt an den ÖPNV" kollidiert (ebd.). Die niedrige Siedlungsdichte macht die Planung und Einführung attraktiver ÖPNV-Angebote schwierig: „ich glaube, wir haben für eine Großstadt relativ unattraktive Reisezeiten teilweise. Das liegt aber eben auch daran, dass, dass es nicht so verdichtet ist wie in anderen Großstädten, sondern wir über viel Fläche, damit auch über weite Fahrwege verfügen, was dann natürlich die Attraktivität auch nochmal ein Stück weit einschränkt, wenn die Fahrzeiten und Reisezeiten halt überproportional hoch sind" (Sprecher 4, FOKUSGRUPPE 4). Dieser Zustand wurde durch weitere Eingemeindungen verstärkt, durch die „dieser Stadtcharakter weggegangen [ist], [...] [sodass] man [...] da tatsächlich noch mehr ländlich geworden [ist]" (Sprecher 4, FOKUSGRUPPE 4).

Zudem wurde ein nicht immer ausreichendes Fahrgastpotenzial genannt (Sprecher 2 & 3, FOKUSGRUPPE 4). Auch die Finanzierung der Verkehre wurde als ein generelles Problem angesehen (Sprecher 3, FOKUSGRUPPE 4). Daher ist die Wirtschaftlichkeit des ÖPNV immer im Fokus, insbesondere in Konkurrenz zu anderen wichtigen Aufgaben, die im kommunalen Kontext zu erfüllen sind: „Irgendwann geht es immer irgendwie in die Richtung Fragestellung „Wie hoch ist die Auslastung?". Wenn wir uns schlicht einfach in einem Bereich bewegen, der gemeinhin als Zuschussbetrieb wahrgenommen wird. Und da wird, glaube ich, ganz, ganz genau geguckt, wo wird vermeintlich oder tatsächlich der eine oder andere Bereich bevorzugt, im kommunalen Kontext, auf Kosten und zulasten anderer. Selbst wenn es dann nicht so ist, wird es gerne dann auch so wahrgenommen und dargestellt" (Sprecher 4, FOKUSGRUPPE 4). Darüber hinaus wurde grundsätzlich für städtische Gebiete in Deutschland die oft fehlende ÖPNV-Bevorrechtigung als Herausforderung dargestellt (Sprecher 4, FOKUSGRUPPE 4). Dies wird auch in Wolfsburg an vielen Stellen in der Stadt als Problem angesehen (ebd.).

Ziele der ÖPNV-Entwicklung in der Stadt Wolfsburg

Die Sicherung der bestehenden Qualität im Kontext einer defizitären Branche ist ein Ziel der ÖPNV-Planung (Sprecher 3, FOKUSGRUPPE 4). Speziell in Wolfsburg kommt zudem die Herausforderung dazu, dass die Mobilitätsbedarfe im Kontext von Volkswagen mitgedacht werden müssen (Sprecher 4, FOKUSGRUPPE 4). Generell soll eine Steigerung der Attraktivität des Angebots zur Verkehrswende beitragen. Die Flexibilisierung des ÖPNV-Angebots wird angestrebt, wie die Teilnehmenden der Fokusgruppe verdeutlichen. Wichtige Gründe für die angestrebte Flexibilisierung sind eine Steigerung der Wirtschaftlichkeit durch eine höhere Auslastung und eine Attraktivitätssteigerung, beispielsweise zur Gewinnung neuer Kundengruppen. Im Vergleich zur Emsländischen Fokusgruppe waren die Gesprächsinhalte allerdings viel weniger zielgruppenbezogen. Als Zielgruppe für die ÖPNV-Planung in Wolfsburg wurden an mehreren Stellen ausschließlich die „Kunden" (an einer Stelle ergänzend auch die „Mitfahrenden und Kunden", Sprecher 4, FOKUSGRUPPE 4) genannt.

Beitragspotenziale eines autonomen ÖPNV zur Sicherung der Daseinsvorsorge in der Stadt Wolfsburg

Die Teilnehmenden der Wolfsburger Fokusgruppe stellen alle heraus, dass zukünftig eine flächenhaftere Bedienung des Wolfsburger Stadtgebiets wünschenswert ist. Zum einen, weil so auch Mobilitätsbedarfe außerhalb des Liniennetzes abgedeckt werden können, dessen Einsatz sich nur bei bündelbaren Verkehrsbeziehungen anbietet (Sprecher 2, FOKUSGRUPPE 4). Dies umfasst insbesondere auch die Abdeckung der ersten und letzten Meile (Sprecher 4, FOKUSGRUPPE 4). Darüber hinaus wurde angemerkt, dass über eine Flexibilisierung auch eine höhere Fahrzeugauslastung und damit eine bessere Wirtschaftlichkeit des Betriebs erreichbar ist (Sprecher 4, FOKUSGRUPPE 4). Doch auch eine höhere Kundenzufriedenheit wird in diesem Zusammenhang erwartet: „[...] ich glaube, das trifft ja auch eins der Bedürfnisse. Wenn ich das mache, kann ich natürlich, wenn ich disponieren kann und ausreichend Fahrzeuge habe, dann kann ich natürlich auch das Fahrerlebnis des Kunden deutlich steigern, indem er nämlich weiß, wenn ich eine entsprechende disponierte Fahrt kriege, dann finde ich auch einen Platz, kann da sitzen und komme von A nach B. Wenn ich das Ganze ein Stück weit in Richtung Linie schiebe, sind natürlich die Anspruchshaltungen schwer zu erfüllen unter Umständen, wenn eine hohe Auslastung da ist. Und deshalb [bin ich] auch immer für die Flächenlösung, um einfach auch ein Stück weit über die Disposition, über die App, über die Rückmeldung an den Kunden, die dann natürlich sehr gut und sehr zuverlässig sein muss, einfach ein deutlich höheres Zufriedenheitsgefühl [zu] habe[n]“ (Sprecher 4, FOKUSGRUPPE 4). Die Teilnehmenden stellten heraus, dass ein Flächenbetrieb aber natürlich nur bei ausreichenden Betriebsmitteln wie Fahrzeugen durchführbar ist, um beispielsweise die Wartezeit in einem On-Demand-Betrieb in einem vertretbaren Rahmen zu halten (Sprecher 2, 3 & 4, FOKUSGRUPPE 4).

Im Zuge des autonomen Fahrens wird eine verbesserte Wirtschaftlichkeit des ÖPNV erwartet. Ein wesentliches Merkmal des autonomen Fahrens wird aus Sicht der Fokusgruppe zukünftig die stärkere Flexibilisierung der Verkehre sein. Dies passt in den Kontext der bisherigen Ausführungen in diesem Kapitel. Es wird deutlich, dass es notwendig ist, autonomes Fahren "von der Stange kaufen" zu können (Sprecher 3, FOKUSGRUPPE 4). Dies ist vergleichbar mit einem "Baukasten", welcher von der Fokusgruppe im Emsland gefordert wird (vgl. Abschn. 15.2.1). Nur so kann der aktuelle Status eines Pilotbetriebs aus Sicht der Fokusgruppe überwunden werden (Sprecher 3, FOKUSGRUPPE 4). Auch eine ausreichende Geschwindigkeit der Fahrzeuge wird als notwendig angesehen (Sprecher 4, FOKUSGRUPPE 4). Zudem behinderten aktuell noch viele technische Hürden und Herausforderungen einen flächendeckenden Betrieb und auch die

Klärung rechtlicher Hürden ist notwendig (Sprecher 4, FOKUSGRUPPE 4). Insbesondere für eine ausreichende Akzeptanz ist ein entsprechendes technisches Entwicklungslevel erforderlich: „Ich glaube, aktuell wäre es bezogen auf all das, was auch Sprecher 3 gesagt hat, schwer Akzeptanz auch dafür zu finden, weil damit stelle ich echten Verkehrshindernisse auf die Straße und das auch gerade zu Stoßzeiten. Ich glaube, es wird eher als Belästigung angesehen als tatsächlich als Entlastung an der Stelle" (Sprecher 4, FOKUSGRUPPE 4). Um über eine ergänzende Befahrung zum Linienverkehr Beitragspotenziale des autonomen Fahrens zu erreichen, müssen die verfügbaren Fahrzeuge zudem ein größeres Transportvolumen aufweisen, als dies heute der Fall ist (Sprecher 4, FOKUSGRUPPE 4). Die skizzierten Herausforderungen werden sich jedoch erst nach und nach, so die Erwartungshaltung, analog zum autonomen Fahren im MIV auflösen (Sprecher 3, FOKUSGRUPPE 4). Anschließend könnten zukünftig neue Angebote im ÖPNV entstehen, welche die Verkehrswende unterstützen. Trotz einer verbesserten Wirtschaftlichkeit durch das autonome Fahren ist auch dann aus Sicht der Fokusgruppe die Politik bei der Finanzierung sowie der Gestaltung passender Rahmenbedingungen gefordert (Sprecher 2, 3 und 4, FOKUSGRUPPE 4).

15.5.2 Einführung autonomer ÖPNV-Verkehre zur Anbindung der Stadt- und Ortsteile an das B-Zentrum Vorsfelde

Wie in Abschnitt 15.1 beschrieben ist, wurden die verschiedenen autonomen ÖPNV-Konzepte im zweiten Teil der Fokusgruppen in der Reihenfolge zunehmender Flexibilisierung gezeigt und diskutiert. Begonnen wurde mit autonomen Linienverkehren, gefolgt von autonomen Bedarfslinienverkehren und autonomen Sektorenverkehren bis hin zu autonomen Flächenverkehren. Im Fall der Anbindung der umliegenden Stadt- und Ortsteile an das B-Zentrum Vorsfelde wurde schlussendlich ein autonomer Flächenverkehr von der Fokusgruppe als präferierte Variante ausgewählt (s. Abb. 15.13). Als Vorteile genannt wurden hier insbesondere der Innovationsgehalt, die Bedarfsorientierung sowie die Attraktivität für die Kundinnen und Kunden im Rahmen der Verkehrswende.

Sowohl beim C-Zentrum (Grundzentrum) als auch beim B-Zentrum (Mittelzentrum) wurden also die autonomen Flächenbetriebe also als präferierte Betriebsform ermittelt. Teilnehmende, die zuerst einen Bedarfslinienbetrieb befürworteten, schwenkten im Verlauf des Gesprächs auch auf die Flächenoption als präferierte Variante um.

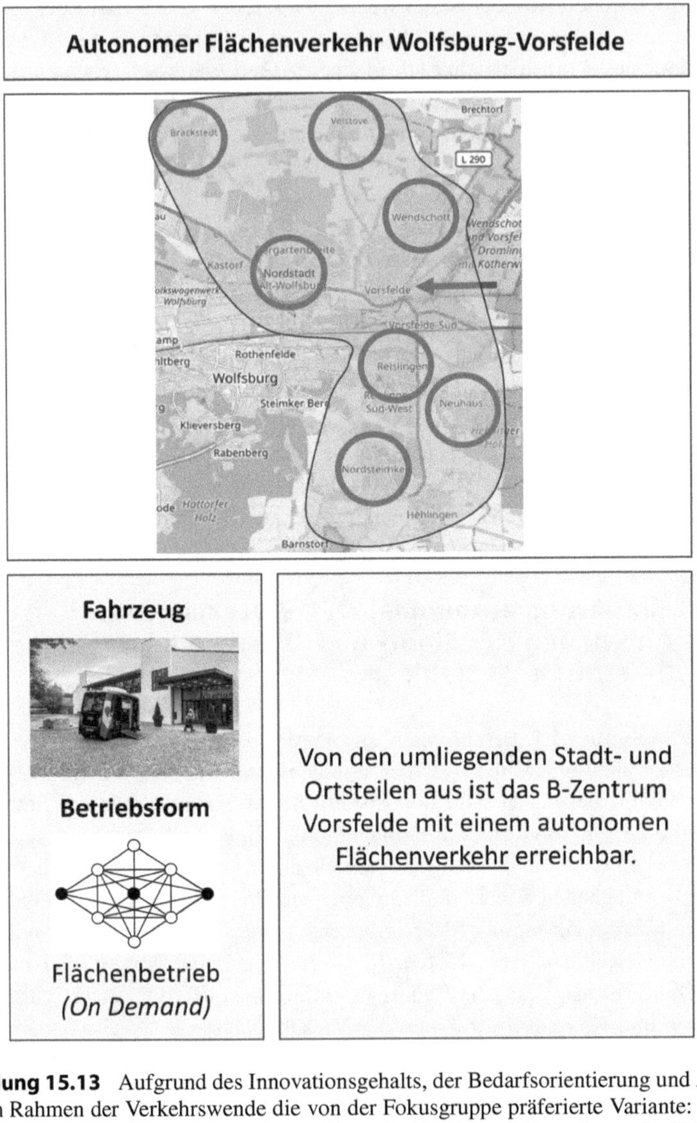

Abbildung 15.13 Aufgrund des Innovationsgehalts, der Bedarfsorientierung und Attraktivität im Rahmen der Verkehrswende die von der Fokusgruppe präferierte Variante: Autonomer Flächenbetrieb zur Anbindung der umliegenden Stadt- und Ortsteile an das B-Zentrum Vorsfelde. (Quelle: Eigene Darstellung auf Grundlage eigener Erhebung)

Insgesamt wird autonomes Fahren als Möglichkeit erachtet, das ÖPNV-Angebot stärker bedarfsorientiert zu gestalten. Eine Bedarfsorientierung ist aus Sicht der Fokusgruppe am ehesten im Flächenbetrieb möglich. Die Eignung von Flächenverkehren insbesondere im städtischen Kontext wurde von den Teilnehmenden an verschiedenen Stellen hervorgehoben, beispielsweise an dieser Stelle von Sprecher 4: „Also ich glaube der Vorteil, den so ein eher städtisches Gebiet natürlich bietet, ist, dass ich unter Umständen, wenn ich es vernünftig mache und wie gesagt, wenn ich wirklich gut disponieren kann, dass ich dann natürlich auch eine Auslastung ganz gut hinbekommen kann. Das heißt, unabhängig von Stadt oder Land die Fahrzeuge vernünftig auszulasten, ist es natürlich irgendwie immer, auch aus Sicht eines Verkehrsunternehmens die wünschenswertere Variante. Das heißt, ich muss aus meiner Sicht die Disposition so frei wie möglich hinkriegen. Also Fläche irgendwie. Und ich muss auf der anderen Seite dann zusehen, dass die die Reisewege, die die Zeiten, in denen sich die Leute dann da bewegen, inklusive der letzten Meile nicht so lange sind, dass es wieder unattraktiv wird. Und das geht, glaube ich wirklich nur über Masse an Ressourcen, die ich zur Verfügung stellen kann. Dann kann es aber, glaube ich, über die Zeit wirklich auch zu einer vernünftigen Auslastung führen. Und das wäre natürlich so eine Win-Win-Geschichte (Sprecher 4, FOKUSGRUPPE 4)".

Die Durchführung von Flächenverkehren ist aus der Perspektive der Fokusgruppe aufgrund der Potenziale der Digitalisierung organisierbar. Möglich wird der Flächenbetrieb aus Sicht von Sprecher 3 durch digitale Buchungs- und Dispositionsmöglichkeiten, die dann auch eine optimale Auslastung des ÖPNV-Systems ermöglichen: „Fläche ist […] interessant und das […] natürlich […] in Kombination mit einer entsprechenden App auch für den Nutzer, dass ich jetzt wirklich so eine Art garantierter Verbindung habe. Also bei der Linie ist es gut, kann man auch mit einer App kombinieren, aber das ist immer ein bisschen die Gefahr, dass ich da stehe und dann kommt das Ding und ist schon voll, wenn ich es, wenn ich es On-Demand [auf einer] Fläche habe und ich habe eine App und ich rufe den Bus […] und ich weiß, […] der kommt jetzt in […] zehn Minuten oder so, dann habe ich ja so eine Verbindungsgarantie […]. Und ich glaube, das passt dann auch zu den Bedarfen der Nutzer und ich nutze eben das aus, was der technisch kann. Wenn wir jetzt mal unterstellen, das Ding ist wirklich zuverlässig im gesamten Straßennetz unterwegs, fährt seine, weiß ich nicht 50, 60 km/h" (Sprecher 3, FOKUSGRUPPE 4).

Auch bei der Thematik der Anbindung an das bestehende Liniennetz auf den ersten und letzten Meilen wird autonomes Fahren mit Beitragspotenzialen gesehen. Zudem könnten aus Sicht der Fokusgruppe neue Verbindungen auf Grundlage des autonomen Fahrens möglich werden. Punkt-zu-Punkt-Verbindungen, konkret diskutiert am Beispiel der Erreichbarkeit von Vors-felde durch einen ÖPNV-Lückenschlusses zwischen Nordsteimke und Reislingen, wurden bei Nachweisbarkeit einer entsprechenden Nachfrage als sinnvoll erachtet. Sprecher 3 schlug die Auswertung von vorliegenden Nutzerdaten der E-Scooter-Anbieter vor, um geeignete Relationen mit ausreichender Nachfrage für zukünftige autonome Busverbindungen zu ermitteln (Sprecher 3, FOKUSGRUPPE 4). In diesem Kontext wurde das große Potenzial von ergänzenden Verbindungen hervorgehoben, um das bestehende Angebot zum einen attraktiver zu machen, aber auch eine Alternative zu anderen Verkehrsträgern zu bieten und sogar neue Kundinnen und Kunden für den ÖPNV zu gewinnen: „"Welche Wege werden außerhalb des Busliniennetzes tatsächlich massiv gemacht, sodass man da von einer Auslastung ausgehen könnte?" Das halte ich für eine extrem spannende Frage, gerade auch für diese Rollerdaten, weil das ja so das Zwischending zwischen „[...] ich fahre immer mit dem Fahrrad jeden Tag irgendwohin oder ich gehe einmal zu Fuß""" (Sprecher 4, FOKUSGRUPPE 4).

Im Gegensatz zur Fokusgruppe im Emsland wurden keine Unterschiede bei den Zielstellungen zwischen autonomen und konventionellen Verkehren festgestellt. Zwar wurde von den Teilnehmenden die aktuell noch zu niedrige Geschwindigkeit als Hinderungsgrund genannt: „Die Frage für mich wäre einfach und da kommen wir wieder auf die Reisegeschwindigkeit: wie viel Zeit brauche ich für diese Strecke? Also wenn ich jetzt tatsächlich diese Linienführung mir angucke, weil das wird natürlich auch dann letztlich [...] die Attraktivität ausmachen" (Sprecher 4, FOKUSGRUPPE 4). Die Zielstellung einer stärkeren Flexibilisierung und damit eines attraktiveren Angebots und einer höheren Auslastung wird aber unabhängig von der Automatisierung formuliert (vgl. Sprecher 2, 3 & 4, FOKUSGRUPPE 4). Das autonome Fahren wird jedoch als eine Ermöglichungstechnologie zu dieser Zielerreichung angesehen.

15.5.3 Einführung autonomer ÖPNV-Verkehre zur Anbindung der Fläche an das C-Zentrum Nordstadt

Von Teilen der Wolfsburger Fokusgruppe wurden zuerst autonome Bedarfslinienverkehre zur Anbindung des Diskussionsraums an das C-Zentrum Nordstadt als erstrebenswerte Variante erachtet. Anschließend einigten sich im Laufe der gezeigten Varianten jedoch alle Teilnehmenden auf einen autonomen Flächenverkehr als präferierte Variante (s. Abb. 15.14).

Autonomer Flächenverkehr Wolfsburg-Nordstadt

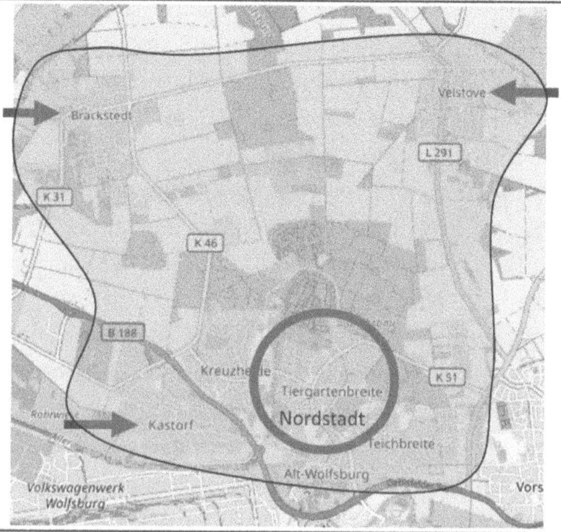

Fahrzeug

Betriebsform

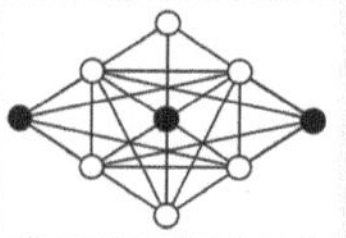

Flächenbetrieb
(On Demand)

Von Brackstedt, Velstove und Kästorf aus ist das C-Zentrum Nordstadt mit einem autonomen Flächenverkehr erreichbar.

Abbildung 15.14 Wurde von der Fokusgruppe als präferierte Variante betrachtet: Ein autonomer Flächenverkehr zur Anbindung der Fläche an das C-Zentrum Nordstadt. (Quelle: Eigene Darstellung auf Grundlage eigener Erhebung)

15.6 Zusammenfassendes Fazit der Durchführung von Fokusgruppen

Daseinsvorsorge im ÖPNV wird von den vier Fokusgruppen sehr unterschiedlich definiert. Die Zielstellungen reichen hier von zu sichernden Aufenthaltsdauern in den zentralen Orten über eine stündliche Anbindung aller Ortschaften bis hin zur Zufriedenstellung der Kundinnen und Kunden. Auch die Herausforderungen bei der Angebotsplanung unterscheiden sich teilweise deutlich. So ist in Gifhorn und Wolfsburg der Einfluss von Volkswagen und der dadurch entstehenden Verkehre präsent, in Gifhorn und Goslar die starke Prägung des ÖPNV durch den Schülerverkehr, im Harz (Landkreis Goslar) das unbeständige Wetter sowie schwer planbare Nachfragen durch den Tourismus und im Landkreis Emsland begrenzte Planungsressourcen. Allerdings sind bei den Herausforderungen auch Gemeinsamkeiten feststellbar. So müssen in den Untersuchungsgebieten insgesamt große Flächen bedient und weite Wege zurückgelegt werden, was für die Planung eines adäquaten ÖPNV problematisch ist. **Auf Grundlage dieser gemeinsamen Herausforderungen wählten alle Fokusgruppen die autonomen Flächenverkehre als präferierte Angebotsform für eine zukünftige Anbindung der Fläche an die Grundzentren aus** (im Landkreis Emsland wurde zwar für den ersten Schritt der Automatisierung ein Linienverkehrsnetz präferiert, die perspektivische Zielstellung ist bei technischer Verfügbarkeit jedoch ebenfalls einen Flächenbetrieb). Dies deckt sich auch mit dem wichtigsten gemeinsamen Zielen der ÖPNV-Planung in allen vier Fokusgruppen, welche die stärkere Bedarfsorientierung und Flexibilisierung des zukünftigen Angebots sind. Auch die von allen angestrebte höhere Angebotsqualität und Vernetzung der Angebote kann in diesem Kontext als Grundlage für die Präferenz von autonomen Flächenverkehren angesehen werden. Deutlich wurde im Rahmen der Diskussionen in den verschiedenen Fokusgruppen jedoch auch, dass das autonome Fahren hier nur dann das volle Potenzial entfalten kann, wenn nicht nur die Fahrleistung selbst, sondern auch die Disposition zuverlässig automatisiert erfolgen kann.

Unterschiedliche Ergebnisse konnten bei der Diskussion um die Anbindung der Mittelzentren erzielt werden. Von autonomen Linienverkehren über autonome Linienverkehre auf den Hauptachsen, die von autonomen Sektoren- oder Flächenverkehren ergänzt werden bis hin zu autonomen Flächenverkehren reichten die Präferenzen. Keine Beitragspotenziale konnten für autonome Schienenverkehre ermittelt werden. In zwei von vier Untersuchungsgebieten gab es keine (reaktivierbaren) SPNV-Strecken, in den beiden anderen Fällen sahen die Fokusgruppen zumindest vorerst keine Anwendungsfälle. In Gifhorn wurde die zu geringe Nachfrage als Begründung angeführt und im Emsland die schon bei einem konventionellen Bahnbetrieb hohe Komplexität einer Streckenreaktivierung. Dies ist seitens der Planenden auch eine Absage an neue Verkehrsformen wie die aktuell in der Entwicklung befindlichen Monocabs. Allerdings wurden sowohl **im Emsland als auch in Gifhorn Potenziale für die Anbindung zentraler Orte an Bahnhöfe mit autonomen Fahrzeugen gesehen**. Diese **Abdeckung von ersten und letzten Meilen** könnte die Rolle des konventionellen SPNV im Kontext des autonomen Fahrens auf der Straße bei der zukünftigen Sicherung der Daseinsvorsorge deutlich stärken. Die folgende Tabelle 15.1 zeigt als Übersicht die wichtigsten Ergebnisse der vier Fokusgruppen auf.

Tabelle 15.1 Die wichtigsten Ergebnisse der vier Fokusgruppen in der Übersicht

Definition von Daseinsvorsorge	Emsland	– Ermöglichung von bestimmten Aufenthaltsdauern in den zentralen Orten, um Leistungen der Daseinsvorsorge in Anspruch nehmen zu können
	Gifhorn	– Stündliche Anbindung jedes Ortes – Gleichwertigkeit des Angebots in der Stadt und auf dem Land
	Goslar	– Grundgesetz als Grundlage, Daseinsvorsorge als Definitionsfrage
	Wolfsburg	– In der Stadt anders zu definieren als auf dem Land – In der Stadt eher eine Erfüllung der Erwartungshaltung der Menschen
Herausforderungen und Handlungsbedarf im ÖPNV	Emsland	– Raumstruktur: ÖPNV in einem Flächenlandkreis – Geringe Bevölkerungsdichte – Finanzierung – Begrenzte Planungsressourcen
	Gifhorn	– Weite Wege in die Mittel- und Oberzentren – Wenig ÖPNV-Angebot – Geringe Bevölkerungsdichte – Großer Flächenlandkreis – Komplizierte, kaum bündelbare Schülerverkehre – Starkes Verkehrsaufkommen bei Schichtverkehr von und zu Volkswagen in Wolfsburg

(Fortsetzung)

Tabelle 15.1 (Fortsetzung)

	Goslar	– Finanzielle Ausstattung – Personalkosten – Betriebskosten – Schlechteres Angebot als in der Stadt – Prägung durch den Schülerverkehr – Vertaktung und Taktzeiten von Angeboten – Keine Differenzierung des Fuhrparks – Baumaßnahmen sorgen für Umleitungen – Unbeständiges Wetter im Harz – Stark ausgeprägter Tourismus mit kaum planbaren Nachfragespitzen
	Wolfsburg	– Starke Ausrichtung auf den Pkw (Affinität) – Planungsparadigma der autogerechten Stadt – Gleichzeitig ländliche Siedlungsstruktur – Unattraktive Reisezeiten im ÖPNV – Pkw-Nutzung ist angenehmer und schneller – Werksgelände von Volkswagen als weiterer zu bedienenden Raum – Fehlende ÖPNV-Bevorrechtigung – Fahrpersonalmangel – Finanzierung – Wirtschaftlichkeit – Auslastung
Ziele der ÖPNV-Entwicklung	Emsland	– Sicherung und Ausbau des Angebots – Vereinheitlichung des Angebots – Stärkere Vernetzung der Angebote – Stärkere Flexibilisierung von Angeboten – Zubringer zur Stärkung des Hauptliniennetzes – Erschließung der Fläche – Reaktivierung von Bahnstrecken – Verbesserung der Tarifstruktur
	Gifhorn	– Stärkere Bedarfsorientierung und Flexibilisierung – Ein Angebot für alle im Landkreis
	Goslar	– Entwicklung neuer Konzepte – Stärkere Bedarfsorientierung und Flexibilisierung von Angeboten, ergänzend zu Regionallinien nach Fahrplan – Stärkere Vernetzung der Angebote – Erreichbarkeit von Zentren verbessern – Verbesserung der Tarifstruktur

(Fortsetzung)

Tabelle 15.1 (Fortsetzung)

	Wolfsburg	– Qualitätssicherung in einem defizitären Umfeld – Mobilitätsbedarfe von Volkswagen berücksichtigen – Steigerung der Angebotsqualität (Verkehrswende) – Flexibilisierung des Angebots – Erreichen von Kundenzufriedenheit
Grundsätzliche Beitragspotenziale eines autonomen ÖPNV	Emsland	– Erste und letzte Meile
	Gifhorn	– Flexibilisierung und Bedarfsorientierung bei Angeboten in der Fläche – Bei diesen Einsparungen bei Personal in Fahrzeugen und bei der Disposition – Automatisierung von Hauptlinien zum Einsparen von Personal
	Goslar	– Große Flotte von kleinen Fahrzeugen, um Nachfrageschwankungen flexibel bedienen zu können – Autonome Lückenschlüsse im Netz
	Wolfsburg	– Stärkere Flexibilisierung des gesamten Angebots – Abdeckung der ersten und letzten Meile – Höhere Fahrzeugauslastung durch Bedarfsorientierung – Damit höhere Wirtschaftlichkeit – Höhere Kundenzufriedenheit
Beitragspotenziale Fläche ←→ Grundzentren	Emsland	Autonome Linienverkehre (Zielvision aber autonomer Flächenverkehr)
	Gifhorn	Autonomer Flächenverkehr
	Goslar	Autonomer Flächenverkehr
	Wolfsburg	Autonomer Flächenverkehr
Beitragspotenziale Grundzentren ←→ Mittelzentren	Emsland	Ggf. autonome Linienverkehre
	Gifhorn	Autonome Linienverkehre, ggf. ergänzt durch Sektoren- oder Flächenverkehre in Tagesrandlagen
	Goslar	Autonomer Flächenverkehr als Ergänzung für die Regionalbuslinien
	Wolfsburg	Autonomer Flächenverkehr
Anbindung zentraler Orte an den SPNV	Emsland	Autonome Shuttle als Zubringer von den Grundzentren zum SPNV
	Gifhorn	Autonome Shuttle als Zubringer vom Bahnhof zum Geschäftsbereich des Mittelzentrums
	Goslar	Kein SPNV im Untersuchungsgebiet
	Wolfsburg	Kein SPNV im Untersuchungsgebiet

(Fortsetzung)

Tabelle 15.1 (Fortsetzung)

Autonome SPNV-Verkehre auf reaktivierten Strecken	Emsland	Generelle Reaktivierung wird bereits als große Herausforderung betrachtet, daher ist zu diesem Zeitpunkt für die Teilnehmenden der Fokusgruppe nur eine konventionelle Reaktivierung vorstellbar.
	Gifhorn	Fahrgastpotenzial zu gering und wenn Reaktivierung, dann mit konventionellen Fahrzeugen
	Goslar	Keine reaktivierbaren Strecken
	Wolfsburg	Keine reaktivierbaren Strecken

Quelle: Eigene Darstellung auf Grundlage eigener Erhebung

Studie 3: Ableitung von Erfolgsfaktoren bei der Implementierung autonomer ÖPNV-Angebote in Deutschland

16

16.1 Ausgangslage und Erfordernis der Untersuchung

In den vorherigen Kapiteln wurden die Beitragspotenziale eines autonomen ÖPNV zur Sicherung der Daseinsvorsorge aus verschiedenen Perspektiven beleuchtet. Die in Niedersachsen flächendeckend durchgeführte Befragung der ÖSPV-Aufgabenträger in Kapitel 10 ermöglicht die Betrachtung der Fachplanungssicht auf das derzeitige Verkehrsangebot sowie dessen zukünftige Entwicklung. Bei der konkreten Ableitung von Beitragspotenzialen eines autonomen ÖPNV zur Sicherung der Daseinsvorsorge spielen zudem insbesondere die in Kapitel 13 untersuchten Fahrplandaten, die in Kapitel 14 daraus entwickelten Anwendungsfälle für das autonome Fahren und deren anschließende Diskussion in den Fokusgruppen in Kapitel 15 eine wichtige Rolle. Offen bleibt jedoch, wie die entwickelten Konzepte erfolgreich durch die Planungspraxis implementiert werden können. Daher ist es abschließend erforderlich, bereits bestehende autonome ÖPNV-Projekte in Deutschland zu evaluieren, um mögliche Erfolgsfaktoren bei der Einführung des autonomen Fahrens im ÖPNV identifizieren zu können.

Die Inhalte dieses Kapitel wurden bereits in einem anderen Wortlaut, einer teilweise anderen Struktur sowie auf Englisch nach Durchlaufen eines Double-Blind-Peer-Review-Prozesses als Lamberg 2022b veröffentlicht: Lamberg, J. (2022b): Identifying Key Factors in Planning and Implementing Autonomous Public Transport: An Investigation of Road- and Rail-bound Projects in Germany. *European Journal of Spatial Development*, *19*(3), 48–66.

J. Lamberg, *Beitragspotenziale eines autonomen ÖPNV zur Sicherung der Daseinsvorsorge*, https://doi.org/10.1007/978-3-658-50160-0_16

Wie der Abschnitt 7.2 aufzeigt, ist der Forschungsstand zum autonomen Fahren in Deutschland, insbesondere in Bezug auf den ÖPNV, je nach Themenfeld sehr unterschiedlich ausgeprägt. So sind einige Bereiche in den vergangenen Jahren bereits umfassend beleuchtet worden. Zu diesen gehören beispielsweise die Umsetzung des nationalen Rechtsrahmens für straßengebundene (und hauptsächlich privat genutzte) autonome Fahrzeuge (z. B. SCHREURS & STEUWER 2015; HANSSON 2020; SMITH 2015; ICLODEAN et al. 2020) aber auch betriebliche Herausforderungen im öffentlichen Verkehr (z. B. BEIKER 2015; VON MÖRNER 2018). Forschung im Bereich der ÖPNV-Planung und -Governance konzentriert sich bisher nicht speziell auf autonome Systeme (vgl. z. B. HIRSCHHORN et al. 2020). Spezifische Planungs- und Implementierungsprozesse sowie deren Erfolgsfaktoren sind insbesondere in Bezug auf das autonome Fahren im ÖPNV bisher nicht untersucht worden. Es bleibt daher unklar, wie autonome ÖPNV-Projekte erfolgreich umgesetzt werden können und welche Potenziale zur Verbesserung dieser Prozesse bestehen. Das Ziel ddie es Kapitels ist es, diese Forschungslücke zu schließen. Im Folgenden werden die Fallstudien und die Methodik sowie die Ergebnisse dieser Studie vorgestellt.

16.2 Auswahl der Fallstudien

Das autonome Fahren im ÖPNV auf der Straße befindet und befand sich bereits an vielen Orten in Deutschland im Test. So weist die Innovationslandkarte Autonomes Fahren des Verbands der Deutschen Verkehrsunternehmen in fast allen Bundesländern Pilotprojekte auf, die in den vergangenen Jahren umgesetzt werden konnten (vgl. Abb. 6.3 in Abschn. 6.1.4). Dies gilt allerdings nicht für die Hauptuntersuchungsgebiete dieser Arbeit (vgl. Kap. 8), sodass für das vorliegende Kapitel andere Anwendungsfälle auszuwählen sind.

Die meisten durchgeführten autonomen ÖPNV-Projekte in Deutschland weisen eine zeitliche Befristung auf – im Regelfall dauerte die Testphase nur wenige Monate (VDV 2023b: www). Dies liegt insbesondere an der Ausgestaltung der europäischen, nationalen und bundeslandweiten Förderprogramme, die im Regelfall eine begrenzte Laufzeit aufweisen (vgl. ebd.). Das bisher am längsten laufende Projekt war das Testfeld für autonomes Fahren im ÖPNV im bayrischen **Bad Birnbach** (ebd.). Da hier folglich bei den beteiligten Akteurinnen und Akteuren die längste Erfahrung vorliegt, wurde es für die Untersuchung ausgewählt. Die Auswahl weiterer autonomer straßengebundener Projekte in **Berlin, Osnabrück und Bad Essen** ergibt sich zum einen durch den bestehenden Feldzugang sowie im Fall von Bad Essen zusätzlich aufgrund der Abdeckung ländlicher Räume, was eine Besonderheit in der deutschen Pilotprojektlandschaft darstellt (vgl. VDV 2023b: www). Darüber hinaus können mit den Projekten in Osnabrück, Berlin und Bad Birnbach auch Projekte in privaten und öffentlichen Räumen miteinander verglichen werden.

Um die spezifischen Rahmenbedingungen straßengebundener ÖPNV-Systeme herausarbeiten zu können, wird ein Vergleich mit schienengebundenen autonomen Systemen durchgeführt. Der aktuelle Entwicklungsstand autonomer schienengebundener Nahverkehrssysteme ist differenziert einzuordnen. So wird das vollautonome Fahren auf der Schiene, bis auf wenige Ausnahmen, im Regelbetrieb bisher vor allem im Bereich von U-Bahnen eingesetzt. Weltweit befinden sich zudem nur etwa fünfzig vollautomatische Metrosysteme dauerhaft in Betrieb (UITP 2019: 8). Die Anzahl der Anwendungsfälle ist also deutlich geringer als auf der Straße, entfaltet dafür im Gegensatz zu den zeitlich begrenzten Pilotprojekten bereits einen dauerhaften Nutzen. Die in diesen Projekten gewonnenen Erfahrungen können also möglicherweise auch einen Mehrwert für die Weiterentwicklung von Implementierungsprozessen auf der Straße darstellen. Die einzigen autonomen U-Bahn-Linien in Deutschland werden in Nürnberg betrieben (UITP 2019: 1). Durch die Wahrung des nationalen Vergleichsrahmens wird daher die autonome U-Bahn in Nürnberg als schienengebundenes Projekt für die vorliegende Studie ausgewählt.

16.3 Einführung in die Fallstudien

Autonomer Busbetrieb in Berlin: Die Projekte „First Mover“ und „Pole Position“

Das Projekt „First Mover“ wurde von November 2016 bis September 2017 auf dem Berliner „EUREF-Campus“ durchgeführt. Hauptziel des Projekts war die initiale Ansiedlung einer autonomen Fahrzeugproduktion in Berlin (VDV 2023b: www). Das zweite untersuchte Projekt „Pole Position“ wurde am selben Ort von Oktober 2017 bis Dezember 2018 durchgeführt (VDV 2023b: www, s. Abb. 16.1).

Abbildung 16.1 Autonomer Bus des Projekts „Pole Position“ auf dem Euref-Campus in Berlin. (Quelle: Eigene Darstellung/ LAMBERG 2022a: 73)

Insbesondere eine bedarfsorientierte Anbindung an den öffentlichen Personennahverkehr stand bei dem zweitgenannten Projekt im Vordergrund (VDV 2023b: www). Beide Projekte wurden auf dem privaten Grundstück des Euref-Campus durchgeführt, da während der Projekte die Implementierung eines Betriebs im öffentlichen Raum nicht rechtssicher realisierbar war (vgl. Interview WISSENSCHAFT 1).

Autonomer Busbetrieb in Bad Birnbach: Die Projekte „Bad Birnbach Shuttle“ und „Heal“

Am 25. Oktober 2017 wurde die erste autonome Buslinie im öffentlichen Raum Deutschlands im bayrischen Bad Birnbach eröffnet und war anschließend eines der wenigen längerfristig betriebenen autonomen ÖPNV-Angebote auf der Straße. Schrittweise wurde das Netz erweitert. Ab dem 7. Oktober 2019 wurde beispielsweise der Bahnhof des Kurorts durch den autonomen Busbetrieb bedient und ermöglichte so einen Anschluss an den SPNV. Die autonome Buslinie hatte eine

Länge von zwei Kilometern, die auf einer virtuellen Schiene zurückgelegt wurde. Anschließend wurde die Linie durch ein On-Demand-Angebot im Ort ergänzt (s. Abb. 16.2). Eingesetzt wurden Fahrzeuge des Anbieters Easymile (KOMMUNAL 2025: www; s. auch Abb. 16.3).

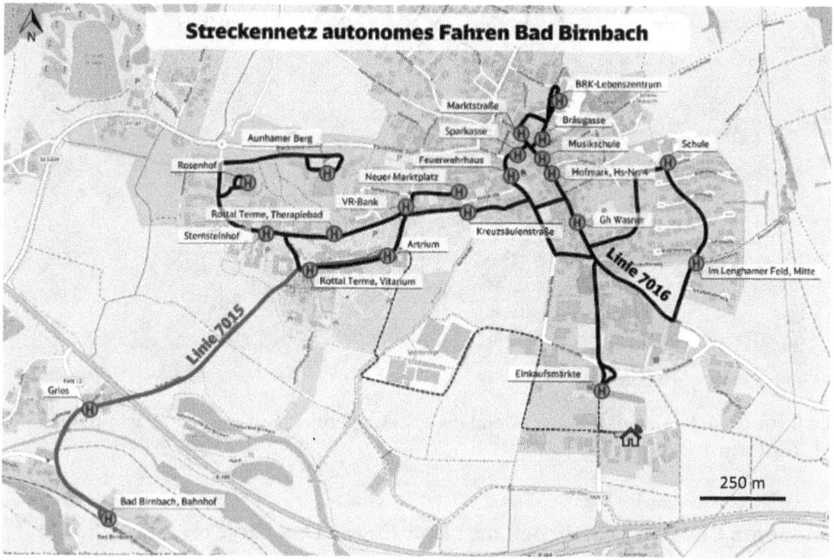

Abbildung 16.2 Liniennetzplan der autonomen ÖPNV-Verkehre in Bad Birnbach. (Quelle: © DB Regio/ LAMBERG 2022b: 54)

Die Höchstgeschwindigkeit der eingesetzten Fahrzeuge betrug 17 km/h (KOMMUNAL 2025: www). Über die gesamte Projektlaufzeit wurden insgesamt über 110.000 Fahrgäste befördert und mit den drei eingesetzten Fahrzeugen mehr als 120.000 Kilometer autonom fahrend zurückgelegt. (ROTTAL- INN 2024: www). Der Betrieb wurde zuletzt im SAE-Level 3 durchgeführt, die Implementierung von SAE-Level 4 [vgl. Abschn. 6.1.2] war geplant (ebd.).

Abbildung 16.3 Ein autonomer Kleinbus des Heal-Projekts in Bad Birnbach. (Quelle: © DB Regio Bus)

Autonome Busse in Osnabrück und Bad Essen: Das Projekt „Hub Chain“
Das Projekt „Hub Chain“ wurde von September 2020 bis November 2020 durchgeführt und bestand aus zwei Teilen: einem städtischen Testfeld in Osnabrück und einem ländlichen Testfeld in Bad Essen und (MOBILIKON 2025: www). Eines der Projektziele war die Verbindung von linien- und fahrplangebundenen Verkehren mit On-Demand-Elementen sowie der Aufbau einer Mobilitätsplattform zur Verbindung dieser beiden Angebotsarten (VDV 2023b: www). Bad Essen wurde ausgewählt, nachdem ein ländlicher Anwendungsfall in Mecklenburg-Vorpommern technisch nicht umsetzbar war (vgl. Interview PLANUNGSBÜRO 1).

Autonome U-Bahn in Nürnberg: Das Projekt „RUBIN“

Im Jahr 2008 wurde die erste autonome U-Bahn-Linie in Nürnberg eröffnet. Die Automatisierung erfolgte aufgrund von Kapazitätsengpässen auf der bestehenden Infrastruktur, welche durch die Einführung einer weiteren Linie auf derselben Tunnelstrecke entstand. Durch die Automatisierung ist auf dem Kernstreckenabschnitt in der Innenstadt nun eine Zugfolge von 100 Sekunden möglich (STADT NÜRNBERG 2025: www). Aktuell besteht das Netz aus einer konventionellen Linie mit Fahrpersonal (Linie U1) sowie zwei autonomen Linien, die sich auf der Stammstrecke in der Innenstadt überlagern (Linien U2 und U3) (Abb. 16.4).

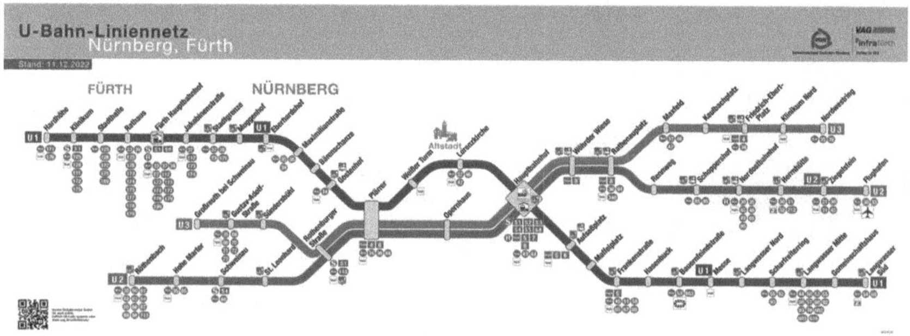

Abbildung 16.4 U-Bahn-Liniennetz in Nürnberg und Fürth mit der konventionellen Linie U1 und den autonomen Linien U2 und U3. (Quelle: VGN 2024: www)

In vielen Fahrzeugen ist nun am Ort der früheren Führerstände ein Blick aus dem Fahrzeug in den Tunnel möglich (s. Abb. 16.5). Eine Besonderheit ist zudem der offene Zugang der Gleisinfrastruktur ohne das Passieren der sonst oft bei autonomen U-Bahnen eingesetzten Bahnsteigtüren (ebd.).

Abbildung 16.5 Autonome U-Bahn auf der Linie U2 an der Endstation „Ziegelstein" in Nürnberg. (Quelle: Eigene Darstellung)

16.4 Methodik und Forschungsdesign

Die Untersuchung der in Abschnitt 16.3 vorgestellten Projekte wurde mittels leitfadengestützter Expert*inneninterviews nach HELFFERICH (2014) durchgeführt. Die Leitfadenerstellung folgte der Maxime „so offen wie möglich, so strukturiert wie nötig" (HELFFERICH 2014: 560). Insgesamt wurden sieben Interviews mit Verkehrsunternehmen, Behörden privaten Planungs- und Beratungsbüros geführt, die großenteils in die zu untersuchenden autonome Bus- oder U-Bahnprojekte in Deutschland involviert waren oder sind (s. Tab. 16.1). Zudem wurde ein Interview mit einem Aufgabenträger geführt, der bisher nicht in autonome ÖPNV-Projekte eingebunden ist (ebd.).

Tabelle 16.1 Liste der durchgeführten Interviews

Interview	Jahr	Institution	Projekt
U-BAHN 1	2021	Behörde (Kommune)	U-Bahn-Projekt „Rubin"
U-BAHN 2	2021	Verkehrsunternehmen	U-Bahn-Projekt „Rubin"
BUS 1	2021	Behörde (Kommune)	Busprojekte „Bad Birnbach Shuttle" und „Heal"
BUS 2	2021	Verkehrsunternehmen	Busprojekte „Bad Birnbach Shuttle" und „Heal"
PLANUNGSBÜRO 1	2021	Privates Planungsbüro	Busprojekte „First Mover", „Pole Position" und „Hub Chain"
WISSENSCHAFT 1[1]	2018	Private Forschungseinrichtung	Busprojekte „First Mover",und „Pole Position"
VERWALTUNG 1[2]	2018	Behörde (Aufgabenträger)	Bisher nicht in autonome ÖPNV-Projekte involviert

Quelle: Eigene Darstellung auf Grundlage eigener Erhebung/ LAMBERG 2022b: 49)

Durch die Auswahl der Interviewpartner*innen können sowohl für den straßen- als auch für den schienengebundenen ÖPNV jeweils die planende, als auch die betriebliche Perspektive nachvollzogen werden. Folgende Leitfragen standen im Zentrum der Untersuchung:

> „1. Welche wesentlichen Unterschiede bei der Umsetzung des autonomen ÖPNV bestehen im Vergleich zum konventionellen ÖPNV?
> 2. Unterscheiden sich die Umsetzungsprozesse bei straßen- und schienengebundenen Verkehrsprojekten?
> 3. Unterscheiden sich die Umsetzungsprozesse für straßengebundene Projekte in städtischen und ländlichen Gebieten?
> 4. Welche Akteur*innen sind am Umsetzungsprozess beteiligt und wie arbeiten sie zusammen?" (LAMBERG 2022b: 50).

Durchgeführt wurden die Interviews 2018 persönlich an verschiedenen Orten in Deutschland und 2021 aufgrund der anhaltenden pandemischen Lage durch das Coronavirus per Videogespräch über Webex (s. auch LAMBERG 2022b: 50). Die Tonspuren der Gespräche wurden per Diktiergerat aufgezeichnet und transkribiert.

---

[1] Hier Zweitauswertung, da erstmalig bereits in LAMBERG 2022a verwendet.

[2] Hier Zweitauswertung, da erstmalig bereits in LAMBERG 2022a verwendet.

Anschließend wurden verschiedenen Kategorien induktiv am Material entwickelt (vgl. KUCKARTZ 2012: 63).

16.5 Ergebnisse

16.5.1 Charakteristika der Implementierungsprozesse

Die Implementierungsprozesse schienengebundener Metrosysteme und straßengebundener ÖPNV-Angebote sind auf Grundlage der durchgeführten Interviews grundsätzlich verschieden (vgl. LAMBERG 2022b: 56). Während im Fall der autonomen U-Bahn in Nürnberg die Kapazitätserweiterung des Kernnetzes der Auslöser für eine langfristige Automatisierung war, ist die Zielstellung bei den untersuchten Busprojekten bisher noch die grundsätzliche Erprobung dieser neuen Technologie (LAMBERG 2022b: 56). Die Entwicklung autonomer Metrosysteme ist also deutlich weiter fortgeschritten. Im Jahr 2016 wurden bereits eine Milliarde Fahrgäste in Europa mit diesen transportiert (ALLIANZ PRO SCHIENE 2016: www). Wie in den durchgeführten Interviews U- BAHN 1 und 2 deutlich wird, kann bei deren Implementierung bereits auf standardisierte technische Lösungen der Industrie zurückgegriffen werden. Dem stehen die vielfältigen Testprojekte zum autonomen Fahren auf der Straße gegenüber, die im Regelfall nicht über einen zeitlich befristeten Horizont hinaus betrieben werden können (vgl. hierzu auch die Datenbank des VDV 2023b: www).

Auch bei der Betrachtung der Planungs- und Umsetzungsprozesse sind Unterschiede erkennbar. So unterscheiden sich diese bei konventionellen und autonomen schienengebundenen Projekten weniger stark als bei straßengebundenen Vorhaben (vgl. Interviews U-BAHN 1 und 2 mit BUS 1 und 2, PLANUNGSBÜRO 1 und WISSENSCHAFT 1). Im Fall der autonomen U-Bahn in Nürnberg war ein Großteil der Planungs- und Bauprozesse gleich oder ähnlich strukturiert wie bei konventionellen Projekten (ebd.). Erst bei der Ausrüstung der Tunnel mit der notwendigen Automatisierungstechnik werden deutliche Unterschiede zwischen den Implementierungsprozessen erkennbar (ebd.). Grundsätzlich anders ist die Situation bei den untersuchten straßengebundenen Projekten. Unterschiedliche Rahmenbedingungen führten zu individuellen Planungs- und Einführungsprozessen. Einflussfaktoren waren hier insbesondere die unterschiedlichen angestrebten Automatisierungslevel, der Raumtyp und auch die Art des geplanten Verkehrs (z. B. On-Demand oder Linienverkehr) (ebd.). Zudem waren aufwändige Einzelfahrzeugzulassungen notwendig (LAMBERG 2022b: 56). Auch ist bei den Projekten auf der Straße neben einer Automatisierung des Fahrens auch eine

Automatisierung des Lenkens erforderlich. Gleichzeitig wird der Umstieg auf die Elektromobilität vollzogen. Während im Fall der autonomen U-Bahn in Nürnberg also bereits ein sehr hoher Grad an Standardisierung erkennbar ist, weisen autonome Busprojekte folglich bisher grundsätzlich unterschiedliche Implementierungsprozesse auf.

Der Wissenstransfer zwischen verschiedenen Projekten stellt bei autonomen Projekten auf der Schiene einen wesentlichen Faktor für den Implementierungserfolg dar (Interviews U- BAHN 1 und 2). Dieser ist bei straßengebundenen Projekten bisher deutlich weniger stark ausgeprägt. Hier besteht die Chance, Arbeitsweisen aus dem Schienenverkehr zu übernehmen (s. hierzu auch Abschn. 16.5.4).

16.5.2 Vergleich von straßengebundenen Busprojekten in städtischen und ländlichen Räumen

Der Vergleich von Projekten in städtischen und ländlichen Gebieten zeigt ein eindeutiges Ergebnis auf: während im urbanen Kontext bereits viele Testfelder und Pilotprojekte umgesetzt werden konnten, ist dies in ländlichen Raumtypen bisher nicht möglich (LAMBERG 2022b: 57). Einige Projekte fokussierten sich zwar auf die Implementierung in ländlichen Räumen, waren damit aber nicht erfolgreich (ebd.). Auch die Projektdatenbank des Verbands Deutscher Verkehrsunternehmen enthält bisher keine Projekte in einem ländlichen Kontext (vgl. VDV 2023b: www). Die Interviewpartnerin PLANUNGSBÜRO 1 führt dieses Ergebnis weiter aus: „[…] dieser Einsatz des Fahrzeuges und der Einsatz auf der Strecke ist auf dem Land auch überhaupt noch gar nicht geklärt. Das hat auch nicht funktioniert. Wir wollen es in Mecklenburg-Vorpommern auf einer Landstraße machen und da fängt man eben auch wieder bei null an und bei diesem ersten Zulassungsfrage wie hier auf dem Eurefcampus […]“.

Insbesondere technische Herausforderungen erschweren aktuell einen Betrieb auf dem Land, da die Sensorik bisher nicht die notwendigen Anforderungen für einen sicheren Betrieb erfüllt: „weil da eben technische Probleme auftauchen, also der Shuttle kann sich halt super in einem Gebiet, das er kennt, orientieren, das ist auf dem Land halt nicht so. Da ist dann ein Feld, das wächst, wird geerntet, es sind Bäume, die verlieren die Blätter, die bewegen sich auch, darauf kommen solche Sensoren überhaupt nicht klar. Das heißt man müsste ihnen eigentlich was anderes bieten als Orientierung. […] Und das heißt, man hätte eigentlich so was wie eine Leitplanke oder so entlang der gesamten Strecke bauen müssen.

Das ist natürlich viel zu aufwendig, deswegen haben wir das in Mecklenburg-Vorpommern nicht gemacht. Er ist dann in Bad Essen gefahren, was im Grunde ein kleiner Ort ist und es ist auch ein [...] schöner, ländlicher Use-Case. Aber man muss sagen, das war jetzt auch nicht auf der Landstraße oder so [gefahren sind], also in Mecklenburg-Vorpommern wäre das wirklich über die Landstraße gewesen und das können die Fahrzeuge bis auf Weiteres noch nicht. Dafür gibt es momentan auch noch keine [Zu]lassung, beziehungsweise Freigabe. [...] also die Freigaben und Genehmigungsprozesse sind halt eben so, dass diese, dieses Delta zwischen dem normalen Verkehr und dem Shuttle [...] nicht mehr als 30 km/h sein [darf], das ist auf der Landstraße [...] [aber] immer der Fall." (Interview PLANUNGSBÜRO 1).

16.5.3 Ausbildung von Akteur*innennetzwerken

„First Mover" und „Pole Position" in Berlin: Abwesenheit eines Verkehrsunternehmens

Bei der Durchführung der Projekte „First Mover" und „Pole Position" waren besondere Rahmenbedingungen für die Projektdurchführung relevant. So war die Technologie zum einen noch auf einem sehr frühen Entwicklungsstand, zudem wurden die Projekte auf privatem Grund durchgeführt (VDV 2023b: www und Interview PLANUNGSBÜRO 1). Der Fahrzeughersteller war für die Entwicklung der Fahrzeuge und der Software zuständig und die private Forschungs- und Planungseinrichtung für die Einholung der Genehmigungen und Zulassungen (Interviews PLANUNGSBÜRO 1 und WISSENSCHAFT 1).

Allerdings wurde rückblickend das Fehlen eines Betreibers als wesentliche Barriere für eine Verstetigung des Projektes identifiziert: „Bei [...] [anderen Projekten] da waren Verkehrsunternehmen dabei. Ohne die bringt es nichts. Also die müssen halt eben einen Sinn drin sehen und die haben auch Leute die sie als Operator zur Verfügung stellen können, die können es einbinden in eine Leitwarte, also auch für zukünftige Projekte sollte man das auf jeden Fall mit drin haben. [...] Wenn da hinterher niemand ist, der eigentlich davon eine Ahnung hat, wie es jetzt weitergeht, wie man es einbindet, wie man es nutzt, wer die Nutzer sind, wie man das bewirbt und alles das, was bei einem ÖV-Unternehmen der Fall ist, dann weiß ich nicht, ob das gut funktioniert [...]. Es ist wichtig, dass sie dabei sind, der Betreiber muss dabei sein [...]" (Interview PLANUNGSBÜRO 1).

„Bad Birnbach Shuttle“ und „Heal“: Das Verkehrsunternehmen ist für (fast) alle Aufgaben verantwortlich

Im Fall der autonomen Busprojekte in Bad Birnbach spielte das ausführende Verkehrsunternehmen eine zentrale Rolle. Während beim ersten Projekt insbesondere die Initiative, als auch die Finanzierung des Projekts auf Initiative der Firma zurückgingen, konnten im Folgeprojekt einige Aufgaben an die zuständige lokale Behörde abgegeben werden, insbesondere die Akquise von Fördermitteln. Dennoch blieb das Verkehrsunternehmen der zentrale Akteur (s. Tab. 16.2).

Tabelle 16.2 Rollenverteilung bei der Implementierung der autonomen Kleinbus-Projekte „Bad Birnbach Shuttle“ und „Heal“

	Verkehrsunternehmen	Lokale Behörde
Bad Birnbach Shuttle	• Projektinitiative • Finanzierung des Projekts • Durchführung des Projekts	• Keine Aufgaben
Heal Bad Birnbach	• Einholung externer Unterstützung • Einholung von Genehmigungen • Einzelzulassung der Fahrzeuge • Antrag auf Zulassung der Verkehre bei der zuständigen Bezirksregierung	• Einwerbung der Förder- gelder • Beteiligung beim Prozess der Einzelzulassung der Fahrzeuge • Vorbereitung und Anpassung der Strecke (insbesondere Einbahnstraßenregelung und Reduzierung der Tempolimits auf 30 km/h)

Quelle: Eigene Darstellung auf Grundlage eigener Erhebung/ LAMBERG 2022b: 59

“Hub Chain” in Osnabrück und Bad Essen: Zusammenarbeit unter der Leitung des Verkehrsunternehmens

Auch beim „Hub Chain“-Projekt in Osnabrück und Bad Essen spielt das Verkehrsunternehmen eine zentrale Rolle. So wurde der autonome Betrieb in die bestehenden Verkehre und Betriebsprozesse eingebunden. Die lokale Behörde hatte allerdings einen größeren Projektanteil als in Bad Birnbach (vgl. Tab. 16.2 und Tab. 16.3). Wesentliche Aufgaben von dieser waren die Anpassung der Strecke sowie die kommunikative Begleitung inklusive Bürgerbeteiligung (s. Tab. 16.3).

Tabelle 16.3 Rollenverteilung bei der Implementierung des autonomen Kleinbus-Projekts „Hub Chain“ in Osnabrück und Bad Essen

	Verkehrsunternehmen	Lokale Behörde
“Hub Chain” Osnabrück/ Bad Essen	• Betrieb • Stationierung und Wartung der Fahrzeuge im Depot • Integration in das bestehende Busliniennetz • Marketing	• Vorbereitung und Anpassung der Strecke (insbesondere Einbahnstraßenregelung und Parkverbotszonen) • Einrichtung der Haltestellen • Öffentlichkeitsarbeit/ Kommunikation • Bürgerbeteiligung

Quelle: Eigene Darstellung auf Grundlage eigener Erhebung/ LAMBERG 2022b: 59

Autonomes U-Bahn-Projekt in Nürnberg: Zusammenarbeit wie bisher

Im Fall der autonomen U-Bahn in Nürnberg blieb die Rollenverteilung zwischen dem kommunalen Verkehrsunternehmen und dem U-Bahnbauamt der Stadt Nürnberg laut übereinstimmender Aussagen der interviewten Personen im Wesentlichen gleich. Während der Fokus des kommunalen Verkehrsunternehmens auf der technischen Ausstattung lag, war das U-Bahnbauamt für die Erstellung der Tiefbauarbeiten zuständig (s. Tab. 16.4).

Tabelle 16.4 Rollenverteilung bei der Implementierung des autonomen U-Bahn-Projekts „RUBIN“ in Nürnberg

	Verkehrsunternehmen	Lokale Behörde
RUBIN Nürnberg	*Fokus auf Automatisierungstechnik* • Autonomer Betrieb • Wartung/Instandhaltung • Sicherheit • Beisteuerung technischen Know-Hows in Bezug auf die Planung und den Bau von U-Bahnen: Energieversorgung, Kommunikationssysteme, Zugsicherungssysteme, planungsunterstützende Ingenieursdienstleistungen • Beschaffung, Wartung und Besitz der Fahrzeuge	*Fokus auf der baulichen Erstellung und Umsetzung* • Einholung politischer Beschlüsse • Bau der Infrastruktur, insbesondere Tunnelbau (U-Bahnbauamt) • Besitz der Infrastruktur • Finanzierung des Projekts

Quelle: Eigene Darstellung auf Grundlage eigener Erhebung/ LAMBERG 2022b: 60

16.5.4 Transfer von Wissen und entwickelter technischer Ausrüstung

Die Anschlussfähigkeit an bestehendes Wissen spielte im Fall des „RUBIN"-Projekts in Nürnberg eine wesentliche Rolle. So wurde insbesondere mit der Stadt Lyon ein enger Wissensaustausch während der Projektimplementierung in der fränkischen Hauptstadt durchgeführt (s. Abb. 16.6/ LAMBERG 2022b: 60). Seit der Projekteinführung wird das Wissen aktuell an die Städte Hamburg und Wien weitergegeben, die ebenfalls die Einführung autonomer U-Bahnlinien planen (ebd.). Die in Nürnberg entwickelten technischen Komponenten wurden zudem acht Jahre nach der Einführung in Nürnberg ebenfalls in Budapest implementiert (s. Abb. 16.6/ LAMBERG 2022b: 60).

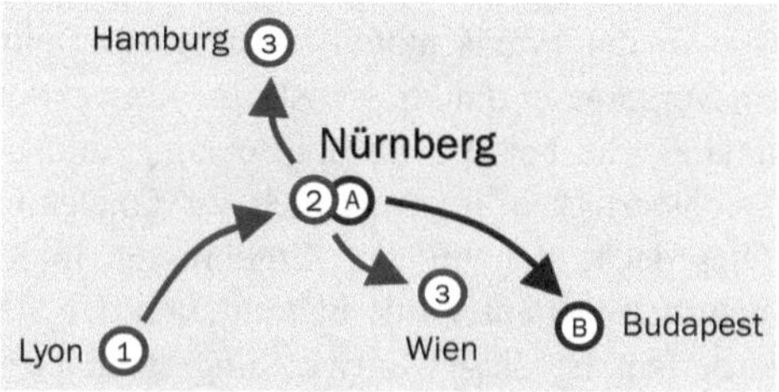

Abbildung 16.6 Transfer von Implementierungswissen von Lyon nach Nürnberg sowie von Nürnberg nach Hamburg und Wien. Transfer technischer Komponenten von Nürnberg nach Budapest. (Quelle: Eigene Darstellung auf Grundlage eigener Erhebung/ LAMBERG 2022b: 61)

16.6 Fazit der Bestandsaufnahme und Ableitung von Erfolgsfaktoren

Autonome schienengebundene Technologien tragen bereits zum öffentlichen Verkehr bei. Bei der Automatisierung wurden nur geringe Unterschiede im Vergleich zu konventionellen Projekten festgestellt. So konnte bereits ein höherer Grad an Standardisierung erreicht werden. Industrielösungen für technische Komponenten sind verfügbar und werden genutzt. Auch die Planungsprozesse sind standardisiert. Ein Wissenstransfer zwischen verschiedenen Projekten ist so möglich und stellt einen wesentlichen Erfolgsfaktor bei der Implementierung dar. Autonomes

Fahren auf der Straße befindet sich hingegen noch in einem evolutionären Entwicklungsprozess. Da jeder Fall anders ist, sind industrielle Lösungen noch nicht verfügbar und der Wissenstransfer zwischen verschiedenen Projekten ist kaum bis gar nicht ausgeprägt. Die Automatisierung von straßengebundenen Technologien ist zudem anspruchsvoller als bei Schienenverkehren. So ist nicht nur die Automatisierung des Fahrens erforderlich, sondern auch die Automatisierung der Lenkung. Zudem beinhalteten alle untersuchten Projekte gleichzeitig auch den Umstieg auf die Elektromobilität, was die Komplexität weiter erhöhte. Einige Projekte konzentrieren sich darüber hinaus auch auf die Einführung von Bedarfsverkehren, was eine zusätzliche Herausforderung darstellte. Autonomes Fahren auf der Straße kann so noch keinen Beitrag zum öffentlichen Verkehr leisten, insbesondere nicht in ländlichen Gebieten. Hier sind die Herausforderungen, insbesondere im Bereich der Sensorik sogar noch zu umfangreich, um überhaupt einen technisch einwandfreien Pilotbetrieb zu realisieren. So kann das autonome Fahren auf der Straße in der Praxis aktuell noch keine Beitragspotenziale zur Sicherung der Daseinsvorsorge entfalten. Es ist also notwendig, dass industrielle Lösungen verfügbar sind, die bei der Betriebsleistung und der Zuverlässigkeit mindestens eine Gleichwertigkeit im Vergleich zu konventionellen Verkehren erreichen können. Dies deckt sich mit den Ergebnissen in Kapitel 15, in dem die Fokusgruppen mehrfach das autonome Fahren „von der Stange“ (Sprecher 3, FOKUSGRUPPE 4) forderten. Ist dieser Entwicklungsstand erreicht, dann ist der Wissenstransfer zwischen den Projekten wesentlich für einen Projekterfolg. Auch sollten die Verkehrsunternehmen als zentrale Akteur*innen mit eingebunden werden, da diese aufgrund ihres betrieblichen Wissens sowohl im Straßen- als auch im Schienenverkehr für den Projekterfolg und die Verstetigung von Verkehren eine wesentliche Rolle spielen.

16.7 Diskussion der Ergebnisse

Ein zentraler Beitrag dieser Arbeit ist die Darstellung von Beitragspotenzialen eines autonomen ÖPNV zur Sicherung der Daseinsvorsorge. Während in den Kapiteln 10 bis 15 aus vielen unterschiedlichen Perspektiven potenzielle Beitragspotenziale erhoben und diskutiert werden, ist es schlussendlich erst durch eine Untersuchung bestehender Projekte in der Praxis möglich, belastbare Nachweise zu erbringen. Hier ist die vorliegende Studie mit einer klaren Aussage versehen: „Im Hinblick auf die Sicherung der Daseinsvorsorge in ländlichen Räumen sind die aktuellen Ergebnisse ein Rückschlag für die vielen Hoffnungen, die durch die zahlreichen Pilotprojekte in Deutschland geweckt wurden. Es bleibt unklar, ob und wann standardisierte und verlässliche Industrielösungen [für den straßengebundenen ÖPNV], analog zu selbstfahrenden U-Bahnen, verfügbar sein werden. Insgesamt zeichnen die Ergebnisse ein[en] eher begrenzten [...] aktuellen Stand des autonomen ÖPNV auf der Straße. Dieser steht im Gegensatz zu vielen begeisterten Medienberichten über bestehende und geplante Pilotprojekte" (LAMBERG 2022b: 62). Damit sind die in den Kapiteln 10 bis 15 aufgezeigten Beitragspotenziale zumindest nicht mit einem kurzfristigen zeitlichen Horizont in die praktische Anwendung überführbar. Dies gilt insbesondere für ländliche Räume, in denen die Sicherung der Daseinsvorsorge im ÖPNV eine besondere Relevanz besitzt. Es bleibt abzuwarten, ob sich dies mit einer fortschreitenden technischen Entwicklung ändern wird und die herausgearbeiteten Beitragspotenziale eines autonomen ÖPNV zur Sicherung der Daseinsvorsorge so ihre volle Wirkung entfalten können.

Teil III: Ergebnis und Diskussion des Forschungsbeitrags

17 Gesamtfazit der Forschungsarbeit

17.1 Sicherung der Daseinsvorsorge im ÖPNV

Daseinsvorsorge in Deutschland zeichnet sich durch eine stark ausgeprägte und viel diskutierte Terminologie aus. Zwar ist diese ein unbestimmter Rechtsbegriff, dennoch ist der Staat auf vielfältige Weise bei der Sicherung der Daseinsvorsorge engagiert. Ausgehend von einer Rahmung durch die europäischen Raumordnungspolitik und die Bundesraumordnung sind insbesondere die Landesplanung und die Regionalplanung in Deutschland für die Sicherung der Daseinsvorsorge mit verantwortlich. Ein wesentlicher Aspekt hierbei ist die Festlegung von zentralen Orten, in denen Waren und Dienstleistungen für den täglichen und teilweise auch spezialisierten Bedarf vorgehalten werden. Auch in der ÖPNV-Fachplanung ist ausgehend von der Verordnung (EG) Nr. 1370/2007 des europäischen Parlaments und des Rates über öffentliche Personenverkehrsdienste auf Schiene und Straße über die Bundesgesetzgebung, wie beispielsweise dem Personenbeförderungsgesetz, und den Nahverkehrsgesetzen der Länder bis hin zu den **Nahverkehrsplänen** eine klar definierte Struktur vorhanden, die eine ausreichende Versorgung der Bevölkerung gewährleisten soll. Wesentlich hierbei ist die Sicherstellung der Erreichbarkeit der zentralen Orte mit Verkehrsangeboten im ÖPNV. Ein wichtiges Instrument sind hierbei die Nahverkehrspläne, die von den ÖPNV-Aufgabenträgern verpflichtend aufzustellen sind. Allerdings werden in den Nahverkehrsplänen **oft nur unzureichende Festlegungen** im Sinne der Daseinsvorsorge getroffen, wie auch die Literaturanalyse in dieser Arbeit exemplarisch bestätigt.

Darüber hinaus erschweren diverse Herausforderungen, insbesondere in ländlichen Räumen, die Sicherung der Daseinsvorsorge. Ein wesentlicher Aspekt ist

J. Lamberg, *Beitragspotenziale eines autonomen ÖPNV zur Sicherung der Daseinsvorsorge*, https://doi.org/10.1007/978-3-658-50160-0_17

der demografische Wandel, der vor allem auf dem Land zu einer älter werdenden und schrumpfenden Bevölkerung führt, während urbane Räume von einem Zuzug junger Menschen aus eben diesen Gebieten sowie von Menschen aus dem Ausland profitieren. Die Sicherung der Daseinsvorsorge in peripheren Gebieten gerät so unter Druck. Verstärkt wird dieser Effekt durch autogerechte Siedlungsstrukturen, die die Schaffung eines angemessenen ÖPNV-Angebots weiter erschweren. Öffentlich bereitgestellte Mobilität ist daher in den meisten Fällen weder wirtschaftlich tragfähig darstellbar, noch attraktiv genug, um eine sinnvolle Alternative zur Nutzung des privaten Pkw darzustellen. So besteht der öffentliche Nahverkehr in vielen ländlichen Räumen überwiegend aus Fahrten des Schülerverkehrs. Flexible Bedienformen als mögliche Lösung dieser Herausforderungen waren in den vergangenen Jahrzehnten immer wieder Gegenstand von Diskursen und auch Pilotprojekten in der Praxis. Allerdings verhinderten hohe Kosten und ein großer organisatorischer Aufwand einen erfolgreichen flächendeckenden Einsatz in Deutschland. Aktuelle Herausforderungen wie der Fahrpersonalmangel im ÖPNV verstärken diese Tendenz. Wesentliche Fragen bei der Sicherung der Daseinsvorsorge bleiben also weiterhin unbeantwortet. Neue Perspektiven könnte die fortschreitende Digitalisierung insbesondere im Bereich des autonomen Fahrens bieten. Die Beitragspotenziale eines autonomen ÖPNV zur Sicherung der Daseinsvorsorge wurden daher exemplarisch am Beispiel des Bundeslandes Niedersachsen in der vorliegenden Arbeit untersucht.

Zu Beginn der Forschungstätigkeit war es notwendig, die Ist-Situation bei der Sicherung der Daseinsvorsorge im ÖPNV zu erfassen. Hierfür ist insbesondere die Bewertung des Status quo durch die Aufgabenträger relevant (1. Forschungsfrage: Wie bewerten die Aufgabenträger die derzeitige ÖPNV-Versorgung im Kontext der Sicherung der Daseinsvorsorge?). So wurden zum einen die **ÖSPV-Aufgabenträger in Niedersachsen** in einer Vollerhebung telefonisch befragt und die im Zuge dessen generierten qualitativen Daten quantitativ ausgewertet. Nur 57 % der befragten Aufgabenträger gaben an, dass die Daseinsvorsorge in ihrem Gebiet gewährleistet ist. In Bezug auf die jeweiligen Einwohnerzahlen leben in Niedersachsen nur 48 % der Menschen in Gebieten, in denen der zuständige Aufgabenträger die Daseinsvorsorge im ÖPNV als vollumfänglich gewährleistet ansieht. Aus der Perspektive der Aufgabenträger ist die Daseinsvorsorge in vielen Teilen Niedersachsens im ÖPNV also nicht vollumfänglich gewährleistet. Ein Großteil der Aufgabenträger möchte jedoch trotz einer angespannten finanziellen Situation und des branchenweiten Fahrpersonalmangels das Angebot auf dem aktuellen Stand sichern oder ausbauen. 40 % Prozent der befragten Aufgabenträger konnten sich zudem vorstellen, zukünftig das autonome Fahren zur Sicherung der Daseinsvorsorge einzusetzen. Da eine darüber hinaus durchgeführte exemplarische Analyse von Nahverkehrsplänen nur unzureichende Anhaltspunkte für eine Konkretisierung dieser Ergebnisse ermöglichte, wurden weitere Analysen durchgeführt.

So wurde als unabhängige zweite Perspektive ein **auf Fahrplandaten basierendes Indikatorensystem zur Messung der Ist-Situation im ÖPNV** entwickelt und anschließend in den **vier Untersuchungsgebieten dieser Arbeit, den Landkreisen Emsland, Gifhorn und Goslar sowie der kreisfreien Stadt Wolfsburg angewendet** (2. Forschungsfrage: Ist durch das derzeitige ÖPNV-Angebot die Sicherung der Daseinsvorsorge vollumfänglich gewährleistet?). Dafür wurden **Fahrplandaten von der ÖPNV-Datendrehscheibe** des Verkehrsverbunds Bremen/Niedersachsen abgefragt und mit dem im Rahmen dieser Arbeit entwickelten Messansatzes analysiert. Ausgangslage war die Ermittlung der bestmöglichen Aufenthaltsdauer im zentralen Ort, die im Idealfall zwischen 1,5 und 2,5 Stunden lag. Darüber hinaus wurde die Anzahl der notwendigen Umstiege für diese bestmögliche Verbindung sowie für alle weiteren Verbindungen an diesem Stichtag erhoben. Auch die Pkw-Fahrtzeit wurde für die jeweilige Relation mittels Abfrage bei Google Maps erhoben und mit dem Mittelwert von Hin- und Rückfahrt im ÖPNV (der Verbindung mit der bestmöglichen Aufenthaltsdauer im Grundzentrum) zu einem ÖPNV-Fahrtzeitfaktor zusammengeführt (Wert der angibt, wie viel länger die Fahrt mit dem ÖPNV im Vergleich zum MIV dauert, auch als Umwegefaktor bezeichnet). Die hier vorgestellten Daten wurden sowohl für die Schul- als auch für die Sommerferienzeit erhoben, um mögliche Abweichungen von Ferienfahrplänen mit erheben zu können. **Die Ergebnisse in den vier Untersuchungsregionen zeigen auf Grundlage des entwickelten Indikatorensystems bis auf wenige Ausnahmen einen funktionierenden ÖPNV im Sinne der Daseinsvorsorge.**

In fast allen Fällen war mit dem gemessenen ÖPNV-Angebot die als optimal angenommene Aufenthaltsdauer zwischen 1,5 und 2,5 Stunden im zentralen Ort erreichbar, zudem waren hierbei oft umsteigefreie Direktverbindungen verfügbar. Im Fall des Grundzentrums Salzbergen im Landkreis Emsland war die Daseinsvorsorge zum Zeitpunkt der gewählten Stichtage in der Schulzeit eingeschränkt, in den Ferien durch vollständig fehlende Verbindungen in den zentralen Ort nicht gewährleistet. Im Fall der Odertaler Sägemühle im Landkreis Goslar bestand weder in der Schul- noch in der Ferienzeit eine Verbindung ins Grundzentrum Sankt Andreasberg, allerdings besteht der genannte Ort auch nur aus einem Hotel. Der Ort mit grundzentraler Teilfunktion Steinhorst war in den Sommerferien aufgrund eines angepassten Angebots faktisch nicht mit dem ÖPNV erreichbar. Auch wenn mit den bestehenden Verbindungen optimale Aufenthaltsdauern im zentralen Ort erreicht werden, wies die durchschnittliche Fahrtzeit im

ÖPNV 129 Minuten auf, während die Fahrt mit dem privaten Pkw 5 Minuten dauert. Auch hier können daher Beitragspotenziale für einen autonomen ÖPNV festgestellt werden.

Bei den meisten Verbindungen in den drei Landkreisen lag der ÖPNV-Fahrtzeitfaktor bei unter 2, die Fahrt mit dem öffentlichen Personennahverkehr dauerte also maximal doppelt so lang wie mit dem privaten Pkw. Nur in der Stadt Wolfsburg lagen diese Werte oft deutlich darüber. Dies ist zwar kein Indikator für eine fehlende Sicherung der Daseinsvorsorge, allerdings für die Qualität des ÖPNV-Angebots.

17.2 Beitragspotenziale eines autonomen ÖPNV zur Sicherung der Daseinsvorsorge

Auf Grundlage der erhobenen Daten wurden in Kombination mit den vor Ort vorhandenen raumstrukturellen Gegebenheiten mögliche **Anwendungsfälle für das autonome Fahren** im ÖPNV entwickelt (3. Forschungsfrage: Welche Einsatzpotenziale für autonome ÖPNV-Angebote bestehen auf Grundlage des derzeitigen Angebots?). Diese Konzepte können in den Fällen der Ortschaften um Salzbergen, der Odertaler Sägemühle sowie Steinhorst Beitragspotenziale zur Sicherung der Daseinsvorsorge im ÖPNV entfalten, da die Daseinsvorsorge im ÖPNV hier aktuell nicht vollumfänglich gesichert ist. Alle weiteren Konzepte können einen Beitrag zur Verbesserung, nicht jedoch zur Sicherung der Daseinsvorsorge leisten, da diese auf Grundlage der erhobenen Fahrplandaten bereits heute gesichert ist. Verbesserungen können beispielsweise durch eine Reduzierung oder Eliminierung von Umstiegen oder auch in Bezug auf eine Reduktion der Fahrtzeit im ÖPNV erreicht werden. Folgende mögliche autonome Betriebskonzepte konnten auf Basis der erhobenen Fahrplandaten entwickelt werden:

Landkreis Emsland

Grundzentrum Salzbergen
Konzepte mit Beitragspotenzialen zur Sicherung der Daseinsvorsorge:

- Ein Netz aus autonomen Linienverkehren, welches die umliegenden Ortschaften mit dem Grundzentrum Salzbergen und dem dortigen Bahnhof verbindet

- Ein Netz aus autonomen Bedarfslinienverkehren, welches die umliegenden Ortschaften mit dem Grundzentrum Salzbergen und dem dortigen Bahnhof verbindet
- Drei Sektorenverkehre, die jeweils die umliegenden Ortschaften mit dem Grundzentrum Salzbergen und dem dortigen Bahnhof verbinden
- Ein autonomer Flächenverkehr im Einzugsbereich des Grundzentrums Salzbergen, der sämtliche möglichen Verkehrsbeziehungen innerhalb der definierten Fläche bedienen kann

Mittelzentrum Lingen
Konzepte mit Beitragspotenzialen zur Verbesserung der Daseinsvorsorge:

- Ein Netz aus autonomen Linienverkehren, welches die umliegenden Grundzentren mit dem Mittelzentrum Lingen und dem dortigen Bahnhof verbindet
- Ein Netz aus autonomen Bedarfslinienverkehren, welches die umliegenden Grundzentren mit dem Mittelzentrum Lingen und dem dortigen Bahnhof verbindet
- Ein autonomer Flächenverkehr im Einzugsbereich des Mittelzentrums Lingen, der sämtliche möglichen Verkehrsbeziehungen innerhalb der definierten Fläche bedienen kann
- Ein autonomer Flächenverkehr im Einzugsbereich des Mittelzentrums Lingen, der sämtliche möglichen Verkehrsbeziehungen innerhalb der definierten Fläche bedienen kann und mit Meppen ein zweites Mittelzentrum anbindet
- Ein autonomer Shuttleverkehr, welcher das Grundzentrum Emsbüren mit dem Bahnhof Leschede verbindet und so den Anschluss an das Mittelzentrum Lingen herstellt
- Ein autonomer Shuttleverkehr, welcher das Grundzentrum Geeste mit dem gleichnamigen Bahnhof verbindet und so den Anschluss an das Mittelzentrum Lingen herstellt

Darüber hinaus konnten folgende weitere Beitragspotenziale für den Schienenverkehr festgestellt werden:

- Autonome Bahnverkehre (oder alternativ autonome Monocabs) auf der Strecke zwischen dem Mittelzentrum Meppen und dem Grundzentrum Essen (Oldenburg)
- Autonome Bahnverkehre (oder alternativ autonome Monocabs) auf der Strecke zwischen Lathen und Werlte (Oldenburg)

Landkreis Gifhorn

Ort mit grundzentraler Teilfunktion Steinhorst
Konzepte mit Beitragspotenzialen zur Sicherung der Daseinsvorsorge:

- Ein autonomer Linienverkehr, welcher die nördlich liegenden Ortschaften mit dem zentralen Ort Steinhorst verbindet
- Ein autonomer Bedarfslinienverkehr, welcher die nördlich liegenden Ortschaften mit dem zentralen Ort Steinhorst verbindet
- Ein autonomer Richtungsbandverkehr, welcher die nördlich liegenden Ortschaften mit dem zentralen Ort Steinhorst verbindet
- Ein autonomer Sektorenverkehr, welcher die nördlich liegenden Ortschaften mit dem zentralen Ort Steinhorst verbindet
- Ein autonomer Flächenverkehr, welcher im Einzugsbereich des zentralen Orts Steinhorst sämtliche möglichen Verkehrsbeziehungen innerhalb der definierten Fläche bedienen kann

Mittelzentrum Wittingen
Konzepte mit Beitragspotenzialen zur Verbesserung der Daseinsvorsorge:

- Ein Netz aus autonomen Linienverkehren, welches die umliegenden Grundzentren mit dem Mittelzentrum Wittingen und dem dortigen Bahnhof verbindet
- Ein Netz aus autonomen Bedarfslinienverkehren, welches die umliegenden Grundzentren mit dem Mittelzentrum Wittingen und dem dortigen Bahnhof verbindet
- Zwei autonome Sektorenverkehre im Einzugsbereich des Mittelzentrums Wittingen, welche die umliegenden Grundzentren mit dem Mittelzentrum Wittingen und dem dortigen Bahnhof verbinden
- Ein autonomer Flächenverkehr im Einzugsbereich des Mittelzentrums Wittingen, welcher sämtliche möglichen Verkehrsbeziehungen innerhalb der definierten Fläche bedienen kann
- Ein autonomer Shuttleverkehr, welcher den zentralörtlichen Bereich des Mittelzentrums Wittingen mit dem 1,3 Kilometer entfernten Bahnhof verbindet
- Beispielhaft für die Orte an der Bahnstrecke zwischen Gifhorn und Uelzen: Ein autonomer Shuttleverkehr, welcher den Ortskern der Ortschaft Knesebeck an den gleichnamigen Bahnhof und damit an das Mittelzentrum Wittingen anbindet

- Beispielhaft für die Orte an der Bahnstrecke zwischen Gifhorn und Uelzen: Ein autonomer Flächenverkehr, welcher die gesamte Ortschaft Knesebeck mit dem einen Kilometer entfernten Bahnhof verbindet und damit einen Anschluss an das Mittelzentrum Wittingen herstellt und zudem alle möglichen Verkehrsbeziehungen innerhalb von Knesebeck abdeckt

Darüber hinaus konnten folgende weitere Beitragspotenziale für den Schienenverkehr festgestellt werden:

- Autonome Bahnverkehre (oder alternativ autonome Monocabs) auf der Strecke zwischen Celle und Wittingen, die insbesondere den zentralen Ort Steinhorst und das Grundzentrum Hankensbüttel an das Mittelzentrum Wittingen anbinden

Landkreis Goslar

Grundzentrum Sankt Andreasberg
Konzepte mit Beitragspotenzialen zur Sicherung der Daseinsvorsorge:

- Ein Netz aus autonomen Linienverkehren, welches die umliegenden Ortschaften mit dem Grundzentrum Sankt Andreasberg verbindet
- Ein Netz aus autonomen Bedarfslinienverkehren, welches die umliegenden Ortschaften mit dem Grundzentrum Sankt Andreasberg verbindet
- Ein autonomer Flächenverkehr im Einzugsbereich des Grundzentrums Sankt Andreasberg, der sämtliche möglichen Verkehrsbeziehungen innerhalb der definierten Fläche bedienen kann
- Ein autonomer Linienverkehr zwischen der Odertaler Sägemühle und Oderhaus, der in Oderhaus den Anschluss an die bestehende Buslinie ins Grundzentrum Sankt Andreasberg herstellt
- Ein autonomer Bedarfslinienverkehr zwischen der Odertaler Sägemühle und Oderhaus, der in Oderhaus den Anschluss an die bestehende Buslinie ins Grundzentrum Sankt Andreasberg herstellt
- Ein autonomer Linienverkehr zwischen der Odertaler Sägemühle und dem Grundzentrum Sankt Andreasberg
- Ein autonomer Bedarfslinienverkehr zwischen der Odertaler Sägemühle und dem Grundzentrum Sankt Andreasberg

Mittelzentrum Clausthal-Zellerfeld
Konzepte mit Beitragspotenzialen zur Verbesserung der Daseinsvorsorge:

- Ein Netz aus autonomen Linienverkehren, welches die umliegenden Ortsteile und Grundzentren an das Mittelzentrum Clausthal-Zellerfeld anbindet
- Ein Netz aus autonomen Bedarfslinienverkehren, welches die umliegenden Ortsteile und Grundzentren an das Mittelzentrum Clausthal-Zellerfeld anbindet
- Ein autonomer Flächenverkehr im Einzugsbereich des Mittelzentrums Clausthal-Zellerfeld, der sämtliche möglichen Verkehrsbeziehungen innerhalb der definierten Fläche bedienen kann
- Ein autonomer Shuttleverkehr zwischen Altenau und Torfhaus als Lückenschluss im Busnetz des Landkreises Goslar

Kreisfreie Stadt Wolfsburg

C-Zentrum Wolfsburg-Nordstadt (grundzentrumsäquivalent)
Konzepte mit Beitragspotenzialen zur Verbesserung der Daseinsvorsorge:

- Ein autonomer Shuttleverkehr zwischen dem Ortsteil Velstove und dem C-Zentrum Wolfsburg-Nordstadt
- Ein Netz aus autonomen Linienverkehren, welches die umliegenden Ortsteile mit dem C-Zentrum Wolfsburg-Nordstadt verbindet
- Ein Netz aus autonomen Bedarfslinienverkehren, welches die umliegenden Ortsteile mit dem C-Zentrum Wolfsburg-Nordstadt verbindet
- Ein autonomer Flächenverkehr im Einzugsbereich des C-Zentrums Wolfsburg-Nordstadt, der sämtliche möglichen Verkehrsbeziehungen innerhalb der definierten Fläche bedienen kann

B-Zentrum Wolfsburg-Vorsfelde (mittelzentrumsäquivalent)
Konzepte mit Beitragspotenzialen zur Verbesserung der Daseinsvorsorge:

- Ein Netz aus autonomen Linienverkehren, welches die umliegenden Stadt- und Ortsteile mit dem B-Zentrum Vorsfelde verbindet
- Ein Netz aus autonomen Bedarfslinienverkehren, welches die umliegenden Stadt- und Ortsteile mit dem B-Zentrum Vorsfelde verbindet

- Ein autonomer Flächenverkehr im Einzugsbereich des B-Zentrums Vorsfelde, welcher sämtliche möglichen Verkehrsbeziehungen innerhalb der definierten Fläche bedienen kann
- Ein autonomer Shuttleverkehr zwischen den Haltestellen „Nordsteimke" und „Reislingen Hauptstraße" welcher als Lückenschluss fungiert und so den Anschluss an die bestehende Busverbindung ins B-Zentrum Vorsfelde herstellt

Die dargestellten Ergebnisse zeigen, dass Beitragspotenziale zur Sicherung der Daseinsvorsorge ausschließlich im Fall von Verbindungen zwischen Grundzentren und den umliegenden Gebieten festgestellt werden konnten. Dies ist eine wichtige Erkenntnis, da die Fahrtstrecken im Vergleich eine überschaubare Länge haben und die aktuell noch geringen Geschwindigkeiten des autonomen Fahrens hier nur teilweise Auswirkungen entfalten. Im Fall der Mittelzentren sind mit autonomen Verkehren ausschließlich Verbesserungen der bereits gesicherten Versorgungssituation und damit der Daseinsvorsorge möglich.

Nach Abschluss der Konzeptentwicklung wurden die hier aufgeführten Anwendungsmöglichkeiten des autonomen Fahrens **in Fokusgruppen** diskutiert (4. Forschungsfrage: Welche Einsatzpotenziale für autonome ÖPNV-Angebote bestehen aus Perspektive der Aufgabenträger und weiteren Akteuren des ÖPNV?). Die Fokusgruppen bildeten dabei exakt die Planungsrunden ab, die im jeweiligen Untersuchungsgebiet auch heute das existierende Angebot planen und weiterentwickeln. Teilnehmende waren somit in unterschiedlichen Zusammensetzungen Vertretungen der Aufgabenträger, kommunaler Verwaltungen und der Verkehrsunternehmen. **Die Fokusgruppen präferierten für die Anbindung der Peripherie an die Grundzentren überwiegend autonome Flächenverkehre**. Bei der Anbindung der Grundzentren an die Mittelzentren konnten unterschiedliche Ergebnisse erzielt werden, die von einem autonomen Flächenverkehr bis hin zu autonomen Linienverkehren reichten. Folgende Konzepte wurden von den Fokusgruppen zur Sicherung der Daseinsvorsorge in ihrem jeweiligen Planungsgebiet präferiert (Tab. 17.1).

Tabelle 17.1 Zusammenfassende Darstellung der von den Fokusgruppen präferierten Betriebskonzepte

Beitragspotenziale Fläche ←→ Grundzentren	Emsland	Autonome Linienverkehre (mögliche Zielvision aber autonomer Flächenverkehr)
	Wolfsburg	Autonomer Flächenverkehr
	Gifhorn	Autonomer Flächenverkehr
	Goslar	Autonomer Flächenverkehr
Beitragspotenziale Grundzentren ←→ Mittelzentren	Emsland	Ggf. autonome Linienverkehre
	Wolfsburg	Autonomer Flächenverkehr
	Gifhorn	Autonome Linienverkehre, ggf. ergänzt durch Sektoren- oder Flächenverkehre in Tagesrandlagen
	Goslar	Autonomer Flächenverkehr als Ergänzung für die Regionalbuslinien

Quelle: Eigene Darstellung auf Grundlage eigener Erhebungen

Für die Reaktivierung stillgelegter Bahnstrecken konnten keine konkreten Beitragspotenziale für das autonome Fahren erfasst werden. Allerdings wurden bei verschiedenen besprochenen Anwendungsfällen autonome Shuttleverkehre zur Abdeckung von ersten und letzten Meilen im Umfeld bestehender Strecken und Bahnhöfe von den Fokusgruppen als Einsatzmöglichkeit erachtet.

Zudem wurde eine Studie zu den **Erfolgsfaktoren bereits in Deutschland durchgeführter autonomer ÖPNV-Projekte** durchgeführt, um konkrete Handlungsempfehlungen für die Umsetzung zukünftiger Projekte generieren zu können (5. Forschungsfrage: Welche Faktoren und Rahmenbedingungen tragen zu einer erfolgreichen Implementierung autonomer ÖPNV-Angebote bei?). Zu deren Ableitung wurden insbesondere die Automatisierungsprozesse von schienen- und straßengebundenen Verkehren verglichen, um spezifische Charakteristika herausarbeiten zu können.

Auf Grundlage der untersuchten Projekte ist die Automatisierung von straßengebundenen Technologien anspruchsvoller als bei Verkehren auf der Schiene. So ist nicht nur der Fahrprozess, sondern auch das Lenken zu automatisieren. Zudem vollziehen alle untersuchten straßengebundenen Projekte den Übergang zur Elektromobilität und einige arbeiten darüber hinaus an der Einführung von On-Demand-Verkehren, wodurch sich die Komplexität weiter erhöht. Daher sind die **Planungsprozesse** bei straßengebundenen Projekten aktuell **noch sehr individuell** ausgeprägt. Auch sind noch keine **standardisierten technischen Lösungen** für das autonome Fahren im Straßenverkehr verfügbar. Der **Wissenstransfer ist ein wesentlicher Erfolgsfaktor bei der Einführung des autonomen Fahrens** auf der Schiene, welcher jedoch aufgrund der beschriebenen Heterogenität der straßengebundenen Projekte dort bisher nur in geringem Umfang durchgeführt wird.

Die beschriebenen Aspekte verhindert aktuell einen sinnvollen Einsatz des autonomen Fahrens im ÖPNV auf der Straße. Soweit die Auswertungen für die Studie aufzeigen, ist eine Implementierung bisher sogar generell nur in städtischen Gebieten gelungen. Auf dem Land ist die technische Umsetzung von Pilotprojekten noch zu komplex. Damit sind die in den Kapiteln 10 bis 15 herausgearbeiteten Beitragspotenziale eines autonomen ÖPNV zur Sicherung der Daseinsvorsorge zumindest aktuell noch nicht in die praktische Anwendung überführbar. Dies gilt insbesondere für ländliche Räume, in denen die Sicherung der Daseinsvorsorge im ÖPNV eine besondere Relevanz besitzt.

Kritische Reflexion, Handlungsempfehlungen für die Planungspraxis und Ausblick

18

18.1 Daseinsvorsorge im Kontext von Politik und Gesellschaft

18.1.1 Notwendigkeit einer präziseren Definition von Daseinsvorsorge

Ein autonomer ÖPNV kann in der Planungspraxis aus einer dogmatischen Perspektive nur dann einen Beitrag zur Sicherung der Daseinsvorsorge leisten, wenn eine Untererfüllung der Daseinsvorsorge durch demokratisch-legitimierte **politische Gremien und deren Verwaltungen** formuliert wird. Je nach Organisationsstruktur der Aufgabenträger sind also die jeweiligen Kommunen, Zweckverbände und Regionen gefordert, den tatsächlichen Bedarf, und damit die Beitragspotenziale, zu **konkretisieren und** zu **legitimieren**.

Einen möglichen Ansatz zeigt der Ad-hoc Arbeitskreis „Zukunft der Raumordnung" der Akademie für Raumentwicklung in der Leibniz-Gemeinschaft (ARL) auf. Er empfiehlt eine präzisere Definition von Daseinsvorsorge in Deutschland, um diese schlussendlich in allen Teilräumen sichern zu können: „Die Schaffung gleichwertiger Lebensverhältnisse kann nicht auf ein flächendeckendes Maximum abzielen. Um einen klaren Handlungsauftrag zu formulieren, ist die **Einführung und Definition von Mindeststandards der Versorgung erforderlich**. Damit lässt sich beurteilen, ob gleichwertige Lebensverhältnisse in einem Versorgungsraum erreicht sind oder noch unterschritten werden. Nur durch Mindeststandards kann ein realistisches und gesellschaftlich akzeptiertes Maß an Gleichwertigkeit definiert werden. In Bund und Ländern gibt es aktuell nur vergleichsweise wenige Politikbereiche, die Mindeststandards für Gleichwertigkeit deutschlandweit oder länderspezifisch definieren (z. B. Gesundheits-, Rettungs- und Bildungswesen).

J. Lamberg, *Beitragspotenziale eines autonomen ÖPNV zur Sicherung der Daseinsvorsorge*, https://doi.org/10.1007/978-3-658-50160-0_18

Aufgabe der Raumordnung von Bund und Ländern muss es in Zukunft sein, die **Setzung von Mindeststandards in den Fachpolitiken mit Raumbezug** zu begleiten und auf eine Einigung gleicher Mindeststandards dort hinzuwirken, wo dies bislang noch nicht erfolgt ist. Liegen solche Mindeststandards der Daseinsvorsorge vor, sind diese in die Raumordnungspläne zu integrieren. Hierfür sind schnellstmöglich die rechtlichen Voraussetzungen zu klären" (ARL 2020: 4).

Die vorliegende Arbeit liefert hierfür insbesondere durch die Entwicklung eines Indikatorensystems zur Quantifizierung von Daseinsvorsorge im ÖPNV einen wichtigen Beitrag. Vor allem die Messung von möglichen Aufenthaltsdauern in den zentralen Orten, die dem öffentlichen Personenverkehr möglich sind, bietet Anhaltspunkte für eine zukünftige Definition von Mindeststandards in der Planungspraxis. Hier sind jetzt die jeweiligen gesetzgebenden Stellen gefordert, in den entsprechenden Fachgesetzen präzisere Anforderungen zu verankern und deren Einhaltung von den Aufgabenträgern einzufordern. Auf der Ebene der Länder betrifft dies insbesondere die Nahverkehrsgesetze, welche bei entsprechender Nachschärfung eine umfassende Steuerungswirkung auf die Aufgabenträger entfalten können. Doch auch auf Bundesebene bietet beispielsweise das Personenbeförderungsgesetz Möglichkeiten auf eine Einführung von Mindeststandards im ÖPNV hinzuwirken.

18.1.2 Notwendigkeit zur Neuausrichtung bestehender Narrative

Die Gewährleistung der Mobilität wird in ländlichen Räumen seit Jahrzehnten vor allem mit dem privaten Pkw sichergestellt – der ÖPNV besteht überwiegend aus Fahrten für den Schülerverkehr (BMVI 2015c: 20 & BBSR 2018: 3). So müssen Personen, denen das Führen und Halten eines eigenen Kraftfahrzeugs nicht möglich ist, oft im Rahmen sozialer Netzwerke mitversorgt werden (ebd.). Dies ist aus Sicht des BMVI im Kontext der Daseinsvorsorge kritisch zu bewerten, denn „[dies] sichert [zwar] eine gewisse Mobilität, jedoch keine Unabhängigkeit" (BMVI 2015c: 20). Allerdings zeigt beispielsweise die Untersuchung von LAMBERG 2022a, dass die Versorgung der Bevölkerung ohne Auto flächendeckend durch die sozialen Strukturen möglich ist: „Grundsätzlich ist [...] ein Festhalten an der traditionellen Konzeption der Daseinsvorsorge zu diskutieren. In ländlichen Räumen [...] ist eine ÖPNV-Anbindung des Grundzentrums und entsprechender Angebote der Daseinsvorsorge zwar [teilweise] nur unzureichend gegeben, die Bevölkerung hat sich aber darauf eingestellt. So fahren Personen bis zum 100. Lebensjahr noch ihren eigenen Pkw, oder werden in privat organisierten Strukturen mitversorgt“ (LAMBERG 2022a: 125). So scheinen staatliche Stellen zwar unzureichend ihrer Fürsorgepflicht nachzukommen, das eigentliche Ziel, die Gewährleistung eines angemessenen Daseins in ländlichen Räumen, ist durch das private Engagement der lokalen Gemeinschaft jedoch vollumfänglich erreicht. In diesem Kontext erscheint der breite Konsens in der fachlichen Literatur, dass die Daseinsvorsorge auf dem Land oft nur unzureichend gesichert ist, weniger gravierend. Hier sollten zukünftige Diskurse und Forschungsarbeiten zum Thema Daseinsvorsorge ansetzen.

Es ist darüber hinaus wichtig, selbstverstärkende Narrative insbesondere in Daseinsvorsorge sichernden Behörden zu vermeiden. Auch wenn dies aufgrund der herausgearbeiteten empirischen Situation aktuell nur Einzelfälle sind – die große Differenz bei der Selbsteinschätzung der befragten Aufgabenträger in dieser Arbeit (bei der viele die Daseinsvorsorge nicht als vollumfänglich gesichert ansah) und der Auswertung der Fahrplandaten (die zumindest in den vier Untersuchungsregionen eine fast flächendeckende Sicherung der Daseinsvorsorge zeigte) bietet eine gute Grundlage für weitere Untersuchungen. Je nach Ergebnis ist die fachliche Perspektive auf die Thematik der Sicherung der Daseinsvorsorge zukünftig gegebenenfalls anzupassen.

Schlussendlich ist die permanente Überprüfung und Neuausrichtung der gesellschaftlichen, politischen wie auch wissenschaftlichen Perspektive auf die Daseinsvorsorge geboten und wird auch in Zukunft weiter erforderlich sein: „Eine Diskussion über die Zukunft von Mobilität und Erreichbarkeit im ländlichen Raum stößt nach gewisser Zeit an grundsätzliche gesellschaftspolitische Fragen, die auf das Postulat der „gleichwertigen Lebensverhältnisse in allen Teilräumen des Landes“ Bezug nehmen: Bis zu welchem Maß ist Mobilitätssicherung eine gesellschaftliche Gewährleistungsaufgabe als Teil der öffentlichen Daseinsvorsorge? Erstreckt sich diese Daseinsvorsorge auf den gesamten Siedlungsraum, oder sollen davon unter bestimmten Bedingungen Teile ausgenommen sein? Wird unter Mobilitätssicherung ein ÖPNV-Angebot verstanden oder kann die Mobilität auch anders gesichert werden? Ungeachtet des bestehenden Postulats der gleichwertigen Lebensverhältnisse ändert sich der Alltag. Durch allgemeine Bekenntnisse zu den gleichwertigen Lebensverhältnissen im Allgemeinen und zum ÖPNV als Daseinsvorsorge im Besonderen lässt sich der demographische Wandel nicht aufhalten, noch lassen sich seine Folgen dadurch praktisch bewältigen. Gleichwertige Lebensverhältnisse sind ein Richtungsziel, das unter den konkreten Bedingungen des demographischen Wandels immer wieder neu ausgedeutet werden muss. Die Erwartungen haben sich von den 1950er Jahren zu den 1970er, zu den 1990er und bis heute schrittweise verändert, und sie werden sich weiter verändern. Man hält am Ziel fest, doch es wird neu interpretiert. Es ist künftig mehr denn je ein Gebot der Ehrlichkeit, die unterschiedlichen Lebensverhältnisses zwischen wachsenden und schrumpfenden Regionen nicht zu leugnen oder zu suggerieren, es handle sich lediglich um ein temporäres Phänomen" (BMVI 2015c: 24). Die Sicherung der Daseinsvorsorge ist und bleibt also eine gesellschaftliche Querschnittsaufgabe, bei der es insbesondere erforderlich ist, eine fortwährende kritische Reflexion und Neuausrichtung bestehender Narrative sicherzustellen.

18.1.3 Daseinsvorsorge im Kontext knapper finanzieller Ressourcen

Der Abschnitt 18.1.1 macht deutlich, dass für eine flächendeckende Sicherung der Daseinsvorsorge in Deutschland die Einführung von Mindeststandards erforderlich ist. Jedoch verursacht dies für die öffentlich Hand möglicherweise höhere Kosten, da insbesondere die Aufgabenträger bei einer nur unzureichenden Nachfrage keinen Gestaltungsspielraum mehr zur Reduzierung oder Einstellung eines ÖPNV-Angebots haben (vgl. hierzu HOLZ-RAU et al. 2010: 499), sondern zur Aufrechterhaltung eines Angebots verpflichtet sind. Die hohen Aufwendungen für ein nur unterdurchschnittlich ausgelastetes Angebot unterliegen jedoch einer besonders kritischen Begutachtung durch andere Fachressorts, welche im Wettbewerb um knappe öffentliche Mittel in Konkurrenz zum ÖPNV stehen. Dies wird auch deutlich von einem Teilnehmer in der FOKUSGRUPPE 4 formuliert: „Irgendwann geht es immer irgendwie in die Richtung Fragestellung „Wie hoch ist die Auslastung?". Wenn wir uns schlicht einfach in einem Bereich bewegen, der gemeinhin als Zuschussbetrieb wahrgenommen wird. Und da wird, glaube ich, ganz, ganz genau geguckt, wo wird vermeintlich oder tatsächlich der eine oder andere Bereich bevorzugt, im kommunalen Kontext, auf Kosten und zulasten anderer. Selbst wenn es dann nicht so ist, wird es gerne dann auch so wahrgenommen und dargestellt" (Sprecher 4, FOKUSGRUPPE 4).

Dabei ist gerade der ÖPNV in Konkurrenz zu anderen Fachbereichen in Bezug auf die finanzielle Ausstattung zunehmend zurückgefallen, wodurch der Staat auf den verschiedenen administrativen Ebenen zukünftig zu einer Korrektur angehalten ist: „Kommunen in schwieriger Haushaltslage haben häufig beim ÖPNV, der in vielen Bundesländern als freiwillige Aufgabe definiert ist, gespart und den Takt ausgedünnt oder sogar ganze Linien eingestellt. Bund, Länder und Kommunen tragen jeweils auf ihrer Ebene die Verantwortung für die Sicherung und Verbesserung eines zeitgemäßen und bedarfsgerechten Mobilitätsangebots in Stadt und

Land“ (BMI 2019: 14). Hierfür ist jedoch die Schaffung eines breiten Konsenses erforderlich, dass eine angemessene Versorgung mit Leistungen des öffentlichen Personennahverkehrs fiskalische Priorität genießen sollte, insbesondere in Bezug auf die in dieser Arbeit diskutierten flexiblen Bedienformen: „Die Motivation für bedarfsorientierte Formen des Gemeinschaftsverkehrs ist zumeist die Sicherung der Mobilität im Rahmen der Daseinsvorsorge. Welchen Stellenwert dieser Aspekt vor dem Hintergrund der auch künftig knappen öffentlichen Mittel [...] einnehmen wird, lässt sich nicht vorhersagen. Entscheidend hierfür ist sicherlich auch, inwieweit in der öffentlichen Diskussion die direkt in den kommunalen Haushalten ablesbaren Ausgaben für die Mobilitätssicherung mit dem ÖPNV im Verhältnis zu der aus unterschiedlichsten Quellen alimentierten MIV-Infrastruktur [...] wahrgenommen werden“ (GATHER et al. 2008: 255f).

Der Abschlussbericht der ÖPNV-STRATEGIEKOMMISSION in Sachsen kommt zu dem Schluss, dass für „innovative ÖPNV-Konzepte im ländlichen Raum – wie autonome Kleinbusse für Bedarfsverkehre, Anwohner als Mobilitätsdienstleister für Personenfahrten und Paketdienste sowie haltestellenlose On-Demand-Verkehre innerorts und als Anbindung an Mittelzentren“ viel „Digitalisierungspotenzial“ besteht (2017: 68). Jedoch wird für eine erfolgreiche Implementierung ein „**(a) politisches Bekenntnis zum Vorhaben** und **(b) eine initiale Ausklammerung der Wirtschaftlichkeit** [als] notwendig“ erachtet (ebd.). Dies gilt es zu berücksichtigen, wenn in einem Umfeld knapper öffentlicher Ressourcen die Transformation hin zu einem digitalisierten öffentlichen Personennahverkehr gelingen soll.

18.2 Mobile Daseinsvorsorge als Alternative zur ÖPNV-Anbindung zentraler Orte

Neben einer ÖPNV-Anbindung peripherer, ländlicher Gebiete an zentrale Orte, kann auch der entgegengesetzte Weg gewählt werden – mobile Waren und Dienstleistungen werden in die dezentralen Bereiche transportiert (JACOBY & BRAUN 2016: 37) und so die Daseinsvorsorge gesichert. Die Deutsche Bahn erarbeitet solche Konzepte beispielsweise auf den Fahrzeugplattformen herkömmlicher Linienbusmodelle. Aktuell liegen mit dem „DB Medibus“, dem „DB Finance-Bus“ und dem „REWE-Einkaufsbus“ drei Lösungsvorschläge in den Bereichen Gesundheitsversorgung, Finanzdienstleistungen und Einzelhandel vor, die auch in der Praxis erprobt werden (DB REGIO BUS 2025a: www).

Der „DB Medibus“ ist bereits in sieben Bundesländern im Einsatz und wird explizit im Kontext der Sicherung der Daseinsvorsorge eingesetzt: „Mit dem DB

Medibus stärken wir die medizinische Grundversorgung – besonders in ländlichen Gebieten. Für die Menschen in der Region ist der DB Medibus eine innovative Möglichkeit, Zugang zu medizinischer Infrastruktur zu erhalten. Mit der mobilen Arztpraxis reagiert DB Regio Bus auf die Herausforderungen, die eine alternde Gesellschaft und fehlender ärztlicher Nachwuchs mit sich bringen. Als First-Mover erbringt DB Regio Bus eine Full-Service-Leistung für die flexible Grundversorgung ganzer Landkreise. In herkömmlichen Linien- oder Reisebussen werden ganze (Fach-)Arztpraxen aufgebaut" (DB REGIO BUS 2025b: www), die neben einem Wartezimmer auch einen Behandlungsraum und ein Labor umfassen (DEUTSCHE BAHN 2018: 3). Die folgende Abbildung 18.1 zeigt einen der eingesetzten DB Medibusse.

Abbildung 18.1 Der DB Medibus. (Quelle: © DB Regio)

Auch der „DB FinanceBus" bringt Leistungen außerhalb der zentralen Orte in die Fläche: „In herkömmlichen Linien- oder Reisebussen bietet DB Regio Bus vollausgestattete Bankfilialen für den ländlichen Gebrauch. Trotz Filialschließungen ist die Bank somit immer vor Ort und kann dem Kunden den vollen Service anbieten [...]. Das Angebot des DB FinanceBusses bietet eine [...] Lösung für die Kunden, die den Weg in die nächstgelegene Stadt gehen müssen, um eine Banküberweisung zu tätigen. Aber auch die vielen Finanzinstitute, die sich aus Kostengründen aus der Fläche zurückziehen müssen, bleiben so für ihre Kund:innen weiterhin vor Ort erreichbar" (DB Regio Bus 2025c: www).

Der „REWE-Einkaufsbus" schließlich kann einen Baustein für die Einzelhandelsversorgung in der Fläche darstellen, insbesondere um die Versorgung mit Lebensmitteln zu gewährleisten: „Ab Frühjahr 2023 versorgt der Einkaufsbus jeweils zu festen Zeiten mehrere Gemeinden in Nordhessen. Mit 700 verschiedenen Produkten entspricht das Angebot dem Sortiment eines regulären Supermarktes und reicht von frischem Obst und Gemüse über gekühlte Frischwaren und Tiefkühlprodukte bis hin zu Getränken und Kosmetik" (DB Regio Bus 2025d: www). Die folgende Abbildung 18.2 zeigt einen vollständig ausgestatteten Rewe-Einkaufsbus.

Abbildung 18.2 Der Rewe-Einkaufsbus. (Quelle: © DB Regio)

Die dargestellten Konzepte bieten neben dem autonomen Fahren eine alternative Möglichkeit defizitären ÖPNV-Erreichbarkeiten zentraler Orte zu begegnen. Hier ist zukünftig abzuwägen, ob die Daseinsvorsorge in ländlichen Räumen eher durch einen Transport der Angebote in die Fläche, eine verbesserte ÖPNV-Erreichbarkeit zentraler Orte, beispielsweise durch den Einsatz des autonomen Fahrens, oder durch einen parallelen Einsatz beider Ansätze sicherzustellen ist.

18.3 Grenzen des ÖPNV: Zukünftige Sicherung der Daseinsvorsorge durch staatlich organisierte Individualmobilität?

Die Ergebnisse der vorliegenden Arbeit zeigen auf, dass die Daseinsvorsorge im ÖPNV zukünftig durch den Einsatz des autonomen Fahrens flächendeckend gesichert werden könnte. In den durchgeführten Fokusgruppen mit Aufgabenträgern, Kommunen und Verkehrsunternehmen konnte hierfür eine klare Präferenz zugunsten von flexiblen Bedienformen herausgearbeitet werden. Für die Anbindung der Peripherie an die Grundzentren wurden von den Teilnehmenden insbesondere autonome Flächenverkehre präferiert. Diese haben sowohl fahrgastseitig, als auch betrieblich verschiedene Vorteile. So weist ein solcher Betrieb mit dem motorisierten Individualverkehr die meisten Gemeinsamkeiten auf, insbesondere bei einem Betrieb von Haustür zu Haustür; die Servicequalität und damit die Attraktivität des Angebots sind hoch. (BMVBS & BBSR 2009a: 33; vgl. auch Abschn. 5.2.5). In ländlichen Gebieten, in denen in den vergangenen Jahrzehnten autogerechte Siedlungsstrukturen implementiert wurden (BBSR 2015: 3; Roost 2019: 31, vgl. auch Abschn. 4.2.2), bietet dieser Ansatz also die Möglichkeit zur Schaffung eines funktionsfähigen öffentlichen Verkehrsangebots. Dies gilt insbesondere dort, wo traditionelle Formen der ÖPNV-Gestaltung bisher nur unzureichende Wirkung entfalten konnten. Betrieblich lassen sich mit flexiblen autonomen Bedienformen Leerfahrten vermeiden, da die Fahrzeuge nur dann bewegt werden, wenn entsprechender Bedarf angemeldet wurde. Das bisherige kostspielige Vorhalten von Personal auf Abruf, welches bei flexiblen Bedienformen einen höheren Kostenanteil als bei Angeboten nach Fahrplan darstellt, entfiele bei einem Einsatz des autonomen Fahrens (Tirachini & Antoniou 2020: 14f).

Diesen Vorteilen stehen jedoch auch Nachteile gegenüber. So wird das Angebot unattraktiver, je höher der Besetzungsgrad eines Fahrzeugs ist, da bei der Zusammenlegung von Fahrten Umwege entstehen: „Ob die Entscheidung für Ridepooling oder ein anderes Verkehrsmittel getroffen wird, [...] [ist insbesondere davon abhängig, denn] längere Umwege oder Wartezeiten senken die Auswahlwahrscheinlichkeit [...]“ (Kagerbauer et al. 2021: 76). Auch eine Untersuchung von Testfeldern mit autonom-fahrenden Bussen in La Rochelle in Frankreich und Lausanne in der Schweiz zeigt auf, dass ein wesentlicher Faktor bei der Entscheidung für oder gegen dieses Verkehrssystems in der im Vergleich zu anderen Verkehrsmitteln erwarteten Performance liegt (MADIGAN et al. 2016: 2224). Fraglich ist hier jedoch, bis zu welchem Individualisierungsgrad das so ausgestaltete Verkehrsangebot noch als ÖPNV gelten kann. Dies wird auch in der Diskussion um eine Haustürbedienung autonomer Flächenverkehre in der FOKUSGRUPPE 2 im Landkreis Gifhorn deutlich. Die Teilnehmer einigten sich schließlich darauf, dass eine „Poolingfunktion" [Möglichkeit der Mitnahme anderer Fahrgäste durch Zusammenlegung ähnlicher Fahrtwege] (Sprecher 3, FOKUSGRUPPE 2) erforderlich ist, um flexibilisierte Verkehre insbesondere zum Taxibetrieb abgrenzen und damit als ÖPNV definieren zu können. Jedoch wird in der Literatur eine mit privaten Pkw und Taxis ähnliche Fahrtdauer als relevant für eine hohe Nutzerakzeptanz angesehen (z. B. GRAHLE et al. 2020: 893). Diese lässt sich jedoch mit Ridepooling und damit dem ÖPNV nicht erreichen, da ab der Integration einer zweiten Fahrtrelation im Regelfall längere Fahrtzeiten als bei einem direkten Fahrtweg mit einem Taxi oder einem privaten Pkw erzielt werden. Im Umkehrschluss heißt dies, dass ein flexibles Verkehrsangebot in autoorientierten ländlichen Siedlungsstrukturen vor allem dann nachgefragt wird, wenn dieses die Attribute des motorisierten Individualverkehrs abbilden kann, also den bisherigen definitorischen Bereich des öffentlichen Personennahverkehrs verlässt. Damit wird ein Angebot geschaffen, welches unter dem **Begriff der staatlich organisierten Individualmobilität** zu fassen ist.

Auf Grundlage der Aussagen aller vier Fokusgruppen erscheint in diesem Kontext ein **grundsätzlicher Kulturwandel** in der Nahverkehrsbranche als möglich, welcher im Speziellen von der Entwicklung autonom fahrender Verkehrsangebote angetrieben wird. Ein Kulturwandel könnte sowohl eine Neudefinition des öffentlichen Personennahverkehrs, aber auch eine konzeptionelle Neuausrichtung des gesellschaftlichen Verständnisses von Daseinsvorsorge in Deutschland beinhalten. Diese Neuausrichtung wird insbesondere auch von den Verkehrsunternehmen im Kontext der Diskussion um eine Verkehrswende auf dem Land vorangetrieben (VDV 2023d: 3). Aus Sicht des Verbands Deutscher Verkehrsunternehmen sind insbesondere Aufgabenträger und Kommunen gefordert, diese finanzieren und dabei „offensiv" vorzugehen (ebd.). Dies sei dann „gut angelegtes öffentliches Geld für aktive Daseinsvorsorge und Lebensqualität vor Ort" (VDV 2023d: 3).

Eine kritische Reflexion sowie Begleitung der aufgezeigten Entwicklungen sind jedoch geboten. Ob staatlich organisierte Individualmobilität noch den Anforderungen einer Grundsicherung der Daseinsvorsorge mit Verkehrsleistungen des ÖPNV entspricht ist fraglich und muss insbesondere bei einer verstärkten Verbreitung autonomer und flexibler öffentlicher Verkehre diskutiert werden. Dies gilt insbesondere für das mögliche Entwicklungsziel einer Gleichwertigkeit des ÖPNV im Vergleich zum MIV, die nicht mit der in Abschnitt 18.1.1 herausgearbeiteten Notwendigkeit zur Schaffung von Mindeststandards zur Sicherung der Daseinsvorsorge verwechselt werden sollte. Kritisch zu berücksichtigen ist hierbei, dass auch in Gebieten ohne ein ausreichendes ÖPNV-Angebot offensichtlich keine Unterversorgung der Bevölkerung besteht, da auch Personen ohne eigenes Auto über private Strukturen mitversorgt werden (s. Abschn. 18.1.2 und LAMBERG 2022a: 125). **Eine Rückbesinnung auf die Funktion des ÖPNV als Instrument zur Sicherung einer Grundversorgung mit Mobilität sollte daher, trotz aller Gestaltungsmöglichkeiten durch neue technologische Möglichkeiten wie dem autonomen Fahren, nicht aus dem Fokus geraten.** Dies lässt sich in Bezug auf eine verstärkte zukünftige Verbreitung flexibler (autonomer) Bedienformen insbesondere über die Steuerung von Pooling- und maximalen Umwegefaktoren sowie eine entsprechende Ausgestaltung der Systemzugangspunkte sicherstellen (Haltestellen- oder Haustürbedienung; vgl. FOKUSGRUPPE 2, KAGERBAUER et al. 2021: 76 & MADIGAN et al. 2016: 2224). Wie Mobilität und Verkehr, insbesondere im digitalen Zeitalter, zukünftig konkret gestaltet werden, wird schlussendlich das Ergebnis eines Aushandlungsprozesses der „Akteure des Verkehrsgeschehens" sein – also den staatlichen Stellen, die den legislativen Rahmen setzen, den Fahrgästen, die bestimmte Leistungen nachfragen sowie der „Mobilitätsindustrie", die nicht nur Fahrzeuge und digitale Anwendungen zur Verfügung stellt, sondern auch die eigentliche Transportleistung erbringt (VOß 2020: 98f).

18.4 Unterstützende Maßnahmen bei der Implementierung des autonomen Fahrens im ÖPNV

Kapitel 16 arbeitet anhand der Evaluation verschiedener autonomer ÖPNV-Angebote in Deutschland Faktoren für deren erfolgreiche Einführung heraus. Vorteilhaft ist insbesondere eine Standardisierung technischer Komponenten, die Etablierung eines Wissenstransfers zwischen verschiedenen Projekten sowie die zentrale Einbindung eines Verkehrsunternehmens in das autonome ÖPNV-Projekt (s. Abschn. 16.6). Darüber hinaus lassen sich aus der bestehenden Literatur weitere Maßnahmen herausarbeiten, die eine Implementierung des autonomen Fahrens und damit die Sicherung der Daseinsvorsorge unterstützen können.

Nutzung von Förderprogrammen zum Ausbau autonomer flexibler Bedienformen

Die Datenbank des Verbands Deutscher Verkehrsunternehmen (VDV) zu autonomen Shuttle-Bus-Projekten in Deutschland zeigt auf, dass ein Großteil der Projekte über die Inanspruchnahme von Förderprogramme von öffentlichen Fördermitteln realisiert wurde (vgl. VDV 2023b: www). Einige davon wurden explizit für die Erprobung des autonomen Fahrens ausgeschrieben. Doch es gibt darüber hinaus auch weitere Möglichkeiten zur Akquise der notwendigen Projektmitteln. So beinhalten Programme von Bund und Ländern im Themenfeld der Digitalisierung insbesondere auch Projekte im Bereich der On-Demand-Mobilität (GIES & LANGER 2021: 32). Diese Förderkulisse eignet sich aufgrund vieler Gemeinsamkeiten von On-Demand-Verkehren mit und ohne Fahrpersonal grundsätzlich auch dann für die Implementierung eines autonomen ÖPNV, auch wenn dieser nicht explizit in den Ausschreibungen erwähnt wird. Dies zeigen bereits geförderte Projekte in der Praxis (vgl. GIES & LANGER 2021: 32). Wenn in einigen Jahren die ersten flächendeckenden autonomen ÖPNV-Systeme eingeführt werden, sollte diese Förderkulisse, sofern sie zu diesem Zeitpunkt noch ähnlich fortbesteht, ebenfalls genutzt werden. Andernfalls könnten öffentliche Stellen mit einer Neuauflage entsprechender Förderprogramme, dann unter Berücksichtigung der spezifischen Rahmenbedingungen des autonomen Fahrens, eine Einrichtung dieser Verkehre zusätzlich fördern.

Schaffung von langfristigen Perspektiven zur Sicherung des Projekterfolgs

Die Qualität des ÖPNV-Angebots hat einen Einfluss auf die Verbreitung von privaten Pkw. Ebenso hat die Pkw-Verbreitung einen Einfluss auf das Angebot im öffentlichen Verkehr (HOLMGREN 2020: 6). Ein verändertes Angebot im öffentlichen Verkehr wirkt sich aufgrund der Abhängigkeit vom Autobesitz so oft erst langfristig auf eine Veränderung der Nachfrage nach Leistungen des ÖPNV aus (ebd.). Dies sollte auch bei der Einführung neuer Angebote in ländlichen Räumen berücksichtigt werden. Erst langfristig lassen sich die vollständigen Effekte neuer Angebote messen und bewerten. Kurze Pilotzeiträume, beispielsweise zeitlich begrenzt durch Fördermittel, sollten daher kritisch hinterfragt und bei einer Evaluation entsprechend reflektiert werden.

Eine Garantie, alleine durch langfristige Auslegungen von Pilotprojekten und Förderkulissen eine höhere Erfolgsquote zu erreichen, besteht dennoch nicht: „Zur Wahrheit der Digitalisierung im ÖPNV, besonders mit Fokus auf neue Angebotsmodelle, gehört auch, dass eine Kultur des Scheiterns in gewissem Umfang Bestandteil werden muss. Gerade bei noch unsicheren Prozessen lassen sich nicht alle Eventualitäten im Vorfeld berücksichtigen. Daher sind vereinfachte Prozessregeln, zugleich aber auch Folgenbewertung und Konsequenzen aus dieser unabdingbar“ (ÖPNV- STRATEGIEKOMMISSION 2017: 71). Auch auf den ersten Blick gescheiterte Projekte können also mittel- bis langfristig, eine entsprechende evaluierende Begleitung vorausgesetzt, zu einem erfolgreichen Einsatz einer neuen Technologie wie dem autonomen Fahren beitragen. Dies sollte bei der Ausgestaltung zukünftiger Projekte und Förderkulissen berücksichtigt werden.

Ausgestaltung der passenden Systemmerkmale eines autonomen ÖPNV

Auch wenn sich viele flexible Angebotsformen, die in den vergangenen Jahrzehnten in Deutschland pilotiert wurden, nicht längerfristig durchsetzen konnten (s. Abschn. 5.2.5), so lassen sich dennoch wichtige Erkenntnisse, auch für zukünftige autonome Bedienformen, ableiten. So sind regionale Verkehrsbedürfnisse bestmöglich mit einer aufeinander abgestimmten Kombination aus schienen- und liniengebundenen Verkehrsangeboten sowie flexiblen Bedienformen im ÖPNV abbildbar (VDV 2015: 3). Dies sichert insbesondere für periphere Räume den verkehrlichen Anschluss an das bestehende regionale und überregionale Netz und damit die Erreichbarkeit zentraler Orte aller Zentralitätsebenen (s. Abb. 18.3). Bei konventionellen wie autonomen flexiblen Verkehren sollte daher eine Integration in das bestehende Netz gewährleistet sein, um das volle Potenzial dieser Angebotsformen nutzen zu können.

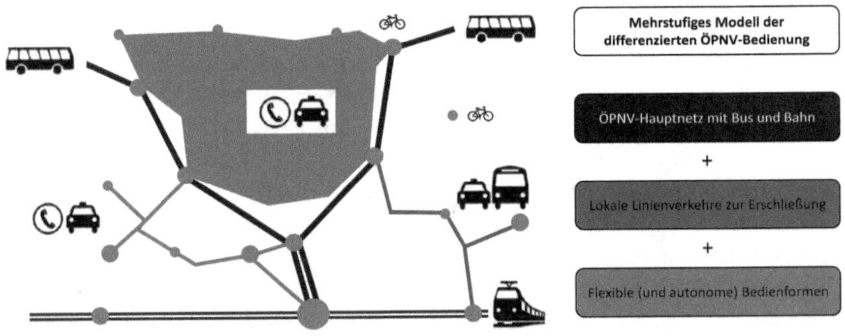

Abbildung 18.3 Mehrstufiges Modell der differenzierten ÖPNV-Bedienung zur Anbindung peripherer Zwischenräume. (Quelle: Eigene Darstellung auf Grundlage von VDV 2015: 3)

Der Rufbus Friedrichshafen ist in der Literatur ein prominentes Beispiel für einen vergleichsweise umfassenden und lange bestehenden flexiblen ÖPNV-Betrieb. Dieser wies bestimmte Systemmerkmale auf, die rückblickend für den Erfolg des Systems als relevant betrachtet werden. Diese sind insbesondere (NVBW 2018: 8f):

- die „ständige Verfügbarkeit des Systems“
- „umsteigefreie Direktfahrten“
- „eine reibungslos funktionierende Datenkommunikation“
- „eine maximale Wartezeit für Passagiere von zehn bis 15 Minuten“
- sowie Fußwege zur nächsten Haltestelle mit nicht mehr als 250 Metern Länge

Um die aktuell noch niedrigeren Geschwindigkeiten autonomer Fahrzeuge auszugleichen, kann es in der Anfangszeit darüber hinaus sinnvoll sein, die Anzahl der Fahrzeuge in einem Bediengebiet erhöhen, um die Verlängerung der Fahrt mit einer Verkürzung der Wartezeit auszugleichen (ZHANG et al. 2019: 8). Die Ergebnisse aus dem langjährigen Betrieb des Rufbusses Friedrichshafen zeigen, dass auch bei einer Vermeidung der Angleichung der ÖPNV-Systemmerkmale an den MIV (vgl. die Diskussion im vorherigen Abschn. 18.3) durchaus die Sicherung bestimmter Qualitätskriterien empfehlenswert ist, um den Erfolg eines flexiblen Verkehrssystems sicherzustellen.

Dieser ist, neben den Komfortmerkmalen aus Sicht der Fahrgäste, zudem auch von der Gestaltung der passenden Rahmenbedingungen auf der Betriebsseite abhängig. So ergeben sich bei der Gestaltung von autonomen Sammelverkehren in ländlichen Räumen nach VON MÖRNER verschiedene mögliche Betriebsszenarien (2018: 48). So kann die Durchführung von Verkehren durch:

- „öffentliche Betreiber“
- „private[] Betreiber (subventioniert)“ mit „öffentliche[r] Ausschreibung“
- „private[] Betreiber (eigenwirtschaftlich)“ mit „öffentliche[r] Ausschreibung“
- oder „private Betreiber ohne Auflagen“

erfolgen. Die effizienteste Verkehrsabwicklung von autonomen Fahrzeugflotten wurde bei einer Untersuchung von BÖSCH et al. beim Monopol eines einzigen Betreibers festgestellt (2017: 8). Folglich sollte in ländlichen Räumen ein autonomes Verkehrsangebot über eine öffentliche Ausschreibung durch die Aufgabenträgern organisiert werden. Das wirtschaftliche Potenzial eines Bediengebiets entscheidet in der Folge dann darüber, ob das Verkehrsangebot subventioniert oder eigenwirtschaftlich ausgeschrieben wird (vgl. VON MÖRNER 2018: 48).

Nutzung neuer technischer Möglichkeiten im Bereich der Digitalisierung
Auch die Nutzung neuer technischer Möglichkeiten im Bereich der Digitalisierung kann bei der Einführung autonomer ÖPNV-Angebote unterstützend wirken. Aktuell sind die noch niedrigen Geschwindigkeiten autonomer Fahrzeuge ein Hindernis in Bezug auf die Nutzbarkeit im ÖPNV (ZHANG et al. 2019: 8). In dieser Phase ist das „kooperative Bus-Platooning" (ebd.) eine Möglichkeit, Verkehre zu bündeln und damit auch die Geschwindigkeit autonomer Fahrzeuge zu erhöhen. Bei diesem Verfahren werden verschiedene Fahrzeuge digital gekuppelt und zu einem Fahrzeugverband zusammengefasst. Anders als bei einer manuellen Kupplung sind die Fahrzeuge jedoch nicht physisch miteinander verbunden, sondern es bleiben kurze Abstände zwischen den Fahrzeugen vorhanden. Diese Technologie, die aktuell vor allem im Bereich des Lkw-Verkehrs entwickelt wird (vgl. HS FRESENIUS, DB SCHENKER & MAN 2019: 3), eignet sich jedoch auch für einen Einsatz im ÖPNV. Auch hier findet nur noch im vordersten Fahrzeug einer zusammengeschlossenen Kolonne ein Personaleinsatz statt (s. Abb. 18.4).

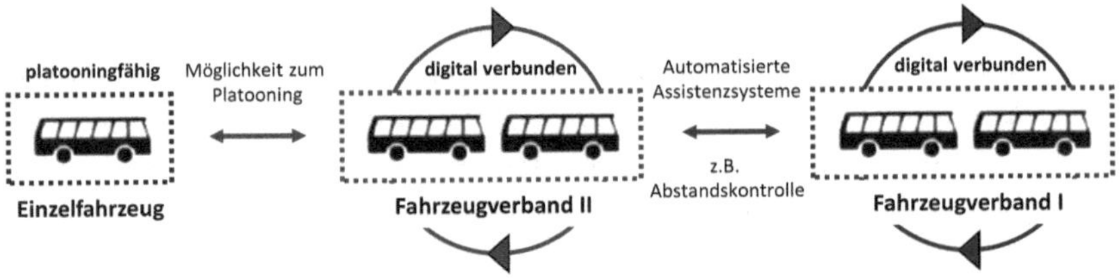

Abbildung 18.4 Platooning als Möglichkeit der Verkehrsbündelung im straßengebundenen ÖPNV. (Quelle: Eigene Darstellung auf Grundlage von ZHANG et al. 2019: 4 unter Berücksichtigung von HS FRESENIUS, DB SCHENKER & MAN 2019: 4)

So werden neue Organisationsformen im ÖPNV möglich. Beispielsweise können heutige konventioneller Busverkehre auf den Hauptachsen mit autonomen Fahrzeugen zu einer Korridorbedienung ausgeweitet werden. So können kleine selbstfahrende Einheiten die Flächen entlang der Strecke mitbedienen und sich auf dem Weg in den nächsten zentralen Ort in die Fahrzeugkolonne einreihen. Das autonome Fahren sichert bei diesem Ansatz also den Anschluss peripherer Standorte an das bestehende ÖPNV-Netz. Umstiege entfallen, was sich positiv auf den Komfort, die Verlässlichkeit, die Reisedauer sowie die Barrierefreiheit auswirkt. Die in den kommenden Jahren noch niedrigen Geschwindigkeiten autonomer Fahrzeuge (ZHANG et al. 2019: 8) haben so zudem nur Auswirkungen auf einen kleinen Abschnitt der Fahrtwege, konkret die ersten und letzten Meilen. Auf den Hauptrouten sind in einem Fahrzeugverband mit manuellen Bussen und Fahrpersonal deutlich höhere Geschwindigkeiten möglich, was die Erreichbarkeit zentraler Orte mit dem ÖPNV schon in einem Zeitraum verbessert, in dem sich das autonome Fahren noch in der technischen Entwicklung befindet.

Relevant für die Organisation von flexiblen und autonomen Verkehren ist zudem eine **Anbindung an die digitale Infrastruktur**. Dies umfasst zum einen die Abläufe auf der Betriebsseite, also beispielsweise die Kommunikation zwischen den Fahrzeugen einer ÖPNV-Flotte. Zum anderen können auch Verbesserungen für die Nutzenden erzielt werden, beispielsweise durch die Möglichkeit zur digitalen Buchung eines flexiblen Verkehrsangebots. Die Nutzungsmöglichkeit von Internetzugängen ist hierzu eine wesentliche Voraussetzung (BMFSFJ 2020: 13) und ist daher auch als Bestandteil der staatlichen Fürsorgepflicht anzusehen: „Digitale Netze gehören ebenso zur Daseinsvorsorge wie Energie- und Wasserversorgung und sind letztendlich auch – wie es der Bundespräsident formulierte – „Da*bleibe*-Vorsorge“ in ländlichen Regionen“ (BMI 2019: 14).

Integration autonomer Angebote in intermodale Wegeketten und Mobilitätsplattformen

Um den vollen Nutzen eines autonomen ÖPNV entfalten zu können, ist dessen Integrationsmöglichkeit in intermodale Wegeketten anzustreben. So zeigt eine Studie des Bundesministeriums für Verkehr und digitale Infrastruktur beispielsweise auf, „dass es eine große Überschneidung der Nutzerinnen- und Nutzergruppe der öffentlichen Fahrradverleihsysteme und der des Öffentlichen Personennahverkehrs gibt“ (BMVI 2014: 10). Bei **intermodalen Wegen** werden also häufig das Fahrrad und der öffentliche Personenverkehr kombiniert (BMVI 2014: 11), insbesondere, wenn die Zugangspunkte zu den beiden Angeboten in einer räumlichen Nachbarschaft zueinander liegen (BMVI 2014: 18). Mit fortschreitender Digitalisierung ist in diesem Zusammenhang auch die Einbindung autonomer ÖPNV-Angebote in digitale Buchungssysteme wichtig. Die Bündelung der verschiedenen Angebote unter dem Dach einer einzigen **Mobilitätsplattform** wird diesbezüglich empfohlen (BMVI 2014: 18, vgl. auch INITIATIVE DIGITALE VERNETZUNG IM ÖFFENTLICHEN PERSONENVERKEHR 2016: 8f). Im Kontext der Sicherung der Daseinsvorsorge betrifft dies insbesondere flexibilisierte autonome Verkehre, die aus der Peripherie den Anschluss an das überörtliche Verkehrsnetz und damit die Erreichbarkeit zentraler Orte sicherstellen (s. Abb. 18.5). Auch darüber hinausgehende dezentrale Verkehrsbeziehungen sind so abbildbar (ebd.).

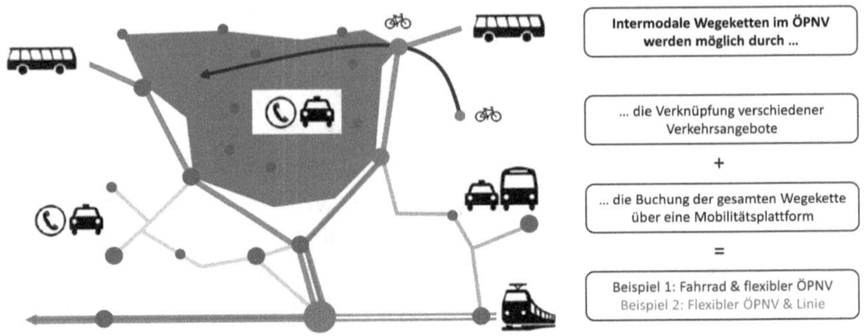

Abbildung 18.5 Integration flexibilisierter autonomer Angebote in intermodale Wegeketten und Mobilitätsplattformen. (Quelle: Eigene Darstellung auf Grundlage von BMVI 2014: 10f, 18 & VDV 2015: 3)

18.5 Auswirkungen des autonomen Fahrens auf den Arbeitsmarkt

Die prognostizierte Verbreitung des autonomen Fahrens im ÖPNV führt zu Unsicherheiten auf dem Arbeitsmarkt. Diese finden teils Eingang in die mediale Berichterstattung und sind mit Überschriften wie „Aussterbender Beruf: Schon 2050 könnten die meisten Lkw- und Busfahrer überflüssig sein" betitelt (MERKUR 2019: www). Auch der Verband Deutscher Verkehrsunternehmen (VDV) rechnet mit einer Transformation des Arbeitsmarkts: „Digitale Technologien werden den Sektor des öffentlichen Verkehrs mittel- bis langfristig verändern. Hierbei zeigen die laufenden Projekte zum autonomen Fahren bereits in Ansätzen, wie sich die Tätigkeitsprofile der Fahrberufe in der Perspektive grundlegend verändern werden" (VDV 2023a: 8).

Allerdings geht der VDV nicht von einem Abbau von Arbeitsplätzen, sondern von einer Neuausrichtung verschiedener Tätigkeiten auf die veränderten technologischen Anforderungen aus: „Autonom fahrende Busse und Bahnen benötigen nicht mehr das Fahrpersonal, wie wir es kennen. Es werden neue Tätigkeiten, insbesondere in den Aufgabenfeldern Steuerung und Überwachung eines autonomen öffentlichen Verkehrs entstehen. [...] Mit Digitalisierung und Automatisierung werden neue Anforderungen an die Kompetenzen und fachlichen Fähigkeiten der Beschäftigten im Fahrbetrieb herangetragen. Deren Aneignung wird durch berufliche Weiterbildung und durch Praxislernen erfolgen müssen" (VDV 2023a: 8). Eine Weiterqualifizierung des Personals ist also erforderlich.

Allerdings könnte sich diese Phase der Kompetenztransformation langsam vollziehen, wie eine Studie des Fraunhofer-Instituts für System- und Innovationsforschung (ISI) aufzeigt. So wird für das Jahr 2050 im Bussegment lediglich eine Marktdurchdringung von 48 % bis 67 % für Fahrzeuge mit den Automatisierungsstufen 4 und 5 (vgl. hierzu Abschn. 6.1.2) prognostiziert (KRAIL et al. 2019: 155). Eine sozialverträgliche Transformation der Tätigkeitsprofile ist über den langen Zeithorizont mehrerer Jahrzehnte also möglich. Ausbildungsberufe können rechtzeitig angepasst werden und bei bestehendem Fahrpersonal wird durch die lange technologische Transformationszeit Wahlfreiheit bei der Entscheidung für oder gegen eine auf das autonome Fahren ausgerichtete Weiterbildung bestehen.

Dennoch ist der Wandel bei den Berufsprofilen aktiv durch die Nahverkehrsbranche zu steuern. Hierzu ist die Akzeptanz aller Beteiligten notwendig: „Der technologische Umbau des öffentlichen Verkehrs in den kommenden Jahren wird auch Arbeitsstrukturen und Arbeitsprozesse verändern. Für eine Gestaltung des Wandels sind sozialpartnerschaftliche Kooperationen von Arbeitgebern und betrieblichen Interessenvertretungen erforderlich“ (VDV 2023a: 8). Dringlichkeit erhält die Thematik durch den in Abschnitt 5.5 aufgezeigten und laut Prognosen weiter zunehmenden Fahrpersonalmangel in der ÖPNV-Branche, der mit dem erklärten politischen Ziel kollidiert, den öffentlichen Personennahverkehr im Rahmen der Verkehrswende deutlich auszubauen (vgl. SPD, DIE GRÜNEN & FDP 2021: 39). Eine zukünftige Automatisierung des ÖPNV gefährdet auf Grundlage der Ausführungen also nicht den Fortbestand von Arbeitsplätzen. Eher könnte ein Unterlassen der Automatisierung negative Auswirkungen auf den Fortbestand der Verkehrsbranche und das Erreichen gesellschafts- und klimapolitischer Ziele haben. Dies insbesondere branchenintern deutlich zu machen, wird eine der kommunikativen Herausforderungen bei der Gestaltung einer erfolgreichen Transformation der Verkehrsbranche hin zum autonomen Fahren darstellen.

18.6 Zeitliche Prognose zur Technologieimplementierung des autonomen Fahrens im ÖPNV

Wie der vorherige Abschnitt 18.5 deutlich macht, wird für das Jahr 2050 im Bussegment eine Marktdurchdringung von 48 % bis 67 % für Fahrzeuge mit den Automatisierungsstufen 4 und 5 prognostiziert (KRAIL et al. 2019: 155). Erste Einsätze, beispielsweise zur Sicherung der Daseinsvorsorge in ländlichen Räumen, werden also bereits früher möglich sein. In diesem Kapitel wird daher eine zeitliche Einschätzung erarbeitet, ab welchem Zeitpunkt autonome Fahrzeuge im ÖPNV und damit für die Sicherung der Daseinsvorsorge eingesetzt werden können.

Bei der Entstehung neuer Technologien ist bereits zu einem frühen Zeitpunkt eine möglichst genaue Prognose zu deren Entwicklungen essenziell, um Ressourcen zielführend einsetzen zu können. Die Beratungsfirma Gartner hat hierfür 1995 mit dem „hype cycle model“, also einem verallgemeinerbaren Modell eines „Hype-Zyklus“, einen Ansatz veröffentlicht, welcher die zeitliche Entwicklung neuer Technologien prognostizierbar macht (DEDEHAYIR & STEINERT 2016: 28f). So läuft die Entwicklung eine neue Technologie oft nach einem verallgemeinerbaren Schema ab: „Eine Erfindung wird dem [Hype-Zyklus] nach überschätzt und ruft so Enttäuschung hervor, bevor sie letztendlich durch Ausprobieren von marktfähigen Lösungen in einem Plateau der Produktivität mündet“ (HORSTER 2022: 648, vgl. auch SCHEUSS 2012: 255).

Zu Beginn einer Entwicklung steht ein technologischer Auslöser, beispielsweise das autonome Fahren. Eine Vielzahl an Forschungs- und Entwicklungstätigkeiten startet nun (DEDEHAYIR & STEINERT 2016: 30). Nach einer gewissen Zeit erfährt die neue Technologie auch in den Medien eine große Resonanz (s. Abb. 18.6). Diese werden dominiert von Erzählungen über erste erfolgreiche Nutzungen, was die Entwicklung eines Hypes fördert. Der Hype befindet sich schließlich auf einem „Gipfel der überzogenen Erwartungen“, also an seinem Höhepunkt (s. Abb. 18.6). Allerdings sind zu diesem Zeitpunkt oft noch keine verlässlichen und damit nutzbaren Produkte verfügbar (GARTNER 2025: www). Schon bald ist klar, dass die Technologie zu diesem Entwicklungszeitpunkt den Erwartungen nicht gerecht werden kann – der Tenor der Berichterstattung kippt und schließlich lässt das mediale Interesse nach (GARTNER 2025: www & Abb. 18.6). Auch die Anzahl der an der Entwicklung beteiligten Akteure sinkt, da eine Konsolidierung des Marktes stattfindet (GARTNER 2025: www). Jedoch wird zu einem späteren Zeitpunkt die Talsohle, das Tal der Enttäuschungen erreicht. Die verbleibenden Akteure verbessern ihre Produkte kontinuierlich und der Nutzen einer Technologie wird im Zeitverlauf immer deutlicher ersichtlich (GARTNER 2025: www). Diese Phase wird als „Pfad der Erleuchtung“ bezeichnet (s. Abb. 18.6). Schließlich wird das „Plateau der Produktivität“ erreicht (ebd.). Auf diesem sind die Anwendungsfälle präzise definiert und die Technologie weist einen Entwicklungsstand auf, der eine breite und verlässliche Anwendbarkeit ermöglicht (GARTNER 2025: www).

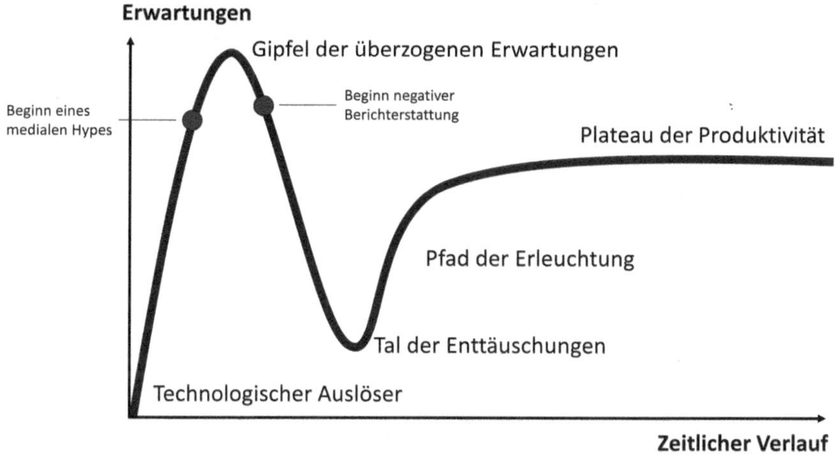

Abbildung 18.6 Der Hype-Zyklus nach Gartner. (Quelle: Eigene Darstellung auf Grundlage von Horster 2022: 646, Dedehayir & Steinert 2016: 30 & Gartner 2025: www)

Auch für das autonome Fahren und die Frage nach den Beitragspotenzialen eines autonomen ÖPNV zur Sicherung der Daseinsvorsorge ist die Theorie der Hype-Zyklen relevant. So bietet diese Anhaltspunkte dafür, ob sich diese Technologie nachhaltig durchsetzen wird und damit Beitragspotenziale zur Sicherung der Daseinsvorsorge entfalten kann.

Auch für die Prognose eines zeitlichen Horizonts bis zur Nutzbarkeit des autonomen Fahrens im ÖPNV ist das Modell des Hype-Zyklus nutzbar. Wie aus den Forschungsergebnissen in Kapitel 16 hervorgeht, ist das autonome Fahren in ländlichen Gebieten im Gegensatz zu medial formulierten Erwartungen aktuell noch nicht einsatzfähig: „Im Hinblick auf die Sicherung der Daseinsvorsorge in ländlichen Räumen sind die aktuellen Ergebnisse ein Rückschlag für die vielen Hoffnungen, die durch die zahlreichen Pilotprojekte in Deutschland geweckt wurden. Es bleibt unklar, ob und wann standardisierte und verlässliche Industrielösungen [für den straßengebundenen ÖPNV] […] verfügbar sein werden. Insgesamt zeichnen die Ergebnisse ein[en] eher begrenzten […] aktuellen Stand des autonomen ÖPNV auf der Straße. Dieser steht im Gegensatz zu vielen begeisterten Medienberichten über laufende und geplante Pilotprojekte“ (Lamberg 2022b: 62). Dies lässt in Anlehnung an den Hype-Zyklus in Abbildung 18.6 erwarten, dass der Gipfel der überzogenen Erwartungen in Bezug auf einen Einsatz des autonomen Fahrens im ÖPNV in ländlichen Räumen bereits überschritten ist, sich dies jedoch bisher nicht in negativer medialer Berichterstattung widerspiegelt. Hierzu passen auch die Ergebnisse der Fokusgruppen in Kapitel 15, deren Teilnehmer sich einen zukünftigen Einsatz des autonomen Fahrens im ÖPNV zwar gut vorstellen, bisher außerhalb der empirischen Forschung für diese Arbeit jedoch noch keine Berührungspunkte mit der Technologie vorweisen können. Für Technologien mit einer vergleichbaren Position auf dem Hype-Zyklus wird von Gartner überwiegend ein Zeithorizont von 5 bis 10 Jahren prognostiziert, bis das jeweilige Plateau der Produktivität erreicht ist (vgl. HORSTER 2022: 647 & GARTNER 2022: www).

Auch das Tal der Enttäuschungen mit vorheriger negativer medialer Berichterstattung steht in Anlehnung an den Hype-Zyklus bei dieser Positionierung also noch aus. Dies sollte bei zukünftigen Bewertungen der Nutzbarkeit des autonomen Fahrens für die Sicherung der Daseinsvorsorge berücksichtigt werden, da im Anschluss dennoch ein erfolgreicher Technologieeinsatz möglich ist: „Ein besonderes Augenmerk sollte auf das Tal der Enttäuschungen gelegt werden, denn die aktuell in diesem Tal befindlichen Technologien können schon bald ein Produktivitätsniveau erreichen“ (HORSTER 2022: 647).

Allerdings besteht trotz der empirisch vielfach belegten Verallgemeinerbarkeit des Zyklus keine verallgemeinerbare Gewissheit, dass das autonome Fahren im ÖPNV schlussendlich den gesamten Hype-Zyklus durchlaufen wird: „Die Investition in Innovationen bleibt trotz eines solchen Verlaufs riskant, da nicht immer gewährleistet ist, dass die Produktivität in der letzten Phase des Hype-Zyklus auch nachhaltig und relevant ist“ (HORSTER 2022: 647). Für eine präzisere Vorhersagbarkeit sind insbesondere weitere empirische Belege für die derzeitige Positionierung des autonomen Fahrens im ÖPNV auf dem Hype-Zyklus zu sammeln. Auch ein gezielter Einsatz von Förderprogrammen (s. Abschn. 18.4) kann Anreize schaffen und damit zu einem erfolgreichen Durchlaufen des Zyklus beitragen. So kann das Plateau der Produktivität und damit die gesellschaftliche Nutzbarkeit des autonomen Fahrens für die Sicherung der Daseinsvorsorge erreicht werden. Schließlich kann, wenn das autonome Fahren im ÖPNV erfolgreich in ländlichen Räumen einsetzbar ist, eine rückwirkende Einordnung der Entwicklungen in den Verlauf des Hype-Zyklus sinnvoll sein, um zur weiteren Validierung der Hype-Zyklus-Theorie beizutragen.

Quellenverzeichnis

Q1 Literaturverzeichnis

ADAC (Allgemeiner Deutscher Automobil-Club) **(2017)**: ADAC Umfrage 2017: Nicht-nutzung des ÖPNV. 15 S., München: ADAC.

Albrecht, J.; Dangschat, J. S.; Holz-Rau, C.; & Hülz, M. (2020): Verkehr – Mobilität – Raum – Gesellschaft. Zum Selbstverständnis des Arbeitskreises. In: Reutter, U.; Holz-Rau, C.; Albrecht, J. & Hülz, M. (Hrsg.): Wechselwirkungen von Mobilität und Raumentwicklung im Kontext gesellschaftlichen Wandels, 3–17, Hannover: ARL (Forschungsberichte der ARL 14).

Alessandrini, A., Alfonsi, R., Site, P. D. & Stam, D. (2014): Users' preferences towards automated road public transport: results from European surveys. *Transportation Research Procedia* 2014 (3): 139–144.

Alstom (2020): Weltneuheit: Automatischer Zugbetrieb für Regionalverkehrszüge soll in Deutschland getestet werden, 3 S., Saint-Ouen: Alstom.

Ambrosius, G. (2008): Konzeptionen öffentlicher Dienstleistungen in Europa. *WSI Mitteilungen* 2008 (10): 527–533.

Anania, E. C., Rice, S., Winter, R. S., Milner, M. N. & Walters, N. W. (2018): Why People Are Not Willing to Let Their Children Ride in Driverless School Buses: A Gender and Nationality Comparison. *Social Sciences* 2018 7(3): 34.

Ardelt, M.; Waldmann, P.; Homm, F. & Kaempchen, N. (2010): Strategic Decision-Making Process in Advanced Driver Assistance Systems. *6th IFAC Symposium Advances in Automotive Control*: 566–571.

ARL (Akademie für Raumforschung und Landesplanung) **(2006)**: Gleichwertige Lebensverhältnisse: eine wichtige gesellschaftspolitische Aufgabe neu interpretieren! 21 S., Hannover: Akademie für Raumforschung und Landesplanung (Positionspapier aus der ARL Nr. 69).

ARL (Akademie für Raumforschung und Landesplanung) **(2013a)**: Anforderungen an ein zukünftiges Zentrale-Orte-Konzept. Beispiele aus Hessen, Rheinland-Pfalz

J. Lamberg, *Beitragspotenziale eines autonomen ÖPNV zur Sicherung der Daseinsvorsorge*, https://doi.org/10.1007/978-3-658-50160-0

und dem Saarland. 18 S., Hannover: Akademie für Raumforschung und Landesplanung (Positionspapier aus der ARL Nr. 92).

ARL (Akademie für Raumforschung und Landesplanung) **(2013b)**: Maritime Raumordnung. Interessenlage, Rechtslage, Praxis, Fortentwicklung. 89 S., Hannover: Akademie für Raumforschung und Landesplanung (Forschungsberichte der ARL 1).

ARL (Akademie für Raumforschung und Landesplanung) (Hrsg.) **(2016)**: Daseinsvorsorge und gleichwertige Lebensverhältnisse neu denken – Perspektiven und Handlungsfelder. 44 S., Hannover: Akademie für Raumforschung und Landesplanung (Positionspapier aus der ARL 108).

ARL (Akademie für Raumentwicklung in der Leibniz-Gemeinschaft) **(2020)**: Raumordnung: Anwalt für gleichwertige Lebensverhältnisse und regionale Entwicklung: Eine Positionsbestimmung. 7 S., Hannover: Akademie für Raument-wicklung in der Leibniz-Gemeinschaft (Positionspapier aus der ARL 115).

Azad, M., Hoseinzadeh, N., Brakewood, C., Cherry, C. R. & Han, L. D. (2019): Fully Autonomous Buses: A Literature Review and Future Research Directions. *Journal of Advanced Transportation* 2019: 1–16.

Banerjee, I. & Furutani, T. (2023): Strategic spatial planning, "smart shrinking" and the deployment of CAVs in rural Japan. In: Mitteregger, M., Bruck, E. M., Soteropoulos, A., Stickler A., Berger, M. Dangschat, J. S., Scheuvens, R. & Banerjee, I. (Hrsg.): AVENUE21. Planning and Policy Considerations for an Age of Automated Mobility. 239-268, Berlin: Springer Vieweg.

Baur, N. & Blasius, J. (2014): Methoden der empirischen Sozialforschung. Ein Überblick. In: Baur, N. & Blasius, J. (Hrsg.): Handbuch Methoden der empirischen Sozial-forschung. 41–62, Wiesbaden: Springer.

BBSR (Bundesinstitut für Bau-, Stadt- und Raumforschung) **(2015)**: Verkehrsbild Deutschland. Pendlerströme. Quo navigant? 20 S., Bonn: Bundesinstitut für Bau-, Stadt und Raumforschung (BBSR-Analysen Kompakt 15/2015).

BBSR (Bundesinstitut für Bau-, Stadt- und Raumforschung) **(2016):** Wandel demographischer Strukturen in deutschen Großstädten. Informationen aus der vergleichenden Stadtbeobachtung. 24 S., Bonn: Bundesinstitut für Bau-, Stadt und Raumforschung (BBSR-Analysen Kompakt 07/2017).

BBSR (Bundesinstitut für Bau-, Stadt- und Raumforschung) **(2017a):** Wie viel (Re-) Urbanisierung durchzieht das Land? 20 S., Bonn: Bundesinstitut für Bau-, Stadt und Raumforschung (BBSR-Analysen Kompakt 07/2017).

BBSR (Bundesinstitut für Bau- , Stadt- und Raumforschung) **(2017b):** Wachstumsdruck in deutschen Großstädten 24 S., Bonn: Bundesinstitut für Bau-, Stadt und Raumforschung (BBSR-Analysen Kompakt 10/2017).

BBSR (Bundesinstitut für Bau-, Stadt- und Raumforschung) **(2017c):** Internationalisierung der Städte. Herausforderungen aus kommunaler Perspektive. 12 S., Bonn: Bundesinstitut für Bau-, Stadt und Raumforschung (BBSR-Analysen Kompakt 10/2017).

BBSR (Bundesinstitut für Bau-, Stadt- und Raumforschung) **(2018)**: Verkehrsbild Deutschland. Angebotsqualitäten und Erreichbarkeiten im öffentlichen Verkehr. 20 S., Bonn: Bundesinstitut für Bau-, Stadt und Raumforschung (BBSR-Analysen Kompakt 08/2018).

BBSR (Bundesinstitut für Bau-, Stadt- und Raumforschung) **(2020)**: Karte Zentrale Orte in Deutschland. 1 S., Bonn: Bundesinstitut für Bau-, Stadt und Raumforschung.

BBSR (Bundesinstitut für Bau-, Stadt- und Raumforschung) **(2021a)**: Zentrale Orte in Deutschland. Analysen zur Ausstattung, Konzeption, Lage und Dynamik. 20 S., Bonn: Bundesinstitut für Bau-, Stadt- und Raumforschung (BBSR-Analysen Kompakt 11/ 2021).

BBSR (Bundesinstitut für Bau-, Stadt- und Raumforschung) **(2021b)**: Bauen für die neue Mobilität im ländlichen Raum. Anpassung der baulichen Strukturen von Dörfern und Kleinstädten im Zuge der Digitalisierung des Verkehrs (BBSR-Online-Publikation 13/2021) Bonn: Bundesinstitut für Bau-, Stadt- und Raumforschung.

BDO (Bundesverband Deutscher Omnibusunternehmen) **(2022)**: Positionspapier: Reform der Berufskraftfahrer-Ausbildung „2 in 1“. 11 S., Berlin: Bundesverband Deutscher Omnibusunternehmen.

Beiker, S.A. (2015). Implementierung eines selbstfahrenden und individuell abrufbaren Personentransportsystems. In: Maurer, M., Gerdes J.C. & Winner, H. (Eds.): Autonomes Fahren. Technische, rechtliche und gesellschaftliche Aspekte. 287-307, Berlin, Heidelberg: Springer.

Berlin-Institut (für Bevölkerung und Entwicklung) **(2018)**: Land mit Zukunft. Neue Ideen vom Runden Tisch. Berlin: Berlin-Institut für Bevölkerung und Entwicklung. 76 S., Berlin: Berlin-Institut für Bevölkerung und Entwicklung.

BMFSFJ (Bundesministerium für Familie, Senioren, Frauen und Jugend) **(2020)**: Ältere Menschen und Digitalisierung. Erkenntnisse und Empfehlungen des Achten Altersberichts. 53 S., Berlin: Bundesministerium für Familie, Senioren, Frauen und Jugend.

BMI (Bundesministerium des Innern, für Bau und Heimat) **(2019)**: Unser Plan für Deutschland: Gleichwertige Lebensverhältnisse überall. Schlussfolgerungen von Bundesminister Horst Seehofer als Vorsitzendem sowie Bundesministerin Julia Klöckner und Bundesministerin Dr. Franziska Giffey als Co-Vorsitzenden zur Arbeit der Kommission „Gleichwertige Lebensverhältnisse“. 135 S., Berlin: Bundesministerium des Innern, für Bau und Heimat.

BMVBS (Bundesministerium für Verkehr, Bau und Stadtentwicklung) **& BBSR** (Bundesinstitut für Bau-, Stadt- und Raumforschung) **(2009a)**: Handbuch zur Planung flexibler Bedienungsformen im ÖPNV. Ein Beitrag zur Sicherung der Daseinsvorsorge in nachfrageschwachen Räumen. 137 S., Berlin, Bonn: Bundesministerium für Verkehr, Bau und Stadtentwicklung & Bundesinstitut für Bau-, Stadt- und Raumforschung.

BMVBS (Bundesministerium für Verkehr, Bau und Stadtentwicklung) **& BBSR** (Bundesinstitut für Bau-, Stadt- und Raumforschung) **(2009b)**: Mobilitätskonzepte zur Sicherung der Daseinsvorsorge in nachfrageschwachen Räumen: Evaluationsreport. 106 S., Bonn: Bundesministerium für Verkehr, Bau und Stadtentwicklung (BBSR-Online-Publikation, Nr. 10/2009).

BMVBS (Bundesministerium für Verkehr, Bau und Stadtentwicklung) **& BBSR** (Bundesinstitut für Bau-, Stadt- und Raumforschung) **(2010)**: Sicherung der Daseinsvorsorge und Zentrale-Orte-Konzepte – gesellschaftspolitische Ziele und räumliche Organisation in der Diskussion. 84 S., Berlin: Bundesministerium für Verkehr, Bau und Stadtentwicklung (BMVBS-Online-Publikation, Nr. 12/2010).

BMVBS (Bundesministerium für Verkehr, Bau und Stadtentwicklung) **(2013)**: Daseinsvorsorge im europäischen Vergleich – Problemwahrnehmung, Lösungsstrategien,

Maßnahmen. 175 S., Berlin: Bundesministerium für Verkehr, Bau und Stadtentwicklung (BMVBS-Online-Publikation, Nr. 04/2013).

BMVI (Bundesministerium für Verkehr und digitale Infrastruktur) **(2014)**: Innovative Öffentliche Fahrradverleihsysteme. Ergebnisse der Evaluation und Empfehlungen aus den Modellprojekten. 21 S., Berlin: Bundesministerium für Verkehr und digitale Infrastruktur.

BMVI (Bundesministerium für Verkehr und digitale Infrastruktur) **(2015a)**: Regionale Daseinsvorsorge in Europa. 100 S., Berlin: Bundesministerium für Verkehr und digitale Infrastruktur (MORO Praxis 2015 (3)).

BMVI (Bundesministerium für Verkehr und digitale Infrastruktur) **(2015b)**: Daseinsvorsorge in ländlichen Regionen Schwedens, Norditaliens, Österreichs und der Schweiz. 167 S., Berlin: Bundesministerium für Verkehr und digitale Infrastruktur (BMVI-Online Publikation, Nr. 02/2015).

BMVI (Bundesministerium für Verkehr und digitale Infrastruktur) **(2015c)**: Anpassungsstrategien zur regionalen Daseinsvorsorge. Empfehlungen der Facharbeitskreise Mobilität, Hausärzte, Altern und Bildung. 131 S., Berlin: Bundesministerium für Verkehr und digitale Infrastruktur (MORO Praxis 2015 (2)).

BMVI (Bundesministerium für Verkehr und digitale Infrastruktur) **(2016a)**: Mobilitäts- und Angebotsstrategien in ländlichen Räumen. Planungsleitfaden für Handlungsmöglichkeiten von ÖPNV-Aufgabenträgern und Verkehrsunternehmen unter besonderer Berücksichtigung wirtschaftlicher Aspekte flexibler Bedienformen. 161 S., Berlin: Bundesministerium für Verkehr und digitale Infrastruktur.

BMVI (Bundesministerium für Verkehr und digitale Infrastruktur) **(2016b)**: Integrierte Mobilitätskonzepte zur Einbindung unterschiedlicher Mobilitätsformen in ländlichen Räumen. 128 S., Berlin: Bundesministerium für Verkehr und digitale Infrastruktur (BMVI-Online Publikation, Nr. 04/2016).

BMVI (Bundesministerium für Verkehr und digitale Infrastruktur) **(2017)**: Ethik-Kommission Automatisiertes und Vernetztes Fahren. Bericht Juni 2017. 33 S., Berlin: Bundesministerium für Verkehr und digitale Infrastruktur.

BMVI (Bundesministerium für Verkehr und digitale Infrastruktur) **(2020a)**: Digitalisierung kommunaler Verkehrssysteme. Auf Kurs in die Mobilität der Zukunft. 53 S., Berlin: Bundesministerium für Verkehr und digitale Infrastruktur.

BMVI (Bundesministerium für Verkehr und digitale Infrastruktur) **(2020b)**: Masterplan Schienenverkehr. 75 S., Berlin: Bundesministerium für Verkehr und digitale Infrastruktur.

BMVI (Bundesministerium für Verkehr und digitale Infrastruktur) **& BBSR** (Bundesinstitut für Bau-, Stadt- und Raumforschung) **(2016)**: Leitbilder und Handlungsstrategien für die Raumentwicklung in Deutschland. 40 S., Berlin, Bonn: Bundesministerium für Verkehr und digitale Infrastruktur & Bundesinstitut für Bau-, Stadt- und Raumforschung.

BMEL (Bundesministerium für Ernährung und Landwirtschaft) **(2020)**: Entwicklung ländlicher Räume. Dritter Bericht der Bundesregierung. 94 S., Berlin: Bundesministerium für Ernährung und Landwirtschaft.

Bösch, P. M., Ciari, F. und Axhausen, K. W. (2017): Transport policy optimization with Avs, 15 S., Zürich (ETH Zürich Research Collection 1269).

Bösch, P. M., Becker, F., Becker, H. und Axhausen, K. W. (2018): Cost-based analysis of autonomous mobility services. *Transport Policy* 64: 76-91.

BiB (Bundesinstitut für Bevölkerungsforschung) **(2021)**: Fakten zur demografischen Entwicklung Deutschlands 2010-2020. Bericht des Bundesinstituts für Bevölkerungsforschung. 67 S ., Wiesbaden: Bundesinstitut für Bevölkerungsforschung.

Chelouati, M., Boussif, A., Beugin, J. & Miloudi, E.-K. (2022): A framework for risk-awareness and dynamic risk assessment for autonomous trains. In: Leva, M. C., Patelli, E., Podofillini, L. & Wilson, S. (Hrsg.): Proceedings of the 32nd European Safety and Reliability Conference (ESREL 2022). 2128–2135, Singapore: Research Publishing.

Christaller, W. (1933): Die zentralen Orte in Süddeutschland: Eine ökonomisch-geographische Untersuchung über die Gesetzmäßigkeit der Verbreitung und Entwicklung der Siedlungen mit städtischen Funktionen. 331 S., Jena: Fischer.

Coutinho, F. M., van Oort, N., Christoforou, Z., Alonso-González, M. J., Cats, O. & Hoogendoorn, S. (2020): Impacts of replacing a fixed public transport line by a demand responsive transport system: Case study of a rural area in Amsterdam. *Research in Transportation Economics* 83, 100910.

Dangschat, J. S. (2023): Connected and automated transport in the socio-technical transition. In: Mitteregger, M., Bruck, M. E., Soteropoulos, A., Stickler, A., Berger, M., Dangschat, J. S., Scheuvens, R., Banerjee, I. (Hrsg.): AVENUE21. Planning and Policy Conside-rations for an Age of Automated Mobility. 395-430, Berlin: Springer.

Danielzyk, R. & Koch, R. (2002): Zur Steuerungswirksamkeit des Zentrale-Orte Konzeptes. In: Blotevogel, H. H. (Hrsg.): Fortentwicklung des Zentrale-Orte-Konzeptes, 177-216, Hannover: Akademie für Raumforschung und Landesplanung (Forschungs- und Sitzungsberichte der ARL 217).

Danielzyk, R., Friedsmann, P., Hauptmeyer, C.-H. & Wischmeyer, N. (2019): Erfolgreiche metropolenferne Regionen. Das Emsland und der Raum Bodensee-Oberschwaben. 339 S., Ludwigsburg: Wüstenrot Stiftung.

Dedehayir, O. & Steinert, M. (2016): The hype cycle model: A review and future directions. *Technological Forecasting & Social Change* 108: 28-41.

Defra (Department for Environment, Food & Rural Affairs) **(2017)**: Rural proofing. Practical guidance to assess impacts of policies on rural areas. 22 S., London: Departement for Environment, Food & Rural Affairs.

Destatis (Statistisches Bundesamt) **& WZB** (Wissenschaftszentrum Berlin für Sozialforschung) **(2016)**: Datenreport 2016. Ein Sozialbericht für die Bundesrepublik Deutschland. 481 S, Bonn: Bundeszentrale für politische Bildung.

Deutsche Bahn (2018): Auf dem Land bestens versorgt: mit der rollenden Arztpraxis. Der DB Medibus. 11 S., Frankfurt am Main: Deutsche Bahn.

von Dierkes, P. & Bruch, G. (2008): Management und Daseinsvorsorge am Beispiel der Berliner Stadtreinigungsbetriebe. Teil II: Geschichte der Entsorgung und Daseinsvorsorge. 686 S., Clausthal-Zellerfeld: Technische Universität Clausthal.

Diller, C. (2018): Raumordnung. In: ARL – Akademie für Raumforschung und Landesplanung (Hrsg.): Handwörterbuch der Stadt- und Raumentwicklung. 1889-1900, Hannover: Akademie für Raumforschung und Landesplanung.

DLR (Deutsches Institut für Luft- und Raumfahrt) **(2020)**: Akzeptable Ausprägungen von Faktoren des Referenzangebotskonzeptes (z. B. Kosten, Fahrtdauer, Wartezeit) sind aus Nutzerperspektive untersucht. 30 S., Braunschweig: Deutsches Institut für Luft- und Raumfahrt.

Dümke, C. (2015): Daseinsvorsorge, Wettbewerb und kommunale Selbstverwaltung im Bereich der liberalisierten Energiewirtschaft. 175 S., Potsdam: Universität Potsdam (KWI-Gutachten 10).

Edeling, T. (2008): Institutionelle Umbrüche im öffentlichen Sektor: Das Ende der kommunalen Daseinsvorsorge? In: Sackmann, R.; Jonda, B & Reinhold, M. (Hrsg.): Demographie als Herausforderung für den öffentlichen Sektor. 145-162, Wiesbaden: VS Verlag für Sozialwissenschaften.

Eden, G., Nanchen, B., Ramseyer, R. & Evéquoz, F. (2017): On the Road with an Autonomous Passenger Shuttle: Integration in Public Spaces. In: Association for Computing Machinery (Hrsg.): CHI'17 Extended Abstracts. 1569-1576, New York: Association for Computing Machinery.

Einig, K. (2008): Regulierung der Daseinsvorsorge als Aufgabe der Raumordnung im Gewährleistungsstaat. In: Bundesinstitut für Bau-, Stadt- und Raumforschung (BBSR) (Hrsg.): Infrastruktur und Daseinsvorsorge in der Fläche, 17-40, Bonn: Bundesinstitut für Bau-, Stadt- und Raumforschung (Informationen zur Raumentwicklung H.1.2.2008).

Europäische Kommission (2004): EUREK: Europäisches Raumentwicklungskonzept. Auf dem Wege zu einer räumlich ausgewogenen und nachhaltigen Entwicklung der Europäischen Union. Brüssel: Europäische Kommission.

European Commission (2010): Europe 2020: A strategy for smart, sustainable and inclusive growth. 37 S. Brüssel: Communication from the Commission.

FALK, C. & SCHULTEN, T. (2014): Rekommunalisierung und Gewerkschaften – ein spannungsgeladenes Verhältnis. In: Prausmüller, O. & Wagner, A. (Hrsg.).: Reclaim Public Services. Bilanz und Alternativen zur neoliberalen Privatisierungspolitik. 216–237, Hamburg: VSA.

Flamm, L., Meirich, C. & Jäger, B. (2019): Die Umsetzung des automatisierten Bahnbetriebs zwischen Technik, Regelwerken und Wirtschaftlichkeit. *Eisenbahntechnische Rundschau* März 2019: 27-31.

Flick, U. (2014): Gütekriterien qualitativer Sozialforschung. In: Baur, N. & Blasius, J. (Hrsg.): Handbuch Methoden der empirischen Sozialforschung. 411-423, Wiesbaden: Springer.

Forsthoff, E. (1971): Der Staat der Industrie-Gesellschaft, zit. nach Forsthoff, E. (1938): Die Verwaltung als Leistungsträger. 169 S., München: C. H. Beck.

Frey, R. L. (2008): Service public in der Schweiz: Reform der Grundversorgung in der Fläche. In: Bundesinstitut für Bau-, Stadt- und Raumforschung (BBSR): Infrastruktur und Daseinsvorsorge in der Fläche, 49-56, Bonn: Bundesinstitut für für Bau-, Stadt- und Raumforschung (Informationen zur Raumentwicklung 1/2.2008).

Gail, M. M., Götz, G., Herold, D., Klotz, P.-A., Lüke, D., Paha, J. & Schäfer, J. T. (2023): Staatliche Eingriffe zur Erfüllung der Daseinsvorsorge: Der öffentliche Personennahverkehr. In: Gail, M. M., Götz, G., Herold, D., Klotz, P.-A., Lüke, D., Paha, J. & Schäfer, J. T. (Hrsg.): Staatliche Eingriffe in die Preisbildung. Darstellung, Erklärung und Wirkungsanalyse. 49-66, Wiesbaden: Springer Gabler.

Gather, M., Kagermeier, A. & Lanzendorf, M. (2008): Geographische Mobilitäts- und Verkehrsforschung. 303 S., Berlin, Stuttgart: Gebr. Borntraeger,

Gawron, T. (2008): Zentrale-Orte-System und Sicherung der Daseinsvorsorge in schrumpfenden Regionen: Zum Koordinationsdilemma zwischen Raumordnung und Fachplanung. 37 S., Leipzig: Helmholtz Zentrum für Umweltforschung (UFZ-Diskussionspapiere 3/2008).

Gies, J. & Langer, V. (2021): Mit On-Demand-Angeboten ÖPNV-Bedarfsverkehre modernisieren. Werkstattbericht zu Chancen und Herausforderungen. 53 S., Berlin: Deutsches Institut für Urbanistik.

Goppel, K. (2018): Landesplanung, Landesentwicklung. In: ARL – Akademie für Raumforschung und Landesplanung (Hrsg.): Handwörterbuch der Stadt- und Raumentwicklung. 1307-1322, Hannover: Akademie für Raumforschung und Landesplanung.

Grahle, A., Song, Y.-W., Brüske, K., Bender, B. & Göhlich, D. (2020): Autonomous shuttles for Urban Mobility on Demand Applications – ecosystem dependent requirement elicitation. *Proceedings of the Design Society: DESIGN Conference* 1: 887-896.

Grote, M. & Röntgen, O. (2021): Kosten autonom fahrender Minibusse. Literaturanalyse ergänzt um Erfahrungen aus dem Betrieb eines Testprojektes und den Ergebnissen einer Expert:innenbefragung. 75 S., Hamburg: Technische Universität Hamburg (ECTL working paper 54).

Hansson, L. (2020): Regulatory governance in emerging technologies: The case of autonomous vehicles in Sweden and Norway. *Research in Transportation Economics* 83, 100967.

Helfferich, C. (2011): Die Qualität qualitativer Daten. Manual für die Durchführung qualitativer Interviews. 4. Auflage, 209 S., Wiesbaden: VS.

Helfferich, C. (2014): Leitfaden- und Experteninterviews. In: Baur, N. & Blasius, J.: Handbuch Methoden der empirischen Sozialforschung. 559-574, Wiesbaden: Springer.

Hirschhorn, F., van de Velde, D., Veeneman, W. & ten Heuvelhof, E. (2020): The governance of attractive public transport: Informal institutions, institutional entrepreneurs, and problem-solving know-how in Oslo and Amsterdam. *Research in Transportation Economics,* 83, 100829.

HM Government (2011): Open Public Services. White Paper. 55 S., Norwich: TSO.

HM Government (2014): Open Public Services 2014. 15 S., London: Cabinet Office.

HM Treasury (2020): The Green Book. Central Government Guidance on Appraisal and Evaluation. London: 143 S., HM Treasury.

Holmgren, J. (2020): The effect of public transport quality on car ownership – A source of wider benefits? *Research in Transportation Economics* 83, 100957.

Holz-Rau, C., Günthner, S. & Krummheuer, F. (2010): Daseinsvorsorge ist keine Dortseinvorsorge. Hinweise zur Planung in dünn besiedelten Räumen. In: Bundesinstitut für Bau-, Stadt- und Raumforschung (BBSR) (Hrsg.): ÖPNV in nachfrageschwachen Räumen, 489-504, Bonn: Selbstverlag des Bundesinstituts für Bau-, Stadt- und Raumforschung (BBSR) im BBR (Bundesamt für Bauwesen und Raumordnung) (Informationen zur Raumentwicklung 7.2010).

Horster, E. (2022): Digitales Tourismusmarketing. Grundlagen, Suchmaschinenmarketing, User-Experience-Design, Social-Media-Marketing und Mobile Marketing. 668 S., Wiesbaden: Springer Gabler.

HS (HOCHSCHULE) **FRESENIUS, DB** (DEUTSCHE BAHN) **SCHENKER & MAN** (MASCHINENFABRIK AUGSBURG-NÜRNBERG) **(2019)**: EDDI. Elektronische Deichsel – Digitale Innovation. Kurzbericht mit Ergebnispräsentation. 14 S., Essen, München, Idstein und Frankfurt am Main: HS Fresenius, DB Schenker & MAN.

HÜFKEN, V. (2014): Telefonische Befragung. In: Baur, N. & Blasius, J. (Hrsg.): Handbuch Methoden der empirischen Sozialforschung. 631–641, Wiesbaden: Springer.

HVV (HAMBURGER VERKEHRSVERBUND) **(2014)**: Planungsleitfaden Flexible Angebotsformen. Eine Handreichung zur Konzeption, Planung und Umsetzung von flexiblen Angebotsformen im ÖPNV. 50 S., Hamburg: HVV.

ICLODEAN, C., CORDOS, N. & VARGA, B.O. (2020): Autonomous Shuttle Bus for Public Transportation: A Review. *Energies* 13 (11), 2917.

INFAS (INSTITUT FÜR ANGEWANDTE SOZIALWISSENSCHAFTEN) **(2023)**: Pressemitteilung. Zuversichtlicher Start des Deutschlandtickets. 6 S., Bonn: Infas.

INITIATIVE DIGITALE VERNETZUNG IM ÖFFENTLICHEN PERSONENVERKEHR (AKTEURE DES DIALOG- UND STAKEHOLDERPROZESSES IM RAHMEN DER INITIATIVE DIGITALE VERNETZUNG IM ÖFFENTLICHEN PERSONENVERKEHR) **(2016)**: Digitale Vernetzung im öffentlichen Personenverkehr. Roadmap. 41 S., Berlin: Initiative Digitale Vernetzung im Öffentlichen Personenverkehr.

JACOBY, C. & BRAUN, N. (2016): Neue Mobilitätsformen und -technologien – Merkmale und Potenziale für eine nachhaltige Raumentwicklung. In: Jacoby, C. & Wappelhorst, S. (Hrsg.) (2016): Potenziale neuer Mobilitätsformen und -technologien für eine nachhaltige Raumentwicklung, 1-47, Hannover: Akademie für Raumforschung und Landesplanung (Arbeitsberichte der ARL 18).

KAGERBAUER, M., KOSTORZ, N., WILKES, G., DANDL, F., ENGELHARDT, R., GLÖCKL, U., FRAEDRICH, E. UND ZWICK, F. (2021): Ridepooling in der Modellierung des Gesamtverkehrs. Methodenbericht zur MOIA Begleitforschung. 82 S., Berlin/ Karlsruhe: MOIA/Karlsruher Institut für Technologie (KIT).

KAISER, O. S. & MALANOWSKI, N. (2020): Autonome Klein- und Omnibusse im öffentlichen Verkehr. 38 S., Düsseldorf: Hans-Böckler-Stiftung (Working Paper Forschungsförderung 179).

KARL, A. (2008): Öffentlicher Verkehr im Gewährleistungsstaat. Der ÖPNV zwischen Regulierung und Wettbewerb. 357 S., Berlin: Wissenschaftszentrum Berlin für Sozialforschung.

KÄSSBOHRER (KARL KÄSSBOHRER FAHRZEUGWERKE) **& STUDIENGESELLSCHAFT NAH-VERKEHR (1990)**: Modular. Fahrzeuge mit flexibler Kapazität für den ÖPNV im ländlichen Raum. Schlussbericht zur Voruntersuchung. 56 S., Ulm/Hamburg: Karl Kässbohrer Fahrzeugwerke & Studiengesellschaft Nahverkehr.

KELLE, U. (2014): Mixed Methods. In: Baur, N. & Blasius, J.: Handbuch Methoden der empirischen Sozialforschung. 153-166, Wiesbaden: Springer.

KLOTH, H.; KIRCHHOF, P. & TSAKARESTOS, A. (2005): Einsatz flexibler Betriebsweisen im Landkreis Grafschaft Bad Bentheim. Verkehrlich betrieblicher Teil des Forschungsprojektes MOB2. Schlussbericht. 168 S., Berlin: Bundesministerium für Bildung und Forschung.

KOMMISSION (Kommission der Europäischen Gemeinschaften) **(2003)**: Grünbuch zu Dienstleistungen von allgemeinem Interesse. 74 S., Brüssel: Kommission der Europäischen Gemeinschaften.

Krail, M., Hellekes, J., Schneider, U., Dütschke, E., Schellert, M., Rüdiger, D., Steindl, A., Luchmann, I., Waßmuth, V., Flämig, H. Schade, W., Mader, S. (2019): Energie- und Treibhausgaswirkungen des automatisierten und vernetzten Fahrens im Straßenverkehr. Wissenschaftliche Beratung des BMVI zur Mobilitäts- und Kraftstoffstrategie. 207 S., Karlsruhe: Fraunhofer-Institut für System- und Innovationsforschung ISI.

Kuckartz, U. (2012): Qualitative Inhaltsanalyse. Methoden, Praxis, Computerunterstützung. 2. durchgesehene Auflage, 188 S., Weinheim und Basel: Beltz Juventa.

Kümper, B. (2018): Gegenstromprinzip. In: ARL – Akademie für Raumforschung und Landesplanung (Hrsg.): Handwörterbuch der Stadt- und Raumentwicklung. 761-765, Hannover: Akademie für Raumforschung und Landesplanung.

Küpper, P. (2016): Abgrenzung und Typisierung ländlicher Räume. 40 S., Braunschweig: Thünen-Institut für Ländliche Räume (Thünen Working Paper 68).

Lamberg, J. (2022a): Autonomer und flexibler ÖPNV als Beitrag zur Sicherung der Daseinsvorsorge in ländlichen Räumen? – Eine Untersuchung im Regionalverband Großraum Braunschweig. 143 S., Göttingen: Cuvillier.

Lamberg, J. (2022b): Identifying Key Factors in Planning and Implementing Autonomous Public Transport: An Investigation of Road- and Rail-bound Projects in Germany. *European Journal of Spatial Development* 19 (3): 48-66.

Landkreis Emsland (2011a): Regionales Raumordnungsprogramm 2010 Landkreis Emsland. Beschreibende Darstellung. 43 S., Meppen: Landkreis Emsland.

Landkreis Emsland (2011b): Regionales Raumordnungsprogramm 2010 Landkreis Emsland. Zeichnerische Darstellung. 1 S., Meppen: Landkreis Emsland.

Landkreis Emsland (2020): Nahverkehrsplan Landkreis Emsland 2020–2025. 170 S., Meppen: Landkreis Emsland.

Landkreis und Stadt Hildesheim (2019): Nahverkehrsplan 2020. 374 S., Hildesheim: Landkreis und Stadt Hildesheim.

LIN, P. (2015): Why Ethics Matter for Autonomous Cars. In: Maurer, M.; Gerdes, J.C.; Lenz, B. & Winner, H. (Hrsg.): Autonomes Fahren. Technische, rechtliche und gesellschaftliche Aspekte. 69-86, Berlin, Heidelberg: Springer.

Madigan, R., Louw, T., Dziennus, M., Graindorge, T., Ortega, E., Grandorge, M. & Merat, N. (2016): Acceptance of Automated Road Transport Systems (ARTS): an adaption of the UTAUT model. *Transportation Research Procedia 14*: 2217–2226.

Manderscheid, K. (2023): Self-driving turnaround or automotive continuity? Reflections on technology, innovation and social change. In: Mitteregger, M., Bruck, E. M., Soteropoulos, A., Stickler A., Berger, M. Dangschat, J. S., Scheuvens, R. & Banerjee, I. (Hrsg.): AVENUE21. Planning and Policy Considerations for an Age of Automated Mobility. 27-39, Berlin: Springer.

Maslow, A. (1943): A theory of human motivation. *Psychological Review* 50 (4): 370-396.

Mayring, P. (2010): Qualitative Inhaltsanalyse. Grundlagen und Techniken. 12., überarbeitete Auflage, 152 S., Weinheim und Basel: Beltz.

Mayring, P. & Fenzl, T. (2014): Qualitative Inhaltsanalyse. In: Baur, N. & Blasius, J. (Hrsg.): Handbuch Methoden der empirischen Sozialforschung. 543–556, Wiesbaden: Springer.

MB (NIEDERSÄCHSISCHES MINISTERIUM FÜR BUNDES- UND EUROPAANGELEGENHEITEN UND REGIONALE ENTWICKLUNG) **(2020)**: Zukunftsregionen in Niedersachsen. Das neue regionalpolitische Instrument. 10 S., Hannover: Niedersächsisches Ministerium für Bundes- und Europaangelegenheiten und Regionale Entwicklung.

MB (NIEDERSÄCHSISCHES MINISTERIUM FÜR BUNDES- UND EUROPAANGELEGENHEITEN UND REGIONALE ENTWICKLUNG) **(2023)**: Förderprogramm Zukunftsräume Niedersachsen. 6 S., Hannover: Niedersächsisches Ministerium für Bundes- und Europaangelegen-heiten und Regionale Entwicklung.

MEDJEDOVIĆ, I. (2014): Qualitative Daten für die Sekundäranalyse. In: Baur, N. & Blasius, J. (Hrsg.): Handbuch Methoden der empirischen Sozialforschung. 223–232, Wiesbaden: Springer.

MEHLERT, C. (1998): Angebotsbezeichnungen bei alternativen Bedienungsformen. *Der Nah-verkehr* 98 (6): 56-63.

MERAT, N., MADIGAN, R. & NORDHOFF, S. (2017): Human Factors, User Requirements, and User Acceptance of Ride-Sharing in Automated Vehicles. 28 S., Paris: International Transport Forum (International Transport Forum Discussion Paper 2017 (10)).

MIEẞNER, M. (2016): ‚Gleichwertigkeit der Lebensverhältnisse'. Zum Aufstieg eines leeren Signifikanten. *Planung neu denken* 11: 11-20.

Mietzsch, O. (2020): ÖPNV-Infrastruktur: Modell der Nutzerfinanzierung. 40 S., Berlin: Deutsches Institut für Urbanistik (Difu Papers Januar 2020).

MILSTEIN, A. (2016): Territorialer Zusammenhalt und Daseinsvorsorge – Grundlagen des europäischen Raumentwicklungsrechts. 580 S., Berlin: Lexxion (Beiträge zum Raumplanungsrecht 253).

MINISTERINNEN UND MINISTER FÜR RAUMORDNUNG, RAUMENTWICKLUNG UND/ ODER TERRITORIALEN ZUSAMMENHALT (2020): Territoriale Agenda 2030. Einer Zukunft für alle Orte. 33 S., Potsdam: Informelles Treffen der Ministerinnen und Minister für Raumordnung, Raumentwicklung und/oder territorialen Zusammenhalt.

MITTEREGGER, M. (2023): At the end of the road: Total safety. How the safety concept of connected and automated driving systems is changing the streetscape. In: Mitteregger, M., Bruck. E. M., Soteropoulos, A., Stickler, A., Berger, M. Dangschaft, J. S., Scheuvens, R. & Banerjee, I. (Hrsg.): AVENUE21. Planning and Policy Considerations for an Age of Automated Mobility. 177-195, Berlin: Springer.

ML (NIEDERSÄCHSISCHES MINISTERIUM FÜR ERNÄHRUNG, LANDWIRTSCHAFT, VERBRAUCHERSCHUTZ UND LANDESENTWICKLUNG) **(2008)**: Raumordnung und Landesentwicklung für ein zukunftsfähiges Niedersachsen. 36 S., Hannover: Niedersächsisches Ministerium für Ernährung, Landwirtschaft, Verbraucherschutz und Landesentwicklung.

VON MÖRNER, M. (2018): Sammelverkehr mit autonomen Fahrzeugen im ländlichen Raum. 157 S., Darmstadt: Institut Verkehrsplanung und Verkehrstechnik an der Technischen Universität Darmstadt (Schriftenreihe der Institute für Verkehr 40).

MÜHLICHEN, A. (2014): Informationelle Selbstbestimmung. In: Baur, N. & Blasius, J. (Hrsg.): Handbuch Methoden der empirischen Sozialforschung. 93-102, Wiesbaden: Springer.

MVG (MÜNCHNER VERKEHRSGESELLSCHAFT) **(2016)**: Der Buszug. Wichtiges und Interessantes auf einen Blick. 4 S., München: MVG.

Niedersächsischer Landtag (2017): Kleine Anfrage zur schriftlichen Beantwortung mit Antwort der Landesregierung: Welche Aktivitäten entfaltet MOIA in Niedersachsen? 3 S., Hannover: Niedersächsischer Landtag (Drucksache 17/8089).

Nordhoff, S., van Arem, B., Merat, N., Madigan, R. Ruhrort, L., Knie, A. & Happee, R. (2017): User Acceptance of Driverless Shuttles Running in an Open and Mixed Traffic Environment. 14 S., Straßburg: 12th ITS European Congress Strasbourg (Conference Paper TS27).

NPM (Nationale Plattform Zukunft der Mobilität) **(2019)**: Zweiter Zwischenbericht. Handlungsempfehlungen zum autonomen Fahren. Arbeitsgruppe 3: Digitalisierung für den Mobilitätssektor. 15 S., Berlin: Nationale Plattform Zukunft der Mobilität.

Nuhn, H. & Hesse, M. (2006): Verkehrsgeographie. 377 S., Paderborn, München, Wien, Zürich: Schöningh.

NVBW (Nahverkehrsgesellschaft Baden-Württemberg) **(2018)**: Der Rufbus Friedrichshafen. Lernen aus 40 Jahren flexiblem Nahverkehr. 23 S., Stuttgart: Nahverkehrsgesellschaft Baden-Württemberg (NVBW Schriftenreihe).

OECD (Organisation für wirtschaftliche Zusammenarbeit und Entwicklung) **(2010)**: OECD Territorial Reviews: Sweden. Summary, 14 S., Paris: OECD Publishing.

OECD (Organisation für wirtschaftliche Zusammenarbeit und Entwicklung) **(2019)**: OECD Regional Outlook 2019: Leveraging Megatrends for Cities and Rural Areas. 240 S. Paris: OECD Publishing.

ÖPNV Digitalisierungsoffensive NRW & Kompetenzcenter Digitalisierung NRW (2020): Analyse der Zukunftspotenziale von Ridepooling-Systemen in NRW. 19 S., Gelsenkirchen: ÖPNV Digitalisierungsoffensive NRW & Kompetenzcenter Digitalisierung NRW.

ÖPNV-Strategiekommission (Strategiekommission für einen leistungsfähigen ÖPNV/SPNV in Sachsen) **(2017)**: Abschlussbericht der Strategiekommission für einen leistungsfähigen ÖPNV/SPNV in Sachsen. 178 S., Dresden: ÖPNV-Strategie-kommission für einen leistungsfähigen ÖPNV/SPNV in Sachsen.

Pavone, M. (2015): Autonomous Mobility-on-Demand Systems for Future Urban Mobility. In: Maurer, M., Gerdes, C. G., Lenz, B. & Winner, H. (Hrsg.): Autonomes Fahren. Technische, rechtliche und gesellschaftliche Aspekte. 399-416, Berlin, Heidelberg: Springer Vieweg.

Pehlke, D., Diller, C. & Eichhorn, S. (2021): Beeinflusst die Trägerschaft der Regionalplanung die Inhalte der Regionalpläne und die regionale Siedlungsentwicklung? Theoretische Überlegungen und eine empirische Analyse für Deutschland. *Raumforschung und Raumordnung | Spatial Research and Planning* 79 (5): 484–500.

Peleska, J., Haxthausen, A. & Lecomte, T. (2022): Standardisation Considerations for Autonomous Train Control. In: Margaria, T. & Steffen, B. (Hrsg): Leveraging Applications of Formal Methods, Verification and Validation. Practice, 286-307, Berlin, Heidelberg: Springer (11th International Symposium ISoLA 2022, Proceedings, Part IV).

Perret, F. & Abegg, C. (2023): How are automated vehicles driving spatial development in Switzerland? In: Mitteregger, M., Bruck, E. M., Soteropoulos, A., Stickler A., Berger, M. Dangschat, J. S., Scheuvens, R. & Banerjee, I. (Hrsg.): AVENUE21. Planning and Policy Considerations for an Age of Automated Mobility. 349-374, Berlin: Springer.

Piao, J., McDonald, M., Hounsell, N., Graindorge, M. Graindorge, T. & Malhene, N. (2016): Public Views towards Implementation of Automated Vehicles in Urban Areas. *Transport Research Procedia* 14: 2168–2177.

Prausmüller, O. & Wagner, A. (2014): Reclaim Public Services: Zur aktuellen Auseinandersetzung um die Zukunft öffentlicher Dienstleistungen. In: dies. (Hrsg.): Reclaim Public Services. Bilanz und Alternativen zur neoliberalen Privatisierungspolitik. 7-21, Hamburg: VSA.

Priebs, A. (2013): Raumordnung in Deutschland. 311 S., Braunschweig: Westermann.

Priebs, A. (2018): Regionalplanung. In: ARL – Akademie für Raumforschung und Landesplanung (Hrsg.): Handwörterbuch der Stadt- und Raumentwicklung. 2047-2062, Hannover: Akademie für Raumforschung und Landesplanung.

Rauch, S.; Aeberhard, M.; Ardelt, M. & Kämpchen N. (2012): Autonomes Fahren auf der Autobahn – Eine Potenzialstudie für zukünftige Fahrerassistenzsysteme. 13 S., München: BMW Group Forschung und Technik.

Regeringskansliet (2015): En nationell strategi för hållbar regional tillväxt och attraktionskraft 2015-2020. 64 S., Stockholm: Regeringskansliet.

Regionalbus Ostbayern (2019): Autonomer Bus Bad Birnbach [Fahrplan]. 1 S., Pfarrkirche: Regionalbus Ostbayern.

Regionaler Planungsverband Oberes Elbtal/Osterzgebirge (2017): Regional-planung in der Region Oberes Elbtal/Osterzgebirge. 4 S., Radebeul: Regionaler Planungsverband Oberes Elbtal/Osterzgebirge.

Regionalverband Großraum Braunschweig (2008a): Regionales Raumordnungsprogramm 2008. Beschreibende Darstellung. 33 S., Braunschweig: Regionalverband Großraum Braunschweig.

Regionalverband Großraum Braunschweig (2008b): Regionales Raumordnungsprogramm für den Großraum Braunschweig 2008. Zeichnerische Darstellung Nord-Ost. 1 S., Braunschweig: Regionalverband Großraum Braunschweig.

Regionalverband Großraum Braunschweig (2020): Nahverkehrsplan 2020 Großraum Braunschweig. 447 S., Braunschweig: Regionalverband Großraum Braunschweig.

Roost, F. (2019): Autonomes Fahren: Auswirkungen auf regionale Siedlungsstrukturen. *Planerin* 3/19: 30-32.

Salonen, A. O. & Haavisto, N. (2019): Towards Autonomous Transportation. Passengers' Experiences, Perceptions and Feelings in a Driverless Shuttle Bus in Finland. *Sustainability* 11 (3), 588.

Schäfer-Sparenberg, C., Bongart, D. & Dalkmann, H. (2006): Steuerung nachhaltiger Daseinsvorsorge im öffentlichen Nahverkehr. Politische Handlungsperspektiven. 83 S., Wuppertal: Wuppertal Institut für Klima, Umwelt, Energie (Wuppertal Papers 161).

Schedler, K. (2007): Public Management und Public Governance. In: Benz, A.; Lütz, S.; Schimank, U. & Simonis, G. (Hrsg.): Handbuch Governance. Theoretische Grundlagen und empirische Anwendungsfelder. 253-268, Wiesbaden: VS Verlag für Sozial-wissenschaften.

Scheuss, R. (2012): Handbuch der Strategien: 220 Konzepte der weltbesten Vordenker. 424 S., Frankfurt am Main: Campus.

Schmidt, M. (2010): Wechselwirkungen zwischen demographischer Entwicklung und Daseinsvorsorge unter besonderer Berücksichtigung von Wohnstandortfaktoren. Untersuchung am Beispiel des Rheingau-Taunus-Kreises. 204 S., Kaiserslautern: Technische Universität Kaiserslautern (Materialien zur Regionalentwicklung und Raumordnung 30).

Schmidt, S. K. (1998): Liberalisierung in Europa: Die Rolle der Europäischen Kommission. 403 S., Köln: Max-Planck-Instituts für Gesellschaftsforschung (Schriften aus dem Max-Planck-Instituts für Gesellschaftsforschung Köln 33).

Schneider, K. & Lippert, I. (2005): Die Privatisierung der Daseinsvorsorge in Europa. *AWV-Informationen* 3/2005: 4-6.

Schön, K. P. (2018): Europäische Raumentwicklungspolitik. In: ARL – Akademie für Raumforschung und Landesplanung (Hrsg.): Handwörterbuch der Stadt- und Raumentwicklung. 577-587, Hannover: Akademie für Raumforschung und Landesplanung.

Schreurs, M.A. & Steuwer, S.D. (2015): Autonomous Driving – Political, Legal, Social and Sustainability Dimensions. In: M, Maurer, J.C, Gerdes & H, Winner (Hrsg.): Autonomes Fahren. Technische, rechtliche und gesellschaftliche Aspekte. 151-174, Berlin, Heidelberg: Springer.

Schröder, J., Alpoim, C. C., Dickgiesser, B. & Talg, M. (2021): Digitale S-Bahn Hamburg. Erstmalige Streckenausrüstung von ATO over ETCS in Deutschland. *Der Eisenbahningenieur* Oktober 2021: 44-47.

Schwarze, B. (2005): Erreichbarkeitsindikatoren in der Nahverkehrsplanung. 52 S., Dortmund: Instituts für Raumplanung, Universität Dortmund (Arbeitspapier 184).

Schweizer Bundesrat (2004): Bericht des Bundesrates „Grundversorgung der Infrastruktur (Service public)“. 74 S., Bern: Schweizer Bundesrat.

Siemens Mobility (2019): Teaching trams to drive. Auf dem Weg zur smarten, autonomen Tram – ein Forschungsprojekt von Siemens Mobility. 7 S., München: Siemens Mobility.

Sinz, M. (2018): Bundesraumordnung. In: ARL – Akademie für Raumforschung und Landesplanung (Hrsg.): Handwörterbuch der Stadt- und Raumentwicklung. 325-336, Hannover: Akademie für Raumforschung und Landesplanung.

Smith, B.W. (2015): Regulation and the Risk of Inaction. In: M, Maurer, J.C, Gerdes & H, Winner (Hrsg.): Autonomes Fahren. Technische, rechtliche und gesellschaftliche Aspekte. 593-609, Berlin, Heidelberg: Springer.

SPD (S ozialdemokratische P artei D eutschlands), (B ündnis 90/) D ie G rünen & FDP (F reie D emokratische P artei) **(2021)**: Mehr Fortschritt wagen. Bündnis für Freiheit, Gerechtigkeit und Nachhaltigkeit. Koalitionsvertrag 2021-2025 zwischen der Sozial-demokratischen Partei Deutschlands (SPD), Bündnis 90 / Die Grünen und den Freien Demokraten (FDP). 141 S ., Berlin: Sozialdemokratische Partei Deutschlands, Bündnis 90/Die Grünen & Freie Demokratische Partei.

Stadt Wolfsburg (2011): Wolfsburg Flächennutzungsplan 2020plus. Begründung gemäß § 5 Abs. 5 BauGB. 141 S., Wolfsburg: Stadt Wolfsburg.

Stadt Wolfsburg (2020): Einführung von flexiblen Bedienformen im öffentlichen Personennahverkehr der Stadt Wolfsburg. 3 S., Wolfsburg: Stadt Wolfsburg (Vorlage V 2020/1528).

Soteropoulos, A., Bruck, E. M., Berger, M., Egoldt, A., Holst, A., Richter, T. & László, Z. (2023): Automation, public transport and Mobility as a Service: Experience from tests with automated shuttle buses. In: Mitteregger, M., Bruck,

E. M., Soteropoulos, A., Stickler A., Berger, M. Dangschat, J. S., Scheuvens, R. & Banerjee, I. (Hrsg.): AVENUE21. Planning and Policy Considerations for an Age of Automated Mobility. 75-106, Berlin: Springer.

SMI (Sächsisches Staatsministerium des Innern) **(2014)**: Zukunft denken – Landesentwicklung planen: Raumordnung und Landesentwicklung in Sachsen. 47 S., Dresden: Staatsministerium des Innern.

Steinführer, A. (2015): Bürger in der Verantwortung. Veränderte Akteursrollen in der Bereitstellung ländlicher Daseinsvorsorge. *Raumforschung und Raumordnung* 73 (1): 5-16.

Terfrüchte, T. & Flex, F. (2018): Zentraler Ort. In: ARL – Akademie für Raumforschung und Landesplanung (Hrsg.): Handwörterbuch der Stadt- und Raumentwicklung. 2969-2979, Hannover: Akademie für Raumforschung und Landesplanung.

Tirachini, A. & Antoniou, C. (2020): The economics of automated public transport: effects on operator cost, travel time, fare and subsidy. *Economics of Transportation* 21, 100151.

UITP (The International Association of Public Transport) **(2019):** World report on metro automation 2018. 8 S., Brüssel: UITP.

ÜSTRA (Hannoversche Verkehrsbetriebe Aktiengesellschaft) **(2020)**: Jahresabschluss 2019. 54 S., Hannover: Üstra Hannoversche Verkehrsbetriebe Aktiengesellschaft.

UVEK (Eidgenössisches Department für Umwelt, Verkehr, Energie und Kommunikation) **(2016)**: Die SBB: Den wichtigsten Teil des Grundversorgungsauftrags im Bereich des öffentlichen Verkehrs erbringt die SBB. Zusammen mit weiteren Unternehmen bietet sie europaweit eines der dichtesten Angebote beim öffentlichen Verkehr. 2 S., Bern: Eidgenössisches Department für Umwelt, Verkehr, Energie und Kommunikation.

VDV (Verband Deutscher Verkehrsunternehmen) **(2015)**: Flexible Bedienformen: Genehmigung und Rechtsfolgen. Thesenpapier zur Fachtagung am 3. Februar 2015. 9 S., Köln: Verband Deutscher Verkehrsunternehmen.

VDV (Verband Deutscher Verkehrsunternehmen) **(2023a)**: Maßnahmen gegen den Personalmangel im Fahrbetrieb. Für einen qualitativ hochwertigen ÖPNV. 8 S., Köln: Verband Deutscher Verkehrsunternehmen.

VDV (Verband Deutscher Verkehrsunternehmen) **(2023d)**: Gute Mobilität in ländlichen Räumen – Gemeinwohlorientierung und Lebensqualität vor Ort. 6 S., Köln: Verband Deutscher Verkehrsunternehmen.

VGT (Deutscher Verkehrsgerichtstag) **(2023)**: KI-Haftung im Straßenverkehr/ Haftung beim autonomen Fahren. 1 S., Hamburg: Deutscher Verkehrsgerichtstag – Deutsche Akademie für Verkehrswissenschaft – e. V.

Wintersberger, P., Frison, A.-K., Riener, A. (2018): Man vs. Machine: Comparing a Fully Automated Bus Shuttle with a Manually Driven Group Taxi in a Field Study. In: ACM Special Interest Group on Computer-Human Interaction (Hrsg.): Adjunct Proceedings, 10th International Conference on Automotive User Interfaces and Interactive Vehicular Applications. 215-220, New York: Association for Computing Machinery.

Vogl, S. (2017): Quantifizierung. Datentransformation von qualitativen Daten in quantitative Daten in Mixed-Method-Studien. *Kölner Zeitschrift für Soziologie und Sozialpsychologie* 69: 287-312.

Voß, W. (2020): Potentiale des autonomen Fahrens für die Stadt- und Siedlungsentwicklung. In: Oppermann, B. H. & Stender-Vorwachs, J. (Hrsg.): Autonomes Fahren. Rechtsprobleme, Rechtsfolgen, technische Grundlagen. 2. Aufl., 91-113, München: Beck.
WZB (Wissenschaftszentrum Berlin für Sozialforschung) **(2009)**: Forschungsvorhaben de.wi.mob.i.n. ‚Demografische und wirtschaftsstrukturelle Auswirkungen auf die Mobilität der Gesellschaft in den nächsten Jahrzehnten. Konsequenzen für die Verkehrsträger und die Zukunft staatlicher Daseinsvorsorge'. 200 S., Berlin: Wissenschaftszentrum Berlin für Sozialforschung.
Zhang, W., Jenelius, E. & Badia, H. (2019): Efficiency of Semi-Autonomous and Fully Autonomous Bus Services in Trunk-and-Branches Networks. *Journal of Advanced Transportation* 2019: 1-17.
Ziegler M. (2014): Marktforschung. In: Baur, N. & Blasius, J. (Hrsg.): Handbuch Methoden der empirischen Sozialforschung. 183-193, Wiesbaden: Springer.
Züll, C. & Menold, N. (2014): Offene Fragen. In: Baur, N. & Blasius, J. (Hrsg.): Handbuch Methoden der empirischen Sozialforschung. 713-719, Wiesbaden: Springer.

Q2 Verzeichnis der Internetquellen

ADAC (Allgemeiner Deutscher Automobil-Club) **(2023)**: Ethik und das autonome Fahrzeug: Was dürfen Maschinen entscheiden? Stand: 17. April 2023, aufgerufen am 18. Juli 2025, https://www.adac.de/rund-ums-fahrzeug/ausstattung-technik-zubehoer/autonomes-fahren/recht/ethische-fragen/
Allianz pro Schiene (2016): Selbstfahrende Metros in Europa: Eine Milliarde Fahrgäste jedes Jahr. Stand: 30. November 2016, aufgerufen am 18. Juli 2025, https://www.allianz-pro-schiene.de/presse/pressemitteilungen/uebersicht-selbstfahrende-metros-europa/
Allianz pro Schiene (2025): Vollautomatische Metros & Züge – Wo sie bereits im Einsatz sind. Stand: 18. Juli 2025, aufgerufen am 18. Juli 2025, https://www.allianz-pro-schiene.de/themen/aktuell/autonomes-fahren-auf-der-schiene/
STMB (B ayerisches S taatsministeriums für W ohnen, B au und V erkehr) (2021): Verkehrsministerium fördert Studie zu autonomen [sic .] Zugfahren im ländlichen Raum. Stand: 16. Februar 2021, aufgerufen am 18. Juli 2025, https://www.stmb.bayern.de/med/pressemitteilungen/pressearchiv/2021/29/index.php
BBSR (Bundesinstitut für Bau-, Stadt- und Raumforschung) **(2023)**: Laufende Raumbeobachtung – Raumabgrenzungen. Siedlungsstrukturelle Kreistypen. Stand: 1. September 2023, aufgerufen am 18. Juli 2025, https://www.bbsr.bund.de/BBSR/DE/forschung/raumbeobachtung/Raumabgrenzungen/deutschland/kreise/siedlungsstrukturelle-kreistypen/kreistypen.html
BERLIN (2013): Rückkauf der Berliner Wasserbetriebe abgeschlossen. Stand: 7. November 2013, aufgerufen am 18. Juli 2025, https://www.berlin.de/sen/finanzen/vermoegen/nachrichten/artikel.30112.php
BMWSB (Bundesministeriums für Wohnen, Stadtentwicklung und Bauwesen) **(2025)**: Wie wir uns bewegen. Erreichbarkeit von zentralen Orten unterscheidet sich zwischen den Bundesländern. Stand: 18. Juli 2025, aufgerufen am 18. Juli 2025, https://www.deutschlandatlas.bund.de/DE/Karten/Wie-wir-uns-bewegen/106-PKW-Zentraler-Orte.html

Bundesverband Schienennahverkehr (BSN) (2025): Unsere Mitglieder. Die Aufgabenträger des SPNV. Stand: 18. Juli 2025, aufgerufen am 18. Juli 2025, https://www.schienennahverkehr.de/ueber-uns/unsere-mitglieder/

Die Bundesversammlung (2020): Zukunftsfähigkeit des Schweizer Service public (Postulat 20.3560). Stand: 10. Juni 2020, aufgerufen am 18. Juli 2025, https://www.parlament.ch/de/ratsbetrieb/suche-curia-vista/geschaeft?AffairId=20203560

Business Insider (2019): Weltweit steigt das Interesse an selbstfahrenden Zügen, bei der Deutschen Bahn nicht – aus mehreren Gründen. Stand: 21. August 2019, aufgerufen am 18. Juli 2025, https://www.businessinsider.de/tech/fuer-die-deutsche-bahn-sind-selbstfahrende-zuege-derzeit-keine-option-2019-8/

DB Regio Bus (2025a): Mobile Infrastruktur. Ob Arztpraxen, Bankfilialen, Poststationen oder Supermärkte: Auf dem Land bestens versorgt mit dem Bus als mobile Infrastruktur. Stand: 18. Juli 2025, aufgerufen am 18. Juli 2025, https://www.dbregio.de/angebot/bus/mobile-infrastruktur

DB Regio Bus (2025b): DB Medibus. Die rollende Landarztpraxis der DB Regio Bus. Stand: 18. Juli 2025, aufgerufen am 18. Juli 2025, https://www.dbregio.de/angebot/bus/mobile-infrastruktur/db-medibus

DB Regio Bus (2025c): DB FinanceBus. Die mobile Bankfiliale – versorgt Kund:innen auch im Bus. Stand: 18. Juli 2025, aufgerufen am 18. Juli 2025, https://www.dbregio.de/angebot/bus/mobile-infrastruktur/db-financebus

DB Regio Bus (2025d): REWE-Einkaufsbus. REWE und die DB bringen den Supermarkt vor die Haustür. Stand: 18. Juli 2025, aufgerufen am 18. Juli 2025, https://www.dbregio.de/angebot/bus/mobile-infrastruktur/einkaufsbus

Dembski, S. & O'Brien, P. (2022): Country Profile of United Kingdom (ARL Country Profiles). Stand: 2022, aufgerufen am 18. Juli 2025, https://www.arl-international.com/knowledge/country-profiles/united-kingdom

Destatis (Statistisches Bundesamt) **(2023)**: Nettozuwanderung von knapp 1,5 Millionen Personen im Jahr 2022. Pressemitteilung Nr. 249 vom 27. Juni 2023. Stand: 27. Juni 2023, aufgerufen am 18. Juli 2025, https://www.destatis.de/DE/Presse/Pressemitteilungen/2023/06/PD23_249_12411.html

Destatis (Statistisches Bundesamt) **(2025)**: Bevölkerung. Demografischer Wandel. Stand: 18. Juli 2025, aufgerufen am 18. Juli 2025, https://www.destatis.de/DE/Themen/Querschnitt/Demografischer-Wandel/_inhalt.html

Deutsche Bahn (2025): Wohin soll es gehen? (Fahrplanauskunft) Stand: 18. Juli 2025, aufgerufen am 18. Juli 2025, https://www.bahn.de/

DLR (2019): Weltpremiere: fahrerloser Zug per 5G gesteuert. Stand: 17. September 2019, aufgerufen am 18. Juli 2025, https://www.dlr.de/de/aktuelles/nachrichten/2019/03/20190917_weltpremiere-fahrerloser-zug-per-5g

Gartner (2022): What's New in the 2022 Gartner Hype Cycle for Emerging Technologies. Stand: 10. August 2022, aufgerufen am 18. Juli 2025, https://www.gartner.com/en/articles/what-s-new-in-the-2022-gartner-hype-cycle-for-emerging-technologies

Gartner (2025): Gartner Hype Cycle. Interpreting technology hype. Stand: 18. Juli 2025, aufgerufen am 18. Juli 2025, https://www.gartner.com/en/research/methodologies/gartner-hype-cycle

HAMBURG (FREIE HANSESTADT HAMBURG) **(2025)**: Volksentscheid. Mit Volkes Stimme. Stand: 18. Juli 2025, aufgerufen am 18. Juli 2025, https://www.hamburg.de/energiewende/hamburgs-energienetze/10958520/energiewende-volksentscheid/

IEEE (2025): IEEE Code of Ethics. Stand: 18. Juli 2025, aufgerufen am 18. Juli 2025, https://www.ieee.org/about/corporate/governance/p7-8.html

KOMMUNAL (2025): Autonom fahrender Bus: Bad Birnbach hofft auf Neustart. Stand: 02. Januar 2025, aufgerufen am 18. Juli 2025, https://kommunal.de/badbirnbach-autonom-fahrender-bus-zukunft

LNVG (LANDESNAHVERKEHRSGESELLSCHAFT NIEDERSACHSEN) **(2025a)**: ÖPNV-Aufgabenträger. Die Verantwortung für den Bus- und Straßenbahnverkehr obliegt in Niedersachsen den Kreisen und kreisfreien Städten. Stand: 18. Juli 2025, aufgerufen am 18. Juli 2025, https://www.lnvg.de/oepnv-1/oepnv-aufgabentraeger

LNVG (LANDESNAHVERKEHRSGESELLSCHAFT NIEDERSACHSEN) **(2025b)**: Unsere Aufgaben. Wir nehmen Aufgaben in der Funktion als Aufgabenträger überwiegend für den SPNV und in der Funktion als Behörde überwiegend bei der Bewilligung von Fördermitteln und bei Liniengenehmigungen für den ÖPNV wahr. Stand: 18. Juli 2025, aufgerufen am 18. Juli 2025, https://www.lnvg.de/lnvg/aufgaben

LSN (LANDESAMT FÜR STATISTIK NIEDERSACHSEN) **(2019)**: Bruttoinlandsprodukt in Niedersachsen stieg 2017. Stand: 4. Juli 2019, aufgerufen am 18. Juli 2025, https://www.statistik.niedersachsen.de/presse/bruttoinlandsprodukt-in-niedersachsen-stieg-im-jahr-2017-weiter-an-178483.html

MERKUR (2019): Aussterbender Beruf: Schon 2050 könnten die meisten Lkw- und Busfahrer überflüssig sein. Stand: 28. Februar 2019, aufgerufen am 18. Juli 2025, https://www.merkur.de/politik/autonomes-fahren-schon-2050-koennten-meisten-lkw-und-busfahrer-ueberfluessig-sein-zr-11811816.html

ML (NIEDERSÄCHSISCHES MINISTERIUM FÜR ERNÄHRUNG, LANDWIRTSCHAFT UND VERBRAUCHERSCHUTZ) **(2025a)**: Raumordnungsportal Niedersachsen (Kartendarstellung), Stand: 18. Juli 2025, aufgerufen am 18. Juli 2025, https://www.ml.niedersachsen.de/startseite/themen/raumordnung_landesplanung/fachinformationssystem_raumordnung/fachinformationssystem-raumordnung-fis-ro-4758.html

ML (NIEDERSÄCHSISCHES MINISTERIUM FÜR ERNÄHRUNG, LANDWIRTSCHAFT UND VERBRAUCHERSCHUTZ) **(2025b)**: Zukunftsfähiges Niedersachsen durch Raumordnung und Landesplanung. Stand: 18. Juli 2025, aufgerufen am 18. Juli 2025, https://www.ml.niedersachsen.de/startseite/themen/raumordnung_landesplanung/zukunftsfaehiges-niedersachsen-durch-raumordnung-und-landesplanung-4856.html

ML (NIEDERSÄCHSISCHES MINISTERIUM FÜR ERNÄHRUNG, LANDWIRTSCHAFT UND VERBRAUCHERSCHUTZ) **(2025c)**: Träger der Regionalplanung, zugleich untere Landesplanungsbehörden. Stand: 18. Juli 2025, aufgerufen am 18. Juli 2025, https://www.ml.niedersachsen.de/startseite/themen/raumordnung_landesplanung/raumordnungsverfahren/traeger-der-regionalplanung-zugleich-untere-landesplanungsbehoerden-4326.html

MOBILIKON (2025): Projekt Hub Chain. Stand: 18. Juli 2025, aufgerufen am 18. Juli 2025, https://www.mobilikon.de/praxisbeispiel/projekt-hub-chain

MONOCAB OWL (2025): Mobil, sozial und nachhaltig auf dem Land? Wagen wir es vorauszudenken! Stand: 18. Juli 2025, aufgerufen am 18. Juli 2025, https://www.monocab-owl.de/

Regionalverband Großraum Braunschweig (2025): Regionalverband & Politik treiben gemeinsam regionale Themen voran. Stand: 18. Juli 2025, aufgerufen am 18. Juli 2025, https://www.regionalverband-braunschweig.de/regionalverband/organisation-politik

Rottal-Inn (2024): Aus für den Autonomen Bus in Bad Birnbach. Stand: 20.12.2024, aufgerufen am 18. Juli 2025, https://www.rottal-inn.de/meta/presse mitteilungen/presse-detail/aus-fuer-den-autonomen-bus-in-bad-birnbach/

SAE (Society of Automotive Engineers) **International (2019)**: SAE Standard News: J3016 automated-driving graphic update: SAE updates J3016 Levels of of Automated Driving graphic to reflect evolving standard. Stand: 07. Januar 2019, aufgerufen am 18. Juli 2025, https://www.sae.org/news/2019/01/sae-updates-j3016-automated-driving-graphic

Stadt Nürnberg (2025): Echtes Pionierstück: Nürnbergs automatische U-Bahn. Stand: 18. Juli 2025, aufgerufen am 18. Juli 2025, https://www.nuernberg.de/internet/digitales_nuernberg/automatische_ubahn_nuernberg.html#4

Statista (2024): Bevölkerungsdichte in den Land- und Stadtkreisen Niedersachsen im Jahr 2021. Stand: 02. Mai 2024, aufgerufen am 18. Juli 2025, https://de.statista.com/statistik/daten/studie/1184744/umfrage/bevoelkerungsdichte-kreise-niedersachsen/

Thünen-Institut für Ländliche Räume (2025): Thünen-Landatlas. Stand: 18. Juli 2025, aufgerufen am 18. Juli 2025, https://karten.landatlas.de/

VBN (Verkehrsverbund Bremen/Niedersachsen) **(2025a)**: Bürgerbus-Angebot. Bürger fahren Bürger. Stand: 18. Juli 2025, aufgerufen am 18. Juli 2025, https://www.vbn.de/mob ilitaet/buergerbus-angebot/

VBN (Verkehrsverbund Bremen/Niedersachsen) **(2025b)**: Fahrgastinformation. Stand: 18. Juli 2025, aufgerufen am 18. Juli 2025, https://www.vbn.de/vbn/aufgaben-und-projekte/fahrgastinformation

VDV (Verband Deutscher Verkehrsunternehmen) **(2023b)**: Autonome Shuttle-Bus-Projekte in Deutschland. Stand: 1. September 2023, aufgerufen am 1. September 2023, https://www.vdv.de/liste-autonome-shuttle-bus-projekte.aspx

VDV (Verband Deutscher Verkehrsunternehmen) **(2023c)**: Innovationslandkarte „Autonomes Fahren im ÖPNV". Stand: 1. September 2023, aufgerufen am 1. September 2023, https://www.vdv.de/innovationslandkarte.aspx

VEJ (Verkehrsregion-Nahverkehr Ems-Jade) **(2025)**: Verkehrsregion-Nahverkehr Ems-Jade. Stand: 18. Juli 2025, aufgerufen am 18. Juli 2025, https://www.vej-info.de/

VGN (Verkehrsverbund Großraum Nürnberg) **(2024)**: U-Bahn-Liniennetz Nürnberg-Fürth. Stand: 15. Dezember 2024, aufgerufen am 18. Juli 2025, https://www.vgn.de/lin iennetze/u-bahn-liniennetz

VNO (Verkehrsgesellschaft Nord-Ost-Niedersachsen) **(2025)**: Die VNO berät als Planungs- und Managementgesellschaft die kommunalen Aufgabenträger im Bereich des Öffentlichen Personennahverkehrs. Stand: 18. Juli 2025, aufgerufen am 18. Juli 2025, https://vno-stade.de/

Q3 Rechtsgrundlagen

Höchstrichterliche Rechtsprechung des deutschen Bundesverfassungsgerichts

1) BVerfGE 8, 122, 134
2) BVerfGE 25, 1, 16
3) BVerfGE 30, 292, 323
4) BVerfGE 50, 195, 201
5) BVerfGE 52, 95, 120
6) BVerfGE 53, 30, 58
7) BVerfGE 66, 248, 258
8) BVerfGE 79, 127, 151
9) BVerfGE 91, 186, 206
10) BVerfGE 134, 242, 286

EU-Richtlinien und -Verordnungen

1) Vertrag über die Arbeitsweise der Europäischen Union (AEUV), vom 1. Dezember 2009 in der Fassung vom 26. Oktober 2012.
2) Vertrag zur Gründung der Europäischen Gemeinschaft (EG-Vertrag – EGV), vom 1. Januar 1958 in der Fassung vom 30. November 2009.
3) Vertrag über die Europäische Union (EU-Vertrag – EUVtr), vom 1. Juli 1993 in der Fassung vom 01. Juli 2013.
4) Verordnung (EG) Nr. 1370/2007 des Europäischen Parlaments und des Rates vom 23. Oktober 2007 über öffentliche Personenverkehrsdienste auf Schiene und Straße und zur Aufhebung der Verordnungen (EWG) Nr. 1191/69 und (EWG) Nr. 1107/70 des Rates, in der Fassung vom 14. Dezember 2016.
5) Bahnanwendungen – Automatischer städtischer schienengebundener Personennahverkehr (AUGT) – Sicherheitsanforderungen (IEC 62267:2009).

Gesetze und Verordnungen der Bundesrepublik Deutschland

1) Grundgesetz für die Bundesrepublik Deutschland (GG) vom 8. Mai 1949 in der Fassung vom 19. Dezember 2022.
2) Raumordnungsgesetz (ROG) vom 22. Dezember 2008 in der Fassung vom 22. März 2023.
3) Gesetz zur Regionalisierung des öffentlichen Personennahverkehrs (Regionalisierungsgesetz – RegG) vom 27. Dezember 1993 in der Fassung vom 14. Juli 2020.

4) Personenbeförderungsgesetz (PBefG) vom 8. August 1990 in der Fassung vom 3. Dezember 2020.
5) Straßenverkehrsgesetz (StVG) vom 05. März 2003 in der Fassung vom 02. März 2023.
6) Baugesetzbuch (BauGB) vom 3. November 2017 in der Fassung vom 8. August 2020.
7) Allgemeines Eisenbahngesetz (AEG) vom 27. Dezember 1993 in der Fassung vom 10. September 2021.
8) Eisenbahn-Bau- und Betriebsordnung (EBO) vom 8. Mai 1967 in der Fassung vom 5. April 2019.
9) Verordnung über den Bau und Betrieb der Straßenbahnen (Straßenbahn-Bau und Betriebsordnung – BOStrab) vom 11. Dezember 1987 in der Fassung vom 1. Oktober 2019.
10) Verordnung zur Genehmigung und zum Betrieb von Kraftfahrzeugen mit autonomer Fahrfunktion in festgelegten Betriebsbereichen (Autonome-Fahrzeuge-Genehmigungs-und-Betriebs-Verordnung – AFGBV) vom 24. Juni 2022.
11) Verordnung über die Raumordnung im Bund für einen länderübergreifenden Hochwasserschutz (BRPHV) vom 19. August 2021

Landesgesetze Niedersachsen

1) Niedersächsisches Raumordnungsgesetz (NROG) vom 6. Dezember 2017 in der Fassung vom 22. September 2022.
2) Niedersächsisches Nahverkehrsgesetz (NNVG) vom 28. Juni 1995 in der Fassung vom 21. Juni 2023.
3) Gesetz über den Regionalverband „Großraum Braunschweig" (Großraum Braunschweig-Regionalverbandsgesetz – BraunschwG, NI) vom 27. November 1991 in der Fassung vom 01. November 2021.
4) Verordnung über das Landes-Raumordnungsprogramm Niedersachsen (LROP-VO) vom 26.09.2017.

Kommunalrecht Niedersachsen

1) Gesetz zur Neugliederung der Gemeinden im Raum Wolfsburg (Wolfsburg-Gesetz) vom 10. Mai 1972.

Landesrecht Sachsen

1) Gesetz über den öffentlichen Personennahverkehr im Freistaat Sachsen (ÖPNVG) vom 14. Dezember 1995 in der Fassung vom 27. Januar 2012.

Nationales Recht der Schweizerischen Eidgenossenschaft

1) Bundesverfassung der Schweizerischen Eidgenossenschaft vom 18. April 1999 in der Fassung vom 1. Januar 2020.
2) Eisenbahngesetz (EBG) in der Fassung vom 1. Januar 2018.

Nationales Recht des Königreichs Schweden

1) Lag om kollektivtrafik (Schwedisches Gesetz über den öffentlichen Verkehr) vom 15. Juli 2010 in der Fassung vom 1. Januar 2012.

Q4 Verzeichnis der Expert*inneninterviews

Leitfadengestützte Expert*inneninterviews mit den Aufgabenträgern (Kapitel 10)

1. Interview Aufgabenträger 1, 09. März 2021
2. Interview Aufgabenträger 2, 03. März 2021
3. Interview Aufgabenträger 3, 02. März 2021
4. Interview Aufgabenträger 4, 02. März 2021
5. Interview Aufgabenträger 5, 30 April 2021
6. Interview Aufgabenträger 6, 11. Februar 2021
7. Interview Aufgabenträger 7, 04. Februar 2021
8. Interview Aufgabenträger 8, 04. Februar 2021
9. Interview Aufgabenträger 9, 07. Januar 2021
10. Interview Aufgabenträger 10a, 28. September 2018
11. Interview Aufgabenträger 10b, 19. November 2019
12. Interview Aufgabenträger 11a, 28. September 2018
13. Interview Aufgabenträger 11b, 19. November 2019
14. Interview Aufgabenträger 12, 28. September 2018
15. Interview Aufgabenträger 13a, 28. September 2018
16. Interview Aufgabenträger 13b, 04. November 2019
17. Interview Aufgabenträger 14, 19. November 2019
18. Interview Aufgabenträger 15, 29. Oktober 2018
19. Interview Aufgabenträger 16a, 28. September 2018
20. Interview Aufgabenträger 16b, 04. November 2019
21. Interview Aufgabenträger 17, 02. Februar 2021
22. Interview Aufgabenträger 18, 05. November 2018

23. Interview AUFGABENTRÄGER 19, 02. Januar 2019
24. Interview AUFGABENTRÄGER 20, 02. Januar 2019
25. Interview AUFGABENTRÄGER 21, 19. November 2019
26. Interview AUFGABENTRÄGER 22, 14. Januar 2019
27. Interview AUFGABENTRÄGER 23, 07. Januar 2021
28. Interview AUFGABENTRÄGER 24, 19. November 2019
29. Interview AUFGABENTRÄGER 25, 04. November 2019
30. Interview AUFGABENTRÄGER 26, 19. November 2019
31. Interview AUFGABENTRÄGER 27, 04. November 2019
32. Interview AUFGABENTRÄGER 28, 05. November 2019
33. Interview AUFGABENTRÄGER 29, 07. Januar 2021
34. Interview AUFGABENTRÄGER 30, 07. Januar 2021
35. Interview AUFGABENTRÄGER 31, 05. November 2018
36. Interview AUFGABENTRÄGER 32, 05. November 2018
37. Interview AUFGABENTRÄGER 33, 05. November 2018
38. Interview AUFGABENTRÄGER 34, 05. November 2018
39. Interview AUFGABENTRÄGER 35, 05. November 2018
40. Interview AUFGABENTRÄGER 36, 07. Januar 2021
41. Interview AUFGABENTRÄGER 37, 09. November 2018
42. Interview AUFGABENTRÄGER 38, 07. Januar 2021
43. Interview AUFGABENTRÄGER 39a, 23. November 2018
44. Interview AUFGABENTRÄGER 39b, 03. März 2021

Leitfadengestützte Expert*inneninterviews (Kapitel 16)

U-BAHN 1: Mitarbeiter*in bei Organisation 1, digitales Interview über Webex am 21. September 2021.

U-BAHN 2: Mitarbeiter*in bei Organisation 2, digitales Interview über Webex am 17. September 2021.

BUS 1: Mitarbeiter*in bei Organisation 3, digitales Interview über Webex am 31. August 2021.

BUS 2: Mitarbeiter*in bei Organisation 4, digitales Interview über Webex am 30. August 2021.

PLANUNGSBÜRO 1: Mitarbeiter*in bei Organisation 5, digitales Interview über Webex am 6. September 2021.

Qualitative Sekundärdaten: Leitfadengestützte Expert*inneninterviews (u. a. Kapitel 16)

(erstmals verwendet in LAMBERG *2022a)*

VERWALTUNG 1: Mitarbeiter*in bei Organisation 6, Interview am 02. Juli 2018 in Braunschweig.

WISSENSCHAFT 1: Mitarbeiter*in von Organisation 7, Interview am 05. März 2018 in Berlin.

ÖPNV 1: Mitarbeiter*in von Organisation 8, Interview am 07. März 2018 in Gifhorn.

AUTOMOBILINDUSTRIE 1: Leitende*r Mitarbeiter*in bei Organisation 9, Interview am 09. April 2018 in Braunschweig.

Fokusgruppen

FOKUSGRUPPE 1: Landkreis Emsland, 16. März 2022, digital über Webex.

FOKUSGRUPPE 2: Landkreis Gifhorn, 14. Dezember 2022, digital über Webex.

FOKUSGRUPPE 3: Landkreis Goslar, 12. Dezember 2022, digital über Webex.

FOKUSGRUPPE 4: Kreisfreie Stadt Wolfsburg, 28. November 2022, digital über Webex.

Q5 Verzeichnis der quantitativen Primärdatenerhebungen

ERHEBUNG 1: Fahrplandatenerhebung im Landkreis Emsland mit einem selbstentwickelten Indikatorensystem, August 2021 bis September 2022.

ERHEBUNG 2: Fahrplandatenerhebung im Landkreis Gifhorn mit einem selbstentwickelten Indikatorensystem, August 2022 bis September 2022.

ERHEBUNG 3: Fahrplandatenerhebung im Landkreis Goslar mit einem selbstentwickelten Indikatorensystem, August 2022 bis September 2022.

Erhebung 4: Fahrplandatenerhebung in der kreisfreien Stadt Wolfsburg mit einem selbstentwickelten Indikatorensystem, August 2022 bis September 2022.

Q6 Verzeichnis der Protokolle

Protokoll 1: Gespräch mit dem für den Nahverkehrsplan des Landkreises Emsland zuständigen Planungsbüro, Mittwoch, 18. Januar 2023, digital über Microsoft Teams.

Kolibri 360 GmbH
Ferdinand-Jühlke-Straße 7
99095 Erfurt, Deutschland
produktsicherheit@kolibri360.de